Luhmann/Müller (Hrsg.)

**Photogrammetrie
Laserscanning
Optische 3D-Messtechnik**
Beiträge der Oldenburger 3D-Tage 2009

D1671866

Thomas Luhmann/Christina Müller (Hrsg.)

Photogrammetrie Laserscanning Optische 3D-Messtechnik

Beiträge der Oldenburger 3D-Tage 2009

Wichmann · Heidelberg

Zum Titelbild

Das Titelbild zeigt Aspekte zum Thema „Dynamische Szenenanalyse" aus Forschungsarbeiten der Universität Bielefeld, Arbeitsgruppe Angewandte Informatik der Technischen Fakultät.

Oben links: Im Rahmen der Forschungsarbeiten zu dynamischer Szenenanalyse und der Rekonstruktion dreidimensionaler Szenen aufgenommene bewegte Person in einer Testumgebung. Das Bild wurde mit einer 3D-Time-of-flight-Swissranger 3000 Kamera erstellt. Durch die Messung der Intensität der ausgesendeten Infrarotstrahlen kann das gezeigte Grauwertbild erstellt werden. Die Veränderung der Amplitude der Infrarotstrahlen wird verwendet, um ein zusätzliches Tiefenbild zu generieren. Mehr hierzu im Beitrag *BEUTER et al.: 3D-Szenenrekonstruktion in dynamischen Umgebungen, S. 164 ff.*

Oben rechts: 3D-Punktgeschwindigkeiten wurden projiziert auf das zu Grunde liegende 2D-Grauwertbild einer 3D-Time-of-flight-Swissranger 3000 Kamera. Die Farbe kodiert den Betrag der Geschwindigkeit, von langsam in Blau, bis schnell in Rot. Berechnet wurden die Geschwindigkeiten durch eine 3D-Punktkorrespondenz mittels des Optical Flow Ansatzes von Lucas und Kanade. Die Geschwindigkeiten dienen der Vereinfachung einer dynamischen Szenenanalyse zur Rekonstruktion dreidimensionaler Szenen. Mehr hierzu im Beitrag *BEUTER et. al: 3D-Szenenrekonstruktion in dynamischen Umgebungen, S. 164 ff.*

Unten links: Im Rahmen der Forschungsarbeiten zur dynamischen Szenenanalyse wird die Postur des Oberkörpers einer Person während einer Montagehandlung mittels einer einzigen monokularen Kamera verfolgt. Verschiedene Filter dienen zur Berechung der Übereinstimmung zwischen Modellpostur und Bildinformation: Kanten- (rot) und Profilmerkmale (blau), sowie Farbmittelwert (grün) und Hautfarbenklassifikation (gelb) werden fusioniert. Ein Partikelfilter dient zur Suche nach der besten Postur (weiß) im hochdimensionalen Merkmalsraum. Mehr hierzu im Beitrag *SCHMIDT: Monokulare modellbasierte Posturschätzung des menschlichen Oberkörpers, S. 270 ff.*

Unten rechts: Ein bewegliches Körpermodell, zusammengesetzt aus Zylindern, die durch Gelenke miteinander verbunden sind, bildet die Bewegungsmöglichkeiten des Menschen nach. Eine Stellung des Modells ist durch den 14-dimensionalen Zustandsvektor der Gelenkwinkel vollständig bestimmt. Während der Optimierung werden für ein einziges Bild viele Tausend mögliche Stellungen auf ihre Übereinstimmung hin getestet. Mehr hierzu im Beitrag *SCHMIDT: Monokulare modellbasierte Posturschätzung des menschlichen Oberkörpers, S. 270 ff.*

Bibliografische Information der Deutschen Nationalbibliothek

Die Deutsche Nationalbibliothek verzeichnet diese Publikation in der Deutschen Nationalbibliografie; detaillierte bibliografische Daten sind im Internet über http://dnb.d-nb.de abrufbar.

ISBN 978-3-87907-478-5

© 2009 Herbert Wichmann Verlag, Verlagsgruppe Hüthig Jehle Rehm GmbH, Heidelberg, München, Landsberg, Frechen, Hamburg

www.wichmann-verlag.de
www.huethig-jehle-rehm.de

Druck: Media-Print, Paderborn
Printed in Germany

Vorwort

Die 8. Oldenburger 3D-Tage fanden am 28. und 29.01.2009 an der Fachhochschule in Oldenburg statt, wie immer geleitet und organisiert vom Institut für Angewandte Photogrammetrie und Geoinformatik. 212 angereiste Experten aus Gebieten der Photogrammetrie, des Laserscannings und der optischen 3D-Messtechnik sowie 22 Firmenaussteller hatten die Gelegenheit, insgesamt 57 Fachbeiträge zu hören.

Besonderes Merkmal der Oldenburger 3D-Tage ist die Kombination von wissenschaftlichen Beiträgen aus aktueller Forschung mit anwendungsorientierten Berichten und Produktinformationen. Das bereits seit 2002 bestehende Konzept der Zusammenführung von 3D-Laserscanning mit industrieller optischer 3D-Messtechnik und Nahbereichsphotogrammetrie hat sich bewährt und führt fortlaufend zur Erweiterung des Themenspektrums. Das spiegelt sich in der Zusammensetzung der Fachausstellung ebenso wider wie im Vortragsprogramm und erlaubt den Teilnehmern einmal mehr, über ihre eigenen Grenzen zu schauen und damit neue Ideen und Anwendungsfelder zu erschließen.

Der fachliche Teil der Eröffnungsveranstaltung wurde in diesem Jahr durch einen Übersichtsvortrag von Christian Wöhler, Daimler Forschungszentrum Ulm, zur „Dynamische Szenenanalyse" eröffnet. Der Beitrag beschäftigt sich mit Möglichkeiten der markerlosen Erkennung und Verfolgung von Bewegungen durch eine oder mehrere Kameras in komplexen Umgebungen. Das Thema der dynamischen 3D-Szenenanalyse wurde in weiteren Einzelbeiträgen ausführlich beleuchtet.

Das Vortragsprogramm bestand aus den Themenblöcken Laserscanning (Prüfung und Genauigkeit, Algorithmen und Auswertungen, Anwendungen), Dynamische Prozesse, 6 Degrees of Freedom, Sensoren und Systeme, Photogrammetrie und Bildverarbeitung und Unmanned Aerial Vehicles. Zwei spezielle Herstellerforen dienten zur Präsentation von kommerziellen Produkten und Systemen. Die schriftlichen Beiträge in diesem Band wurden dabei so sortiert, dass sie weitgehend thematisch zusammenhängende Blöcke ergeben.

Neben dem Fachprogramm bieten die Oldenburger 3D-Tage ausreichend Raum für Diskussionen und Kontaktpflege. Nicht zuletzt ist das traditionelle Oldenburger Grünkohlessen ein fester Bestandteil der Veranstaltung und besonders geeignet, die begonnenen Gespräche in lockerer Atmosphäre fortzusetzen.

Für die erfolgreiche Durchführung des Workshops und der Realisierung dieses Tagungsbandes sei allen Beteiligten gedankt. Ein besonderer Dank geht an alle Mitarbeiterinnen und Mitarbeiter für ihren besonderen Einsatz. Allen Autoren und Teilnehmern sei ebenfalls für ihr Engagement gedankt.

Auch 2010 werden die Oldenburger 3D-Tage wieder stattfinden.

Aus Kostengründen konnte kein Farbabdruck realisiert werden, die farbigen Vortragsfolien stehen jedoch kostenfrei unter *www.fh-oow.de/3dtage* zum Download zur Verfügung.

Oldenburg, im März 2009   *Thomas Luhmann und Christina Müller*

Inhaltsverzeichnis

1 Laserscanning

1.1   Prüfung und Genauigkeit

Vorschlag für eine TLS-Prüfrichtlinie

Uwe HUXHAGEN, Bettina SIEGRIST und Fredie KERN

Zusammenfassung

Einen wichtigen Gesichtspunkt für die Anwendungen in der Praxis stellt die einheitliche Vergleichbarkeit der am Markt erhältlichen terrestrischen Laserscanner (TLS) dar. Trotzdem werden vergleichbare Qualitätsangaben seitens der Hersteller zu den einzelnen Systemen selten mitgeteilt. In gleicher Weise fehlen für die Anwender einheitliche Ansätze, die Angaben der Hersteller nachvollziehen zu können und zu prüfen. So fällt es bisweilen schwer, einheitliche Aussagen zur Leistungsfähigkeit terrestrischer Laserscanner zu treffen. Entscheidungen zur Wahl des für das jeweilige Projekt geeigneten Scanners werden oft nur aufgrund von Erfahrungswerten auf der Anwenderseite gefällt. Diese Situation abstellen können nur vereinheitlichte Kennwerte und Prüfverfahren.

Der vorgestellte Artikel befasst sich mit dem Vorschlag einer geeigneten Prüfrichtlinie für terrestrische Laserscanner, mit dem Ziel eine Vergleichbarkeit herzustellen. Bezug nehmend auf die, in der VDI/VDE-Richtlinie 2634 (VDI/VDE 2002 & VDI/VDE 2006) vorgesehenen Kennwerte werden neue, für TLS relevante, Qualitätsparameter und Kennwerte eingeführt und erste darauf beruhende Prüfungsergebnisse vorgestellt. Die vorgestellten und diskutierten Kennwerte umfassen die Antastabweichung, die Kugelabstandsabweichung, die Kugelradienabweichung sowie das Auflösungsvermögen.

1   Einleitung

Verschiedene Faktoren wie z. B. Betriebs- und Umgebungsbedingungen beeinflussen die Güte von Messergebnissen terrestrischer Laserscannern. Dabei zeichnet sich für den Anwender eine gute Messqualität dadurch aus, dass natürliche Oberflächen formtreu erfasst, die Länge, Breite und Höhe eines Objektes maßtreu bestimmt sowie Objekte in sich winkeltreu und damit unverzerrt wiedergegeben werden. In diesem Zusammenhang spielt das Auflösungsvermögen der Scanner eine tragende Rolle und legt fest, dass Detailstrukturen größer als die Ortsauflösung, gegeben durch die Abtastrate, in ihrer wahren Gestalt abgebildet werden können.

Zu den die Messqualität beeinflussenden Faktoren gehören vorrangig das Messprinzip (Impulslaufzeit- oder Phasenvergleichsverfahren), die Wellenlänge des verwendeten Laserlichts, die Achsfehler, die Messentfernung und Strahldivergenz sowie das Objektmaterial und den Auftreffwinkel des Messstrahls auf die Objektoberfläche.

Die Untersuchung terrestrischer Laserscanner (TLS) stellt seit vielen Jahren ein viel beachtetes Betätigungsfeld im Bereich der Hochschulen dar. So werden unter anderem am i3mainz Verfahren zur vergleichenden Untersuchung der am Markt verfügbaren Scanner bereitgestellt. Im Rahmen des i3mainz-Parcours kommen dabei unterschiedliche Prüfkörper in unterschiedlichen Versuchsanordnungen zum Einsatz, welche zum Vergleich modellierter Punktwolken gegen Soll-Geometrien im Raum Verwendung finden (BÖHLER, BORDAS

VICENT & MARBS 2007). So werden neben Ebenen zur Prüfung des Messrauschens und systematischer Abweichungen, Kugeln zur Bestimmung von Streckendifferenzen sowie spezielle Geometrien wie der BÖHLER-Stern zur Untersuchung des Auflösungsverhaltens auch weitere Installationen zur Untersuchung von TLS verwendet. Als Ergebnis dieser Untersuchungen werden die erreichten Messergebnisse des untersuchten TLS in einem Protokoll zusammengefasst, welches kein Zertifikat im engeren Sinne darstellt. Nachteilig am Verfahren des i3mainz-Parcours sind, neben der fehlenden Möglichkeit aus den Resultaten auf Instrumentenabweichungen zu schließen, die ortsgebundenen Prüfinstallationen und der Einsatz eines speziellen Instrumentariums. Des Weiteren variieren auf Grund der Anlage der Untersuchungsaufbauten die Rahmenbedingungen und der Einfluss der äußeren Einflussparameter ist dadurch schwer konstant zu halten. Ferner definiert der Parcours keine anwendungsbezogenen Kennwerte, welche es dem Anwender möglich machen würden, die Aussagen der Untersuchungen zur Entscheidung der Verwendbarkeit seines TLS in Projekten abschätzen zu können.

Das Ziel bei der Erstellung einer Prüflichtlinie für terrestrische Laserscanner sollte daher ein einheitlicher Ansatz zur Prüfung von TLS auf Grundlage anwendungsbezogener Kenngrößen und Auswertestrategien sein. Im Gegensatz zur Geräteuntersuchung, die zur Erkenntnisgewinnung über die Wirkungsweise von Einflussgrößen herangezogen werden muss, verfolgt die Prüfung ein anderes Ziel. Dabei steht die Feststellung, inwieweit ein Prüfling eine (Qualitäts-)Anforderung erfüllt im Vordergrund und kann daher Aussagen zur Verwendbarkeit des TLS bereitstellen. Geht man von einer Prüfung auf Grundlage einheitlicher Kenngrößen aus, so kann ein Vergleich der Leistungsfähigkeit verschiedener TLS erhoben werden. Beispielhaft sei hierfür die Ebenheitsmessabweichung nach der VDI/VDE 2634/2 Richtlinie (VDI/VDE 2002 & VDI/VDE 2006) aufgeführt (Abb. 1).

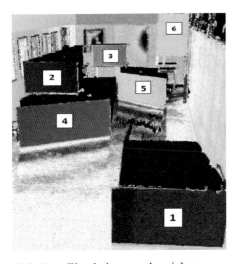

Ebene	Gerät A R_{E_i} [mm]	Gerät B R_{E_i} [mm]
1	2,06	1,83
2	2,08	1,97
3	2,14	2,03
4	2,13	2,09
5	2,19	2,19
6	2,23	2,25
Ebenheitsmessabweichung [mm] $$R_{E_{ges}} = \frac{1}{n}\sum_{i}^{n} R_{Ei}$$		
	2,14	2,06

Abb. 1:   Ebenheitsmessabweichung

Nachfolgend werden anwendungsbezogene Kenngrößen vorgestellt, die die Autoren für sinnvoll halten und die mindestens in einer TLS-Prüfrichtline vorgegeben sein sollten.

2   Vorschlag für eine TLS-Prüfrichtlinie

Als Konkretisierung und Erweiterung des Vorschlages von (HEISTER 2006) wird hier ein Konzept für Prüfverfahren vorgestellt werden, das sich ähnlich (VDI/VDE 2002 & VDI/VDE 2006) für optische 3D-Messsysteme mit flächenhafter Antastung auf die Bestimmung und Berechnung möglichst weniger Kennwerte beschränkt. Die Kennwerte sind dabei so definiert, dass sie wenig Messaufwand benötigen und nur geringe Anforderungen an die Prüfkörper und -installationen stellen. Zugleich aber sind die Kennwerte so gewählt, dass sie zur Qualitätsbeurteilung für praktische Fragestellungen aussagekräftig sind. Sie bilden aus vielerlei pragmatischen Gründen nur einen, möglichst breiten, Ausschnitt dessen ab, was zur vollständigen Beschreibung der Messqualität eines TLS nötig wäre. Die Kennwerte ergeben sich entweder aus den Messinformationen einer „Einzelansicht", also aus einer einzelnen, von einem Standpunkt aus beobachteten, unreferenzierten Punktwolke, oder aus der Kombination mehrerer referenzierter Ansichten bzw. Punktwolken. Die Messungen sind unter denen vom Hersteller definierten Betriebs- und Umweltbedingungen durchzuführen. Als Prüfkörper werden Kugeln verwendet, deren Dimensionierung und Materialparameter vom Hersteller näher spezifiziert werden kann. Grundsätzlich sind Approximationen im Sinne der Minimierung der Fehlerquadratsumme durchzuführen.

2.1   Kenngrößen

Die Kenngrößen des Prüfverfahrens sind die Antastabweichung, die Kugelradienabweichung, die Kugelabstandsabweichung und das Auflösungsvermögen. Bis auf das Auflösungsvermögen sollten die Kenngrößen sowohl für Einzelansichten als auch für Mehrfachansichten bestimmt werden.

2.1.1 Antastabweichung

Mit der Antastabweichung R soll das lokale Abweichungsverhalten des flächenhaft messenden TLS quantitativ beschrieben werden. Sie beschreibt also, grob ausgedrückt, das üblicherweise zu erwartende **Rauschen** an einer Objektoberfläche oder im Umkehrschluss die Abwesenheit von systematischen Abweichungen im Lokalen. Die Antastabweichung wird anhand von Kugeln auf mindestens zehn beliebigen, breit gestreuten Positionen im Messvolumen berechnet. Für jede Position wird eine Kugel mit freiem Radius approximiert. Aus den verbleibenden radialen Abweichungen der Antastpunkte zur Ausgleichskugel wird die Antastabweichung R im Sinne einer Standardabweichung der $n = m \cdot k$ Abstände r für k Kugeln mit je m Antastpunkten herangezogen.

$$R = \sqrt{\frac{1}{n}\sum_{i=1}^{n} r_i^2} \tag{1}$$

Die **Antast-Messunsicherheit** u_R ergibt sich als Mittelwert der Standardabweichungen der geschätzten Radien von k Kugeln (HEISTER 2006) und beschreibt die Güte, mit der die Antastabweichung bestimmt worden ist.

$$u_R = \sqrt{\frac{1}{k}\sum_{i=1}^{k} s_{Radius,i}^2} \tag{2}$$

2.1.2 Kugelradienabweichung

Die Kugelradienabweichung R_K als Mittelwert der Differenzen v_i zwischen geschätzten und Sollradius von k Kugeln wird als weitere Kenngröße berechnet. Sie spiegelt etwaige systematische **Formabweichungen im Lokalen** wider.

$$R_K = \frac{1}{k} \sum_{i=1}^{k} v_i \tag{3}$$

Die Kugelradienabweichung kann ohne nennenswerten Mehraufwand aus den Beobachtungen zur Bestimmung der Antast- und Kugelabstandsabweichung berechnet werden und kann das Gesamtbild über die Messqualität des Prüflings verfeinern.

2.1.3 Untersuchung von Einflüssen auf Antast- und Kugelradienabweichung

Bei der Ermittlung der Kenngrößen Antastabweichung und Kugelradienabweichung ergeben sich Abhängigkeiten im Hinblick auf die Kugelgröße sowie der Messentfernung. Untersuchungen der Einflüsse auf Kugelradien von 35mm bis 75mm und Messentfernungen von 5m bis 20m mit verschiedenen Laserscannern lassen nachfolgende Aussagen zu. Demnach erscheint die Antastabweichung als Funktion der Messentfernung (Nahbereich besser), der Kugelgröße (größere Kugeln besser) sowie der erfassten Objektpunktanzahl (je mehr umso besser). Die Kugelradienabweichung scheint dahingegen abhängig vom Messprinzip, von der Messentfernung (im Nahbereich schlechter) sowie von der Kugeloberfläche (Material) nicht aber von der Kugelgröße zu sein. Daraus resultierend lassen sich folgende Schlüsse für die Bestimmung beider Kenngrößen ableiten.

Bei der Bestimmung sollten möglichst große Kugeln verwenden, deren Radius und Material noch spezifiziert werden muss. Grundsätzlich sollte die Bestimmung im Einsatzbereich des Scanners erfolgen wobei die Zahl der erfassten Objektpunkte zu maximieren ist; also mit hoher Ortsauflösung abgetastet werden. Hinsichtlich der allseits bekannten Effekte beim Messen auf Kugeln („Zipfelmütze", „Kometenschweif"), bedarf die Bestimmung einer entsprechenden Ausreißerdefinition, um die Ergebnisse auch über Gerätetypen hinweg vergleichen zu können. Alternativ ließe sich die Antastabweichung auch mittels anderer Prüfkörper ermittelt. Insbesondere Ebenen bieten sich hier an, bei denen die obigen Effekte nicht in Erscheinung treten (Abb. 1).

2.1.4 Kugelabstandsabweichung

Die Kugelabstandabweichung ΔL soll die **Maßtreue** des TLS im Messvolumen abschätzen und überprüft somit die Fähigkeit zur Rückführbarkeit auf ein Längennormal. Zur Bestimmung können z. B. Kugelpaare, gebildet aus zwei Kugeln in einem definierten/kalibrierten Abstand („Hantel"), an sieben beliebigen Positionen mit verschiedenen Orientierungen im Messvolumen angemessen werden. Es ist aber auch ein Passkugelfeld mit mindestens 8 Kugeln (Quadereckpunkte) verwendbar. Aus den Abweichungen zwischen den Sollabständen der Kugelmittelpunkte und den Istabständen wird die Kugelabstandsabweichung R_K berechnet. Die Istkugelzentren ergeben sich durch Kugelapproximation mit festem Sollradius. Die mittlere Kugelabstandsabweichung ΔL berechnet aus den p Kugelabstandsabweichungen ΔL_j, abgeleitet aus den gemessenen Abständen l_{mj} und den Sollabständen l_{kj}.

$$\Delta L = l_{kj} - l_{mj}$$

$$\Delta L = \frac{1}{p} \sum_{j}^{p} \Delta L_j \tag{4}$$

Die Abstands-Messunsicherheit u_L liefert die Bestimmungsgüte (HEISTER 2006).

Sind anstelle der Kugelabstände die 3D-Koordinaten der Kugelpositionen eines Passkugelfeldes mit übergeordneter Genauigkeit bekannt, so kann die Kugelabstandsabweichung ΔL alternativ aus der Transformation der Kugelmittelpunkte auf die Sollpositionen abgeleitet werden. Zu berechnen ist eine 6-Parameter-Transformation mit festem Maßstab! Die Standardabweichungen der gemessen Koordinatenwerte a posteriori, im Sinne eines Punktfehlers nach Formel (5), tritt dann an die Stelle von ΔL.

$$\Delta L = \sqrt{s_x^2 + s_y^2 + s_z^2} \tag{5}$$

Der Transformationsansatz hat den Vorteil, dass er in einem viel umfassenderen Sinne alle Orientierungen der Kugelpaare bewertet. Zudem beinhaltet die Formel (6) die Gefahr, dass bei der gleichzeitigen Verwendung mehrerer Kugeln stochastisch abhängige Paare in die Berechnung eingerechnet werden und so das Ergebnis nach Belieben des Auswerters „verzerren".

Die Erfahrungen (GORDON 2008) mit der Berechnung von Kugelabstandsabweichungen zeigen, dass es eine leichte Abhängigkeit zwischen Kugelabstand und Soll-Ist-Differenz gibt, was einen Rückschluss auf den Maßstab zulässt. Außerdem sollte die Bestimmung aus unabhängigen Kugelpaaren erfolgen, was dazu führt, dass diese Kenngröße bestmöglich durch einen geeigneten Transformationsansatz der Ist- auf die Sollgeometrie des Prüffeldes (6 Parameter) zu beschreiben ist. Ab einem Kugelabstand von 4m steigen nach den Erkenntnissen von GORDON (2008) die Kugelabstandabweichung ΔL bzw. die Abstands-Messunsicherheit uL nicht weiter an. Durch die Ausbildung von „Nasen" bzw. „Zipfelmützen" an den Kugeln kann es zu bei den Kugelapproximationen zu grob falschen Mittelpunktskoordinaten kommen. Aus diesem Grund ist die Definition einer Ausreißerdetektion innerhalb einer Prüfrichtlinie von besonderer Wichtigkeit. Denkbar wäre die Festlegung einer max. zulässigen Anzahl von Ausreißern z. B. 10 %.

Die Bestimmung der Kugelabstandsabweichung ist außerdem abhängig von der Punktdichte, da die Kugelapproximation mit mehr Punkten in der Regel zu einem besseren Ergebnis führt. Aus diesen Gründen ist zu überlegen, ob besser ein alternativer Prüfkörper für die Berechnung der Abstandsabweichung eingesetzt wird. Die TLS reagieren mit der Ausprägung der Punktwolke unterschiedlich auf Kugeln, die sich im Material und in der Farbe unterscheiden. Als alternative Prüfkörper könnten sich schwarzweiße Zielmarken („Schachbrett" oder „Weißer Kreis") eignen.

2.1.5 Auflösungsvermögen

Die Kenngröße Auflösungsvermögen soll die Fähigkeit des TLS quantitativ beschreiben, inwieweit eine dreidimensionale Oberflächenstruktur, z. B. Mauerfugen oder in Stein gemeißelte Strukturen, durch die abgetastete Punktmenge diskretisiert werden kann. Anders ausgedrückt: Wie breit muss eine Mauerfuge sein, sodass sie zweifelsfrei als solche in der Punktwolke erkannt werden kann. Ein anschauliches Beispiel ist in Abbildung 2 zu erkennen, in welcher das Auflösungsvermögen eines TLS (rechts) mit einem Foto (links) gegenübergestellt wird. Die relativ breiten Fugen zwischen den Ziegelsteinen der Mauerplombe zeichnen sich hier nicht ausreichend deutlich in der Punktwolke ab, so dass das betreffende TLS zur Bauwerksdokumentation nicht eingesetzt werden konnte.

Abb. 2: Grenzen des Auflösungsvermögen eines TLS dargestellt anhand einer Mauerplombe (Porta Nigra)

Das Auflösungsvermögen wird u. a. beeinflusst durch die Abtastrate (Winkelinkremente), die Strahldivergenz, dem Auftreffwinkel und der Fähigkeit der Signalverarbeitung, Echos in Mischsignalen voneinander zu trennen. Diese Einflussgrößen verändern sich mit der Variation der Messentfernung, so dass das Auflösungsvermögen indirekt eine Funktion der Messentfernung ist. Zudem kann eine Abhängigkeit von der Orientierung des Spaltes zur Abtastrichtung nicht ausgeschlossen werden.

$$AV = \left(r_{\min} + \frac{\Delta r}{2} \right) \cdot \gamma \tag{7}$$

Das Auflösungsvermögen lässt sich mittels eines Böhler-Sterns bestimmen (BÖHLER, BORDAS VICENT & MARBS 2003). Ein Böhler-Stern oder 3D-Siemens-Stern besteht aus einer planaren Vorder- und Rückfront aus dünnem, diffus streuendem Material (Karton), die parallel zueinander im Abstand b angeordnet sind. Die Vorderfront (Schablone) hat regelmäßig angeordnete Öffnungen (Spalten), zweckmäßigerweise in Gestalt von Kreissektoren mit dem Zentriwinkel γ. Im Zentrum S_M der zusammenlaufenden Sektoren bleibt fertigungstechnisch ein Steg mit Radius r_0 bestehen. Durch die Gestalt und kreisförmige Anordnung der Spaltensektoren werden sämtliche Spaltenbreiten von $r_0\gamma$ bis $r_{max}\gamma$ in allen Raumlagen realisiert. Es sind Ausprägungen als Voll-, Halb- oder Viertelkreis denkbar. Der BÖHLER-Stern wird in Kippachshöhe des TLS streng orthogonal zum TLS ausgerichtet und mit höchster Abtastrate abgescannt. Das Auflösungsvermögen AV kann wie folgt definiert werden:

Definition: Das Auflösungsvermögen AV ist durch die jenige minimale Spaltenbreite $r_{min}\gamma$ am Böhler-Stern gegeben, bei dem die Punktwolkenmenge im Abstand r_i vom Zentrum S_M

in die zur Vorderfront gehörige und die zur Rückfront gehörige Punktwolkenteilmengen mit der Irrtumswahrscheinlichkeit α getrennt werden kann.

Bei der praktischen Auswertung werden Kreisringe $r_i+\Delta r$ ausgeschnitten und deren Abstände zur Vorderfront bestimmt. Die Abstände sind aufsteigend zu sortieren. Die ersten 50 % der Punkte in dieser Reihe werden der Vorderfront zugeordnet und die der verbleibenden 50 % der großen Abständen der Rückfront. Diese Aufteilung ist möglich, da durch die symmetrische Verteilung der Stege und Spalten theoretisch gleich viele Punkte auf der Vorder- und der Rückfront gemessen sein müssen. Für beide Teilpunktmengen wird der Median der Abstände berechnet. Die Mediane dienen als robuste Schätzwerte für die Entfernungen der Fronten zum TLS, die aufgrund der Mischsignale am Übergang zwischen Steg und Spalt zwangsläufig stark verfälscht sind. Die Differenz dieser Mediane wird auf signifikante Abweichung von Null getestet. Bei dem Kreisring r_{min}, bei dem eine signifikante Vorder-/Hintergrund-Trennung angezeigt wird, ist das gesuchte Auflösungsvermögen mit der Wahrscheinlichkeit 1-α nachgewiesen.

Eine besondere Ausprägung des Böhler-Sterns hat eine schräge Rückwand. Dieser Stern hat als Rückwand einen Kegel, der mit der Kegelspitze im Zentrum des Sterns liegt (Abb. 3). Durch diese Anordnung ist an jeder Stelle der Spalt genauso breit wie tief. Dieser Stern spiegelt so die real vorkommenden Situationen zu messender Fugen besser wieder (Abb. 2).

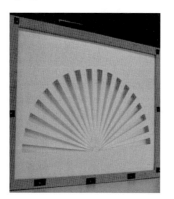 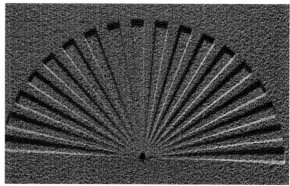

Abb. 3: Links: Böhler-Stern mit einer als Kegelfläche ausgeformten Rückwand (Schräge der Kegelfläche = Zentriwinkel γ=5°, r_{max}=180mm). Rechts: Gemessene Punktwolke

2.2 Exemplarische Prüfungen

Auf Datensätze von vier Laserscannern, die im Rahmen des i3mainz-Prüfparcours angefallen sind, wurde das oben dargestellte Prüfverfahren für Einzelansichten angewendet. Zum Einsatz kamen Kugeln mit einem Durchmesser von 76,2mm. Die Abstände der Kugeln im Prüffeld untereinander reichen von 0,9 bis 3,5m. Die Messungen beanspruchten in der Regel nicht mehr als zwei Stunden und die Auswertungen wurden mit einer eigens entwickelten Software halbautomatisch durchgeführt. Im Rahmen einer Prüfrichtlinie konformen Auswertung müssten Hard- und Software als Gesamtsystem betrachtet und geprüft werden. Zurzeit verfügen die von den Geräteherstellen empfohlene Softwarepakete aber noch keine entsprechenden Auswertemöglichkeiten.

Tabelle 1: Exemplarische Prüfergebnisse (Grundlage: i3mainz-Parcours)

Kenngröße	HDS		FARO	
	3000 **[mm]**	**6000** **[mm]**	**LS880** **[mm]**	**Photon** **[mm]**
Antastabweichung R $\sqrt{\dfrac{1}{n}\sum_{i=1}^{n} r_i^2}$	1.6	1.5	1.7	1.2
Antast-Messunsicherheit u_R $\sqrt{\dfrac{1}{k}\sum_{i=1}^{k} s_{Radius,i}^2}$	0.6	0.4	0.2	1.0
Kugelabstandsabweichung ΔL $\sqrt{s_x^2 + s_y^2 + s_z^2}$	0.8	1.9	4.8	4.2
Kugelradiusabweichung R_K $\dfrac{1}{k}\sum_{i=1}^{k} v_i$	+0.49	+2.40	+1.93	+6.36
Auflösungsvermögen AV $\left\| f(r_i) - b(r_i) \right\|^{r_i \to min} < T$ @6m @21m	 6 4,5	 4 12	 4 13	

In Tabelle 1 sind neben den in (KERN 2008) bereits veröffentlichten Werten für den HDS 3000, HDS 6000 und Faro LS880 die Kennwerte für den institutseigenen Laserscanner Faro Photon aufgeführt. Deutlich zeichnen sich die beim Faro Photon gesteigerte Messqualität gegenüber der Vorgängerversion in den Kennwerten ab. Nur bei der Kugelradiusabweichung ist eine gravierende Verschlechterung zu beobachten, deren Ursachen vermutlich in der geringen Kugelgröße zu suchen sind.

Fazit

Eine TLS-Prüfrichtlinie soll dem Anwender als Nachweis der vom Hersteller spezifizierten Leistungsfähigkeit, dem Funktionsnachweis dienen sowie eine Hilfestellung sein bei der Auswahl eines für die Messaufgabe geeigneten Instrumentes. Deshalb müssen sich die TLS-Prüfrichtlinien auf Kenngrößen stützen, die der Anwender auf seine praktischen Fragestellungen beziehen kann. In der Sitzung des Offenen Forum Terrestrisches Laserscanning im Rahmen der Oldenburger 3D-Tage wurden besonders die Kenngrößen „Antastabweichung", „Kugelabstandsabweichung" und „Auflösungsvermögen" als wichtig erachtet, da diese bei den häufigsten TLS-Anwendungen von Interesse sind.

Die TLS-Prüfrichtlinie muss weiterhin einfache, schnelle und kostengünstige Prüfverfahren definieren, sodass der Anwender die Prüfungen selbstständig durchführen und daraus ableiten kann, welches Instrument für welchen Einsatzbereich am besten geeignet ist. Insbesondere der einfache Funktionsnachweis nach dem Motto „Gerät in Ordnung oder defekt?"

sollte möglichst schnell durchzuführen sein, am besten direkt vor Ort. Mit solch einem Feldprüfverfahren, wie es z. B. (GOTTWALD 2008) und (WEHMANN 2008) vorschlagen, können Messungen mit einem dejustierten TLS vermieden werden.

Mit Hilfe dieser Richtlinie sollte der Anwender eine möglichst schnelle und einfache Entscheidung über den am besten geeigneten TLS für den spezifischen Einsatzzweckes treffen können. Neben diesem Vorteil für den Anwender sollte die Prüfrichtlinie aber auch dem Hersteller einen Nutzen verschaffen. Mit den Kenngrößen der TLS-Richtlinien kann sich ein Hersteller mit seinem Produkt von den anderen Anbietern unterscheiden und die Vorzüge seines Produktes unter vergleichbaren und nachvollziehbaren, weil standardisierten, Bedingungen darstellen.

Die hier vorgeschlagene Richtlinie orientiert sich an vorhandenen Prüfrichtlinien wie z. B. der VDI/VDE-Richtlinie. Außerdem ist die ISO 17123 (Feldprüfverfahren für geodätische Sensorsysteme) zu nennen, die als Grundlage der Vorschläge für einfache und umfassende Feldprüfverfahren für TLS dient. So werden bereits bestehende und bewährte Methoden in das Gebiet der TLS- Prüfung transformiert.

Literatur

Böhler, W., Bordas Vicent, M. & A. Marbs (2003): *Investigation Laser Scanner Accuracy.* Proceedings of XIX. CIPA Symposium, Antalya.

Gordon, B. (2008): *Zur Bestimmung von Messunsicherheiten terrestrischer Laserscanner.* Technische Universität Darmstadt. Dissertation D17.

Gottwald, R. (2008): *Field Procedures for Testing Terrestrial Laser Scanners (TLS) A Contribution to a Future ISO Standard.*

Heister, H. (2006): *Zur standardisierten Überprüfung von terrestrischen Laserscannern (TLS).* Terrestrisches Laser-Scanning (TLS 2006). Augsburg: Wißner (DVW-Schriftenreihe, Band 51), S. 35-44.

Kern, F. (2008): *Prüfen und Kalibrieren von terrestrischen Laserscannern.* In: Luhmann, T. & C. Müller (Hrsg.): Photogrammetrie – Laserscanning – Optische 3D-Messtechnik. Beiträge der Oldenburger 3D-Tage 2008. Heidelberg: Wichmann, S. 306-316.

Kern, F. & U. Huxhagen (2008): *Ansätze zur Kalibrierung von terrestrischen Laserscannern.* In: Boochs, F., Klonowski, J. & H. Müller (Hrsg.): Aktuelle Arbeiten auf dem Gebiet der Informations- und Messtechnik – Festschrift zum 10. Jahrestag der Gründung des i3mainz. Shaker (Schriftenreihe Informations- und Messtechnik Band 7).

Offenes Forum Terrestrisches Laserscanning: www.laserscanning.de

VDI/VDE (2002): *Optische 3D-Messsysteme – Bildgebende Systeme mit flächenhafter Antastung.* VDI/VDE-Richtlinie 2634 Blatt 2.

VDI/VDE (2006): *Optische 3D-Messsysteme – Bildgebende Systeme mit flächenhafter Antastung in mehreren Einzelansichten.* VDI/VDE-Richtlinie 2634 Blatt 3 – Entwurf.

WEHMANN, W. (2008): *Untersuchungen zu geeigneten Feldverfahren zur Überprüfung Terrestrischer Laserscaner.* Artikel zum Vortrag auf der 1. Sitzung Offenes Forum Terrestrisches Laserscanning. 2. Sept. 2008, Bochum (www.laserscanning.de).

Bausteine zur Beschreibung von Varianzmodellen für terrestrische Laserscans

Harald VENNEGEERTS, Ingo NEUMANN und Jens-André PAFFENHOLZ

Zusammenfassung

Neben der messtechnischen Erfassung und Visualisierung von dreidimensionalen Punktwolken treten die Aspekte zur Beschreibung und zur Beurteilung der geometrischen Qualität zunehmend in den Vordergrund. Um Aussagen zur geometrischen Qualität treffen zu können, sind einerseits die Spezifikationen der eingesetzten Sensoren zu berücksichtigen. Andererseits sind jedoch auch Einflüsse aus dem Objektraum zu beachten. Diese sind abhängig von der jeweils gescannten Szene.

Der vorliegende Beitrag stellt dar, wie sich sensor- und objektraumseitige Einflüsse quantifizieren lassen, wie stochastische Informationen für Massendaten effizient berechnet werden können und wie sich Varianzmodelle für terrestrische Laserscanner visualisieren und weiter verwenden lassen.

1 Motivation

Beim terrestrischen Laserscanning werden Umgebungen dreidimensional in kurzer Zeit hochauflösend erfasst. Die so erzeugten (kolorierten) Punktwolken werden u. a. zur Dokumentation eingesetzt. Verstärkt bilden diese Punktwolken auch die Grundlage für höherwertige Erzeugnisse. Aus den gescannten Objekten werden Modelle abstrahiert, um so eine generalisierte Darstellung der Umgebung zu gewinnen. Im industriellen Einsatz können aus den Scans Zustände und kinematische Prozesse beobachtet werden. Um daraus Aussagen zur geometrischen Qualität der abgeleiteten Produkte treffen zu können, ist eine durchgängige stochastische Beschreibung der Unsicherheiten notwendig.

Varianzinformationen für das terrestrische Laserscanning wurden bereits in einer Reihe von Untersuchungen abgeleitet. Für ein Mobile-Mapping-System ermittelt z. B. (GLENNIE 2007) die Auswirkungen einzelner Parameter der Georeferenzierung auf die resultierende Punktwolke. Diese Einflüsse werden jedoch nur anteilig aufgestellt und nicht in einem geschlossenen Ansatz für eine konkrete Szene ausgewertet.

Die Aufstellung von Varianzmodellen für terrestrische Laserscans stellt eine Herausforderung dar, weil (1) durch die berührungslose Abtastung eine Vielzahl von Einflussfaktoren speziell auf die Distanzmessung zu berücksichtigen ist, (2) sich diese Einflussfaktoren nicht generell sondern nur im Bezug auf die örtliche Szene quantifizieren lassen und (3) die massenhafte Berechnung von Varianzinformationen für Punktwolken rechentechnisch aufwändig ist.

Diese drei Teilbereiche werden im Folgenden näher erläutert.

2   Modellierung und Quantifizierung der Einflussfaktoren

Die resultierende Unsicherheit ist von den Spezifikationen der verwendeten Sensoren geprägt. Dies bezieht sich sowohl auf den scannenden Sensor als auch – im Fall einer direkten
Georeferenzierung – auf die referenzierenden Sensoren.

Um terrestrische Laserscanner zu überprüfen und zu kalibrieren, werden standardisierte
Verfahren angestrebt (z. B. HEISTER 2006). Deren Ziel ist es, die Spezifikation der Scanner
vergleichen zu können. Außerdem sollen Nutzer die Möglichkeit erhalten, diese Spezifikation auch selbst empirisch nachzuprüfen.

Bei der Kalibrierung wird zunächst ein mathematisches Modell aufgestellt, bei dem alle
möglichen Einflussfaktoren als bekannt vorausgesetzt werden. Gewöhnlich wird auch ein
funktionaler Zusammenhang vorgegeben. Wird unter kontrollierten Bedingungen eine
Einflussgröße variiert, kann dadurch die Auswirkung auf das Messergebnis quantifiziert
werden.

Sind die Kalibrierparameter bekannt, lassen sie sich rechnerisch berücksichtigen – wenn für
einen tatsächlichen Scan die wirkenden Einflussgrößen erfasst werden und bekannt sind.
Systematische Anteile sollen somit festgestellt und eliminiert werden. Verbleibende Unsicherheiten charakterisieren das Varianzniveau des Messergebnisses und werden folgend zur
Beschreibung von Punktwolken generiert.

Bedingt durch die Herstellung treten Abweichungen zwischen einem idealen Sensor und
dem tatsächlichen Scanner auf. Diese Abweichungen werden durch die Hersteller paramet-
risiert und bei der Berechnung der Koordinaten berücksichtigt. Umfangreiche Untersuchungen (z. B. SCHULZ 2007) betrachten einzelne Komponenten und bestimmen, wie sich
mögliche Einflussfaktoren auf diese Komponenten auswirken. Die berührungslose laserba-
sierte Distanzmessung verursacht zudem typische Effekte wie z. B. „Mixed Pixel“, „Bloo-
ming“ oder „Multipath“ (LICHTI 2005). Diese können durch geeignete Filter reduziert werden, wenn sie sich unmittelbar aus den Intensitätswerten oder aus der räumlichen Verteilung der Punkte lokalisieren lassen.

Es verbleiben Abweichungen, die nachfolgend als Unsicherheiten durch Varianzen modelliert werden sollen. Als Einflussgrößen zur stochastischen Modellierung werden eingeführt:

*   Entfernung zum Objekt a,
*   Vertikalwinkel Vz,
*   Horizontalwinkel Hz,
*   Reflektivität I und
*   Auftreffwinkel an der Objektoberfläche α.

Die Größen können direkt aus dem Messprozess und indirekt aus einer Objektraumanalyse
entnommen werden. Die Vertikal- und Horizontalwinkel sowie die Entfernung zum Objekt
lassen sich aus den Messgrößen ableiten. Die Intensitätswerte repräsentieren die Reflektivität der Objektoberfläche.

Der Auftreffwinkel wird indirekt aus dem Scan berechnet. Dazu wird der Scan in finite Volumenelemente (kurz: Voxel) unterteilt. Für alle Punkte innerhalb eines Voxels werden dann die Ebenenparameter geschätzt und der Winkel zwischen Aufnahmerichtung und Normalenrichtung der Ebene berechnet. Für einen Scan (Abb. 1) wurden als Voxel Würfel mit konstanter Kantenlänge verwendet. Der zu jedem Punkt zugehörige Auftreffwinkel ist graucodiert dargestellt.

Abb. 1:   Auftreffwinkel aus Volumenelementen (Voxel)
              mit Würfeln der Seitenlänge 0.1 m

Um auch die Reflektivität und die Auftreffrichtung am Objekt im stochastischen Modell integrieren zu können, ist das Beobachtungsmodell entsprechend zu erweitern:

$$d = a + \Delta d(I) + \Delta d(\alpha) \tag{1}$$

Danach wird die Distanz und deren Unsicherheit sowohl bestimmt durch die Entfernung zum Objekt als auch durch additive Anteile Δd, verursacht durch Reflektivität und Auftreffrichtung am Objekt. In den Beobachtungen werden diese Anteile nicht berücksichtigt, da sie bereits in der gemessenen Distanz enthalten sind.

3   Stochastische Modellierung

Die genannten Einflussgrößen bilden die Grundlage für das stochastische Modell. Für die Modellierung werden im speziellen Beispiel folgende Annahmen getroffen.

Danach kann die Distanzunsicherheit laut Herstellerangaben (z. B. Z+F IMAGER 5006) in Abhängigkeit von Reflexionsgrad und Entfernung angegeben werden. Diese Abhängigkeiten können funktional ausgedrückt werden, um die Varianzen für die tatsächlichen Werte der Reflektivität und Entfernung zum Objekt zu interpolieren. Dies gilt ebenfalls für die Auftreffrichtung zum Objekt.

Für alle Beobachtungen l_s eines Scanpunktes ergibt sich die gesamte Varianz mit

$$\Sigma_{l_s l_s} = \begin{bmatrix} \sigma_a^2 & 0 & 0 & 0 & 0 \\ 0 & \sigma_{Hz}^2 & 0 & 0 & 0 \\ 0 & 0 & \sigma_{Vz}^2 & 0 & 0 \\ 0 & 0 & 0 & \sigma_{\Delta I}^2 & 0 \\ 0 & 0 & 0 & 0 & \sigma_{\Delta\alpha}^2 \end{bmatrix}. \tag{2}$$

Nicht berücksichtigt sind hier Korrelationen zwischen den Einflussgrößen. Die Abhängigkeit zwischen der Intensität und dem Auftreffwinkel wird in der Abbildung 2 deutlich. Für das gescannte Objekt (siehe Abb. 1) sind einzelne Linien erkennbar. Diese korrespondieren mit einzelnen Flächen im Objekt. Die Ausrichtung und die Helligkeit dieser Flächen prägen den Verlauf der Linien. Lineare Abhängigkeiten (Korrelationen) können also nicht für eine gesamt Szene aufgestellt werden, sondern die Korrelationen sind nur für Teilräume gültig. Diese sind zukünftig für einzelne segmentierte Bereiche der Szene zu bestimmen und im stochastischen Modell als Kovarianzen einzufügen.

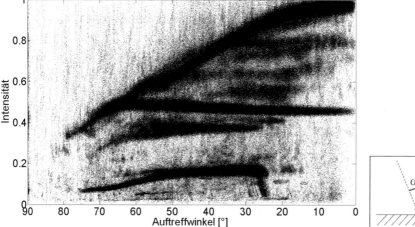

Abb. 2:   Relation zwischen Auftreffwinkel und Intensität

4   Varianzfortpflanzung für Massendaten

Ist die Varianz-Kovarianz-Matrix der Beobachtungen bekannt, kann sie linear in den kartesischen Raum transformiert werden:

$$\Sigma_{x_i x_i} = \mathbf{F} \cdot \Sigma_{l_i l_i} \cdot \mathbf{F}^{\mathbf{T}} \text{ mit } \mathbf{F} := \frac{\partial \boldsymbol{x}}{\partial \boldsymbol{l}}. \tag{3}$$

Die Aufstellung der Jacobi-Matrix **F** erfordert jedoch einen erheblichen Aufwand. Dies gilt vor allem dann, wenn neben den obigen Einflussgrößen für einen einzelnen statischen 3D-Scan weitere Beobachtungen aus den referenzierenden Sensoren für die direkte Georeferenzierung zu berücksichtigen sind (VENNEGEERTS et al. 2009). Gerade bei der Verkettung mehrerer Rotationen treten umfangreiche Funktionen auf, die nicht mit vertretbarem Aufwand analytisch zu berechnen sind. Numerisch exakte Lösungen liefert das automatische Differenzieren, bei dem Ableitungen durch Funktionspaare und deren Rechenregeln automatisch berechnet werden (GRIEWANK & WALTHER 2008).

Alternativ können stochastische Modelle auch mittels „Unverzerrter Transformation" (engl. „unscented transformation") fortgepflanzt werden. Hierfür sind keine expliziten Ableitungen notwendig und auch nicht-lineare Anteile werden berücksichtigt. (JULIER & UHLMANN 1997) verwenden erstmalig wenige sogenannte Sigma-Punkte, die die Verteilung der Beobachtungen ausreichend repräsentieren. Aktuelle Entwicklungen reduzieren die Anzahl notwendiger Sigma-Punkte und erlauben somit eine effizientere Berechnung der Varianzen.

Für alle Punkte eines Scans kann die mittlere Koordinatenunsicherheit

$$\overline{\sigma} = \sqrt{\frac{spur\left(\Sigma_{x_s x_s}\right)}{3}} \qquad (4)$$

mittels linearer Varianz-Kovarianz-Fortpflanzung (VKF) und zum Vergleich mittels unverzerrter Transformation (UT) berechnet werden. Für die dargestellte Szene (Abb. 1) liegen die Differenzen zwischen beiden Ansätzen im Bereich von $1 \cdot 10^{-5}$ mm, wobei die Koordinatenunsicherheiten durch die Linearisierung stets zu optimistisch fortgepflanzt werden. Insgesamt sind für den vorliegenden Fall eines Scans von einem festen Standpunkt die Differenzen jedoch von unwesentlichem Betrag.

5   Visualisierung stochastischer Informationen für terrestrische Laserscans

Entsprechend den Angaben des Herstellers wird die Unsicherheit aus der der Entfernung σ_a mit 0.3 mm + 10 ppm und die Unsicherheit aus der Winkelmessung $\sigma_{Hz} = \sigma_{Vz}$ mit 0.007° angesetzt. Die Unsicherheiten aus der Reflektivität $\sigma_{\Delta I}$ betragen für den vorliegenden Entfernungsbereich bis zu 0.8 mm. Ergänzende Untersuchungen (z. B. MECHELKE et al. 2007 oder SCHULZ 2007) bestimmen die Unsicherheit aus der Auftreffrichtung $\sigma_{\Delta \alpha}$, die danach Beträge bis zu 10 mm annehmen kann.

Um die resultierende Unsicherheit auch für Massendaten sichtbar zu machen, werden alle Punkte je nach fortgepflanzter mittlerer Koordinatenunsicherheit graucodiert (Abb. 3).

Dominierend ist hier der Einfluss der Auftreffrichtung an den fortgepflanzten Varianzen. Das gesamte Unsicherheitsbudget des Scans kann also nicht als homogen im Raum angesehen werden. Durch die verhältnismäßig geringe Ausdehnung des gescannten Raumes (ca. 10 × 6 × 5 m) sind die Einflüsse des winkel- und distanzabhängigen Anteils gering. Vor allem im Außenbereich sind diese Anteile entsprechend höher zu erwarten.

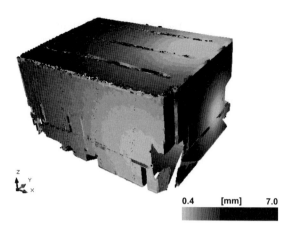

0.4   [mm]   7.0

Abb. 3:   Fortgepflanzte graucodierte, mittlere Koordinatenunsicherheit

6   Resümee zur Nutzbarkeit von Varianzinformationen

Um geometrisch die Varianz von Punkten eines Scans beurteilen zu können, sind Einflussfaktoren zu berücksichtigen, die die Spezifikationen des scannenden und ggf. referenzierenden Sensors als auch die jeweilige Objektumgebung berücksichtigen. Für die Erstellung
von Varianzmodellen wäre ein standardisierter Satz von Einflussfaktoren für Laserscanner
mit vergleichbarem Funktionsprinzip wünschenswert. Dies ermöglichte es einerseits, die
Systeme miteinander zu vergleichen. Andererseits können so auch zugehörige Varianzmodelle für den Nutzer nachvollziehbar und plausibel aufgestellt werden.

Die generierten stochastischen Punktwolken bieten einen Mehrwert, da die resultierende
Varianz von Referenzierung und Scanning anschaulich visualisiert wird. Das ermöglicht
die Interpretation des vollständigen Scanergebnisses und kann auch für die Optimierung der
Standpunktwahl für die Aufnahme einer Szene eingesetzt werden. Die Integration von
Varianzinformationen ist schließlich die Voraussetzung, um zuverlässige Aussagen zur
geometrischen Qualität der daraus gewonnen Modelle treffen zu können.

Literatur

Glennie, C. (2007): *Rigorous 3D error analysis of kinematic scanning LIDAR systems.*
    Journal of Applied Geodesy, 1 (2007), S. 147-157.

Griewank, A. & A. Walther (2008): *Principles and Techniques of Algorithmic Differentia-
    tion.* Nr. 105, in: Other Titles in Applied Mathematics. SIAM, Philadelphia, PA,
    2. Aufl.

Heister, H. (2006): *Zur standardisierten Überprüfung von terrestrischen Laserscannern
    (TLS).* Terrestrisches Laser-Scanning (TLS 2006). Augsburg: Wißner (DVW Schriften-
    reihe, Band 51), S. 35-44.

Julier, S. J. & J. K. Uhlmann (1997): *A New Extension of the Kalman Filter to Nonlinear
    Systems.* In: SPIE AeroSense Symposium Orlando.

Lichti, D. D., Gordon, S. J. & T. Tipdecho (2005): *Error Modelling and Propagation in Directly Georeferenced Terrestrial Laser Scanner Networks.* Journal of Surveying Engineering, Nov. 2005, S. 135-142.

Mechelke, K., Kersten, T. P. & M. Lindstaedt (2007): *Comparative investigations into the accuracy behaviour of the new generation terrestrial laser scanning systems.* In: 8th Conf. on Optical 3D measurement techniques, Zürich, Schweiz.

Schulz, T. (2007): *Calibration of a Terrestrial Laser Scanner for Engineering Geodesy.* Zürich: ETH Zürich (Dissertation Nr. 17036).

Vennegeerts, H., Paffenholz, J.-A., Martin, J. & H. Kutterer (2009): *Zwei Varianten zur direkten Georeferenzierung terrestrischer Laserscans.* PFG – Photogrammetrie · Fernerkundung · Geoinformation, 1/2009 (Themenheft Terrestrisches Laserscanning), S. 33-42.

Z+F Imager (2009): Datenblatt Z+F Imager 5006. http://www.zf-laser.com (Stand 1/2009).

Das Datenaustauschformat Binary Pointcloud (BPC) für TLS-Punktwolken

Fredie KERN, Michael POSPIŠ und Olaf PRÜMM

Zusammenfassung

Die Anwendungsgebiete im Bereich des terrestrischen Laserscannings (TLS) sind sehr weit gefächert. Daher werden innerhalb eines Projektes häufig verschiedene Softwareprodukte, die jeweils nur für bestimmte Aufgaben spezialisiert sind, in einer Prozesskette eingesetzt. Damit besteht ein unmittelbarer Bedarf, TLS-Daten möglichst verlustfrei, schnell und bequem auszutauschen. Bei den immensen Datenmengen, die dabei bewegt werden, sind zu dem der erforderliche Zeit- und Speicheraufwand wichtige Kriterien, auf die in der Praxis geachtet werden muss. Lösungen, die auf Textdateien (ASCII) beruhen, sind hierfür nicht praxisgerecht und leiden zudem unter Kompatibilitätsproblemen. Auch die Archivierung, der zum Teil für eine spätere Auswertung vorgehaltenen, TLS-Daten erfordert ein einheitliches Datenformat, das hersteller- und systemunabhängig sowie zukunftssicher ist. Abhilfe kann hier nur ein Datenformat schaffen, das auf breiten Konsens der Hard- und Softwarehersteller fußt.

Mit dem Aufsatz soll das einheitliche Datenaustauschformat für TLS-Punktwolken, **B**inary **P**ointcloud (BPC), vorgestellt werden. Die grundlegenden Überlegungen und Konzepte zu diesem neu entworfenen Datenformat werden dargestellt. Die Anwendungsmöglichkeiten des BPC und dessen Einschränkungen werden erläutert. Anhand von Beispieldatensätzen wird die erste BPC-Implementierung vorgestellt und kritisch bewertet.

1   Aktuelle Situation – Motivation

Die Anwendungsgebiete im Bereich des terrestrischen Laserscannings sind weit gefächert. Es gibt daher verschiedene Hard- und Softwareprodukte, die für bestimmte Anwendungen besser geeignet sind als andere. Folglich besteht der Bedarf, Daten möglichst schnell ohne großen Zeit- und Speicheraufwand auszutauschen. Des Weiteren besteht der Bedarf die Daten für spätere Auswertungen so vorzuhalten, dass unabhängig von spezifischen Schnittstellen (DLL) eine Lesbarkeit gewährleistet wird.

In der Abbildung 1 sind ein paar Zitate aus einem TLS-Forum zusammengetragen. Sie bringen recht deutlich zum Ausdruck, welche Probleme in der Praxis mit dem Import und Export von TLS-Daten auftreten können. Insbesondere beim ASCII-basierenden Austausch lauern viele „Gefahren": Statt in Metern sind die Koordinaten in Millimeter gespeichert. Nicht alle verfügbaren Nachkommenstellen werden übertragen. Vertauschen der Koordinatenachsen (Links- vs. Rechtssystem). Performanceprobleme.

Zitate aus dem Forum www.Laserscanning.org.uk

„...I am trying to import an ASCII file into the ModelSpace of Cyclone but I can't open my file cause it is too huge : 1.3 Go 53 millions of points ....“

„...Hi, You need to export the data from Cyclone a ascii txt or pts file. We have only tried it with a couple of million points.....„

„...For the text file that is too large to get in to Cyclone try using a package like Textpad wich can handle opening very large text files....“

„....The Export of data from Cyclone took about 5 days...“

„....What is the largest .pts/.ptx file anyone has sussesfully imported into pointools?...“

Abb. 1:   Zur praktischen Bedeutung der TLS-Datenaustauschformate

2   Struktur von TLS-Daten

Ein TLS führt über einen großen Horizontbereich, sein Gesichtsfeld oder Ausschnitte davon, reflektorlose Streckenmessungen D_i in viele Raumrichtungen (Hz, V) aus. Durch zwei Ablenkungen des Laserstrahls im Abtaster werden diese Raumrichtungen realisiert. Das Ablenken geschieht gestuft mit den Winkelinkrementen ΔHz und ΔV. Ein Scanvorgang erzeugt somit eine Punktwolke, die bezüglich der Ablenkrichtung Hz und V – theoretisch – streng rasterförmig angeordnet ist. Dieser in Abbildung 2 skizzierte Typ A einer Punktwolke spiegelt somit unmittelbar das polare Messverfahren des TLS wieder, wenn statt Koordinaten die polaren Elemente Hz, V und D gespeichert würden. Typ A-Punktwolken können

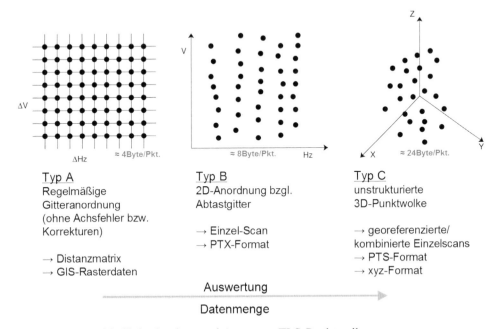

Abb. 2: Unterschiedliche Struktur und Arten von TLS-Punktwolken

als Distanzmatrix bzw. in einem Format für GIS-Rasterdaten gespeichert werden. Damit könnten Sie leicht mit einem Bildverarbeitungsprogramm oder einem GIS als Panoramaansicht dargestellt und weiterverarbeitet werden. Probleme entstehen aber dadurch, dass durch interne Kalibrierungen bzw. durch den Messprozess selbst, eine streng gitterförmige Anordnung nicht garantiert werden kann bzw. sinnvoll ist (Abb. 2, Typ B). Daher werden TLS-Punktwolken häufig als Hz-V-Matrix gespeichert wobei jedes Matrixelement ein Koordinaten-Tripel enthält und Zeilen- und Spaltenindex durch die Soll-Abtast-Stellen definiert sind. Ein Beispiel für das Abspeichern einer Typ-B-Punktwolke ist das PTX-Format.

Nachteilig an der Speicherung von Punktwolken in einer Gitteranordnung ist, dass zum Teil erhebliche Matrixbereiche unbelegt sind, weil in diese Richtung kein Messpunkt bestimmt werden konnte z. B. weil die Entfernung zum Objekt außerhalb des Messbereiches liegt (Himmel, Objekthintergrund). Vorteilhaft an einer Gitterstruktur ist die implizite Dokumentation des Messablaufes und der leicht realisierbare indizierte Zugriff auf Teile der Punktwolkenmatrix.

Für unstrukturierte Punktwolken, bei denen entweder die Zuordnung zu einem Abtastgitter, z. B. im Rahmen eines Auswerteschrittes, verloren gegangen ist oder die sich nicht mehr verebnen lassen, also echte 3D-Punktwolken darstellen z. B. nach der Georeferenzierung und Bündelung mehrerer Punktwolken, sowie bei Punktwolken, deren Abtastmatrix dünn besetzt ist, sind andere Arten der Abspeicherung erforderlich. Für diese Typ-C-Punktwolken sind einfache ASCII Koordinatenlisten (xyz-Datei) oder um Intensitätswert und Farbwerte erweiterte ASCII-Listen (PTS-Format) im Gebrauch.

3   Vorhandene herstellerunabhängige TLS-Datenformate

3.1   PTS

Mittels PTS-Format können nahezu beliebige TLS-Punktwolken (Typ A, B und C) in Form einer Textdatei ausgetauscht werden. Der Aufbau gliedert sich in einen Eintrag, der die Anzahl der folgenden Einzelpunkte beschreibt, gefolgt von der unstrukturierten Auflistung (Typ C) der Einzelpunkte mit den Koordinaten x, y, z, einem Intensitätswert und/oder den Farbattributen in der Form RGB. Es können mehrere derartige Blöcke in einer Datei stehen. Wesentliche Nachteile des PTS-Formates bestehen im Verlust der regelmäßigen Anordnung bezüglich eines Abtastgitters und der großen Dateigröße aufgrund der Speicherung im ASCII-Format. Der große Vorteil liegt in der ausgesprochen Einfachheit der Formatdefinition, so dass dessen Unterstützung von vielen Programmsystemen nicht verwunderlich ist.

Vorteile	Nachteile
• Hersteller- und gerätetypunabhängig • Einfachheit	• Originäre Messreihenfolge geht verloren • Sehr hoher Speicherplatzbedarf • Langsam zu verarbeiten • Format kann keine Metadaten speichern

3.2   PTX

Im PTX-Format werden die Messwerte ebenfalls im ASCII-Format abgelegt. Der Unterschied zum PTS Format besteht darin, dass die Informationen der 2D-Anordnung bezüglich des Abtastgitters erhalten bleiben. So werden alle Messungen eines TLS-Standpunktes als lokale Koordinaten x, y und z mit den dazugehörigen Intensitäten bzw. Farbwerten rasterförmig (Typ B) abgelegt. Sollte eine Messung in dem Raster nicht belegt sein, werden anstatt der Messwerte Nullen an die Stelle geschrieben. Vor jeder Auflistung der standpunktbezogenen Messpunkte stehen im 10-zeiligen Dateiheader Information über die Anzahl der Zeilen und Spalten des Rasters, sowie die Transformationsparameter der lokalen Messpunkte in ein übergeordnetes System.

Der Vorteil gegenüber dem PTS-Format ist der Erhalt der Abtaststruktur. Nachteilig auf die Dateigröße wirkt sich bei einer „dünnbesetzten" Punktwolke hingegen das Besetzen von unbelegten Rasterelementen mit Nullen aus. Durch die Abspeicherung der „kurzen" lokalen Koordinaten und der Transformationsparameter anstelle der „langen" Landeskoordinaten kann aber unter Umständen wieder Speicherplatz gespart werden.

Vorteile	Nachteile
• Hersteller- und gerätetypunabhängig • Infos zur Georeferenzierung • 2D-Anordnung bezüglich Abtastgitter bleibt erhalten	• Sehr hoher Speicherplatzbedarf • Langsam zu verarbeiten • Speicherplatzbedarf für das Besetzen von nicht belegten Rasterelementen • Format kann keine Metadaten speichern

3.3   PTB

Ziel der Einführung des Datenformats PTB durch Lupos3D war es, hinsichtlich Speicherplatzbedarf und Verarbeitungszeit gegenüber den derzeit gängigen Austauschformaten wesentliche Verbesserungen zu erzielen. Dabei sollten die Daten verlustfrei und unter Erhalt der rasterförmigen Anordnung gespeichert werden. Gleichzeitig sollte das Format möglichst einfach gehalten sein, um eine breite Akzeptanz zu erzielen und Fehler bei der Implementierung zu vermeiden sowie Wartungsfreundlichkeit zu erreichen.

Das PTB-Format ist von seinem strukturellen Aufbau stark an das PTX-Format angelehnt. Der wesentliche Unterschied besteht darin, dass die Daten binär gespeichert werden und dass in einer Datei nur die Daten von einem Scanvorgang gespeichert werden können.

Vorteile	Nachteile
• Hersteller- und gerätetypunabhängig • 2D-Anordnung bezüglich Abtastgitter bleibt erhalten • Deutlich geringerer Speicherplatzbedarf im Vergleich zu den ASCII-Formaten • Infos zur Georeferenzierung • Viel schnellere Bearbeitung als bei ASCII • Einfachheit im Aufbau • Wahlfreier Zugriff (z. B. Ausschnitt)	• Speicherplatzbedarf für das Besetzen von nicht belegten Rasterelementen • Kann bisher keine Metadaten speichern • Intensität und Farbwerte im Fließkommazahl-Format (`float`)

3.4   i3mainz-TLS-Format

Entscheidendes Entwurfsziel des i3mainz-TLS-Formates (i3sc-Format) war die Datenkomprimierung bei der Speicherung von Einzelscans gleicher äußerer Orientierung. Dies gelang durch eine Einschränkung des Messvolumens auf einen Radius von 200m und der Speicherung der Polarelemente anstatt der kartesischen Koordinaten sowie durch den Verzicht auf die Dokumentation der Abtastreihenfolge. Die Polarelemente werden dabei auf neue Wertebereiche quantisiert. Für die Richtungen *Hz* und *V* sind 22bit und für Raumstrecken *D* 20bit vorgesehen. Der durchschnittliche Quantisierungsfehler bezüglich der Raumposition bleibt damit unter 0,0mm + *D* 0,002mm; das sind max. 0,8mm bei *D*=200m. Das i3sc-Format nimmt zusätzlich noch Intensitätswerte mit einer Auflösung von 32bit auf. Die Messpunkte werden bezüglich der Intensitätswerte gruppiert und in Blöcken mit variabler Größe gespeichert. Vor- und Nachteile des i3sc-Formates sind (KERN 2008a):

Vorteile	Nachteile
• Hersteller- und gerätetypunabhängig • Binäres Format, gute Komprimierung • Format kann Metadaten speichern • Schnelle Konvertierungsgeschwindigkeit • Infos über Georeferenzierung	• Originäres Abtastmuster geht verloren • Beschränkt auf Entfernungen bis 200 m • Verlustbehaftet • Keine RGB-Werte • Relativ komplex

3.5   ASPRS-LAS

An dieser Stelle soll kurz ein Seitenblick ins Airborne-Laserscanning (ALS) gewagt werden. Dort existierten ähnliche Problemstellungen wie beim Austausch von TLS-Daten. Doch schon seit längerem hat sich dort das binäre Format LAS etablieren können (SAMBERG 2007, ASPRS-LAS 2008). Leider ist es aufgrund seiner sehr speziellen Ausrichtung nur schwer fürs TLS einzusetzen. So erlaubt es z. B. keine Abtastgitter-orientierte Speicherung und verlangt je Messpunkt mehrere Bytes an Zusatzinfos, die beim TLS keine Rolle spielen bzw. nicht verfügbar sind; z. B.: Point Source ID (2 Byte), GPS-Time (8 Byte!).

3.6   Zusammenfassung

Trotz bzw. aufgrund der relativ einfachen Struktur von Punktwolken sind etliche Austauschformate erfunden worden; mindestens eins pro Hersteller.

Tabelle 1:   TLS-Datenformate und ihre Verfügbarkeit für Softwareentwickler

	pt z	im p	3d d	Fl s	lp s	pt c	zfs/zf c	pt b	i3 sc	bp c	pt s	pt x
Datenart Binär	+	+	+	+	+	+	+	+	+	+		
Datenart ASCII											+	+
Formatbeschreibung								+	+	+	+	+
Schnittstelle Lesen			+	+	+	+	+	+		+		
Schnittstelle Schreiben					+	+		+		+		
Kostenpflichtig							+					

Der dargelegte, unvollständige, Überblick in Tabelle 1 zeigt bereits, welche Anforderungen an ein allgemeines Austauschformat für TLS-Daten zu stellen sind:

- Binäre Speicherung
  - einer Einzelscan-Punktwolke wahlweise als Typ B oder C
  - inkl. Metainformationen,
  - inkl. der Parameter der Georeferenzierung und
  - inkl. der Intensitäts- (optional) und/oder RGB-Farbwerte (optional)
- mit moderatem Bedarf an Speicherplatz, die
- eine effiziente Verarbeitung, weil gering komplex strukturiert, erlaubt.

4   Das Format Binary Pointcloud – BPC

4.1   Allgemeines

Unter Punktwolke wird beim BPC-Format eine Menge von Messpunkten verstanden. Jeder Messpunkt wird dabei durch seine dreidimensionalen, kartesischen Koordinaten bezüglich eines gerätebezogene Sensorkoordinatensystem räumlich-geometrisch beschrieben. Ursprung des Sensorkoordinatensystems ist der Kreuzungspunkt der Rotationsachsen des TLS-Abtasters (Scanner). Das Sensorkoordinatensystem ist ein rechtshändisches System (x-Achse = „Rechtswert", y-Achse = „Hochwert", z-Achse = „Höhe"). Jeder Messpunkt ist von diesem Ursprung aus durch polare Messung, reflektorlose Distanzmessung bezüglich einer durch den Abtaster eingestellten Raumrichtung, entstanden. Die Punktwolke kann bezüglich der Raumrichtungen strukturiert bzw. sortiert sein gleichbedeutend mit der rasterförmigen Anordnung der Messpunkte innerhalb der Punktwolke.

Zusätzliche Messelemente je Messpunkt können sein:

- Ein Intensitätswert als Maß für die zurück gestreute und am TLS empfangene Energie des Laserlichtes (Remission, Reflektanz)

- Ein Farbwert, der aus einem zusätzlichen Sensor (Fotokamera) stammt oder durch Berechnung/Verarbeitung hervorgegangen ist. Mit dem Farbwert kann die Punktwolke z. B. zur Visualisierung „photorealistisch" eingefärbt werden.

Mit dem BPC-Format kann nur eine einzelne Punktwolke mit seinen Metainformationen je Datei gespeichert werden. Bei den abgespeicherten Daten handelt es sich in der Regel um „originäre" Messungen. Ob, welche und wie Korrekturen und Reduktionen angebracht sind, wird im BPC-Format nicht dokumentiert.

4.2 BPC-Struktur

Das BPC-Format setzt sich aus zwei Teilen zusammen. Zum einen ist dies der XML-Teil mit den Metainformationen (ASCII), der sich am Anfang der Datei befinden muss. Daran schließt sich der binäre Teil mit den eigentlichen Messdaten an. Der Anfang des binären Teils wird durch das Zeichen Ctrl-Z (`0x1A`) markiert.

4.2.1 Teil Metainformationen (XML-Teil)

Der Teil mit den Metainformationen stellt ein valides XML-Dokument dar. Seine Struktur ist durch eine Document-Type-Definition (`bpc.dtd`) bzw. ein XML-Schema (`bpc.xsd`) festgelegt (Abb. 3). Es existieren zwei Sektionen in diesem XML-Dokument. Die erste Sektion beinhaltet das Element `<metadata>` und das zweite das Element `<pointcloud>`, in dem die technischen Parameter über Umfang, Struktur und Georeferenzierung der Daten im zweiten Teil der Datei abgelegt sind.

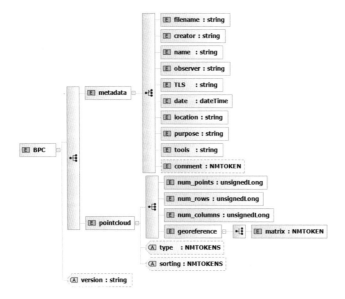

Abb. 3: Grafische Darstellung des XML-Schemas (`bpc.xsd`) für das BPC-Format Version 1.0

Tabelle 2: BPC-Metainformationen

Elementname	Bedeutung und Inhalte
`<filename>`	Name der Datei im Originalformat
`<creator>`	Information über das Programm, welches diese Datei erstellt hat
`<name>`	Name dessen, was gespeichert ist? Z. B.: Punktnummer des Standpunktes
`<TLS>`	Mit welchem Sensor sind die Daten erfasst worden oder durch welches Programm sind sie verarbeitet/erzeugt worden? Z. B.: TLS-Typ, Seriennummer, Firmware-Version etc.
`<observer>`	Wer hat gescannt oder ausgewertet? Z. B.: Name des Beobachters/Auswerters oder der Programmname
`<date>`	Wann sind die Daten erfasst oder verarbeitet worden?
`<location>`	Wo sind die Daten erfasst worden? Z. B.: Angabe einer Adresse
`<purpose>`	Warum sind die Daten erfasst bzw. verarbeitet worden?
`<tool>`	Welche Werkzeuge/Algorithmen sind verwendet worden?
`<comment>`	Andere unstrukturierte Metainformationen oder Kommentare

Wichtige, zwingend erforderliche, Metainformationen werden im Element `<metadata>` zusammengefasst. Innerhalb dieses Elementes sind bislang folgende in der Tabelle 2 aufgeführte Elemente vorgesehen. Weitere Elemente können durch das flexible XML-Konzept beliebig hinzugefügt werden. Solange diese aber nicht in einer Formatbeschreibung erläutert sind, können sie nicht exakt vom importierenden Programm interpretiert werden.

Das Element `<pointcloud>` hat verschiedene Attribut, anhand derer man die binär gespeicherten Daten innerhalb des zweiten Teils herauslesen kann. So bestimmt das Attribut `sorting`, ob die Daten in einer Gitterstruktur oder in einer freien Sortierung gespeichert sind und das Attribut `type` spezifiziert welcher Datenumfang pro Messpunkt vorliegt. Damit ist es möglich sowohl Messungen in ihren originären Anordnung (Typ B) als auch völlig unstrukturierte Punktwolken (Typ C), wie sie häufig nach Verarbeitungsprozessen entstehen, auszutauschen. Auch wird damit ein Weg eröffnet zu unterscheiden, ob

a) nur die Geometriedaten (`type="xyz"`),

b) Geometriedaten und ein Intensitätswert (`type="xyzI"`),

c) Geometriedaten und RGB-Werte (`type="xyzRGB"`) oder

d) Geometriedaten, ein Intensitätswert und RGB-Werte (`type="xyzIRGB"`)

je Messpunkt abgespeichert sind. Durch die Variabilität, nur die Datenmengen abzuspeichern, die auch wirklich von Interesse sind, kann Speicherplatz gezielt eingespart werden.

An Unterelementen für `<pointcloud>` sind die Gesamtanzahl der Messpunkte `<num_points>`, die Anzahl an Zeilen `<num_rows>` und Spalten `<num_columns>` sowie eine Transformationsmatrix für die Georeferenzierung `<georeference>` Vorgesehen. Die Georeferenzierung wird durch eine 4×4-Transformationsmatrix für homogene Koordinaten definiert, die wie folgt aufgebaut ist:

$$\mathbf{T}_{4\times4} = \begin{bmatrix} r_{1,1} & r_{1,2} & r_{1,3} & t_X \\ r_{2,1} & r_{2,2} & r_{2,3} & t_Y \\ r_{3,1} & r_{3,2} & r_{3,3} & t_Z \\ 0 & 0 & 0 & s \end{bmatrix}$$

und beinhaltet folgende Parameter:

$r_{i,j}$: Rotationsmatrix inkl. Spiegelung und Scherungen

t_i : Translationsvektor

s : Skalierungsfaktor

Um die im zweiten Dateiteil gespeicherte Punktwolke vom lokalen Sensorkoordinatensystem ins übergeordnete System zu transformieren ist die Formel 1 zu benutzen.

$$\mathbf{X}_{global} = \begin{bmatrix} X_{global} \\ Y_{global} \\ Z_{global} \end{bmatrix} = \begin{bmatrix} x_{global}/s \\ x_{global}/s \\ x_{global}/s \end{bmatrix} = \frac{1}{s}\begin{bmatrix} r_{1,1} & r_{1,2} & r_{1,3} \\ r_{2,1} & r_{2,2} & r_{2,3} \\ r_{3,1} & r_{3,2} & r_{3,3} \end{bmatrix} \cdot \begin{bmatrix} x_{local} \\ y_{local} \\ z_{local} \end{bmatrix} + \begin{bmatrix} t_X \\ t_Y \\ t_Z \end{bmatrix} \tag{1}$$

4.2.2 Teil Punktwolke (binäre Teil)

Die Länge des Teils Metainformationen ist momentan auf 2048 Byte beschränkt. Das Ende wird durch das Zeichen `0x1A` (Ctrl-Z) an der Dateiposition 2047 angezeigt. Danach folgen die binär abgelegten Daten der Punktwolke. Wenn eine rasterförmige Anordnung (`sorting="graticule"`) und der Datentyp `type="xyzI"` eingestellt sind, sind `<num_rows>` mal `<num_columns>` Datensätze gespeichert, mit folgender der Datenstruktur (C-Syntax):

```
// float : IEEE-Format 4Byte = 4*8 =32Bit   8 signifikante Stellen
// short : 2-byte-integer

struct xyzI {
  float x[3];          // cartesian 3D coordinates   3*4 = 12 byte
  unsigned short I;    // intensity  16 bit                 2 byte
}
```

4.3 BPC-Beispiel

Der Vorteil einer XML-basierten Speicherung der Metainformation wird an folgendem Blick in eine BPC-Datei mittels ASCII-Editor sichtbar. Ohne spezielle Hilfsmittel lässt sich das Was, Wie, Womit, Wozu etc. bezüglich dieser Daten klären.

```
<?xml version="1.0" encoding="ISO-8859-1"?>
<?xml-stylesheet type="text/css" href="bpc.css"?>
<!DOCTYPE TLS_IO SYSTEM "bpc.dtd">
<BPC version="1.0">
  <metadata>
    <filename>mini.ptx</filename>
    <creator>PBC-Processor v1.0 (c) Fast-Software Ltd.</creator>
    <name>Test</name>
    <TLS>(unknown) Serial-No: 900267-007</TLS>
```

```
    <observer>Kaluschke, Alfred</observer>
    <date>2008-09-22T12:13:47</date>
    <location>Mainz, Holzstraße</location>
    <purpose>testing TLS-IO</purpose>
    <tool>export from i3mainzscene, no changes</tool>
    <comment>ptx_bpc.exe</comment>
  </metadata>
  <pointcloud type="xyzIRGB" sorting="graticule">
    <num_points>64</num_points>
    <num_rows>8</num_rows>
    <num_columns>8</num_columns>
    <georeference>
      <matrix>
        1.000000 0.000000 0.000000 0.000000
        0.000000 1.000000 0.000000 0.000000
        0.000000 0.000000 1.000000 0.000000
        0.000000 0.000000 0.000000 1.000000
      </matrix>
    </georeference>
  </pointcloud>
</BPC>
...
```

← *pointcloud data will following here at file position 2048*

5   BPC-Implementierung

Mit der Bibiliothek TLS_IO, bzw. einer damit erstellbaren Dynamic Link Library (DLL), liegt bereits eine erste Implementierung des BPC-Formates als Open Source für Microsoft-Windows-Betriebssysteme vor, inkl. Dokumentation und Beispielen (KERN 2008b). Mit TLS_IO ist es bislang nur möglich, Punktwolken in Rasteranordnung mit dem Datentyp xyzIRGB zu speichern. Als Beispielanwendungen sind im TLS_IO-Paket Konverter für das PTX-Format enthalten. So lässt sich z. B. mit dem Programm ptx_ctls.exe eine PTX-Datei nach BPC übertragen und dabei mit Metainformationen versehen. Der Aufruf kann dabei wie folgt aussehen:

```
ptx_ctls.exe turm.ptx turm.ctls -D30.09.2007 -NTurm -SFARO -OKern -PTestPrj
```

6   Schluss

Bei der Konzeption des BPC-Formates wurde auf die speziellen Gegebenheiten beim ter-restrischen Laserscanning eingegangen (z. B. begrenztes Messvolumen, begrenzte Auflö-sung, große Datenmengen). Es deckt die Haupteinsatzbereiche der Praxis ab ohne auf jeden Spezialfall einzugehen. Es stellt einen Kompromiss dar aus Speicher- und Verarbeitungsef-fizienz und sollte überall leicht zu implementieren sein. Es ist Dank der verwendeten XML-Technologie leicht erweiterbar und so auch zukünftigen Anforderungen gewachsen.

Was noch bleibt ist die ausgiebige Diskussion dieses Format-Vorschlages mit den Herstel-lern von TLS-Geräten und von TLS-Auswertesoftware sowie seitens der Anwender. Insbe-sondere sind folgende Fragen nicht abschließend ausdiskutiert:

- Ist eine binäre Speicherung der Metainformationen einem Dateiheader im XML-Format vorzuziehen?

- In welchem Verhältnis stehen die konträren Optimierungsziele Datenkomprimierung und Verarbeitungsgeschwindigkeit zueinander?

- Welche Bedeutung hat die Speicherung der Messreihenfolge? Wie lässt sich diese bei spärlich besetztem Abtastgitter speicherplatzschonend erhalten?

- Inwieweit sind Informationsverluste akzeptabel z. B. durch Rundungsfehler?

- Welche Informationen sollen zusätzlich/zukünftig ausgetauscht werden, wie z. B. First-/Lastpulse oder Standardabweichungen für die Koordinaten?

Die Autoren hoffen, mit diesem konkreten Vorschlag einen großen Schritt in Richtung Standard-TLS-Format getan zu haben. Vielleicht erwächst daraus tatsächlich etwas, das der Bedeutung von RINEX, als Austauschformat für GPS-Messungen, nahe kommen kann.

Literatur

ASPRS-LAS (2008): *ASPRS Lidar Exchange Format (LAS) Specification Version 1.2 –* Approved by ASPRS Board 09/02/2008. www.asprs.org/society/committees/standards/ lidar_exchange_format.html (Zugriff: 03.02.2009).

Kern, F. (2008a): *i3mainz TLS-Datenformat (i3sc)*. Offenes Forum Laserscanning – Normierung und Prüfung, Hochschule Bochum, 2. September 2008. www.laserscanning.org

Kern, F. (2008b): *TLS_IO-Documentation & Open Source*. Version 1.0 Draft v. 30.09.2008. www.laserscanning.org

Kern, F. & M. Pospiš (2008): *Binary Point Cloud Version 1.0 – Documentation*, Version 1.02 (draft), 10.11.2008. www.laserscanning.org

Prümm, O. & M. Pospiš (2008): *PTB – Ein Vorschlag für ein einheitliches binäres Austauschformat für 3D-Laserscandaten*. Offenes Forum Laserscanning – Normierung und Prüfung, Hochschule Bochum, 2. September 2008. www.laserscanning.org

Samberg, A. (2007): *An Implementation of the ASPRS LAS Standard*. IAPRS Volume XXXVI, Part 3/W52, S. 363-372.

Untersuchungen zur Genauigkeit und Zuverlässigkeit der Laserscanner ScanStation 2 und HDS 6000 von Leica sowie LMS-Z420i von Riegl und Erarbeitung einfacher Prüfroutinen für diese Scanner

Wolffried WEHMANN, Christopher van ZYL, Jens ULLRICH, Alexander RICHARDT, Christian STAECK und Silvio VOSS

Zusammenfassung

Bei der Prüfung terrestrischer Laserscanner sollte stets zwischen einfachen Feldverfahren zur Überprüfung der korrekten Arbeitsweise durch die Anwender sowie wesentlich aufwändigeren Geräteuntersuchungen zur Bestimmung der Systemgenauigkeit der Instrumente und der Aufdeckung von Abhängigkeiten der Messgenauigkeiten von inneren und äußeren Fehlereinflüssen unterschieden werden. Letztere sind Aufgabe der Hersteller und wissenschaftlicher Einrichtungen wie Hochschulen und dienen der Weiterentwicklung der Gerätesysteme sowie zur Ableitung geeigneter Einsatzgebiete dieser Instrumente. Die Untersuchungsergebnisse beider Prüfmöglichkeiten aus dem Jahre 2008 werden für die Laserscanner ScanStation 2 und HDS 6000 von Leica sowie LMS-Z420i von Riegl 2008 vorgestellt.

1   Prüfungen terrestrischer Laserscanner an der HTW Dresden

An der Hochschule für Technik und Wirtschaft Dresden (HTWD) werden seit vier Jahren Untersuchungen zur Prüfung terrestrischer Laserscanner mit Geräten verschiedener Hersteller durchgeführt, die sich bis 2008 ausschließlich auf Prüfungen im Sinne einer Annahmeprüfung erstreckten. Dazu wurden zwei Prüffelder eingerichtet, die praktisch alle erforderlichen Prüfungen von terrestrischen Laserscannern ermöglichen.

Ein hochgenaues Testfeld befindet sich in einer geschlossenen Halle im Laborgebäude Schnorrstraße (LGS-Halle). Das Gebäude ist eine ca. 70 m lange, 25 m breite und fast 12 m hohe Industriehalle, in der sich mehrere Labore der HTWD mit zahlreichen bodennahen Einbauten befinden. Das Testfeld wurde als hierarchisches Netz in vier Stufen so angelegt, dass es jederzeit erweiterbar ist. Aufbauend auf einem Basisnetz aus sechs stabil vermarkten Bodenpunkten mit einer 3D-Koordinatengenauigkeit von besser als 1,0 mm im Hallenboden wurden als zweite Ordnung je ein Passpunktnetz für Scanner der Firma *Trimble* (weiße Trimble-Kugeln vor einem dunklen Hintergrund), *Riegl* (Passmarken aus Reflexfolie des Typs Riegl Flat) und *Leica* (HDS- und Black&White-Zielmarken) in unterschiedlichen Höhen von 1 bis 9 m über dem Hallenboden signalisiert (siehe Abb. 1). Die 3D-Genauigkeit dieser insgesamt 35 Punkte ist besser als 1,8 mm (WEHMANN et al. 2008).

Da die Punkte der Passpunktnetze zur Stationierung der Scanner verwendet und somit nicht direkt für Genauigkeitsuntersuchungen genutzt werden, wurde als dritte Ordnung ein weiteres Prüfmarkennetz aus 104 gut anzielbaren Zielmarken obiger Hersteller über die Halle verteilt vermarkt und koordinatenmäßig mit nahezu gleicher Genauigkeit bestimmt. Um realistische Ergebnisse über die erreichbaren Genauigkeiten von schwieriger erfassbaren topographischen Detailpunkten zu erhalten, wurde außerdem ein Netz sogenannter natürlicher Punkte in der gleichen Halle installiert. Es besteht aus 25 markanten Schrauben, Nieten oder Metallecken, die alle mit einer räumlichen Punktgenauigkeit von besser als 4 mm tachymetrisch bestimmt wurden. Sie sind bedingt durch ihre unterschiedliche Form ungenauer anzielbar und können von Scannern nicht automatisch als Zielmarken extrahiert, sondern nur als Punktwolkenobjekte erfasst werden. Damit können aber für unterschiedlich gut scannbare Ziele Lage-, Höhen- und 3D-Punktgenauigkeiten aus Soll-Ist-Koordinatenvergleichen sowie daraus abgeleitet Strecken- und Winkelgenauigkeiten für zu untersuchende Scanner und somit gerätebezogene Systemgenauigkeiten objektiv ermittelt werden. In dieser Halle erfolgen weitere Untersuchungen zum Auflösungsverhalten an einem dreidimensionalen Siemensstern, zu Kanteneffekten und Einflüssen unterschiedlicher Ziele (Art, Farbe, Oberflächenrauigkeit und Reflexionsvermögen der Zielmaterialien).

Abb. 1: Übersicht über das Prüfmarkennetz für Scanner der Firma Leica

Um maximale Reichweiten von Laserscannern unter Praxisbedingungen abzuleiten und um erreichbare Punktgenauigkeiten über große Entfernungen objektiv beurteilen zu können, wurde im HTW-Campus ein zusätzliches Reichweitentestfeld im Entfernungsbereich von 95 bis 960 m angelegt. Hierzu wurden Klebemarken für unterschiedliche Scannertypen an Gebäuden in der Umgebung angebracht und tachymetrisch auf wenige Zentimeter genau in einem einheitlichen Koordinatensystem bestimmt. Ferner wurden auch die Koordinaten von Gebäudeelementen wie Ecken und Wandkanten aufgemessen, um Passstrecken bilden zu können. Als Instrumentenstandpunkt dienen im gleichen Netz bestimmte Punkte auf dem Dach des Zentralgebäudes der HTW Dresden (Bodenpunkte und ein Messpfeiler) (WEHMANN et al. 2008).

2   Untersuchungen der Laserscanner ScanStation 2 und HDS 6000 von Leica sowie LMS-Z420i von Riegl in den Prüffeldern der HTW Dresden

2.1   Vorstellung der untersuchten Laserscanner

Im Prüffeld in der LGS-Halle erfolgten die Untersuchungen zur Genauigkeit der drei Scanner ScanStation 2, HDS 6000 und LMS-Z420i in Abhängigkeit von unterschiedlichen Parametern nahezu parallel. Alle drei Probanden werden nach wie vor von den jeweiligen

Herstellern produziert, die ScanStation 2 seit 2007, der HDS 6000 seit 2006 und der LMS-Z420i seit 2003. Sie unterscheiden sich jedoch in ihren Parametern und bevorzugten Einsatzgebieten so erheblich voneinander, dass sie kaum vergleichbar sind.

Der terrestrische Laserscanner LMS-Z420i ist ein Produkt der österreichischen Firma Riegl Laser Measurement Systems. Er verfügt laut Herstellerangaben über eine Streckenmessgenauigkeit ≤ 10 mm und eine sehr hohe Reichweite von bis zu 1000 m. Mit diesem Scanner können bis zu 11000 Punkte pro Sekunde in einem horizontalen Gesichtsfeld von 360° bestimmt werden. Der LMS-Z420i wird zusammen mit der Software RiSCAN PRO vertrieben, die als Steuerungs- und Auswertesoftware dient. Auf dem Scanner ist in der Regel eine hochauflösende Digitalkamera (beim untersuchten Gerät die D100 von Nikon mit 6 Megapixel) montiert, die direkt mit dem Scanner verbunden, gemeinsam mit ihm kalibriert und ebenfalls über RiSCAN PRO vom zugehörigen Notebook aus steuerbar ist. Damit bilden Kamera und Scanner ein System (RIEGL 2006).

Abb. 2:   Der Scanner LMS-Z420i von Riegl (RIEGL 2006)

Die Leica ScanStation 2 ist ein Produkt der Schweizer Firma Leica Geosystems AG. Dieser Scanner besitzt eine Streckenmessgenauigkeit von 4 mm laut Herstellerangaben sowie eine Reichweite von bis zu 300 m. Mit diesem Scanner können bis zu 50.000 Punkte pro Sekunde in einem Gesichtsfeld von 360° × 270° bestimmt werden. Die ScanStation 2 besitzt eine integrierte 1 Megapixel Digitalkamera, deren Bilder jedoch nur zu Übersichtszwecken verwendet werden können, da die Kamera nicht über eine so hohe photogrammetrische Qualität wie die D100 von Nikon verfügt. Die Scanner- und Kamerasteuerung erfolgt mit der Leica Software Cyclone, Version 5.8, die neben der ScanStation auch alle anderen Scanner vom Typ HDS der Firma Leica unterstützt. Die ScanStation 2 besitzt einen Zweiachskompensator mit integrierter elektronischer Libelle, womit Stationierungen auf bekannten Festpunkten möglich sind. Für die Einbeziehung in den Vermessungsalltag wurden in die ScanStation 2 auch geodätische Zusatzfunktionen, wie Absteckung oder Polygonzugmessung integriert. Weitere Details sind den Gerätebeschreibungen (LEICA 2008) zu entnehmen.

Abb. 3:   Die ScanStation 2 von Leica (LEICA 2008)

Im Gegensatz zu den beiden oben vorgestellten Geräten, deren Messprinzip auf dem Impulsmessverfahren beruht, arbeitet der dritte untersuchte Scanner, der HDS 6000, nach dem Phasenvergleichsverfahren bei der Streckenmessung. Dadurch ist seine maximale Reichweite auf 80 m beschränkt. Der HDS 6000 wurde von der Firma Zoller & Fröhlich entwickelt, ist baugleich dem Imager 5006 dieser Firma und wurde im Herbst 2006 von Leica auf den Markt gebracht. Der HDS 6000 (Abb. 4) zeichnet sich vor allem durch eine extrem hohe Messgeschwindigkeit von zu 50.0000 Punkten pro Sekunde aus. Scanner, Bedieneinheit, Datenspeicher und Stromversorgung befinden sich in einem kompakten Gerät. Das erleichtert den Umgang mit dem Gerät und erfordert nicht zwingend einen zusätzlichen Laptop oder PDA im Außendienst. Hinsichtlich Genauigkeit und Neigungssensor ist er mit der ScanStation 2 vergleichbar (LEICA 2008), besitzt aber keine integrierte Kamera.

Abb. 4:   Der Scanner HDS 6000 von Leica (LEICA 2008)

2.2   Untersuchungen zur Koordinatengenauigkeit der Scanner

Die Bestimmung der Koordinatengenauigkeit erfolgte im beschriebenen Testfeld in der LGS-Halle für alle Scanner mehrfach in verschiedenen Einstellungen an verschiedenen Tagen und – soweit möglich – in verschiedenen Stationierungen.

Der Riegl LMS-Z420i steht für eine Klasse von Laserscannern, die keine Zentriervorrichtung besitzt. Somit kann man ihn nicht zentrisch über einem Punkt aufbauen und horizontieren, sondern die Standpunktbestimmung erfolgt stets über eine freie Stationierung zu Passmarken. Gescannt wurden sowohl zum Scanner passende Zielmarken als auch Trimble-Kugeln und die natürlichen Punkte im Prüfmarkenfeld, wobei nur die Zielmarken „Riegl Flat" als Registrierungspunkte für die Transformation ins Prüfkoordinatensystem ausreichend genaue Ergebnisse brachten. Mit einer erreichten mittleren 3D-Genauigkeit von 5 mm im Prüfmarkenfeld aus Koordinatenvergleichen wurden bessere Ergebnisse erzielt, als aus den Herstellerangaben zu erwarten waren. Unterschiede zwischen einfachem und mehrfachem Scannen konnten nicht festgestellt werden. Die Trimble-Kugeln, die nicht automatisch vom LMS-Z420i fein gescannt und extrahiert werden, wurden nur mit einer 3D-Genauigkeit von 20 mm bestimmt, wobei hier der Bediener Punkte auf der Kugeloberfläche am Rechnerbildschirm festlegen muss. Die Verwendung von natürlichen Punkten, die nicht mittels eines Zielmarkenscans extrahiert werden können, bringt erwartungsgemäß eine deutliche Genauigkeitsverschlechterung aufgrund von Messrauschen, Objekteigenschaften etc., was die erreichten mittleren 3D-Genauigkeiten von 14 mm belegen. Signifikante Abhängigkeiten der Scangenauigkeit von der Entfernung oder vom Höhenwinkel waren beim LMS-Z420i im Entfernungsbereich bis 70 m nicht feststellbar. Hinsichtlich der Untersuchungen zur Verteilung der Passpunkte gilt, dass lediglich dann geringe Genauigkeitsverschlechterungen in der Standpunktbestimmung auftraten, wenn sich alle Passmarken in gleicher Höhe befanden. Wichtiger ist es, dass mehr als 3 Passpunkte zur Standpunktbestimmung benutzt werden, die möglichst gleichmäßig über das zu scannende Gebiet verteilt sein sollten.

Bei der ScanStation 2 wurden im gleichen Testfeld Ergebnisse erhalten, die deutlich besser waren als die Angaben von Leica. Dabei waren die 3D-Genauigkeiten der Prüfpunkte am höchsten, wenn die Standpunktbestimmungen mittels freier Stationierung erfolgten. Die Genauigkeit der Prüfpunkte (Leica HDS- und Z&F Black&White-Targets) ergab eine 3D-Standardabweichung von 2,4 mm; die Punktgenauigkeit für die Trimble-Kugeln war mit 4 mm nur wenig schlechter. Erfolgte die Stationierung über einen bekannten Punkt wie bei einem Tachymeter, so vergrößerten sich die 3D-Standardabweichungen um 1 bis 2 mm. Selbst natürliche Punkte wie Schrauben oder Metallecken werden genauer als 12 mm bestimmt. Eine Mehrfachmessung mit der ScanStation 2 ist zumindest im Entfernungsbereich bis 50 m nicht nötig, da sie keine Genauigkeitssteigerung erbringt, zumal die Messungen unter gleichen Bedingungen an unterschiedlichen Tagen zu identischen Ergebnissen führten. Abhängigkeiten der Scangenauigkeit von der Entfernung wie vom Höhenwinkel konnten im Entfernungsbereich bis 60 m nicht festgestellt werden.

Die Ergebnisse der gleichen Untersuchungen mit dem HDS 6000 bestätigten ebenfalls die Herstellerangaben zur Scannergenauigkeit. Auch mit diesem Scanner waren die 3D-Genauigkeiten der Prüfpunkte zu den zugehörigen Prüfmarken am genauesten und lagen in Abhängigkeit von der Lage der zur Stationierung verwendeten Prüfpunkte zwischen 1,2 mm und 3,8 mm; die Punktgenauigkeit für Stationierungen mit Trimble-Kugeln war hingegen mit 7,3 mm etwas geringer. Die Untersuchungen mit dem HDS 6000 bestätigen wiederum die grundlegende Erkenntnis, dass Passpunkte stets gut verteilt im kompletten Messraum platziert werden sollten, um bestmögliche Genauigkeiten zu erzielen.

2.3   Untersuchungen zur Genauigkeit von terrestrischen Laserscannern gemäß VDI/VDE-Richtlinie 2634

Zur Prüfung optischer 3D-Messsysteme mit flächenhafter Antastung existiert die Vorschrift VDI/VDE 2634 (VDI/VDE-2634 2002), die auch für terrestrische Laserscanner angewandt werden sollte. Dafür entwickelte HEISTER (2006) einen Vorschlag, den KERN (2008) präzisierte. Als Kenngrößen zur Genauigkeitsbestimmung sollen nach der VDI/VDE-Richtlinie 2634, Blatt 2 die Antastabweichung, Abstandsabweichung und Ebenheitsmessabweichung verwendet werden, wobei KERN vorschlägt, Letztere durch eine mittlere Kugelabstandsabweichung zu ersetzen. Um die nachfolgend beschriebenen Untersuchungsergebnisse zu erhalten, mussten an den Vorgaben der Richtlinie 2634 eine Reihe von Anpassungen zum Messraum sowie zu den Prüfkörpern vorgenommen werden, die ebenfalls in Anlehnung an KERN (2008) erfolgten. Da als Prüfkörper kalibrierte Kugeln verwendet werden sollten, konnten diese Untersuchungen nur mit der ScanStation 2 von Leica vorgenommen werden, weil es das Programm RISCAN PRO nicht ermöglicht, mit dem LMS-Z420i gescannte Kugelziele exakt aus einer Punktwolke zu erzeugen. Auch für die Auswertung der Daten der ScanStation 2 mit Cyclone waren die Bestimmungen der VDI/VDE-Kenngrößen nur mit eingeschränkter Genauigkeit möglich, da mit dieser Software Kugeln aus einer Punktwolke automatisch lediglich genähert extrahiert werden. Mit dem HDS 6000, der für diese Bestimmungen gleichfalls geeignet ist, erfolgten die Prüfungen nicht.

Die so bestimmten *Antastabweichungen R* schwankten in mehreren Bestimmungen zwischen -0,3 mm und -0,8 mm bei einer Antastmessunsicherheit von 1,0 mm.

Für die *Kugelabstandsabweichung ΔL* wurden bei drei Untersuchungen folgende Ergebnisse erhalten:

$\Delta L_{max} - \Delta L_{min} = 5$ bis 6 mm   mit einem Mittelwert von 0   und
einer Abstands-Messunsicherheit von jeweils 1,0 mm.

Die Kugelradiusabweichung R_K betrug 0,57 mm, d. h. die Prüfkörper wurden um 1,5 % zu groß bestimmt.

Zusammenfassend kann gesagt werden, dass die Vorgaben der VDI/VDE-Richtlinie 2634, Blatt 2 auch in den Modifizierungen von Heister und Kern zurzeit nicht für alle Laserscanner zu realisieren sind. Die Überprüfung bezieht sich allein auf Scanner, die die Möglichkeit haben, Kugeln exakt als Ziele zu extrahieren, da sich der ganze Prüfalgorithmus auf eine Auswertung dieser Kugelziele stützt. Hierzu sollten deshalb weitere Untersuchungen und Vorschläge, beispielsweise durch das Offene Forum TLS erfolgen, sofern die Hersteller nicht die erforderlichen Softwareergänzungen vornehmen. Die Möglichkeit, die Kugelwolken zu exportieren und mittels externer Software eine Bestimmung vorzunehmen, wurde nicht untersucht.

2.4   Untersuchungen zum Auflösungsvermögen der Laserscanner am dreidimensionalen Siemensstern

Die Untersuchungen zum Auflösungsverhalten von terrestrischen Laserscannern erfolgten an einem dreidimensionalen Siemensstern. Damit wird ein feinstrukturelles Objekt simuliert, an dem Einflüsse von Strahlendivergenz und Winkelauflösung sowie Kanteneffekte untersucht werden können. Alle Untersuchungen erfolgten wie 2008 (WEHMANN et al. 2008) an einem selbst gefertigten Siemensstern in den Ausmaßen von 55 × 55 × 8,2 cm aus mattweiß lackierten Metallplatten. Mit diesem 3D-Siemensstern wurde das Auflösungsvermögen der drei Scanner im Entfernungsbereich von 5 bis 50 m mit Einzel- und Vierfachscans bestimmt, wobei Mehrfachmessungen keine oder nur eine unwesentliche Verbesserung der Auflösung erbrachten. Mehrfache Bestimmungen unter vergleichbaren Bedingungen an unterschiedlichen Tagen erbrachten mit allen drei Instrumenten nahezu identische Ergebnisse und bestätigten die gute Wiederholbarkeit der Messungen für die Probanden.

Das ermittelte Auflösungsvermögen, das in der Photogrammetrie für Kameraprüfungen benutzt wird, betrug für den LMS-Z420i in der maximalen untersuchten Entfernung von 50 m 0,03 Linien pro mm in Horizontal- wie in Vertikalrichtung, da die maximal einstellbare Winkelauflösung von 0,0025° in der Horizontalen bzw. 0,002° in der Vertikalen fast gleich ist. Das entspricht einer Linienstärke von 33 mm bzw. 35 mm, wobei die Linienstärke als reziproke Größe des Auflösungsvermögens die Größe eines Objektes angibt, das noch im Detail genau gescannt und in der Punktwolke abgebildet werden kann. Proportional mit der Verkürzung der Scanentfernungen nahm das Auflösungsvermögen wie erwartet zu, wobei im Nahbereich von 5 m das beste Auflösungsvermögen mit 0,07 Linien pro mm mit diesem Gerät erreicht wurde.

Abb. 5:   Vertikal- und Horizontalschnitt eines Scans mit der ScanStation 2 von Leica bei 20 m (links) und 50 m (rechts) mit 1 mm Auflösung

Bei der ScanStation 2 betrug das ermittelte Auflösungsvermögen in der maximalen unter-suchten Entfernung von 50 m 0,09 Linien pro mm in Horizontal- und 0,08 Linien pro mm in Vertikalrichtung, obgleich das Instrument mit 60 µrad dieselbe Winkelauflösung in der Horizontalen wie in der Vertikalen besitzt (siehe Abb. 5). Das entspricht einer Linienstärke von 11,2 mm bzw. 12,8 mm. Proportional mit der Verkürzung der Zielentfernungen nahm das Auflösungsvermögen auch bei der ScanStation 2 zu, wobei im Nahbereich von 5 m das beste Auflösungsvermögen mit 0,10 (in Hz) bzw. 0,11 Linien pro mm (in V) mit diesem Gerät erreicht wurde.

Beim HDS 6000 bestätigt sich die mit Abstand größte Entfernungsabhängigkeit des Auflö-sungsvermögens. Während im Nahbereich von 5 m bei Verwendung der besten Scanauflö-sung „Ultra High" (0,009°) ein Auflösungsvermögen von 0,34 Linien pro mm in beide Richtungen bestimmt wurde, was einer Linienstärke von 2,9 mm entspricht, verschlechterte sich das Auflösungsvermögen über 50 m Entfernung auf 0,03 Linien pro mm in Horizontal-bzw. 0,05 m in Vertikalrichtung. In allen anderen voreingestellten Scanauflösungen waren die Untersuchungen am Siemensstern über Entfernungen von mehr als 40 m nicht möglich. Anhand der Ergebnisse zur Bestimmung des Auflösungsvermögens wird deutlich, dass es sich beim HDS 6000 um einen Scanner handelt, der vor allem im Bereich von 2 bis 20 m hochauflösende Scans ermöglicht. Sollen auf 20 m Entfernung noch Details gescant wer-den, muss die Auflösung „Ultra High" gewählt werden. Für eine Entfernung von mehr als 30 m ist der Scanner nur bedingt geeignet, detailreiche Objekte werden dann nur mit be-grenzter Genauigkeit aufgenommen.

Parallel zu den Untersuchungen zum Auflösungsvermögen wurden Untersuchungen zum Kanteneffekt vorgenommen. Dazu wurde an einer Konstruktion eine scharfe Kante bei verschiedenen Kantentiefen simuliert. Die Ergebnisse zeigten, dass die ScanStation 2 Kan-tenbildungen recht gut vollzieht und der auftretende sogenannte Kometenschweif nur bei sehr hohen Auflösungen deutlich sichtbar ist. Mit dem LMS-Z420i von Riegl werden, wie anhand der Geräteparameter zu erwarten, Kanten stärker abgerundet und mit einem deutlich größeren Kometenschweif abgebildet.

Beim HDS 6000 sind die auftretenden Kanteneffekte sehr stark vom gewählten Auflö-sungsvermögen und von der Zielentfernung abhängig. Die besten Ergebnisse zur korrekten Darstellung werden im Entfernungsbereich bis 10 m erhalten, ab 30 m Zielweite treten deutliche Abrundungen in allen voreingestellten Auflösungen auf. Umgekehrt verhält es sich mit dem Kometenschweif bei diesem Instrument, der proportional zur Zielentfernung sowie mit Verringerung des Auflösungsvermögens abnimmt.

2.5 Untersuchungen zur Reichweite und zur Genauigkeit der Scanergebnisse über große Entfernungen im Reichweitentestfeld der HTW Dresden

Um maximale Reichweiten von Laserscannern unter Praxisbedingungen abzuleiten und um erreichbare Punktgenauigkeiten über große Entfernungen objektiv beurteilen zu können, wurde im HTW-Campus das bereits in Abschnitt 1 kurz beschriebene Reichweitentestfeld genutzt. Diese Untersuchungen wurden nur für den LMS-Z420i und für die ScanStation 2 vorgenommen, da der HDS 6000 nur eine maximale Reichweite von 78 m besitzt und raue und dunkle Zielpunkte bereits bei Entfernungen ab 50 m unzureichende oder keine Scan-ergebnisse lieferten, was zusätzliche Intensitätsuntersuchungen belegten.

Die maximale Reichweite des LMS-Z420i beträgt 1000 m und konnte durch Reichweiten-tests bestätigt werden. Es wurden auswertbare Punktwolken bis in diesen Entfernungsbe-reich erzeugt. Allerdings vermindern sich die Objektgenauigkeit und das Auflösungsver-mögen mit zunehmender Reichweite. So konnte aus Streckenvergleichen ermittelt werden, dass die Abweichungen von Strecken zwischen gescannten Zielmarken gegenüber den bekannten Referenzwerten bis 260 m Entfernung im Bereich von 0,5 bis 3 cm liegen. Bei Entfernungen zwischen 260 m und 400 m vergrößern sich diese Abweichungen auf 5 bis 10 cm, im Bereich von 400 m bis 550 m liegen sie bei 8 bis 20 cm. In 740 m Entfernung wachsen sie auf 30 cm an und im maximal auswertbaren Entfernungsbereich von 950 m liegen die Abweichungen bei bis zu 50 cm. Bei Verwendung natürlicher Punkte wie Ge-bäudekanten war bei 950 m Reichweite fast keine Auswertung möglich, weil ausreichende Details in den Punktwolkeobjekten nur schwer zu erkennen waren.

Für die ScanStation 2 geben die Hersteller die maximale Reichweite für Ziele mit 90 % Reflektivität mit 300 m an. Die Reichweitenuntersuchungen bestätigten, dass im Gerät eine Softwareschranke existiert, die beim Scannen von Zielmarken über Entfernungen von mehr als 300 m empfangene Informationen automatisch verwirft und eine Fehlermeldung an-zeigt. Zielmarken wurden bis 230 m Entfernung gescannt, wobei die Genauigkeit im Ent-fernungsbereich bis 100 m im Zentimeterbereich liegt, sich dann mit wachsender Entfer-nung jedoch zunehmend vergrößert. Bei 230 m Entfernung konnte aus Streckenvergleichen ermittelt werden, dass die Abweichungen von Strecken zwischen gescannten Zielmarken gegenüber den bekannten Referenzwerten bereits bei 5 bis 15 cm lagen, wobei die unge-naueren Ergebnisse stets dann auftraten, wenn sie Zielmarken enthalten, die schräg ge-scannt werden mussten. Bei Verwendung natürlicher Punkte verschlechterte sich die Ge-nauigkeit etwa um Faktor 2. Allerdings war nur ein Vergleich bis zu einer Reichweite von 230 m möglich, da eine Halle mit dunkelbraunem Außenanstrich in 260 m Entfernung nicht ausreichend gescannt werden konnte. An einem Gebäude mit einem Abstand von ca. 230 m zum Scanner konnten zudem nur die Punkte lokalisiert werden, welche sich an der hellen Fassade oder an den weißen Fenstern des Gebäudes befanden. Daraus kann für Messungen mit der ScanStation 2 die Empfehlung abgeleitet werden, dunkle Objekte mit ungünstiger Reflektivität bis maximal 150 m Entfernung zu scannen sowie stets die Oberflächenrauig-keit und Farbe der gescannten Oberflächen zu berücksichtigen.

2.6   Bewertung der untersuchten Laserscanner

Die drei untersuchten Laserscanner sind aufgrund ihrer Geräteparameter so unterschiedlich, dass sie praktisch nicht miteinander verglichen werden können.

Der Scanner LMS-Z420i von Riegl ist ein typischer terrestrischer Scanner für große Reich-weiten mit mittlerer Genauigkeit und Auflösung. Die Geräteuntersuchungen bestätigten die Herstellerangaben und die Resultate anderer ähnlicher Untersuchungen. Besonders positiv an den Untersuchungsergebnissen der HTW Dresden ist mit 5 mm der Nachweis einer deutlich besseren Genauigkeit im Entfernungsbereich bis 50 m. Etwas nachteilig ist das Fehlen einer softwaremäßigen Erkennung von Kugeltargets, weshalb die Geräteprüfungen in Anlehnung an die VDI/VDE-Richtlinie 2634 nicht erfolgen konnten. Der LMS-Z420i ist mit seiner großen Scanreichweite von mehr als 600 m auch auf schwach reflektierende

Ziele ideal zum Außendiensteinsatz in archäologischen Grabungsfeldern, für Gebäudeaufnahmen oder zum Einsatz in Steinbrüchen bzw. zur Überwachung von steinschlaggefährdeten Hängen geeignet.

Der Laserscanner ScanStation 2 zeichnet sich durch eine sehr hohe Punktgenauigkeit von ca. 2 mm bei 50 m Entfernung, eine hohe Scangeschwindigkeit sowie ein praktisch gleichbleibendes hohes Auflösungsvermögen im Entfernungsbereich von 5 m bis 50 m aus. Die ermittelten Untersuchungsergebnisse sind durchweg als sehr gut zu beurteilen. Da dieser Scanner auch die geringsten Kanteneffekte von allen drei untersuchten Instrumenten aufweist, kann er besonders im Entfernungsbereich von 20 m bis zu ca. 150 m ideal sämtliche Aufgaben erfüllen, die hohe Scangenauigkeiten erfordern.

Der HDS 6000 ist ein typischer Nahbereichsscanner. Die Untersuchungsergebnisse bestätigten, dass er im Entfernungsbereich bis etwa 25 m von den Probanden am genauesten ist und das höchste Auflösungsvermögen besitzt. Dazu kommt eine um ca. Faktor 10 höhere Scangeschwindigkeit gegenüber der ScanStation 2. Ab Zielentfernungen von mehr als 60 m beweisen die Resultate obiger Untersuchungen jedoch, dass schwächer reflektierende Objekte von ihm nicht zuverlässig gescannt werden können. Es wird empfohlen, bereits für Zielentfernungen über 40 m die ScanStation 2 anstelle des HDS 6000 für sehr genaue Aufgaben einzusetzen.

3   Untersuchungen zur Prüfung terrestrischer Laserscanner mit einfachen Feldverfahren

Da es für terrestrische Laserscanner zurzeit noch keine standardisierten Prüfverfahren als sogenannte „Simplified test procedures gemäß ISO" gibt, wurden 2008 insgesamt drei einfache Verfahren mit den Scannern Leica ScanStation 2 und HDS 6000 sowie dem LMS Z420i von Riegl an der HTW Dresden untersucht. Zwei Verfahren basieren auf einem Vorschlag von Gottwald (FH Nordwestschweiz) und Tüxsen (Leica) und wurden 2007 in Muttenz im Rahmen einer Diplomarbeit (GOTTWALD 2008) erfolgreich getestet. Ein drittes Verfahren wurde vom Autor Wehmann selbst entwickelt. Alle drei Verfahren sind einfach auszuführen und können innerhalb von 2 bis 3 Stunden vom Anwender selbst durchgeführt werden.

3.1   Crossed Double Distance Verfahren (CDP) nach Gottwald und Tüxsen

Bei diesem Zweidistanzverfahren oder Crossed Double Distance Procedure (CDP) erfolgt die Scannerprüfung von zwei Standpunkten zu zwei annähernd rechtwinklig zueinander liegenden Teststrecken, wobei die Zielmarken 2 oder 4 sich in einer signifikant anderen Zielhöhe im Vergleich zu den anderen drei Marken befinden sollten (möglichst mehrere Meter höher). Auf „Station 1" wird der Scanner in der Verlängerung der Linie 1-2 aufgestellt, um von diesem Standpunkt aus alle vier Zielmarken zu scannen. Danach wird der Scanner auf „Station 2", die sich innerhalb der Linie 3-4 befindet, aufgebaut, und es werden wiederum alle Zielmarken gescannt (siehe Abb. 6). Aus den Messwerten werden die Streckenlängen der Linien 1-2 und 3-4 aus den Scans beider Stationen ermittelt und anhand der ermittelten Streckendifferenzen die Einhaltung der Messgenauigkeit des Scanners überprüft (GOTTWALD 2008).

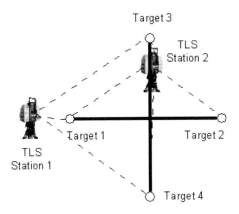

Abb. 6:
Messungsanordnung der
Crossed Double Distance
Procedure (CDP)

Falls Scanner regelmäßig nach diesem Verfahren geprüft werden sollen, empfiehlt es sich zur schnellen und routinemäßigen Durchführung der Feldtests, das Testfeld mit fest vermarkten Punkten anzulegen. Zur Untersuchung der Korrektheit der Testprozedur wurden die Testfeldpunkte an der HTWD zusätzlich koordinatenmäßig mit Millimetergenauigkeit tachymetrisch bestimmt. Allerdings konnte bei den Untersuchungen in Dresden die Vorgabe eines Höhenunterschieds für Target 4 im Vergleich zu den anderen drei Zielmarken nicht realisiert werden, so dass keine Prüfung der Geräte auf Vertikalwinkelfehler möglich war.

Die Geräteprüfungen nach dem CDP-Verfahren wurden mit der ScanStation 2 mit Kugeltargets, mit dem HDS 6000 und dem LMS Z420i mit den jeweils vom Hersteller empfohlenen Zielzeichen (Black-White Targets bzw. Reflexfolien) unter freiem Himmel durchgeführt. Gottwald empfiehlt, Kugelziele als Zielzeichen zu verwenden, da sie fest aufgebaut bleiben können und von allen Seiten aus messbar sind und somit Fehler durch das Drehen der Zielzeichen ausgeschlossen werden können (GOTTWALD 2008). Dafür wurden vier Kugeln angeschafft, zentrisch aufgebohrt, mit einem passenden Gewinde für Leica-Zapfen versehen und ausgemessen. Die Durchmesser dieser Kugeln schwanken zwischen 120,56 mm und 120,74 mm.

Der CDP-Test der ScanStation 2 erfolgte so, dass alle Ziele von jedem Standpunkt aus mehrfach gescannt wurden, um grobe Messfehler auszuschließen. Danach wurde jede Kugel als Punktwolke mit 1 mm Genauigkeit gescannt und als Kugelziel generiert. Bei der Analyse der Ergebnisse der Streckenvergleiche nach dem CDP-Test traten Fehler im Bereich von einigen Zentimetern auf, die auf das Reflexionsverhalten der glänzenden Oberflächen der gelben Kugeln zurückzuführen sind. Das bestätigten weitere Untersuchungen mit den mattweißen Trimble-Kugeln in der LGS-Halle. Deshalb sollten Anwenderprüfungen mit der ScanStation 2 entweder zu Kugeln mit matter, heller, jedoch nicht reflektierender Oberfläche oder zu zum Gerät zugehörigen Zielmarken erfolgen.

Mit den beiden anderen Scannern HDS 6000 und LMS-Z420i erfolgten die Überprüfungen nach dem CDP-Test nach dem gleichen Schema, aber zu den jeweils vom Hersteller empfohlenen Zielmarken. Mit dem HDS 6000 wurde der CDP-Test mehrmals erfolgreich durchgeführt, wobei die maximalen Streckenabweichungen der beiden Prüfstrecken bei Messung von beiden Instrumentenstandpunkten bei 6 mm lagen. Das stimmt sehr gut mit den Ergebnissen überein, die im Prüffeld in der LGS-Halle erhalten wurden.

3.2   Das Dreiecksverfahren (TP) nach Gottwald und Tüxsen

Beim Test nach dem Dreiecksverfahren bzw. der Triangle Procedure (TP) (GOTTWALD 2008) werden drei Zielzeichen in einem etwa gleichseitigen Dreieck aufgestellt (Abb. 7). Eines der Zielzeichen sollte wiederum eine signifikant andere Höhe (ΔH von mehreren Metern) aufweisen als die anderen Zielzeichen. Der Scanner wird auf zwei Stationen aufgebaut und es werden von jedem Standpunkt aus alle drei Zielzeichen gescannt. Station 1 befindet sich in diesem Testfeld hinter dem Zielzeichen 1 und Station 2 wird in der Linie zwischen 2 und 3 aufgebaut (siehe Abb. 7). Es werden aus den Scans die Strecken 1-2, 2-3 und 1-3 doppelt bestimmt und anhand der erhaltenen Differenzen die Gerätegenauigkeit überprüft. Dieses Verfahren wurde nur mit dem LMS-Z420i erprobt und lieferte maximale Abweichungen der drei Prüfstrecken von 8 mm zwischen den Bestimmungen. Damit ist die korrekte Arbeitsweise des Scanners nachgewiesen, da sich die Abweichungen im Rahmen der Genauigkeitsangaben des Herstellers befinden. Aus der Verteilung der systematischen Widersprüche zu den auf besser als 1 mm bekannten Sollstrecken zwischen den Targets war ein geringer Einfluss der Scannerneigung des LMS-Z420i ablesbar.

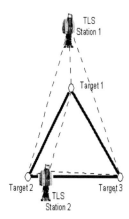

Abb. 7:
Messungsanordnung des
Dreiecksverfahrens (TP)

3.3   Das T-Verfahren nach Wehmann

Wehmann stellt folgende alternative Möglichkeit für einen schnell zu absolvierenden Feldtest vor. In diesem, T-Verfahren genannten Verfahren werden von einem Scannerstandpunkt vier Prüfpunkte entsprechend Abbildung 8 angemessen, wobei die Streckenlängen nur Empfehlungen sind und aus fehlertheoretischen Simulationsrechnungen stammen. Sind die Strecken zwischen dem Scannerstandpunkt und den vier Prüfpunkten bekannt oder wurden die Prüfpunkte unmittelbar vor Durchführung des Feldtests zwangszentrisch vom Scannerstandpunkt mit einem geprüften Tachymeter in einem lokalen Koordinatensystem bestimmt, so kann aus dem Vergleich zwischen der Sollstrecke 1-2 und der mit dem Scanner ermittelten Strecke die Streckenmessgenauigkeit des Scanners bestimmt werden. Da sich die Punkte 3 und 4 rechtwinklig zur Strecke 1-2 befinden, lässt sich aus den Abweichungen der Strecken 2-3 bzw. 2-4 die Winkelmessgenauigkeit des Scanners überprüfen. Sind keine Sollwerte verfügbar, funktioniert dieses Verfahren analog zum CDP-Test, indem man bei der zweiten Scanneraufstellung den Prüfpunkt 1 mit dem Scannerstandpunkt tauscht und von diesem die Prüfpunkte 2 bis 4 sowie den ursprünglichen Scannerstandpunkt bestimmt.

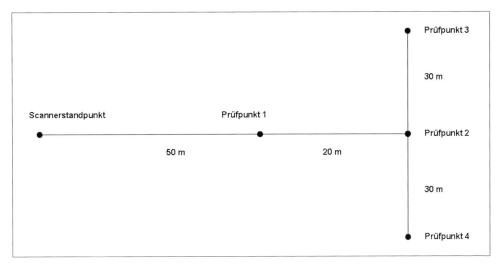

Abb. 8:   Messungsanordnung des T-Verfahrens

Mit der ScanStation 2 erfolgte die praktische Untersuchung des T-Verfahrens bisher nur in der Variante mit bekannten Sollstrecken im Freien bei Sonnenschein, wobei als Zielmarken die zugehörigen Zielmarken des Herstellers verwendet wurden. Dabei traten maximale Abweichungen von 2 mm gegenüber den auf 1 mm genau bekannten Sollstrecken auf. Mit dem Riegl LMS-Z420i wurde das gleiche Prüfverfahren mit bekannten Sollstrecken im Inneren der LGS-Halle getestet. Aus der Gegenüberstellung der Strecken ergab sich eine maximale Abweichung von 5 mm bei bis zu 60 m Streckenlängen für den Strecken- wie Richtungsvergleich, was innerhalb der Herstellerangaben für den Scanner liegt und sehr gut mit den Ergebnissen aus anderen Untersuchungen dieses Scanners übereinstimmt.

4   Zusammenfassung

Die im Abschnitt 2 vorgestellten aufwändigen speziellen Geräteuntersuchungen bleiben auch künftig den Herstellern und wissenschaftlichen Einrichtungen vorbehalten. Hingegen sind alle drei in Abschnitt 3 untersuchten Feldverfahren zur einfachen Überprüfung der korrekten Arbeitsweise terrestrischer Laserscanner geeignet und können bei einem Arbeitsaufwand von zwei bis drei Stunden nachweisen, ob die Genauigkeitsparameter des Herstellers eingehalten werden. Damit erhält der Nutzer die Gewissheit, ob er mit seinem Instrument weiter arbeiten kann oder ob der Scanner zur Justierung bzw. Reparatur eingeschickt werden muss. Das setzt aber voraus, dass der Hersteller dafür die geeigneten Genauigkeitsangaben für seinen Scanner veröffentlicht.

Literatur

Gottwald, R. (2008): *Field Procedures for Testing Terrestrial Laser Scanners (TLS) A Contribution to a Future ISO Standard.* Proceedings of the FIG Working Week, Stockholm.

Heister, H. (2006): *Zur standardisierten Überprüfung von terrestrischen Laserscannern (TLS).* Terrestrisches Laser-Scanning (TLS 2006). Augsburg: Wißner (DVW Schriftenreihe, Band 51), S. 35-37.

Kern, F. (2008): *Prüfen und Kalibrieren von terrestrischen Laserscannern.* In: Luhmann, T. & C. Müller (Hrsg.): Photogrammetrie – Laserscanning – Optische 3D-Messtechnik. Beiträge der Oldenburger 3D-Tage 2008. Heidelberg: Wichmann, S. 306-316.

Leica (2008): *Informationen der Firma Leica Geosystems zur ScanStation 2, zum HDS 6000 und deren Produkte.* http://www.leica-geosystems.com/ch/de (Zugriff 23.04.08).

RIEGL Laser Measurement Systems GmbH (2006): *Long Range & High Accuracy 3D terrestrial Laser Scanner System LMS-Z420i.* http://www.riegl.com/uploads/tx_pxpriegldownloads (Zugriff 19.01.09).

VDI/VDE (2002): *VDI/VDE 2634, Blatt2 – Optische 3D-Messsysteme – Bildgebende Systeme mit flächenhafter Antastung.* VDI/VDE – Gesellschaft Mess- und Automatisierungstechnik (GMA), Beuth-Verlag, Berlin.

Wehmann, W., van Zyl, C., Kramer, H., Heyne C. & D. Koschemann (2008): *Untersuchungen des Laserscanners GX von Trimble in den Prüffeldern der HTW Dresden.* In: Luhmann, T. & C. Müller (Hrsg.): Photogrammetrie – Laserscanning – Optische 3D-Messtechnik. Beiträge der Oldenburger 3D-Tage 2008. Heidelberg: Wichmann, S. 337-344.

Untersuchung des Distanzmesssystems des IMAGER 5006

Miriam ZÁMEČNÍKOVÁ, Hansjörg KUTTERER,
Horst SUHRE und Harald VENNEGEERTS

Zusammenfassung

In diesem Beitrag werden zwei Aspekte des phasenbasierten Distanzmesssystems eines terrestrischen Laserscanners (TLS) untersucht. Der erste Aspekt behandelt den zyklischen Phasenfehler, der systematische Abweichungen von der gemessenen Distanz verursacht und die Distanzgenauigkeit beeinflusst. Eine mögliche Existenz des periodischen Fehlers bzw. seine unzureichende Korrektion wird sowohl im Nahbereich als auch im Fernbereich untersucht. Der zweite Aspekt betrifft das Auflösungsvermögen des Distanzmesssystems im 1D-Messmodus (Einzelpunktmessung). Die Auflösung zweier beieinander liegender Messwerte wird in Abhängigkeit von Messfrequenz, Auftreffwinkel und Entfernung untersucht. Die Ergebnisse der Untersuchungen beziehen sich auf den Scanner Z+F IMAGER 5006 des Geodätischen Institutes der Leibniz Universität Hannover.

1   Einleitung

Untersuchungen und Überprüfungen von Geräten bilden einen wichtigen Forschungsbereich der geodätischen Messtechnik. Die Arbeiten orientieren sich hauptsächlich an der Untersuchung von Hauptkomponenten und ihrer Wechselwirkung mit Objekt, Umgebung und Datenverarbeitung (KERN & HUXHAGEN 2008, GOTTWALD et al. 2008).

Ihre Hauptaufgabe ist es, einen möglichen Einfluss auf gemessene Größen zu zeigen und zu überprüfen bzw. zu widerlegen. Nachgewiesene Effekte, die systematisch auf Messergebnisse wirken, können zur Verbesserung des Korrektionsmodells des Gerätes, des Messverfahrens oder des Auswertungsprozesses verwendet werden.

Dieser Beitrag befasst sich mit Untersuchungen des phasenbasierten Distanzmesssystems des Z+F IMAGER 5006 im 1D-Modus. Es werden zwei grundlegende Fragestellungen behandelt. Erstens: Enthalten gemessene Distanzen einen zyklischen Phasenfehler? Zweitens: Welche Distanzdifferenzen kann das Gerät auflösen?

2   TLS IMAGER 5006 von Zoller+Fröhlich

Das Distanzmesssystem des IMAGER 5006 verwendet das Phasenvergleichsverfahren. Es ist gekennzeichnet durch die eindeutige Reichweite von 79 m. Die Distanzgenauigkeit ist charakterisiert durch einen Linearitätsfehler von ≤1 mm bis 50 m. Die Datenerfassung erreicht eine Geschwindigkeit bis zu 500.000 Punkte pro Sekunde (500 kHz). Die Auflösung der Entfernung beträgt laut Hersteller 0,1 mm. Weitere technische Parameter sind auf der Webseite des Herstellers zu finden (IMAGER 5006 2009).

Im 1D-Messmodus ist das Strahlablenkungssystem deaktiviert, so dass die Schrägstrecke in eine fest eingestellte Richtung gemessen wird (KUTTERER et al. 2008). In diesem Messmodus können die Distanzen mit einer Messfrequenz von 62 kHz bis 500 kHz erfasst werden.

3 Untersuchung des zyklischen Phasenfehlers

Sowohl bei elektronischen Tachymetern als auch bei TLS wird das Phasenvergleichsverfahren für die Distanzbestimmung eingesetzt. Bei dieser Methode wird die Distanz aus der Phasenverschiebung des ausgesandten und des empfangenen modulierten Signals abgeleitet. Der zyklische Phasenfehler bewirkt direkt eine Veränderung der Phasenverschiebung und somit der gemessenen Distanz.

3.1 Beschreibung des zyklischen Phasenfehlers

Der zyklische Phasenfehler des modulierten Signals entsteht durch das Zusammenwirken dreier Hauptursachen, die unabhängig vom Phasenmesssystem sind: durch elektrische und optische Signalüberlagerung und durch Mehrwegsignale. Die Überlagerung dieser Einflüsse verursacht eine Distanzänderung, die sich durch einen mit der Entfernung periodischen Verlauf kennzeichnet. Je nach Ursachen besteht der zyklische Phasenfehler aus einer Sinusschwingung mit der Periode des Feinmaßstabes (U) und einer Phasenverschiebung oder aus einer Überlagerung mehrerer solcher Sinusschwingungen, deren Periodenlängen Unterteilungen U/2, U/3, U/4, etc. aufweisen können (JOECKEL et al. 2008).

Aus dem Verhalten des zyklischen Phasenfehlers ist es evident, dass er gemessene Distanzen systematisch verschlechtert. Deshalb sollte er im Korrekturmodell des Gerätes berücksichtigt werden.

3.2 Experiment

Das realisierte Experiment beruht auf dem Standardverfahren zur Bestimmung des zyklischen Phasenfehlers (JOECKEL et al. 2008). Dabei werden Distanzen aus der Messung mittels TLS mit Referenzdistanzen verglichen und ihre Differenzen werden analysiert. Damit ein ausreichend dichter und regelmäßiger Differenzverlauf in Abhängigkeit von der Entfernung gewonnen wird, werden die Distanzen um ein konstantes Inkrement vergrößert. Der maximale Betrag der Differenz sollte dabei größer sein als der Wert des Feinmaßstabes des modulierten Referenzsignals.

Für die Untersuchung des zyklischen Phasenfehlers von TLS wurde eine 50 m lange Komparatorbank verwendet. Es sei angemerkt, dass mittels der Komparatorbank nicht die Referenzdistanzen realisiert wurden. Sie diente als Bahn für die Verschiebung der Zielmarke (Abb. 1).

Die TLS-Messung und die Referenzmessung wurden mit Hilfe einer Zielmarke durchgeführt. Auf einer Seite der Zielmarke wurde eine Weißkarte für die TLS-Messung aufgeklebt. Auf der anderen Seite befindet sich der Reflektor für die interferometrische Referenzmessung der Zielmarkenposition auf der Komparatorbank. Die erste Position der Zielmarke auf der Komparatorbank befand sich ca. 2 m vom Scanner entfernt. Nachfolgend wurde die Zielmarke um jeweils 0,075 m bis zu einer Entfernung von 50 m verschoben.

Die Länge der Inkremente ergibt sich aus der notwendigen Abtastrate für die Auswertung der Sinusschwingung des zyklischen Phasenfehlers.

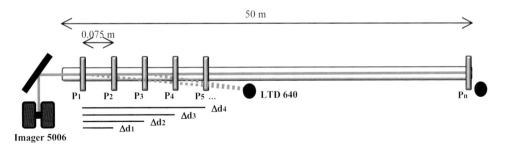

Abb. 1:   Messaufbau für die Bestimmung des zyklischen Phasenfehlers

Je Position der Zielmarke auf der Komparatorbank wurden gleichzeitig zwei Messungen durchgeführt: die Messung des untersuchten TLS und die Referenzmessung. Der TLS stand an einem Ende der Komparatorbank. Die Referenzmessung wurde mit einem Leica Laser Tracker LTD 640 realisiert (Reichweite 40 m, Punktunsicherheit U_{xyz} = ±15 µm + 6 µm/m). Insgesamt wurden die Referenzmessungen von zwei Standpunkten aus durchgeführt (Abb. 1).

Aus den gemessenen Daten von TLS und LTD wurden die relativen Distanzen zwischen der ersten Position (P_1) und der i-ten Zielmarkenposition (P_i) ausgedrückt. Um die mit TLS und LTD bestimmten Distanzen zwischen den Zielmarken zu vergleichen, ist ihre gleiche Ausrichtung sicherzustellen. Deshalb war es wichtig, auf die richtige Einstellung des TLS-Laserstrahles in horizontaler und vertikaler Ebene zu beachten. In unserem Fall wurde der Laserstrahl mittels Drehung eines externen Spiegels in horizontaler und in vertikaler Ebene eingestellt, der vor dem Scanner stand.

Zur Detektion eines zyklischen Phasenfehlers wurden die Messungen für die Frequenzen von 62 und 500 kHz durchgeführt.

Für die Interpretation der Sinusschwingung der Differenzen ist es nötig, den Wert des Feinmaßstabes zu kennen. Zu diesem Zweck wurde die Frequenz des Messsignals elektronisch mittels Frequenzzähler gemessen. Aus der so festgestellten Frequenz wurde die Wellenlänge bzw. der Feinmaßstab des modulierten Signals berechnet.

3.3   Bearbeitung und Auswertung des zyklischen Phasenfehlers

Die Bearbeitung der gemessenen Daten kann in zwei Teile unterteilt werden:

- Berechnung von Distanzen zwischen Zielmarkenpositionen aus TLS- und LTD-Messungen und Berechnung ihrer Differenzen,

- Analyse des Differenzverlaufes in Abhängigkeit von der Entfernung.

Die TLS-Messung wurde mit höheren Messfrequenzen realisiert. Deshalb repräsentiert die Distanz der Zielmarkenposition einen arithmetischen Mittelwert von Distanzen aus dem Zeitintervall von 1,5 s (bei 62 kHz – Mittelwert aus 93.000 Messungen, 500 kHz – Mittelwert aus 750.000 Messungen). Aus den Mittelwerten wurden die Distanzdifferenzen der i-ten Zielmarkenposition gegenüber der ersten Position ausgedrückt

$$d_{TLS} = D_i - D_1 \tag{1}$$

Aus den mittels LTD bestimmten Koordinaten der Zielmarke wurden die gesuchten Distanzen zwischen der ersten und der i- ten Position berechnet:

$$d_{LTD} = \sqrt{(X_i - X_1)^2 + (Y_i - Y_1)^2 + (Z_i - Z_1)^2} \tag{2}$$

Für die Analyse des zyklischen Phasenfehlers wurden die Differenzen zwischen d_{TLS} und d_{LTD} hergeleitet

$$\Delta d = d_{LTD} - d_{TLS} \tag{3}$$

Die Standardabweichungen über alle Differenzen Δd betrugen 0,05 bis 0,09 mm.

Eine mögliche Identifizierung des zyklischen Phasenfehlers geht von der Datenreihe der festgestellten Differenzen Δd in Abhängigkeit von der Entfernung aus. Von diesen Daten wurde ein linearer Trend abgespalten. Die Differenzreihe wurde in vier gleiche Teile nach 10,5 m geteilt. Auf jede Datenreihe wurde die Fourier-Transformation angewandt.

Um die Auflösung der Frequenz auch für die relativ kurze Datenreihe zu erhöhen, wurde die dominante Frequenz f, bzw. ω, die Amplitude A und der Phasenwinkel ϕ der Schwingung im Gauß-Markov-Model geschätzt

$$\Delta d = f(\omega, A, \phi) \tag{4}$$

Die Näherungswerte wurden durch eine harmonische Analyse gewonnen mit Hilfe der im Powerspektrum dominanten Frequenz.

Die ausgewerteten Schwingungen aus den Messungen mit einer Frequenz von 62 kHz sind in (Abb. 2) dargestellt und alle Parameter der Schwingungen sind in (Tab. 1) zusammengefasst.

Im ersten Bereich von 2 bis 12,5 m tritt eine Schwingung mit der Amplitude von 0,1 mm mit der Periode von 2,83 m auf. Im zweiten Bereich kommt eine sehr geringe dominante Amplitude von 0,03 mm vor. Im dritten Bereich von 29 m tritt eine Schwingung mit der Amplitude von 0,08 mm und im vierten Bereich vergrößert sich die Amplitude der Schwingung mit derselben Periode von ca. 0,72 m. Wird ein eventuell auftretender systematischer Anteil aus den Daten beseitigt, können damit die gemessenen Distanzen verbessert werden. Die Schwingung im ersten und letzten Teil wurde auch bei den Messungen unter der Messfrequenz von 500 kHz bestätigt (Tab. 1).

Insgesamt traten keine periodischen Schwingungen des Feinmaßstabes (U=7,494 79 m) auf, die auf einen zyklischen Phasenfehler hinweisen. Hypothetisch könnte die Periode im dritten und im vierten Teil (Frequenz von 62 kHz) der Unterteilung des Feinmaßstabes U/10 entsprechen. Es könnte auf einen Rest zyklischen Phasenfehler verweisen.

Aus den Messungen lassen sich keine signifikanten Effekte ableiten, weil in diesem Genauigkeitsbereich auch die äußere Genauigkeit der Referenzmessung liegt. Für den Nachweis dieser Effekte wäre eine höhere Anforderung an den Messaufbau zu stellen.

Tabelle 1: Parameter der ausgewerteten Schwingungen aus den Messungen unter der Messfrequenz von 62 kHz (oben) und von 500 kHz (unten)

Teil	Frequenz [1/m]	Amplitude [mm]	Periode [m]
1. Teil	0,35335	0,10	2,83009
2. Teil	0,58564	0,03	1,70754
3. Teil	1,38317	0,08	0,72298
4. Teil	1,39698	0,11	0,71583
1. Teil	0,35976	0,10	2,77961
2. Teil	0,54811	0,05	1,82446
3. Teil	0,16695	0,05	5,98973
4. Teil	1,38310	0,12	0,72302

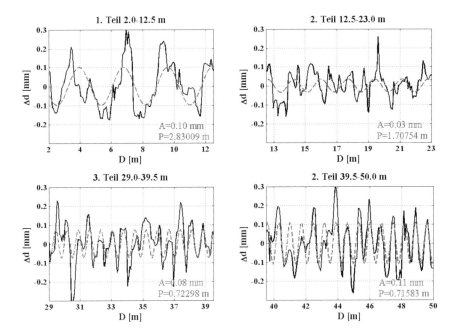

Abb. 2: Beobachtete Differenzreihen für die Analyse des zyklischen Phasenfehlers und ausgleichende Schwingungen (gestrichelte Linie)

4   Untersuchung des Auflösungsvermögens

Unter dem Auflösungsvermögen wird die Fähigkeit des Instrumentes verstanden, zwei eng beieinander liegende Messwerte als verschieden erkennen zu können. Üblicherweise hat die Auflösung den Wert bis U.10^{-4} - U.10^{-5} (JOECKEL et al. 2008). Bezogen auf den messtechnischen Einsatz ergibt sich so, welche Veränderungen eines Objektes erfasst werden können.

4.1 Bestimmung des Auflösungsvermögens

Die Bestimmung der Auflösung basiert auf der Distanzmessung zu einem mikrometrisch verschiebbaren Ziel. Das Ziel wird um einen Wert verschoben, der eine Größenordnung kleiner ist als die kleinste Anzeigeeinheit auf dem Gerät (JOECKEL et al. 2008). Der IMAGER 5006 hat als kleinste Anzeigeeinheit 0,1 mm. Daraus ergab sich eine Verschiebung der Zielmarke um 0,02 mm in einem Bereich von 2 mm. Innerhalb des Verschiebeweges sollte eine lineare Abhängigkeit zwischen Mikrometer- und EDM-Strecken zu finden sein.

Die Untersuchungen wurden für 2 Grundentfernungen ausgeführt, unter 4 Messfrequenzen und für 3 Auftreffwinkel, um den Einfluss des Messrauschens auf die Auflösung des Distanzmesssystems feststellen zu können.

Es wurden die Entfernungen von ca. 20 und 50 m gewählt. Bei dem Auftreffwinkel von 0° wurden die Distanzen mit Frequenzen von 62, 125, 250, 500 kHz gemessen, bei 30° mit 62 kHz, bei 60° mit 62 kHz und 500kHz. Es wurde eine weiße Zielmarke angezielt.

4.2 Bearbeitung und Auswertung der Auflösung

Aus den gemessenen Distanzen für die einzelnen Zielmarkenpositionen im Zeitintervall von 1,5 s wurde der arithmetische Mittelwert berechnet, der die Distanz zu einer Zielmarkenposition repräsentiert.

Der arithmetische Mittelwert wurde aus 93.000 (bei 62 kHz), bzw. aus 750.000 (bei 500 kHz) Messungen gebildet. Diese Datenreihe ist in (Abb. 3 links) dargestellt. Die Einzelmessungen sind geordnet in Linien, deren Abstand 0,2 mm oder 0,1 mm beträgt. Dieses Ergebnis ist leicht zu erklären. Die Auflösung des Distanzmesssystems beträgt 0,176 mm (Information des Herstellers). Die gemessenen Distanzen werden auf 0,1 mm angegeben

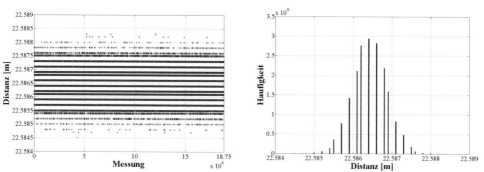

Abb. 3:   Zwei Darstellungen von gemessenen Distanzen zu einer Zielmarkenposition

(IMAGER 5006 2009). Infolge der Rundung erhält man gerade den erwähnten Abstand von 0,2 mm oder 0,1 mm.

Daneben sind die gemessenen Distanzen in der Form des Histogramms dargestellt (Abb. 3 rechts). Das Histogramm deutet auf eine diskretisierte und normalverteilte Größe hin. Verbleibende Abweichungen der Symmetrie resultieren auch aus der Rundung der Daten.

Das Verhältnis zwischen der referenzierten Verschiebung und der mit dem TLS gemessenen Distanz zeigt (Abb. 4).

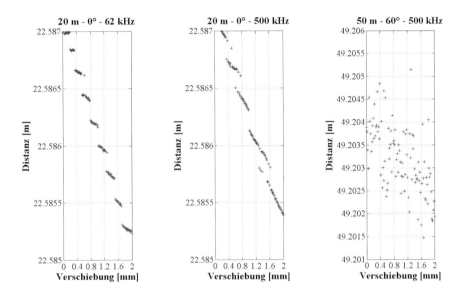

Abb. 4: Abhängigkeit der eingestellten Verschiebung und der mit TLS gemessenen Distanz für Grundentfernung, Auftreffwinkel und Messfrequenz

Im Falle (Abb. 4 links) einer Entfernung von 20 m und der Messfrequenz von 62 kHz ist eine treppenförmige Systematik infolge der Rundung zu sehen. Obwohl das Ziel um etwa 0,2 mm verschoben wird, wurde eine gleiche TLS-Distanz gewonnen. Die nächste Distanz, die TLS erkennt, ist kleiner, bzw. größer etwa 0,2 mm. Dieser Sprung wird durch die Rundung der gemessenen Distanz verursacht. Gerade in diesem Fall, wenn das Messrauschen geringer ist, also die gemessenen Werte im kleinsten Intervall schwanken, ist der Einfluss der Rundung auf den berechneten Mittelwert sehr deutlich.

Die Auswirkung der Zunahme des Messrauschens auf die Auflösung ist in der (Abb. 4 in der Mitte) zu sehen. Sie zeigt ebenfalls die treppenförmige Systematik. Es ist zu bemerken, dass mit größerem Messrauschen mehrere Ausreißer auftauchen. Eine Zielverschiebung um etwa 0,4 mm wird mit einer Distanzdifferenz von etwa 0,2 mm erkannt.

(Abb. 4 rechts) zeigt das Ergebnis für die Entfernung von 50 m unter dem Auftreffwinkel von 60° und bei einer Messfrequenz von 500 kHz. Hier liegt das höchste Messrauschen vor.

Die beobachtete Abhängigkeit der TLS-Messungen und der mikrometrischen Verschiebungen hat einen zufälligen Verlauf im Bereich von 4 mm, obwohl die Verschiebung nur 2 mm beträgt.

Bei der Auflösungsanalyse haben sich noch andere Effekte gezeigt, die noch nicht erklärbar sind. Aus diesem Grund wurde die Auflösung im Ergebnis nicht quantifiziert. Die numerische Beschreibung der Auflösung unter verschiedenen Bedingungen wird in Folgearbeiten weiter untersucht.

5   Fazit und Ausblick

Dieser Beitrag widmet sich der Untersuchung des Distanzmesssystems des Z+F IMAGER 5006 im 1D-Messmodus. Im durchgeführten Experiment wurde kein zyklischer Phasenfehler nachgewiesen. Zukünftig soll der zyklische Phasenfehler im 3D-Modus untersucht werden. Die Auflösung des Distanzmesssystems wurde unter verschiedenen Bedingungen untersucht und interpretiert. Zukünftig ist es geplant, spezielle angepasste mathematische Ansätze der Auflösung zu entwickeln. Insbesondere solche Untersuchungen sowie die mathematische Beschreibung von systematischen Effekten können zur Verbesserung der Laserscanner-Technologie führen und erweitern die Einsatzmöglichkeiten für hochpräzise Anwendungen in der Ingenieurgeodäsie.

Danksagung

Herzlichen Dank an die Alexander von Humboldt Stiftung, die diese Untersuchungen ermöglichte.

Literatur

Gottwald, R., Heister, H. & R. Staiger (2008): *Zur Prüfung und Kalibrierung von terrestrischen Laserscannern – eine Standortbestimmung.* Terrestrisches Laserscanning (TLS 2008). Augsburg: Wißner (DVW-Schriftenreihe, Band 54).

IMAGER 5006 (2009): *Technische Daten IMAGER 5006.* http://www.zf-laser.com

Joeckel R., Stober M. & W. Huep (2008): *Elektronische Entfernungs- und Richtungsmessung und ihre Integration in aktuelle Positionierungsverfahren.* Heidelberg: Wichmann, S. 128-134 u. S. 160-163.

Kern, F. & U. Huxhagen (2008): *Ansätze zur systematischen Kalibrierung und Prüfung von terrestrischen Laserscannern (TLS).* Terrestrisches Laserscanning (TLS 2008). Augsburg: Wißner (DVW-Schriftenreihe, Band 54).

Kutterer, H., Paffenholz J.-A. & H. Vennegeerts (2008): *Kinematisches terrestrisches Laserscanning.* Terrestrisches Laserscanning (TLS 2008). Augsburg: Wißner (DVW-Schriftenreihe, Band 54).

Phasen im Vergleich – erste Untersuchungsergebnisse der Phasenvergleichsscanner FARO Photon und Trimble FX

Maren LINDSTAEDT, Thomas KERSTEN, Klaus MECHELKE,
Tanja GRAEGER und Harald STERNBERG

Zusammenfassung

In diesem Beitrag werden erste Untersuchungsergebnisse der neuesten Generation folgender Phasenvergleichsscanner vorgestellt: Trimble FX und Faro Photon 80 im Vergleich zum IMAGER 5006 von Zoller + Fröhlich. Alle drei Scanner können aufgrund ihrer technischen Parameter in ähnlichen Marktsegmenten (z. B. Industrie) eingesetzt werden. Die Untersuchungen wurden genauso wie frühere und bereits publizierte Prüfverfahren am Department Geomatik der HafenCity Universität (HCU) Hamburg durchgeführt, um so eine Vergleichbarkeit mit den Ergebnissen früherer Kampagnen gewährleisten zu können. Ergänzend wurden jedoch aus den Messungen auch Kenngrößen berechnet, die von anderen Autoren (HEISTER 2006, KERN 2008) vorgeschlagen wurden, um so eine Vergleichbarkeit zu Ergebnissen anderer Hochschulen zu ermöglichen. Die drei Scanner wurden in folgenden Prüfverfahren an der HCU Hamburg untersucht: Bestimmung der 3D-Punktgenauigkeit in einem 3D-Testfeld, Streckenmessgenauigkeit bis 20 m auf einer Komparatorbahn und bis 73 m im Feld (nur Photon und IMAGER 5006), sowie Einfluss des Einfallswinkels auf die 3D-Punktgenauigkeit. Aus den in diesem Beitrag dargestellten Ergebnissen kann der Leser entsprechende Rückschlüsse auf die Qualität und Einsetzbarkeit der untersuchten Scanner ziehen.

1 Einleitung

Das terrestrische Laserscanning hat sich schon seit mehreren Jahren als konkurrierende oder auch ergänzende Messmethode zu Photogrammetrie und Tachymetrie auf dem Markt durchgesetzt. Trotz des noch relativ jungen Alters dieser Disziplin sind dennoch in kurzen Abständen immer wieder neue Modelle auf den Markt gebracht worden, die neue Funktionen besitzen und zunehmend schneller und genauer messen, wie es oft in den Prospekten der Hersteller zu lesen ist. Da jeder Hersteller jedoch eigene Genauigkeiten für seine Scanner angibt, ist es schon für Fachleute schwierig, die Geräte untereinander vergleichen zu können, um so ihre Vor- und Nachteile für entsprechende Anwendungen zu erkennen. Um diesem Problem entgegenzuwirken, beschäftigen sich vor allem Hochschulen seit mehreren Jahren mit Untersuchungen von terrestrischen Laserscannern (u. a. BÖHLER et al. 2003, INGENSAND et al. 2003, KERN & HUXHAGEN 2008, GOTTWALD et al. 2008). Auch hier zeigt sich, dass jede Hochschule ihre eigenen Prüfverfahren entwickelt hat, um so die Systeme umfangreich und intensiv unter die Lupe nehmen zu können. Dadurch ist die Vergleichbarkeit der Ergebnisse ähnlich wie bei den Herstellerangaben sehr schwierig. Ein erster konkreter Vorschlag für ein einheitliches Prüfverfahren wurde von HEISTER (2006) in Anlehnung an die VDI/VDE 2634 (2002) gemacht, die für photogrammetrische Systeme mit flächenhafter Antastung gilt. Ergänzend dazu hat KERN (2008) einheitliche Kenngrößen zur Prüfung von Laserscannern definiert.

In diesem Beitrag werden verschiedene Untersuchungen (3D-Testfeld, Streckenmessgenauigkeit und Einfluss des Einfallswinkels) der neuesten auf dem Markt befindlichen Phasendifferenz-Scanner (siehe Kap. 2) vorgestellt, wobei die gleichen Prüfverfahren zur Vergleichbarkeit mit früheren Geräteuntersuchungen an der HafenCity Universität angewendet wurden (KERSTEN et al. 2008). Außerdem wurden weitere Kenngrößen berechnet, die von anderen Autoren (HEISTER 2006, KERN 2008) vorgeschlagen wurden, um so eine Vergleichbarkeit zu Untersuchungen anderer Hochschulen anbieten zu können.

2 Untersuchte terrestrische Laserscannersysteme

Die hier dargestellten Untersuchungen wurden mit dem Faro Photon 80 und dem Trimble FX, zwei der neuesten Generation von Laserscannern mit Phasendifferenzverfahren, durchgeführt, wobei die Ergebnisse immer im Vergleich zum ebenfalls untersuchten IMAGER 5006 von Zoller + Fröhlich gesetzt wurden Von diesem Scanner lagen auch schon ältere Untersuchungsergebnisse vor. Die wichtigsten technischen Spezifikationen (laut Hersteller) sind in Tabelle 1 zusammengefasst, während die Geräte in Abbildung 1 dargestellt sind.

Tabelle 1: Technische Spezifikationen der untersuchten terrestrischen Laserscanner

Scanner/Kriterium	Faro Photon 80	Trimble FX	Z+F IMAGER 5006
Messverfahren	Phasendifferenz	Phasendifferenz	Phasendifferenz
Gesichtsfeld [°]	360 × 320	360 × 270	360 × 310
Scandistanz [m]	76	38	< 79
Scangeschwindigkeit	120.000pts/s	ca.190.000pts/s	≤ 500.000px/s
Winkelauflös. H/V [°]	0,009	0,002°	0,0018
Laserspotgröße	6mm/50m	8,6mm/25m	14mm/50m
Wellenlänge [nm]	785	690	658
3D Punktgenauigkeit	keine Angabe	keine Angabe	10mm/50m[1]
Distanzgenauigkeit	2mm/25m	1mm/15m	6mm/50m
Kamera	Aufsatz (optional)	nein	Aufsatz (optional)
Neigungssensor	ja	nein	ja

[1] Gemäß Herstellerangaben für den baugleichen Leica HDS6000

Abb. 1: Untersuchte terrestrische Laserscanner v.l.n.r.: Faro Photon 80, Trimble FX und IMAGER 5006 von Zoller & Fröhlich

Alle drei Scanner haben durch das Phasendifferenzverfahren mit Wellenlängen im roten Licht bzw. im nahen Infrarot sehr hohe Messraten, doch die Reichweite des verwendeten Trimble FX beträgt mit 38 m nur die Hälfte (mit neuem Modell bis 46 m) von denen des Faro Photon und des IMAGER 5006. Alle Scanner bieten als Panoramascanner ein volles Sichtfeld und damit optimale Einsatzflexibilität. Im Gegensatz zum Trimble FX verfügen der IMAGER 5006 und der Faro Photon beide sowohl über einen Neigungssensor als auch über die Möglichkeit zur Adaption einer Kamera. Jedoch bieten die Phasendifferenzscanner oft sehr detaillierte Grauwertbilder auch ohne Kamera nur aus dem Scan.

3   Geometrische Genauigkeitsuntersuchungen

3.1   3D-Testfeld

Seit 2003 werden an der HCU Hamburg Scanneruntersuchungen durchgeführt, für die unterschiedliche Prüfverfahren konzipiert wurden. Es wurde unter anderem ein 3D-Testfeld eingerichtet, das 53 dauerhaft vermarkte Punkte enthält, die mit Kugeln, Prismen oder Zielzeichen (Targets) signalisiert werden können. Eine detaillierte Beschreibung des Testfeldes ist in (KERSTEN et al. 2005) zu finden. Bei der Untersuchung im Testfeld ist die Genauigkeit eines 3D-Laserscannersystems durch eine Kombination von Abweichungen und Messunsicherheiten beeinflusst, die nicht separat bestimmt werden können: Distanz- und Winkelmessung des Scanners, Einpassung der Kugeln in die Punktwolke und Zentrierfehler der Kugeln. Bei der letzten Messkampagne wurden neben den gleichen Kennzahlen wie in früheren Untersuchungskampagnen noch diverse zusätzliche Kenngrößen ermittelt, die nach HEISTER (2006) und KERN (2008) berechnet wurden.

Beim Scanning des Testfeldes wurde jeder Scanner auf fünf räumlich verteilten Standpunkten aufgestellt und es wurden alle sichtbaren der 30 verteilten Kugeln vom jeweiligen Standpunkt gescannt. Die verwendeten weiss-matt lackierten Hohl-Kugeln aus Plastik haben einen Durchmesser von 199 mm. Die Scans mit dem Faro Photon wurden mit maximaler Rauschunterdrückung (RR4) gescannt, während die Scans mit dem Trimble FX jeweils mit einer Auflösung von 6dpi und von 17dpi durchgeführt wurden. Das Scanning im Testfeld dauerte mit diesen beiden Geräten knapp zwei Tage, wobei berücksichtigt werden muss, dass mit dem Trimble FX wegen der beiden Auflösungen immer zwei Scans einer Kugel gemacht wurden. Dagegen nahm das Scanning mit dem IMAGER 5006 in der Auflösung ultra high nur knapp die Hälfte dieser Zeit in Anspruch. Die Referenzkoordinaten der Kugelmittelpunkte wurden mit einer Genauigkeit von <1 mm durch eine Tachymeternetzmessung mit dem Leica TCRP 1201plus bestimmt.

Für die Auswertung wurden grundsätzlich alle Kugeln in RealWorks Survey eingepasst, je nach zu berechnender Kenngröße mit festem oder freiem Radius. Die Ergebnisse des Kugel-Fittings wurden durch ein selbst entwickeltes Matlab-Programm bestätigt, so dass hier Berechnungsfehler der Kugelparameter ausgeschlossen werden konnten. Für die Auswertung registrierter Scans wurde ebenfalls die Software RealWorks Survey für die Transformation in ein gemeinsames Koordinatensystem eingesetzt. Zunächst wurden wie in früheren Untersuchungen an der HCU alle Standpunkte in ein gemeinsames System transformiert und die Koordinaten der Kugeln als Mittel aus allen Standpunkten berechnet. Zwischen den Kugeln wurden alle möglichen Streckenkombinationen berechnet und mit den

Sollstrecken aus der Tachymetermessung verglichen. Die Häufigkeiten der Abweichungen zwischen den Strecken und ihren Referenzen sind in Abbildung 2 dargestellt, Tabelle 2 zeigt die numerischen Ergebnisse.

Tabelle 2: Vergleich der Abweichungen der 3D-Strecken im Testfeld bei Registrierung aller Stationen

	# 3D-Punkte	# Strecken	ΔL_{min} [mm]	ΔL_{max} [mm]	Spanne [mm] $\Delta L=\Delta L_{max}-\Delta L_{min}$
Trimble FX 6dpi	30	465	-23,0	7,8	30,8
Trimble FX 17dpi	29	434	-24,0	9,6	33,6
Faro Photon 80 (RR4)	30	465	-5,2	9,8	15,0
Z+F IMAGER 5006	30	465	-5,8	10,3	16,1

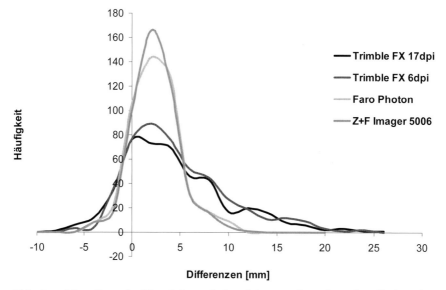

Abb. 2: Verteilung der Kugelabstandsabweichungen berechnet für alle Strecken-kombinationen

Trotz hoher Korrelation bei der Berechnung sämtlicher Streckenkombinationen ist doch anhand des Histogramms in Abbildung 2 deutlich zu erkennen, dass die Streuung der Differenzen beim Trimble FX sowohl in geringer als auch in hoher Scanauflösung sehr viel größer ist als bei den beiden anderen Scannern. Die Ergebnisse des Faro Photon und des IMAGER 5006 sind beide ähnlich gut, die des IMAGER 5006 bestätigen die Ergebnisse früherer Kampagnen (MECHELKE et al. 2007).

Die ersten berechneten Kenngrößen sind die mittlere Kugelabstandsabweichung ΔL und die Abstands-Messunsicherheit u_L (Berechnung s. Tab. 3 und Tab .4) nach HEISTER (2006). Die Streckenverteilung erfolgte in Anlehnung an VDI/VDE 2634, es wurden sieben Strecken aus unabhängigen Kugelpaaren gebildet. Die Ergebnisse sind in Tabelle 3 und Tabelle 4 zusammengefasst.

Tabelle 3:   Ergebnisse für die Kenngröße Kugelabstandsabweichung ΔL

	# Strecken	ΔL_1 [mm]	ΔL_2 [mm]	#Strecken	ΔL_3 [mm]
Trimble FX 6dpi	7	4,1	2,6	465	4,6
Trimble FX 17dpi	7	5,1	2,8	434	4,7
Faro Photon 80 (RR4)	7	1,9	2,4	465	2,3
Z+F IMAGER 5006	7	2,0	2,3	465	2,1

ΔL_1: Mittel aus 4 Stationen, stationsweise berechnet, 7 Strecken
ΔL_2: alle 5 Stationen registriert, 7 Strecken $$\Delta L_i = \frac{1}{n} \sum_{j=1}^{n} |\Delta L_j|$$
ΔL_3: alle 5 Stationen registriert, alle Strecken

Tabelle 4:   Ergebnisse für die Kenngröße Abstands-Messunsicherheit u_L

	# Strecken	u_{L1} [mm]	u_{L2} [mm]	# Strecken	u_{L3} [mm]
Trimble FX 6dpi	7	5,9	3,5	465	6,4
Trimble FX 17dpi	7	6,6	3,6	434	6,4
Faro Photon 80 (RR4)	7	2,6	2,9	465	3,0
Z+F IMAGER 5006	7	2,7	3,1	465	2,8

u_{L1}: Mittel aus 4 Stationen, stationsweise berechnet, 7 Strecken
u_{L2}: alle 5 Stationen registriert, 7 Strecken $$u_L = \sqrt{\frac{\sum_{j=1}^{7} \Delta L_j^2}{7}}$$
u_{L3}: alle 5 Stationen registriert, alle Strecken

Hier lässt sich bei beiden Kenngrößen erkennen, dass der zweite Wert u_{L2}, bzw. ΔL_2, aus nur sieben Strecken gebildet, oftmals von den anderen Werten (u_{L1} und $u_{L3\,bzw.}$ ΔL_1 und ΔL_3) abweicht, die fast immer gut zueinander passen. Auch hier sind die Ergebnisse des Faro Photon und des IMAGER 5006 ähnlich gut, der Trimble FX schneidet etwas schlechter ab.

Die dritte berechnete Kenngröße ist die Kugelradiusabweichung (Tab. 5). Sie beschreibt die Differenz zwischen einer mit freiem Radius eingepassten Kugel und der Kugelsollgröße.

Tabelle 5:   Ergebnisse für die Kenngröße Kugelradiusabweichung

	# Kugeln	# Punkte / Kugel ∅	Δr_{min} [mm]	Δr_{max} [mm]	∅ Δr [mm]
Trimble FX 6dpi	10	2411	-2,6	1,9	-0,5
Trimble FX 17dpi	10	19311	-3,2	3,1	-0,5
Faro Photon 80 (RR4)	10	1212	-0,8	5,7	1,9
Z+F IMAGER 5006	10	17253	-1,5	2,5	0,3

Δr_{min}: Kugelradiusabweichung minimal
Δr_{max}: Kugelradiusabweichung maximal $$R_K = \frac{1}{k} \sum_{i=1}^{k} v_i$$
∅ Δr: Kugelradiusabweichung Mittel für 10 Kugeln

Anhand der Kugelradienabweichungen können systematische lokale Formabweichungen aufgezeigt werden. In der Tabelle 5 ist zu erkennen, dass die Anzahl der Punkte, die die Kugeln repräsentieren, sehr differiert. Während in den Punktwolken von IMAGER 5006 und Trimble FX in der hohen Auflösung durchschnittlich ca. 17.000 bzw. ca. 19.000 Punkte zur Kugel gehören, sind es beim Faro Photon in der Normaleinstellung mit maximaler Rauschunterdrückung und der niedrigen Auflösung des Trimble FX nur ca. 1.000 bzw. 2.000 Punkte. Das Diagramm in Abbildung 3 lässt jedoch keine Systematiken erkennen, die Differenzen werden mit zunehmender Punktzahl nicht deutlich kleiner. Einzig für den Faro Photon liegen bis auf eine Ausnahme alle Differenzen im positiven Bereich, d. h. die berechneten Kugeln sind fast alle systematisch zu klein.

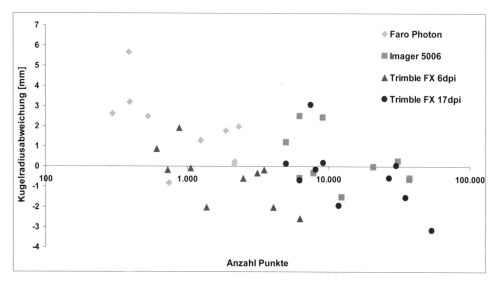

Abb. 3:   Kugelradiusabweichung in Abhängigkeit von der Punktanzahl auf der Kugel

Die nächsten berechneten Kenngrößen sind die Antastabweichung und die Antast-Messunsicherheit (HEISTER 2006) sowie die Antastabweichung nach KERN (2008). Die Antastabweichung beschreibt das zu erwartende Rauschen auf der Objektoberfläche, die zugehörige Antast-Messunsicherheit ergibt sich als Mittelwert der Standardabweichungen der geschätzten Kugelradien.

Hier sind keine großen Unterschiede zwischen den Geräten auszumachen, die Ergebnisse für Faro Photon und den IMAGER 5006 sind ganz leicht besser als für den Trimble FX, bei dem sich kein Unterschied für die beiden unterschiedlichen Auflösungen erkennen lässt. Das hier erreichte und in Tabelle 6 dargestellte Ergebnis für den IMAGER 5006 ist deutlich besser als das von GORDON (2008) für den Vorgänger IMAGER 5003 erreichte Resultat von 2,0 mm Antastabweichung nach HEISTER (2006).

Tabelle 6:   Ergebnisse für die Kenngrößen Antastabweichung und Antast-Messunsicherheit

	# Ku-geln	Mittlere Antast-abweichung (Heister, 06) R_H	Antast-abweichung (Kern, 08) R_K	Antast-Messunsicherheit (Heister, 06) u_R
Trimble FX 6dpi	10	0,7	0,9	1,0
Trimble FX 17dpi	10	0,8	1,0	1,1
Faro Photon 80 (RR4)	10	0,5	0,6	0,7
Z+F IMAGER 5006	10	0,5	0,6	0,7

alle Werte in mm

$$R_H = \frac{1}{n}\sum_{i=1}^{n} r_i \qquad R_K = \sqrt{\frac{1}{n}\sum_{i=1}^{n} r_i^2} \qquad u_R = \sqrt{\frac{\sum_{j=1}^{10} s_{Rj}^2}{10}}$$

3.2   Streckenmessgenauigkeit bis 73 m

Für die Untersuchung der Streckenmessgenauigkeit wurden Stative in 10 m-Abständen vom Scanner aufgestellt und die Referenzstrecken wurden mit einem Leica TCRP 1201plus fünffach bestimmt. Als Zielzeichen wurde für beiden untersuchten Scanner (IMAGER 5006 und Faro Photon, auf eine Untersuchung des Trimble FX wurde wegen begrenzter Verfügbarkeit des Scanners und wegen der geringen Reichweite von 38 m verzichtet) wieder die Kugel mit dem Durchmesser von 199 mm eingesetzt. Mit den IMAGER 5006 wurde jede Kugel jeweils dreimal gescannt. Mit dem Faro Photon wurde jede Kugel nur zweimal gescannt, doch wurden zusätzlich noch zwei weitere Hohl-Kugeln aus Plastik mit einem Durchmesser von 145 mm verwendet, die eine unterschiedliche weiße Lackierung (dunkel/hell) aufwiesen. Auch diese wurden auf jeder Position jeweils zweimal in unterschiedlichen Durchgängen gescannt. Die Anpassung der Kugel wurde mit bekanntem Radius in der Software RealWorks Survey durchgeführt. Die errechneten Koordinaten der jeweiligen Kugelposition wurden gemittelt. Dabei wurde festgestellt, dass das Fitting der Kugeln, die mit dem IMAGER 5006 gescannt wurden, mit zunehmender Entfernung signifikant schlechter wird, wobei die Standardabweichung für die Kugelanpassung von unter einem Millimeter auf bis über 6 mm bei den am weitesten entfernt liegenden Kugeln ansteigt (siehe Abb. 5). Dennoch bleibt die Differenz zur Sollstrecke für den IMAGER 5006 recht konstant zwischen ca. 2 und 4 mm, während die Abweichungen (von +1 mm bis -15 mm) beim Photon erheblich schwanken (Abb. 4). Die Ergebnisse des Photon müssen beim Scannen mit maximaler Rauschunterdrückung ab einer Entfernung von ca. 50 m als eher kritisch betrachtet werden, da nicht genügend Punkte (weniger als 30) auf der Kugel waren, um die Zentrumskoordinaten zuverlässig bestimmen zu können. Daher wurde diese Messung mit dem Photon noch einmal an einem anderen Tag ohne Rauschreduktion wiederholt, wobei dieses Mal wie oben erwähnt Kugeln mit unterschiedlichem Radius und Lackierung eingesetzt wurden. Für die dunklere Weiß-Lackierung der Kugel mit 145 mm Durchmesser wurden Farbwerte vom Anwender verwendet, während die hellere Kugel mit den vorgegebenen Farbwerten von Faro lackiert wurde. Es zeigte sich in der Untersuchung, dass die hellere Kugel eindeutig bessere Ergebnisse mit geringen Abweichungen zur Sollstrecke geliefert hatte. Da aus Ansicht der Autoren die Ergebnisse des Photons zu sehr streuen, wird die

Überprüfung der Streckenmessgenauigkeit zu einem späteren Termin ggf. mit einem anderen Instrument wiederholt, um die aktuellen Ergebnisse zu verifizieren.

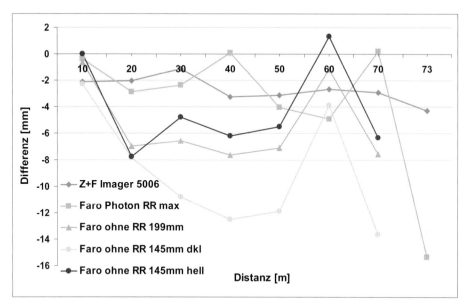

Abb. 4:   Differenzen des Streckenvergleichs bis 73 m

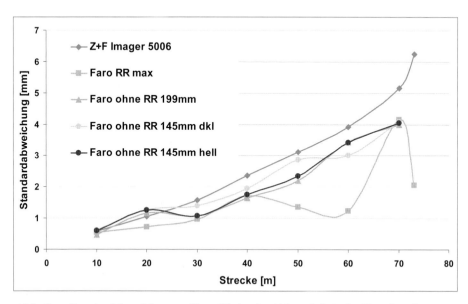

Abb. 5:   Standardabweichungen Kugelfitting in Abhängigkeit der Kugelentfernung

3.3 Streckenmessgenauigkeit bis 20 m

Für diese Untersuchung wurden die drei Scanner auf der 20 m langen Komparatorbahn im Messkeller des A-Gebäudes der HafenCity Universität Hamburg am Standort City Nord eingesetzt. Als Zielkörper wurde wieder die weiss-matt lackierte Hohl-Kugel aus Plastik mit einem Durchmesser von 199 mm eingesetzt, für den IMAGER 5006 zusätzlich eine zweite Kugel (Mensi-Kugel aus Hartplastik) mit einem Durchmesser von 76,2 mm.

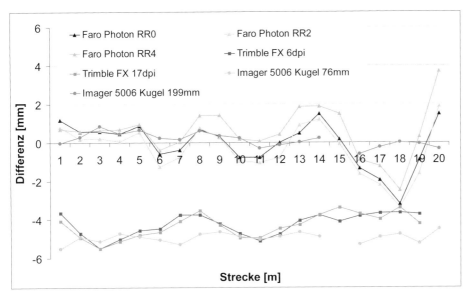

Abb. 6:   Streckendifferenzen für absolute Strecken bis 20 m (Komparatorbahn)

Die Abstände der Kugeln zum Scanner wurden in Meter-Schritten erhöht, die Scanauflösungen der drei Geräte waren folgende: für den Trimble FX 6dpi und 17dpi, für den IMAGER 5006 high und für den Faro Photon mit Rauschreduktion 0 (ohne), 2 und 4 (maximal). Bei der Auswertung wurden sowohl die absoluten Strecken der Messungen berechnet, als auch die relativen Strecken jeweils zur ersten Kugel, um einen eventuellen Nullpunktsfehler erkennen zu können. Die Differenzen zur Referenzstrecke sind in Abbildung 6 dargestellt. Die drei Datensätze des Faro Photon unterscheiden sich nicht groß in den verschiedenen Rauschreduktionsstufen, d. h. die Differenzen liegen für alle drei Einstellungen um 0 und nehmen ab einer Entfernung von 17 m auf bis zu -4 mm zu. Für den Trimble FX liegen die Differenzen der beiden unterschiedlichen Auflösungsstufen im Bereich von -4 mm bis -5 mm, streuen aber nicht so viel wie beim Faro Photon. Betrachtet man die relativen Strecken, so sind die Abweichungen beim Trimble FX im Bereich von -2 mm bis +1 mm sehr gut. Aus diesen unterschiedlichen Ergebnissen lässt sich ein Nullpunktsfehler von ca. 5 mm ableiten, was allerdings durch weitere Untersuchungen zu verifizieren wäre. Für den IMAGER 5006 liegen zwei sehr unterschiedliche Ergebnisse vor. Während die Kugel mit dem Durchmesser von 199 mm ein konstant sehr gutes Ergebnis zwischen +1 mm und -1 mm liefert, ist die Abweichung für die Kugel mit dem kleineren Durchmesser (76,2 mm) kontinuierlich im Bereich von -5 mm zu finden. Dieses bestätigt das Ergebnis einer früheren Untersuchung von MECHELKE et al. (2008), bei der ebenfalls Abweichungen in dieser Größe mit der kleinen Kugel auftraten. Betrachtet man dagegen die Abweichungen bei den relativen Strecken, so ergibt sich auch hier ein sehr gutes Ergebnis zwischen 0 und +1 mm.

3.4   Einfluss des Auftreffwinkels auf 3D-Punktgenauigkeit

Trifft der Laserstrahl nicht senkrecht auf das Objekt, so ist die Auftrefffläche des Lasers kein Kreis mehr und die Streckenmessung kann durch diese Formabweichung verfälscht werden. Das Zentrum des Laserstrahls ist nicht mehr identisch mit der Winkelmessung, die Punktposition wird so verfälscht.

Um den Einfluss des Auftreffwinkels bestimmen zu können, wurde eine ebene Steinplatte in zehn verschiedenen Winkelpositionen relativ zum Scanner in einem Abstand von 10m aufgenommen; vor der Steinplatte sind vier Kugeln (Mensi-Kugel aus Hartplastik) angebracht, die in jedem Scan mit erfasst wurden. Der genaue Aufbau des Prüfverfahrens ist bei MECHELKE et al. (2008) dokumentiert. Für die Erfassung der Platte wurde für alle untersuchten Scanner die maximale Scanauflösung eingestellt. In der anschließenden Auswertung wurden ausgleichende Ebenen sowohl durch die Punktwolke der Platte, als auch durch die vier Kugelzentren gelegt. Der Abstand der beiden Ebenen in der ersten Messung mit dem Einfallswinkel von 0° wurde als Referenz für die übrigen Messungen gesetzt. In Abbildung 7 sind die so bestimmten Differenzen in Abhängigkeit vom Einfallswinkel dargestellt.

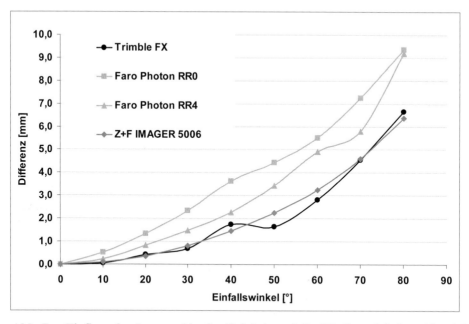

Abb. 7:   Einfluss des Laserstrahlauftreffwinkels auf die 3D-Genauigkeit – Abweichung der ausgeglichenen Ebene zur Referenzebene (Objektdistanz 10 m)

Fast alle Abstände zwischen Ebene und Kugeln werden kontinuierlich größer, d. h. die Streckenmessungen werden bei zunehmendem Einfallswinkel länger im Vergleich zur

Referenzmessung. Somit verschiebt sich die Ebene durch das Objekt zunehmend nach hinten. Dabei sind die Ergebnisse für den Trimble FX und den IMAGER 5006 nahezu identisch und steigen bis auf knapp 7 mm Differenz beim Einfallswinkel 80° an, während die Messungen des Faro Scanners mit und ohne Rauschunterdrückung etwas schlechtere Ergebnisse liefern. Hier liegen die Maximalwerte bei gut 9 mm bei einem Einfallswinkel von 80°, trotz der geringsten Spotgröße der drei Scanner (vgl. Tab. 1). Obwohl der IMAGER 5006 beim Scannen der Mensi-Kugeln konstant schlechte Ergebnisse erzielt (siehe Kap. 3.3), bestätigt das gute Ergebnis für diesen Scanner, dass sich durch die Differenzbildung zur Referenz die schlechten Distanzmessungen aufheben.

4   Schlussfolgerungen und Ausblick

Die hier in den verschiedenen Prüfverfahren untersuchten Laserscanner arbeiten alle nach dem Phasenvergleichsverfahren, trotzdem ergeben sich teilweise Unterschiede in den berechneten Kenngrößen. Diese Kenngrößen machen es zwar einfacher, Untersuchungsergebnisse miteinander zu vergleichen, doch sollten die Hochschulen darauf achten, dass die Ergebnisse der Scanneruntersuchungen nicht nur akademisch sondern auch praxisorientiert dargestellt werden. Ebenso ist nicht zu vernachlässigen, dass für die Beurteilung eines Systems (Hardware und Software) ebenso die (subjektive) Erfahrung über die Handhabung und den Einsatz in der Praxis berücksichtigt werden müssen. Diese Parameter sind in solchen Untersuchungen nicht enthalten, da sie schwer in Zahlen zu fassen sind und nicht nur vom Scanner selbst, sondern auch von seinem Zubehör und der Software abhängen. Da jedoch hier für die Berechnung von Kenngrößen immer dieselben Zielzeichen und dieselbe Software eingesetzt wurden, können durchaus Unterschiede zu den Herstellerangaben auftreten, da die Hersteller für ihr System optimierte Parameter (z. B. Zielzeichen) einsetzen. Aus diesen Gründen sollte man einen Scanner bzw. ein System auf gar keinen Fall nur nach den berechneten Kenngrößen beurteilen.

Daher stellt sich als Konsequenz aus den Untersuchungen die Frage nach einer Kalibrierung oder einer einfachen feldtauglichen Überprüfung eines Laserscanning-Systems. Bisher gibt es für den Anwender keine Möglichkeit, sein System selbst zu kalibrieren, er ist auf die werksseitige Kalibrierung angewiesen. Von Seiten der Anwender resultiert die Forderung, wenigstens einheitliche Prüfverfahren (auch im Feld) zu definieren, die eine effiziente und geräteunabhängige Überprüfung durch den Anwender (GORDON 2008, GOTTWALD et al. 2008, WEHMANN et al. 2009) ermöglichen. Allerdings bietet der Trimble FX bereits eine Gerätekalibrierung durch eine einfache Messanordnung (sogar auch nachträglich) an, die dem Anwender vor jeder wichtigen Messung empfohlen wird.

Literatur

Boehler, W., Bordas Vicent, M. & A. Marbs (2003): *Investigating Laser Scanner Accuracy*. Proceedings of XIXth CIPA Symposium, Antalya, Turkey, Sept. 30 – Oct. 4.

Gordon, B. (2008): *Diskussion von Feldprüfverfahren zur Messunsicherheitsbestimmung für terrestrische Laserscanner*. Terrestrisches Laserscanning (TLS 2008). Augsburg: Wißner (DVW-Schriftenreihe, Band 54), S. 125-142.

Gottwald, R., Heister, H. & R. Staiger (2008): *Zur Prüfung und Kalibrierung von terrestrischen Laserscannern – eine Standortbestimmung*. Terrestrisches Laserscanning (TLS 2008). Augsburg: Wißner (DVW-Schriftenreihe, Band 54), S. 91-110.

Heister, H. (2006): *Zur standardisierten Überprüfung von terrestrischen Laserscannern (TLS)*. Terrestrisches Laser-Scanning (TLS 2006). Augsburg: Wißner (DVW Schriftenreihe, Band 51), S. 35-44.

Ingensand, H., Ryf, A. & T. Schulz (2003): *Performances and Experiences in Terrestrial Laserscanning*. In: Grün, A. & H. Kahmen (Eds.): Optical 3-D Measurement Techniques VI, S. 236-243.

Kern, F. (2008): *Prüfen und Kalibrieren von terrestrischen Laserscannern*. In: Luhmann, T. & C. Müller (Hrsg.): Photogrammetrie – Laserscanning – Optische 3D-Messtechnik. Beiträge der Oldenburger 3D-Tage 2008. Heidelberg: Wichmann, S. 306-316.

Kern, F. & U. Huxhagen (2008): *Ansätze zur systematischen Kalibrierung und Prüfung von terrestrischen Laserscannern (TLS)*. Terrestrisches Laserscanning (TLS 2008). Augsburg: Wißner (DVW-Schriftenreihc, Band 54), S. 111-124.

Kersten, T, Mechelke, K., Lindstaedt, M. & H. Sternberg (2008*): Geometric Accuracy Investigations of the Latest Terrestrial Laser Scanning Systems*. Integrating the Generations. FIG Working Week 2008 Stockholm, TS 5G – Calibration of Instruments.

Kersten, T., Sternberg, H. & K. Mechelke (2005): *Investigations into the Accuracy Behaviour of the Terrestrial Laser Scanning System Mensi GS100*. In: Grün, A. & H. Kahmen (Eds.): Optical 3-D Measurement Techniques VII, Vol. I, S. 122-131.

Mechelke, K., Kersten, T. & M. Lindstaedt (2007): *Comparative Investigations into the Accuracy Behaviour of the New Generation of Terrestrial Laser Scanning Systems*. In: Grün, A. & H. Kahmen (Eds.): Optical 3-D Measurement Techniques VIII, Vol. I, S. 319-327.

Mechelke, K., Kersten, T. & M. Lindstaedt (2008): *Geometrische Genauigkeitsuntersuchungen neuester terrestrischer Laserscannersysteme – Leica ScanStation 2 und Z+F IMAGER 5006*. In: Luhmann, T. & C. Müller (Hrsg.): Photogrammetrie – Laserscanning – Optische 3D-Messtechnik. Beiträge der Oldenburger 3D-Tage 2008. Heidelberg: Wichmann, S. 317-328.

VDI/VDE 2634 (2002): *Optische 3D-Messsysteme – Systeme mit flächenhafter Antastung*. VDI/VDE-Gesellschaft Mess- und Automatisierungstechnik (GMA), VDI/VDE Richtlinien, Düsseldorf, August, 2002.

Wehmann, W., van Zyl, C., Ullrich, J., Richardt, A., Staeck, C. & S. Voss (2009): *Untersuchung zur Genauigkeit und Zuverlässigkeit der Laserscanner ScanStation 2 und HDS 6000 von Leica sowie LMS-Z420i von Riegl und Erarbeitung von Prüfroutinen für diese Scanner*. In: Luhmann, T. & C. Müller (Hrsg.): Photogrammetrie – Laserscanning – Optische 3D-Messtechnik. Beiträge der Oldenburger 3D-Tage 2008. Heidelberg: Wichmann, S. 31-44.

1.2 Algorithmen und Auswertungen

Bestimmung räumlicher Transformationsparameter auf Grundlage von dreidimensionalen Geraden und projektiver Geometrie

Maria LICHTENSTEIN und Wilhelm BENNING

Einleitung

Die Registrierung terrestrischer Laserscannerdaten erfolgt in der Regel durch Passpunktmarken oder häufiger durch sogenannte Iterative Closest Point Algorithmen (ICP). Diese ICP-Algorithmen besitzen den Vorteil, effizient und ohne Verwendung von Passpunkten zu arbeiten, werden aber hauptsächlich für Laserpunkte oder extrahierte Flächen aus den Laserscannerdaten angewendet. In diesem Beitrag wird ein Verfahren vorgestellt, das die Berechnung der Transformationsparameter räumlicher Geraden zur Registrierung durch projektive Geometrie ermöglicht. Die geradengestützte Zuordnung reduziert die benötigte Datenmenge aus der Laserscannerpunktwolke, da nur mit den markanten Geraden gearbeitet wird.

1   Stand der Technik

Ein gängiges Verfahren zur Registrierung von Laserscans benutzt Passpunktmarken, die auf den Objekten aufgeklebt werden, um als feste Passpunkte eine Zuordnung zu realisieren. Dieses Verfahren kann aber zu Schwierigkeiten führen, wenn es aufgrund der örtlichen Gegebenheiten problematisch ist, die Passpunktmarken am Objekt aufzukleben.

Eine andere Technik realisiert eine direkte Zuordnung der Laserscannerpunktwolke von den verschiedenen Standpunkten durch Ausgleichung bei der Auswertung im Nachhinein. Dies geschieht durch sogenannte Iterative Closest Point Algorithmen (ICP), die in der Literatur, beispielsweise bei DOLD, RIPPERDA und BRENNER 2007, beschrieben worden sind. Hierbei wird eine bestmögliche räumliche Rotation und Translation geschätzt, um die Punktwolken von verschiedenen Scannerstandpunkten in identische Punktwolken zu überführen. Diese Methode wurde zunächst von BESL und MCKAY 1991 beschrieben. Der ICP-Algorithmus wird aber nicht nur für Punkte, sondern auch für Flächen und in seltenen Fällen für Geraden angewendet. Für die Zuordnung über dreidimensionale Raumgeraden existiert ein Ansatz von AL SHAWA 2006, der eine Idee der Registrierung terrestrischer Laserscannerdaten über lineare Merkmale beschreibt. Hierbei formuliert er zwei verschiedene Ansatzmöglichkeiten zur Zuordnung räumlicher Geraden. Der erste Ansatz lehnt sich an den ICP-Algorithmus an und berechnet die Transformationsparameter durch eine Ausgleichung. Der zweite Ansatz projiziert die räumlichen Geraden auf eine Ebene, um in dieser die Geraden ineinander zu überführen.

2 Der neue Ansatz

Die Bestimmung der räumlichen Transformationsparameter wird in dem hier vorgestellten Ansatz durch eine Ausgleichung über Beziehungen der projektiven Geometrie gelöst. Hierzu wird zunächst eine Näherungswertbestimmung durch Kombinatorik und anschließend eine Ausgleichungsrechnung zur Bestimmung der endgültigen Transformationsparameter durchgeführt.

2.1 Näherungswertlösung durch Kombinatorik

Da eine Ausgleichungslösung gute Näherungswerte oder Startwerte für die Berechnung benötigt, wird im ersten Schritt eine Näherungslösung durch kombinatorische Zuordnung der Geraden berechnet. Durch diese Näherungswertlösung werden Transformationsparameter ω, φ, κ für die Rotation und t_x, t_y, t_z für die Translation der räumlichen Bewegung der Geraden und eine Zuordnung korrespondierender Geraden der einzelnen Laserscans zueinander ermittelt.

Bei der Berechnung wird folgendermaßen vorgegangen:

- Zur Berechnung der Rotation und Translation werden zunächst Geradenpaare betrachtet, da die Transformation für räumliche Geraden durch Drehung der Geraden um die eigene Achse nicht eindeutig ist. Zwei räumliche Geraden können windschief, parallel oder identisch sein oder sich schneiden. Diese Lagebeziehungen werden für alle Geraden innerhalb eines Scans überprüft und durch die Berechnung des Abstandes bzw. des Winkels der Geraden zueinander charakterisiert. Da diese Berechnungen für die Geraden auch im zweiten Scan analog durchgeführt werden, kann schließlich eine Zuordnung der Geradenpaare vom ersten zum zweiten Laserscan bestimmt werden. Hierzu wird eine Korrespondenzmatrix aufgebaut, die alle Differenzen der Abstände bzw. Winkel aller Kombinationen der Geradenpaare in beiden Scans beinhaltet. Die Zuordnung wird über ein gewichtetes Mittel des Abstandes und des Winkels berechnet. Zugeordnet werden schließlich die Geradenpaare der verschiedenen Scans, die in der Korrespondenzmatrix den kleinsten Eintrag haben. Damit es nicht aufgrund von gleichen Werten zu einer falschen Zuordnung kommt, wird außerdem überprüft, ob der zweitkleinste Eintrag der Korrespondenzmatrix nicht sehr ähnlich zum kleinsten Eintrag ist.

- Im nächsten Schritt werden dann die Transformationsparameter, d.h. Rotationswinkel und Translationsbeträge für die räumlichen Geraden zwischen den beiden betrachteten Scans berechnet. Diese werden zunächst für sechzehn verschiedene Fälle berechnet, da die einzelnen Geraden, die über jeweils zwei Punkte definiert sind, in den Geradenpaaren unterschiedlich zueinander liegen können. Es sind folgende Fälle zu beachten: Es wird die erste Gerade des ersten Scans zur ersten Gerade im zweiten Scan zugeordnet, die Erste zur Zweiten, die Zweite zur Ersten oder die Zweite zur Zweiten (Fall 1 – Fall 4). Hierbei können die Richtungsvektoren zueinander vertauscht sein, je nach Lage der Geraden definierenden Punkte. Somit gibt es dieselben Fallunterscheidungen noch einmal, nur dass der Richtungsvektor für beide Geraden im ersten Scan vertauscht ist (Fall 5 – Fall 8). Dann gibt es dieselben Fälle dafür, dass nur der Richtungsvektor für die erste Gerade im ersten Scan vertauscht ist (Fall 9 – Fall 12) und die vier Fälle für die Situation, dass nur der Richtungsvektor der zweiten Geraden im ersten Scan vertauscht ist (Fall 13 - Fall 16).

• Die Rotationswinkel der Transformationsparameter können nach folgender Näherungswertbestimmung berechnet werden, wie es bei SCHWERMANN 1995 beschrieben wird.

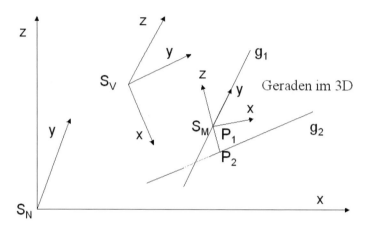

Abb. 1:   Bestimmung der Rotationswinkel als Näherungswertlösung

Bei dieser Lösung (siehe Abb. 1) liegt ein Geradenpaar, sowohl in den Koordinatensystemen V und N vor, wobei das eine Koordinatensystem den Laserscan 1 und zweite Koordinatensystem den Laserscan 2 beschreibt. Es wird die Rotationsmatrix zwischen V und N ermittelt, die durch eine Rotation über das Koordinatensystem M realisiert wird. Das Koordinatensystem M ist durch die Lage eines Geradenpaares festgelegt. Es gilt

$$R_V^N = R_M^N \cdot R_V^M = R_M^N \cdot (R_M^V)^T . \tag{1}$$

Hierbei ist R_M^N definiert als 3×3-Matrix, wobei die erste Spalte die x-Achse, die zweite Spalte die y-Achse und die dritte Spalte die z-Achse des Systems M im Koordinatensystem N beschreibt. Alle Achsen sind hierbei auf 1 normiert.

Die Rotationsmatrix R_M^V wird analog bzgl. des Systems V definiert, so dass dann durch obige Beziehung (1) die Rotationsmatrix R_V^N bestimmt werden kann. Da R_V^N eine Rotationsmatrix ist, die zunächst eine Drehung ω um die x-Achse, dann eine Drehung φ um die y-Achse und zuletzt eine Drehung κ um die z-Achse ausführt, gilt die allgemeine Darstellung

$$R = \begin{bmatrix} \cos(\varphi)\cos(\kappa) & -\cos(\varphi)\sin(\kappa) & \sin(\varphi) \\ \cos(\omega)\sin(\kappa)+\sin(\omega)\sin(\varphi)\cos(\kappa) & \cos(\omega)\cos(\kappa)-\sin(\omega)\sin(\varphi)\sin(\kappa) & -\sin(\omega)\cos(\varphi) \\ \sin(\omega)\sin(\kappa)-\cos(\omega)\sin(\varphi)\cos(\kappa) & \sin(\omega)\cos(\kappa)+\cos(\omega)\sin(\varphi)\sin(\kappa) & \cos(\omega)\cos(\varphi) \end{bmatrix} \tag{2}$$

Es ist möglich, ω, φ und κ aus dieser Rotationsmatrix abzuleiten. Da der Arkustangens und der Arkussinus zur Bestimmung der Rotationswinkel zweideutig sind, gibt es zwei Lösungen für ω, φ und κ. Die richtige Kombination für das Ergebnis der Rotation wird durch Vergleich aller Winkelkombinationen mit der vorher berechneten Rotationsmatrix erreicht.

- Es werden die Translationen bestimmt und sechzehn verschiedene Fallunterscheidungen untersucht. Hierzu wird die Gerade im ersten Laserscan mithilfe der Rotationsmatrix, die aus den neuen Rotationswinkeln aufgestellt worden ist, in den zweiten Scan gedreht, so dass die korrespondierenden Geraden parallel zueinander liegen. Der Verschiebungsvektor kann aus der Differenz der Mittelpunkte der kürzesten Entfernungen der Geraden eines Geradenpaares berechnet werden. Dies ist in Abbildung 2 dargestellt, wobei die Geraden eines Geradenpaares aus den Punkten 1 und 2 bzw. 3 und 4 aus dem ersten Scan in den zweiten Scan gedreht und mit den korrespondierenden Geraden AB bzw. CD verrechnet werden.

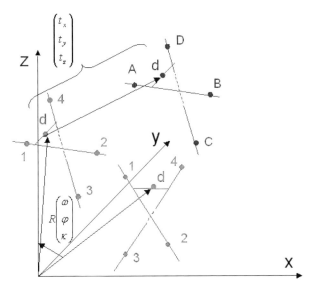

Abb. 2:   Berechnung des Translationsvektors durch die Differenz der Mittelpunkte der kürzesten Entfernungen zweier Geraden eines Geradenpaares

- Die endgültigen Transformationsparameter werden durch Maximumsuche, d. h. der Suche der am häufigsten vorkommenden gleichen Werte in den einzelnen Fällen, bestimmt.

- Zum Schluss wird die endgültige Zuordnung berechnet, indem einzelne Geraden und nicht nur Geradenpaare einander zugeordnet werden. Der Fall der sechzehn verschiedenen Möglichkeiten, bei dem alle Transformationsparameter mit den Bestimmten aus der Maximumsuche übereinstimmen, gibt die richtige Zuordnung der einzelnen Geraden an. Die zugeordneten Geraden werden als korrespondierend gespeichert und als Vorinformation für die anschließende Ausgleichung verwendet.

2.2 Ausgleichung mittels projektiver Geometrie

Um die exakten Transformationsparameter der räumlichen Geradenbewegung zu schätzen, wird eine Ausgleichungsrechnung mithilfe der projektiven Geometrie, im Speziellen mit den sogenannten Plückerkoordinaten, durchgeführt (siehe Abb. 3). Diese Idee wurde bereits von STOLFI 1991 beschrieben und von FÖRSTNER 2004 wieder aufgegriffen. Man geht von einer räumlichen Bewegung aus, d. h. einer Rotation R und Translation T

$$H = \begin{bmatrix} R & T \\ 0^T & 1 \end{bmatrix}.$$

(3)

Jede dreidimensionale Gerade lässt sich mit Plückerkoordinaten präsentieren:

$$L = \begin{bmatrix} L_h \\ L_0 \end{bmatrix} = \begin{bmatrix} X_h Y_0 - Y_h X_0 \\ X_0 \times Y_0 \end{bmatrix}$$

(4)

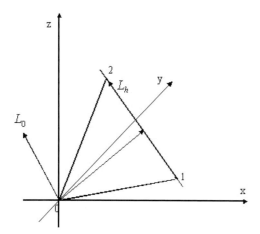

Abb. 3:   Darstellung einer räumlichen Geraden durch die Punkte 1 und 2 durch Plücker-koordinaten – L_h gibt die Richtung der Geraden an, L_0 die Normale auf die Ebene, die durch die Vektoren 1 und 2 aufgespannt wird

Es wird eine einfache räumliche Bewegung durch Verknüpfung beider Schreibweisen (3) und (4) realisiert, die durch mehrere Umformungen (siehe FÖRSTNER 2004) auf das funktionale Modell der Ausgleichung führt:

$$L' = H_L L \qquad X' = \begin{bmatrix} X_0' \\ X_h' \end{bmatrix} = \begin{bmatrix} RX_0 + TX_h \\ X_h \end{bmatrix} \qquad Y' = \begin{bmatrix} Y_0' \\ Y_h' \end{bmatrix} = \begin{bmatrix} RY_0 + TY_h \\ Y_h \end{bmatrix}$$

(5)

$$\begin{bmatrix} L_h^{'} \\ L_0^{'} \end{bmatrix} = \begin{bmatrix} X_h^{'} Y_0^{'} - Y_h^{'} X_0^{'} \\ X_0^{'} \times Y_0^{'} \end{bmatrix} = \begin{bmatrix} X_h(RY_0 + TY_h) - Y_h(RX_0 + TX_h) \\ (RX_0 + TX_h) \times (RY_0 + TY_h) \end{bmatrix}$$
$$= \begin{bmatrix} R(X_h Y_0 - Y_h X_0) \\ T \times R(X_h Y_0 - Y_h X_0) + R(X_0 \times Y_0) \end{bmatrix} = \begin{bmatrix} RL_h \\ T \times (RL_h) + RL_0 \end{bmatrix} \tag{6}$$

Das zugrundeliegende funktionale Modell lautet also

$$\begin{bmatrix} L_h^{'} \\ L_0^{'} \end{bmatrix} = \begin{bmatrix} RL_h \\ T \times (RL_h) + RL_0 \end{bmatrix} \tag{7}$$

mit R wie in Gleichung (2).

Dieses Modell kann man durch Ausmultiplikation in sechs Beobachtungsgleichungen umformen, die dem Ausgleichungsmodell zugrunde liegen.

Nach der üblichen Form werden die Designmatrix A und der Beobachtungsvektor l aufgebaut, wobei die Designmatrix A aus den partiellen Ableitungen der einzelnen Beobachtungen nach den Unbekannten besteht und der Beobachtungsvektor l die einzelnen Beobachtungsgleichungen enthält.

$$A = \begin{bmatrix} \frac{\partial f_1}{\partial \omega} & \frac{\partial f_1}{\partial \varphi} & \frac{\partial f_1}{\partial \kappa} & \frac{\partial f_1}{\partial t_x} & \frac{\partial f_1}{\partial t_y} & \frac{\partial f_1}{\partial t_z} \\ \frac{\partial f_2}{\partial \omega} & \frac{\partial f_2}{\partial \varphi} & \frac{\partial f_2}{\partial \kappa} & \frac{\partial f_2}{\partial t_x} & \frac{\partial f_2}{\partial t_y} & \frac{\partial f_2}{\partial t_z} \\ \frac{\partial f_3}{\partial \omega} & \frac{\partial f_3}{\partial \varphi} & \frac{\partial f_3}{\partial \kappa} & \frac{\partial f_3}{\partial t_x} & \frac{\partial f_3}{\partial t_y} & \frac{\partial f_3}{\partial t_z} \\ \frac{\partial f_4}{\partial \omega} & \frac{\partial f_4}{\partial \varphi} & \frac{\partial f_4}{\partial \kappa} & \frac{\partial f_4}{\partial t_x} & \frac{\partial f_4}{\partial t_y} & \frac{\partial f_4}{\partial t_z} \\ \frac{\partial f_5}{\partial \omega} & \frac{\partial f_5}{\partial \varphi} & \frac{\partial f_5}{\partial \kappa} & \frac{\partial f_5}{\partial t_x} & \frac{\partial f_5}{\partial t_y} & \frac{\partial f_5}{\partial t_z} \\ \frac{\partial f_6}{\partial \omega} & \frac{\partial f_6}{\partial \varphi} & \frac{\partial f_6}{\partial \kappa} & \frac{\partial f_6}{\partial t_x} & \frac{\partial f_6}{\partial t_y} & \frac{\partial f_6}{\partial t_z} \end{bmatrix} \qquad l = \begin{bmatrix} f_1 \\ f_2 \\ f_3 \\ f_4 \\ f_5 \\ f_6 \end{bmatrix} \tag{8}$$

Die Ausgleichung wird nach dem Gauß-Markov-Modell

$$x = (A^T P A)^{(-1)} A^T P l \tag{9}$$

gelöst, so dass eine bestmöglichste Schätzung für die Transformationsparameter berechnet wird, die durch den Unbekanntenvektor x beschrieben wird.

2.3 Anwendungsbeispiel

Ein Anwendungsgebiet für die Schätzung dieser räumlichen Bewegung ist die geradengestützte Registrierung terrestrischer Laserscans. Dies soll an folgendem Beispiel gezeigt werden:

Ein Teil einer Industrieanlage ist von zwei Laserscannerstandpunkten mit einem terrestrischen Laserscanner aufgenommen worden (siehe Abb. 4). Durch eine vorgeschaltete Bildverarbeitung und Laserscannerdatenauswertung, wie sie zum Beispiel mit dem Programm PHIDIAS, einem Softwaresystem auf der Basis der CAD-Software MicroStation, durchgeführt werden kann, ist es möglich, gerade, räumliche Kanten zu extrahieren (siehe LICHTENSTEIN, BENNING & EFFKEMANN 2008). Diese können zur oben beschriebenen Bestimmung der räumlichen Transformationsparameter genutzt werden, um eine merkmalsbasierte Registrierung terrestrischer Laserscannerdaten durchzuführen. Für diese Registrierung müssen keine identischen Kantenstücke mit Anfangs- und Endpunkt vorliegen, da sich die Zuordnung und Transformation auf Geraden als geometrisches Element bezieht. Zylinderachsen von Rohren, die bei einer Industrieanlage öfters vorhanden sind, können hier ebenfalls als Geraden verwendet werden.

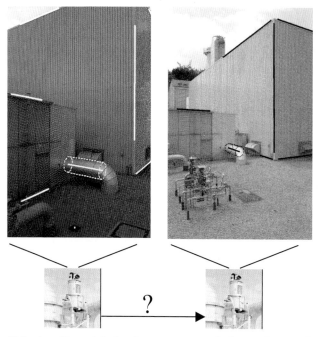

Abb. 4: Terrestrische Laserscanneraufnahme einer Industrieanlage – Prinziperklärung der geradengestützten Registrierung; die geraden Linien stellen die extrahierten Geraden dar, die durch Transformation ineinander überführt werden sollen

Vorteil des Ansatzes ist es, dass für diese Registrierung keine Passpunktmarken angebracht werden müssen, so dass Zeit eingespart werden kann. Die hier vorgestellte Registrierung kann im Nachhinein bei der Auswertung berechnet werden. Außerdem hat sie den Vorteil, dass die große Anzahl von Laserpunkten zur Registrierung wegfallen, da nur über die markanten Geraden, die markanten Stellen im Modell, registriert wird. Es werden nur wenige Geraden benötigt. Die Reduzierung der Datenmenge für die Registrierung verringert den Speicheraufwand und erhöht die Genauigkeit aufgrund der Zuordnung markanter Stellen.

Im Modell müssen gerade Kanten vorliegen, um eine Zuordnung und Transformation rechnen zu können. Außerdem benötigt man für eine solche Registrierung dreidimensionale Kanten, die zuvor durch eine Vorverarbeitung bestimmt werden müssen. Eine Möglichkeit für eine solche Vorverarbeitung ist zum Beispiel in LICHTENSTEIN, BENNING & EFFKEMANN 2008 beschrieben. Durch eine derartige Vorverarbeitung erhöht sich wiederum die Rechenzeit der Auswertung.

3 Zusammenfassung

In dem hier vorgestellten Ansatz wurde eine Möglichkeit der Bestimmung räumlicher Transformationsparameter für dreidimensionale Geraden vorgestellt. Nach einer Grobregistrierung zur Bestimmung von Näherungswerten für die zu bestimmenden Transformationsparameter und einer ersten Zuordnung von korrespondierenden Geraden wird in einer Ausgleichungsrechnung im Modell der projektiven Geometrie eine sichere und schnelle Lösung der Feinregistrierung erreicht. Der Ansatz ist für Registrierungsfälle, in denen gerade Kanten vorkommen, eine Alternative zu den üblichen ICP-Algorithmen.

Literatur

Al Shawa, M. (2006): *Consolidation des nuages de points en lasergrammetrie terrestre – nouvelle approche basée sur les entitités linéaires*. École Nationale Supérieure d'Architecture de Nancy Université Henri Poincaré (in Französisch).

Besl, P. J. & N. D. McKay (1992): *A Method for Registration of 3D-Shapes*. IEEE Transaction on Pattern Analysis and Machine Intelligence, Vol. 14 (2), S. 239-256.

Dold, C., Ripperda, N. & C. Brenner (2007): *Vergleich verschiedener Methoden zur automatischen Registrierung von terrestrischen Laserscandaten*. In: Luhmann, T. & C. Müller (Hrsg.): Photogrammetrie – Laserscanning – Optische 3D-Messtechnik. Beiträge der Oldenburger 3D-Tage 2007. Heidelberg: Wichmann, S. 196-205.

Förstner, W. (2004): *Projective Geometry for Photogrammetric Orientation Procedures I*. Tutorial notes from the tutorial held at the ISPRS Congress Istanbul, July 13th 2004. Part I.

Lichtenstein, M., Benning, W. & C. Effkemann (2008): *Anwendung von Bildverarbeitungsverfahren in photogrammetrischen Aufnahmen zur automatischen Auswertung von terrestrischen Laserscannerdaten*. In: Luhmann, T. & C. Müller (Hrsg.): Photogrammetrie – Laserscanning – Optische 3D-Messtechnik. Beiträge der Oldenburger 3D-Tage 2008. Heidelberg: Wichmann, S. 154-161.

Schwermann, R. (1995): *Geradengestützte Bildorientierung in der Nahbereichsphotogrammetrie*. Veröffentlichung des Geodätischen Instituts der Rheinisch-Westfälischen Technischen Hochschule Aachen, Nr. 52. Aachen.

Stolfi, J. (1991): *Oriented Projective Geometry: A Framework for Geometric Computations*. San Diego: Academic Press, Inc.

Linearisierte Lösung der ICP-Fehlerfunktion für global konsistentes Scanmatching

Andreas NÜCHTER und Jan ELSEBERG

Zusammenfassung

Dieser Artikel beschreibt eine Linearisierung in geschlossener Form für die Minimierung der Fehlerfunktion, die beim ICP-Algorithmus auftaucht. Die Linearisierung approximiert die tatsächliche Lösung und nutzt die Annahme aus, dass die auftretenden Winkel klein sind. Weiterhin zeigt der Artikel die Möglichkeit auf, die Linearisierung für global konsistentes Scanmatching zu verwenden. Global konsistentes Scanmatching minimiert den Gesamtfehler, wenn mehr als zwei 3D-Punktwolken vorliegen.

1   Einleitung

Das Registrieren von 3D-Punktwolken ist ein wichtiger Schritt zur 3D-Modellrekonstruktion. Dazu verwenden viele Applikationen den ICP (engl.: iterative closest points) Algorithmus (BESL & MCKAY, 1992). Präzise 3D-Laserscanner liefern genaue Daten und werden bereits erfolgreich in der Architektur, Automatisierungstechnik, Landwirtschaft, Denkmalpflege und dem Gebäudemanagement eingesetzt. Andere Anwendungen von Punktwolkenregistrierung finden sich in der medizinischen Bildverarbeitung, in der Archäologie und der Rettungs- bzw. Inspektionsrobotik. Die schnelle Entwicklung von 3D-Kameras mündet sicherlich in weiteren Anwendungsmöglichkeiten des ICP-Algorithmus (MESA IMAGING, 2009, PMDTECHNOLOGIES GMBH, 2009).

Der ICP-Algorithmus registriert zwei unabhängig akquirierte 3D-Laserscans in ein gemeinsames Koordinatensystem. Er basiert auf einer Fehlermetrik über Punktkorrespondenzen, welche minimiert wird. Folgende Analogie wird häufig im Zusammenhang mit dem ICP-Algorithmus verwendet: Die Korrespondenzen stellen mechanische Federn dar, die den zu registrierenden 3D-Scan in das Energieminimum bewegen und so korrekt ausrichten. Vier Algorithmen sind bekannt, die die obige Fehlerfunktion in geschlossener Form lösen (LORUSSO, EGGERT & FISHER, 1995). Die Schwierigkeit besteht darin, die Orthonormalitätsbedingung für die Rotationsmatrix aufrecht zu erhalten. Im Folgenden präsentieren wir eine linearisierte Lösung für die ICP Fehlerfunktion, wobei lediglich ein lineares Gleichungssystem gelöst werden muss. Des Weiteren erweitert dieser Aufsatz unseren Ansatz der Linearisierung für global konsistente Registrierung.

Wenn mehrere 3D-Punktwolken registriert werden, akkumulieren sich Fehler. Die Ursachen liegen in unpräzisen Messungen, sowie kleinen Registrierungsfehlern. Globale Ausgleichsrechnungen helfen, den Gesamtfehler möglichst gering zu halten. Die Erweitung von lokalen Algorithmen wie dem ICP-Algorithmus auf mehrere Scans ist schwierig, da die Analogie des Federsystems nicht mehr hilfreich ist. Resultierende Algorithmen sind nur lokal optimal und benötigen sehr viele Iterationen zur Minimierung der globalen Fehlerfunktion (CUNNINGTON & STODDART, 1999). Global konsistent arbeitende Algorithmen benötigen, wie beim ICP-Algorithmus üblich, nur die Iteration über die nächsten Punkte.

Abbildung 1 zeigt eine 3D-Punktewolke (65 3D-Scans) und zeigt den Unterschied zwischen lokal konsistent und global konsistentem Registrieren. Abbildung 2 skizziert den Unterschied zwischen globalen und lokal arbeitenden Algorithmen.

Abb. 1: Registrierung von n-Scans. Die Scans wurden auf einer Route A-B-C-D-A-B-E-F-A-D-G-H-I-J-H-K-F-E-L-I-K-A aufgenommen. Oben: Ansicht aus der Vogelperspektive. Mitte: Während des Registrierens akkumulieren sich Fehler (Schleife: A-B-C-D-A). Unten links: Global, konsistenter Schleifenschluss. Unten rechts: Global konsistente Registrierung und lokal konsistente Registrierung führen zu unterschiedlichen Ergebnissen.

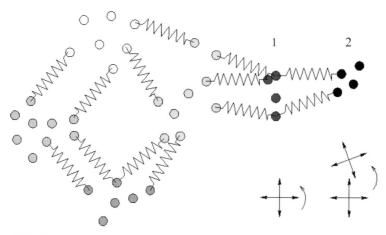

Abb. 2: Registrierung von 6 Scans, die in unterschiedlichen Grautönen dargestellt sind. Lokal optimal arbeitende Algorithmen optimieren, d. h. verschieben jeden Scan separat, während global arbeitende Algorithmen alle Abstände gleichzeitig minimieren. Dies beinhaltet insbesondere, dass die Verschiebungen des Scans Nr. 1 auf ganz rechts liegenden (Scan 2) übertragen werden (angedeutet über die Pfeile). Drehungen setzen sich sogar mit einem „Hebel" fort.

2   ICP-Algorithmus

Die folgende Methode ist der de-facto Standard zum Registrieren von 3D-Scans. Der Algorithmus wurde 1992 von Besl/McKay entwickelt und heisst ICP-Algorithmus. Gegeben sind zwei unabhängig aufgenommene 3D-Punktmengen, die Modellmenge und die Datenmenge. Die ICP-Fehlerfunktion lautet:

$$E(\mathbf{R}, \mathbf{t}) = \frac{1}{N} \sum_{i=1}^{N} ||\mathbf{m}_i - (\mathbf{R}\mathbf{d}_i + \mathbf{t})||^2 \tag{1}$$

Alle Korrespondenzen werden in einer Liste mit Punktpaaren gespeichert und anschließend wird die Fehlerfunktion minimiert.

2.1   Geschlossene Lösung der ICP-Fehlerfunktion

Für die Minimierung von (1) werden zunächst die Schwerpunkte von den Punkten, die in das Matching eingegangen sind abgezogen

$$c_m = \frac{1}{N} \sum_{i=1}^{N} \mathbf{m}_i, \qquad c_d = \frac{1}{N} \sum_{i=1}^{N} \mathbf{d}_i \tag{2}$$

$$M' = \{\mathbf{m}'_i = \mathbf{m}_i - c_m\}_{1,...,N}, \qquad D' = \{\mathbf{d}'_i = \mathbf{d}_i - c_d\}_{1,...,N}. \tag{3}$$

Nach dem Einsetzen von (3) in (1) ergibt sich

$$
\begin{aligned}
E(\mathbf{R},\mathbf{t}) &= \frac{1}{N}\sum_{i=1}^{N}||\mathbf{m}_i' - \mathbf{R}\mathbf{d}_i' - \underbrace{(\mathbf{t} - \mathbf{c}_m + \mathbf{R}\mathbf{c}_d)}_{=\mathbf{t}}||^2 \\
&= \frac{1}{N}\sum_{i=1}^{N}||\mathbf{m}_i' - \mathbf{R}\mathbf{d}_i'||^2 - \frac{2}{N}\mathbf{\tilde t}\cdot\sum_{i=1}^{N}(\mathbf{m}_i' - \mathbf{R}\mathbf{d}_i') + \frac{1}{N}\sum_{i=1}^{N}||\mathbf{\tilde t}||^2
\end{aligned}
\tag{4}
$$

Wie man nun sieht, ist nur der erste Teil relevant, da der zweite Term Null ergibt und der dritte ein Minimum für $\mathbf{t} = \mathbf{c}_m - \mathbf{R}\mathbf{c}_d$ besitzt. Daher muss nur der erste Teil minimiert werden. Anschließend berechnet man aus der optimalen Rotation die optimale Translation. Die neue Fehlerfunktion lautet:

$$
E(\mathbf{R},\mathbf{t}) \times \sum_{i=1}^{N}||\mathbf{m}_i' - \mathbf{R}\mathbf{d}_i'||^2
\tag{5}
$$

Die eigentliche Minimierung geschieht entweder mit der Singulärwertzerlegung (ARUN, HUANG & BLOSTEIN, 1987), durch das Verwenden von Einheitsquaternionen (HORN, 1987), orthonormalen Matrizen (HORN, HILDEN & NEGAHDARIPOUR, 1988) oder Daul-Quaternionen (WALKER, SHAO & VOLZ, 1991).

2.2 Linearisierte Lösung der ICP-Fehlerfunktion

Für die Linearisierung stellen wir die Rotationsmatrix mit Hilfe von Euler Winkeln dar:

$$
\begin{pmatrix}
\cos\theta_y\cos\theta_z & -\cos\theta_y\sin\theta_z & \sin\theta_y \\
\cos\theta_z\sin\theta_x\sin\theta_y + \cos\theta_x\sin\theta_z & \cos\theta_x\cos\theta_z - \sin\theta_x\sin\theta_y\sin\theta_z & -\cos\theta_y\sin\theta_x \\
\sin\theta_x\sin\theta_z - \cos\theta_x\cos\theta_z\sin\theta_y & \cos\theta_z\sin\theta_x + \cos\theta_x\sin\theta_y\sin\theta_z & \cos\theta_x\cos\theta_y
\end{pmatrix}
\tag{6}
$$

Unter der Annahme, dass in der Matrix nur kleine Winkel vorkommen, können wir mit der Tayler-Approximation

$$
\begin{aligned}
\sin\theta &\approx \theta - \frac{\theta^3}{3} + \frac{\theta^5}{5} - \cdots \\
\cos\theta &\approx 1 - \frac{\theta^2}{2} + \frac{\theta^4}{4} - \cdots
\end{aligned}
$$

die Rotationsmatrix wie folgt darstellen:

$$
\mathbf{R} \approx
\begin{pmatrix}
1 & -\theta_z & \theta_y \\
\theta_x\theta_y + \theta_z & 1 - \theta_x\theta_y\theta_z & -\theta_x \\
\theta_x\theta_z - \theta_y & \theta_x + \theta_y\theta_z & 1
\end{pmatrix}
\tag{7}
$$

Als weitere Approximation nehmen wir an, dass die Multiplikation zweier kleiner Zahlen nur noch kleinere Werte ergibt, so dass (7) noch weiter vereinfacht werden kann:

$$
\mathbf{R} \approx
\begin{pmatrix}
1 & -\theta_z & \theta_y \\
\theta_z & 1 & -\theta_x \\
-\theta_y & \theta_x & 1
\end{pmatrix}
= \mathbf{I}_{3\times 3} +
\begin{pmatrix}
0 & -\theta_z & \theta_y \\
\theta_z & 0 & -\theta_x \\
-\theta_y & \theta_x & 0
\end{pmatrix}.
\tag{8}
$$

Setzt man nun (8) in die ICP-Fehlerfunktion (1) ein, erhält man nach einer Umsortierung der Variablen in einen Lösungsvektor

$$
\mathbf{m}_i - (\mathbf{R}\mathbf{d}_i + \mathbf{t}) \approx \mathbf{m}_i - \begin{pmatrix} 1 & -\theta_z & \theta_y \\ \theta_z & 1 & -\theta_x \\ -\theta_y & \theta_x & 1 \end{pmatrix} \mathbf{d}_i - \mathbf{t}
$$

$$
= \mathbf{m}_i - \mathbf{d}_i - \begin{pmatrix} 0 & d_{z,i} & -d_{y,i} & 1 & 0 & 0 \\ -d_{z,i} & 0 & d_{x,i} & 0 & 1 & 0 \\ d_{y,i} & -d_{x,i} & 0 & 0 & 0 & 1 \end{pmatrix} \begin{pmatrix} \theta_z \\ \theta_y \\ \theta_x \\ t_x \\ t_y \\ t_z \end{pmatrix} \tag{9}
$$

Damit die Approximation über kleine Winkel funktioniert, muss der Trick mit den Schwerpunkten angewendet werden. Der resultierende Term ist

$$
\mathbf{m}_i' - \mathbf{R}\mathbf{d}_i' \approx \mathbf{m}_i' - \mathbf{d}_i' - \begin{pmatrix} 0 & d_{z,i}' & -d_{y,i}' \\ -d_{z,i}' & 0 & d_{x,i}' \\ d_{y,i}' & -d_{x,i}' & 0 \end{pmatrix} \begin{pmatrix} \theta_z \\ \theta_y \\ \theta_x \end{pmatrix} \tag{10}
$$

Vereint man die unbekannten Variablen in einem Vektor $\mathbf{u} = (\theta_z, \theta_y, \theta_x)$ dann ergibt sich die optimale linearisierte Lösung von (8) als

$$
\mathbf{D}_i = \begin{pmatrix} 0 & d_{z,i}' & -d_{y,i}' \\ -d_{z,i}' & 0 & d_{x,i}' \\ d_{y,i}' & -d_{x,i}' & 0 \end{pmatrix} \qquad \sum_{i=1}^{N} \mathbf{D}_i^T \mathbf{D}_i \mathbf{u} = \sum_{i=1}^{N} \mathbf{D}_i(\mathbf{m}_i' - \mathbf{d}_i') \tag{11}
$$

Die errechneten Winkel setzt man anschließend als Euler Winkel in die Rotationsmatrix ein und errechnet damit die optimale Translation.

3   Global konsistentes Registrieren mehrerer 3D-Scans

Für global konsistentes 3D Scanmatching erweitern wir zunächst einmal die Fehlerfunktion (1), damit diese *alle* Posen (Rotation und Translation) beinhaltet:

$$
E = \sum_{j-k} \sum_{i} |\mathbf{R}_j \mathbf{m}_i + \mathbf{t}_j - (\mathbf{R}_k \mathbf{d}_i + \mathbf{t}_k)|^2 \tag{12}
$$

Hierbei hat jeder 3D-Scan einen Index und der Pfeil deutet eine Link im Netz der Posen an. Ein Link wird gesetzt, falls die Scans matchbar sind, also einen genügend großen Überlappungsbereich aufweisen. Die Anwendung des Schwerpunkttricks stellt kleine Winkel sicher, so dass (12) wie folgt zerlegt werden kann:

$$\begin{aligned}
E &= \sum_{j-k} \sum_{i} |\mathbf{R}_j \mathbf{m}'_i + \mathbf{R}_j c_m + \mathbf{t}_j - (\mathbf{R}_k \mathbf{d}'_i + \mathbf{R}_k c_d + \mathbf{t}_k)|^2 \\
&= \sum_{j-k} \sum_{i} |\mathbf{R}_j \mathbf{m}'_i - \mathbf{R}_k \mathbf{d}'_i - (\mathbf{t}_k - \mathbf{t}_j + \mathbf{R}_k c_d - \mathbf{R}_j c_m)|^2 \\
&= \sum_{j-k} \Bigg(\sum_{i} |\mathbf{R}_j \mathbf{m}'_i - \mathbf{R}_k \mathbf{d}'_i|^2 \\
&\qquad - 2 \sum_{i} (\mathbf{t}_k - \mathbf{t}_j + \mathbf{R}_k c_d - \mathbf{R}_j c_m)(\mathbf{R}_j \mathbf{m}'_i - \mathbf{R}_k \mathbf{d}'_i) \\
&\qquad + \sum_{i} |\mathbf{t}_k - \mathbf{t}_j + \mathbf{R}_k c_d - \mathbf{R}_j c_m|^2 \Bigg).
\end{aligned} \tag{13}$$

Der Term $-2\sum_i (\mathbf{t}_k - \mathbf{t}_j + \mathbf{R}_k c_d - \mathbf{R}_j c_m)(\mathbf{R}_j \mathbf{m}'_i - \mathbf{R}_k \mathbf{d}'_i)$ ist Null, weil er sich auf den Schwerpunkt bezieht. Diese Tatsache ermöglicht es uns wieder, die Rotation von der Translation zu trennen.

3.1 Berechnung der optimalen Rotationen

Die Minimierung des ersten Terms in (13) ergibt die optimalen Rotationen. Es ergibt sich mit Hilfe unserer Approximation

$$\begin{aligned}
\mathbf{R}_j \mathbf{m}_i &= \begin{pmatrix} 0 & m_{z,i} & -m_{y,i} \\ -m_{z,i} & 0 & m_{x,i} \\ m_{y,i} & -m_{x,i} & 0 \end{pmatrix} \cdot \mathbf{X}_j + \mathbf{m}_i \\
&= \mathbf{M}_i \cdot \mathbf{X}_j + \mathbf{m}_i.
\end{aligned} \tag{14}$$

Wobei die Winkel im Vektor $\mathbf{X}_j = (\theta_{z,j}, \theta_{y,j}, \theta_{x,j})^T$ dargestellt werden. Der folgende Rotationsfehler wird minimiert

$$\begin{aligned}
E_R &= \sum_{j-k} \sum_{i} (\mathbf{M}_i \cdot \mathbf{X}_j - \mathbf{D}_i \cdot \mathbf{X}_k - (\mathbf{m}_i - \mathbf{d}_i))^2 \\
&= \sum_{j-k} \sum_{i} (\mathbf{M}_i \cdot \mathbf{X}_j - \mathbf{D}_i \cdot \mathbf{X}_k)^2 + (\mathbf{m}_i - \mathbf{d}_i)^2 \\
&\qquad - 2(\mathbf{M}_i \cdot \mathbf{X}_j - \mathbf{D}_i \cdot \mathbf{X}_i) \cdot (\mathbf{m}_i - \mathbf{d}_i)
\end{aligned} \tag{15}$$

Obiger Fehlerterm lässt sich auch schreiben als

$$E_R = \mathbf{XBX} + 2\mathbf{AX} + (\mathbf{m}_k - \mathbf{d}_k)^2 \tag{16}$$

um ein Gleichungssystem der Form $\mathbf{BX} + \mathbf{A} = 0$ zu lösen. Einträge in das Gleichungssystem ergeben sich als

$$B_{j,j} = \sum_{j-k} \sum_i D_i^T \cdot D_i + \sum_{(k,j)} \sum_i M_i^T \cdot M_i$$

$$B_{j,k} = -\sum_{j-k} \sum_i M_i^T \cdot D_i \qquad (j < k \qquad)$$

$$B_{j,k} = -\sum_{j-k} \sum_i D_i^T \cdot M_i \qquad j > k; \qquad)$$

$$A_j = \sum_{k \to j} \sum_i \begin{pmatrix} (m_{z,i} - d_{z,i}) \cdot d_{y,i} - (m_{y,i} - d_{y,i}) \cdot d_{z,i} \\ (m_{x,i} - d_{x,i}) \cdot d_{z,i} - (m_{z,i} - d_{z,i}) \cdot d_{x,i} \\ (m_{y,i} - d_{y,i}) \cdot d_{x,i} - (m_{x,i} - d_{x,i}) \cdot d_{y,i} \end{pmatrix}$$

$$- \sum_{j \to k} \sum_i \begin{pmatrix} (m_{z,i} - d_{z,i}) \cdot m_{y,i} - (m_{y,i} - d_{y,i}) \cdot m_{z,i} \\ (m_{x,i} - d_{x,i}) \cdot m_{z,i} - (m_{z,i} - d_{z,i}) \cdot m_{x,i} \\ (m_{y,i} - d_{y,i}) \cdot m_{x,i} - (m_{x,i} - d_{x,i}) \cdot m_{y,i} \end{pmatrix}$$

(17)

3.2 Berechnung der optimalen Translationen

Nachdem wir die optimalen Rotationen erfolgreich berechnet haben, nutzen wir jene für die Berechnung der Translation. Dies geschieht durch Minimierung folgenden Terms

$$E_T = \sum_{j-k} \sum_i (t_k - t_j + R_k c_d - R_j c_m)^2$$

(18)

Sei $R_k c_d - R_j c_m$ durch $R_{j,k}$ abgekürzt, dann ist:

$$E_T = \sum_{j \to k} \sum_i (t_k - t_j)^2 - 2(t_k - t_j)R_{j,k} + R_{j,k}^2.$$

(19)

Bei der Verwendung der Matrixschreibweise ergibt sich

$$E_T = T^T B T + 2 A T + \sum_{j-k} \sum_i R_{j,k}^2$$

(20)

folgendes lineare Gleichungssystem $BT + A = 0$ mit den Einträgen

$$B_{j,j} = \sum_{\substack{j-k \\ k-j}} I$$

$$B_{j,k} = -\sum_{j-k} I \quad \text{(falls } j < k \text{)}$$

$$B_{j,k} = -\sum_{j-k} I \quad \text{(falls } j > k \text{)}$$

(21)

$$A_j = \sum_{j-k} R_j c_m - R_k c_d - \sum_{k-j} R_j c_m - R_k c_d$$

Nun haben wir alle Formeln zusammengestellt, die es uns erlauben, das global konsistente Scanmatching zu lösen. Eingabe sind Punktpaare für jeden Link. Ausgaben sind die optimalen Rotation und Translation für jede 3D-Punktwolke.

4   Zusammenfassung

Der vorliegende Aufsatz hat eine approximativ arbeitende Minimierungsmethode für Scanregistrierungsalgorithmen vorgestellt. Die Approximation gelingt, wenn kleine Winkel angenommen werden. Die Minimierung der ICP-Fehlerfunktion wird auf das Lösen eines 3×3-Gleichungssystems zurückgeführt. Die Einträge des Gleichungssystems werden durch einfache Summationen aus den Punktkorrespondenzen berechnet. Evaluationen an realen Datensätzen zeigen, einen kleinen Geschwindigkeitsgewinn in der Berechnung der Transformation.

Ausgehend vom zwei Scan Fall wurde eine global konsistent arbeitende Methode entwickelt. Das Verfahren zeigt ähnliches Verhalten wie jene, die von (POTTMANN, LEOPOLDSEDER & HOFER, 2002) und (BORRMANN, ELSEBERG, LINGEMANN, NÜCHTER & HERTZBERG, 2008) entwickelt wurden.

Literatur

Arun, K. S., Huang, T. S. & S. D. Blostein (1987). *Least square fitting of two 3-d point sets.* IEEE Transactions on Pattern Analysis and Machine Intelligence, 9(5), S. 698-700.

Besl, P. & N. McKay (1992): *A method for Registration of 3-D Shapes.* IEEE Transactions on Pattern Analysis and Machine Intelligence, 14 (2), S. 239-256.

Borrmann, D., Elseberg, J., Lingemann, K., Nüchter, A. & J. Hertzberg (2008): *Globally Consistent 3D Mapping with Scan Matching.* Journal of Robotics and Autonomous Sytems, 56(2), S. 130-14.

Cunnington, S. & A. Stoddart (1999): *N-View Point Set Registration: A Comparison.* In Proceedings of the 10th British Machine Vision Conference (BMVC '99). Nottingham: UK.

Horn, B. K. P. (1987): *Closed-form solution of absolute orientation using unit quaternions.* Journal of the Optical Society of America A, 4(4), S. 629-642.

Horn, B. K. P., Hilden, H. M. & S. Negahdaripour (1988) *Closed-form solution of absolute orientation using orthonormal matrices.* Journal of the Optical Society of America A, 5(7), S. 1127-1135.

Lorusso, A., Eggert, D. & R. Fisher (1995): *A Comparison of Four Algorithms for Estimating 3-D Rigid Transformations.* In Proceedings of the 4th British Machine Vision Conference (BMVC '95). Birmingham: England, S. 237-246.

MESA Imaging (2009): http://www.mesa-imaging.ch/

PMDTechnologies GmbH (2009): http://www.pmdtec.com/

Pottmann, H., Leopoldseder, S. & M. Hofer (2002): *Simultaneous registration of multiple views of a 3D object.* ISPRS Archives, 34(3A), S. 265-270.

Walker, M. W., Shao, L. & R. A. Volz (1991): *Estimating 3-d location parameters using dual number quaternions.* CVGIP: Image Understanding, 54, S. 358-367.

Objektbasierte Koregistrierung von Laserscannerdaten bei der luftgestützten Erfassung urbaner Gebiete

Marcus HEBEL und Uwe STILLA

Zusammenfassung

Typischerweise werden beim flugzeuggetragenen Laserscanning Entfernungsmessungen und Navigationsdaten nachträglich prozessiert. Im Gegensatz dazu regen wir im nachfolgenden Artikel einige Anwendungen an, die eine Verarbeitung bereits während der Datenerfassung erfordern. Insbesondere dann, wenn hierbei zur Korrektur keine Differential-GPS Station verwendet werden kann, sind Versätze zwischen den streifenweise erfassten Daten unvermeidlich. Auch können globale Abweichungen zu einem bereits vorhandenen Geoinformationssystem vorliegen. Verschiedene systematische und stochastische Ursachen der beobachteten Diskrepanzen werden diskutiert und ein Verfahren zur zeitnahen Koregistrierung vorgestellt.

1 Einleitung

1.1 Luftgestütztes Laserscanning

Beim luftgestützten Laserscanning (ALS, engl. airborne laser scanning) handelt es sich um ein LiDAR-Messverfahren (engl. light detection and ranging), das ausgehend von einem Flugzeug oder Hubschrauber durch Laufzeitmessungen einzelner Laserpulse eine genaue dreidimensionale Abtastung des Geländes ermöglicht. Dazu werden die Laserpulse meist über einen oder mehrere Spiegel abgelenkt, so dass sich ein definiertes Scanmuster ergibt. Die einzelnen Entfernungsmessungen werden schließlich unter Zuhilfenahme eines Navigationssystems georeferenziert. Daten dieser Art werden oft als Ausgangsbasis für die Erstellung von Stadtmodellen verwendet, für die es wiederum vielfältige Anwendungsmöglichkeiten gibt, z. B. im Bereich der Stadtplanung. Laserscanning weist einige Vorteile im Vergleich zur klassischen Luftbildphotogrammetrie auf, denn die direkte Entfernungsmessung ist unabhängig von vorliegenden Beleuchtungsverhältnissen und es können hohe sowie homogene Punktdichten geliefert werden. Trotz dieser Vorteile überwiegt bei Aufgaben der Fernerkundung, die eine sofortige Datenauswertung erfordern, noch der Anteil herkömmlicher bildgebender Sensoren. Typische Beispiele sind im Bereich von Monitoring und Überwachung zu sehen, wo Aufgaben wie automatische Objekterkennung, Situationsanalyse oder Änderungserkennung zu lösen sind. Gerade in urbanem Gebiet kann die dreidimensionale Szeneninformation des Laserscanners Rettungs- und Sicherheitskräfte am Tag und bei Nacht unterstützen. In solchen Fällen kann es auch erforderlich sein, dem Piloten des Hubschraubers eine automatische Flugführung bereitzustellen, um z. B. identifizierte Stromleitungen oder sonstige Hindernisse zu umfliegen oder einen geeigneten Landeplatz auszuwählen. Hierbei dient also die LiDAR-Datenerfassung dem Fluggerät bzw. dem Piloten und nicht umgekehrt. Im Gegensatz zu Aufgaben der Landesvermessung ist dann auch eine schräg nach vorne blickende Sensorausrichtung gegenüber der Nadirsicht zu bevorzugen, um rechtzeitig geeignete Maßnahmen einleiten zu können. Durch Mehrfachabtastungen des gleichen urbanen Gebiets in Schrägsicht können zudem Informationen entlang von Häuserfassaden und sonstigen überdachten Strukturen gewonnen werden. Abbildung 1 zeigt auf der linken Seite einen Ausschnitt der aus einer Richtung über Kiel erfassten Daten. Das dazu verwendete Sensorsystem wird in Abschnitt 1.3 näher erläutert. Der eingesetzte Laserscanner kann zusätzlich zur Entfernungsmessung auch Informationen über die Amplitude zurückreflektierter Laserpulse liefern, was hier zur Texturierung der 3D-Punktwolke verwendet wurde. Das abgebildete Stadtgebiet in Kiel wurde insgesamt sechsmal in Schrägsicht aus verschiedenen Richtungen erfasst. Der entsprechende Flugpfad des Hubschraubers ist rechts in der Draufsicht dargestellt.

 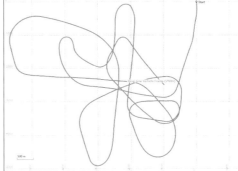

Abb. 1: In Schrägsicht aufgezeichnete 3D-Amplitudendaten vom Stadtgebiet Kiel (links), Flugpfad des Hubschraubers über Kiel (rechts)

1.2 Problembeschreibung

Viele der im vorangegangenen Abschnitt angesprochenen Anwendungen erfordern, dass aktuell erfasste 3D-Laserdaten mit bereits vorhandenen kombiniert oder verglichen werden. Um beispielsweise einen Gefahrenbereich in einem Stadtgebiet vollständig dreidimensional zu erfassen, müssen mehrere aus verschiedenen Richtungen aufgezeichnete Ansichten zu einem Gesamtdatensatz zusammengefasst werden. Zur Erkennung von Veränderungen müssen zudem ältere Daten in die Betrachtungen miteinbezogen werden. Es ist auch vorstellbar, dass in zukünftigen Hubschraubern ein Geoinformationssystem zur Unterstützung der Piloten eingesetzt wird, das beispielsweise zur Visualisierung des Geländes bei schlechter Sicht dienen kann. Auch hier ist es von Vorteil, wenn die gespeicherten Informationen durch aktuelle 3D-Sensordaten ergänzt werden können.

Durch ein inertiales Navigationssystem (INS) in Verbindung mit GPS werden die Entfernungsmessungen des Laserscanners direkt georeferenziert. Es kann aber nicht erwartet werden, dass die entstehenden Punktwolken sofort zueinander passen. Die Komplexität des Sensorsystems führt leider zu mehreren Fehlerquellen, auf die in Abschnitt 2 näher eingegangen wird. Als Auswirkung dieser Fehler lassen sich in den zusammengefügten Punktwolken meist Abweichungen zusammengehöriger Strukturen um mehrere Meter beobachten. Abbildung 2 illustriert dies am Beispiel der Nikolaikirche in der Kieler Altstadt.

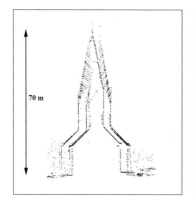 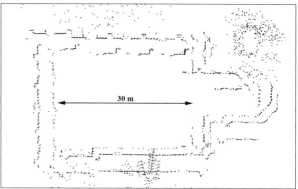

Abb. 2: Kombination von sechs Punktwolken: Längsschnitt durch den Turm (links) und Horizontalschnitt durch das Gebäude der Nikolaikirche in Kiel (rechts)

1.3 Zur Datenerfassung eingesetztes Sensorsystem

Das von uns verwendete System umfasst mehrere Sensoren, die auf einer gemeinsamen Plattform seitlich an einem Hubschrauber vom Typ Bell UH-1D angebracht sind. Die Sensorplattform ist dabei um die Querachse drehbar, sodass die Datenerfassung in Nadir- oder Schrägsicht unter einem wählbaren Winkel erfolgen kann. Die Datenaufbereitung, -synchronisierung und -speicherung übernimmt ein Kontrollrechner im Inneren des Hubschraubers. SCHATZ (2008) beschreibt das Gesamtsystem im Detail, insbesondere die technische Realisierung der synchronisierten Datenerfassung.

Die jeweilige Position und Orientierung der Sensoren wird durch ein inertiales Navigationssystem POS AV 510 der Firma Applanix ermittelt. Dieses wiederum besteht aus einer IMU (engl. inertial measurement unit) als Messaufnehmer direkt an der Sensorplattform, einer GPS-Antenne oberhalb der Hubschrauberkabine und dem PCS-Rechner (engl. position computation system) zur Verknüpfung der beiden Informationsquellen mittels Kalman-Filter. Das PCS ist zugleich taktgebend für die zeitliche Synchronisation aller Sensoren.

Zur Bilddatenerfassung kommt eine AIM 640 QMW Infrarotkamera zum Einsatz, die im Wellenlängenbereich von 3-5 µm empfindlich ist und Bilder auf einem FPA (engl. focal plane array) mit 0.3 Megapixeln aufnimmt. Die Detektorelemente werden für die Messungen durch einen Stirling-Kühler auf 80 Kelvin abgekühlt und mit einer Zweipunktmessung vor jedem Flug kalibriert. Die Kamera sei hier nur der Vollständigkeit halber erwähnt, Infrarot-Bilddaten werden erst in zukünftigen Arbeiten eine Rolle spielen.

Für Entfernungsmessungen kann einer der beiden nachfolgend beschriebenen Laserscanner verwendet werden: Das erste Gerät ist ein Prototyp aus dem EADS HELLAS Hinderniswarnsystem für Hubschrauber, welches z. B. bei der Bundespolizei zur Erkennung von Windkraftanlagen, Masten und Kabeln eingesetzt wird (SCHULZ et al. 2002). Bei diesem Gerät werden Laserpulse aufeinanderfolgend in 127 Glasfasern eingekoppelt, die am anderen Ende eine Zeile bilden und auf einen Kippspiegel gerichtet sind. Insgesamt ergibt sich so ein nahezu quadratisches Scanmuster zur Aufzeichnung von drei kompletten Entfernungsbildern pro Sekunde. Beim zweiten Laserscanner handelt es sich um einen RIEGL LMS-Q560. Dieser kann mit einem rotierenden Polygonspiegel einen relativ großen Scanbereich von 60° in einzelnen Scanzeilen realisieren, der bei uns quer zur Flugrichtung angelegt ist. Durch die Vorwärtsbewegung des Hubschraubers wird eine sukzessive zeilenweise Abtastung der Szene bei einer Laserpulsrate von 100 kHz ermöglicht. Gleichzeitig kann die Amplitude der rückgestreuten Laserpulse als Zusatzinformation erfasst werden (vgl. Abb. 1, links). Die im vorliegenden Artikel beschriebenen Untersuchungen basieren komplett auf Daten dieses Laserscanners. In Abbildung 3 ist auf der linken Seite die nach vorne gerichtete Sensorplattform zu sehen, die rechte Seite illustriert die Verteilung der einzelnen Sensoren am Hubschrauber.

 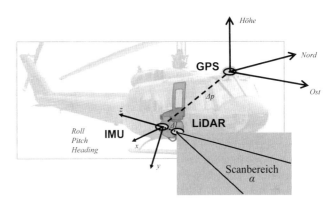

Abb. 3: Vorderansicht der Sensorplattform. Das rechteckige Fenster ist Teil des RIEGL LMS-Q560 (links). Illustration der Sensoranbringung am Fluggerät (rechts).

2   Fehlerquellen beim luftgestützten Laserscanning

Abbildung 3 (rechts) gibt einen Eindruck von den verschiedenen Koordinatensystemen, die zur Datenerfassung in Einklang gebracht werden müssen. Während der GPS-Empfänger Positionsdaten in einem globalen Koordinatensystem (WGS 84) liefert, haben Sensorträger, IMU und Laserscanner ihr jeweils eigenes lokales Koordinatensystem. SCHENK (2001) hat sich ausführlich mit den zu erwartenden Fehlern in einem komplexen Gesamtsystem dieser Art befasst und nennt mehrere systematische Effekte, die bei der ALS-Messdatenerfassung eine Rolle spielen können. Nachfolgend sind diese möglichen Fehlerquellen beschrieben.

Die erste systematische Fehlerquelle kann bereits beim Laserscanner selbst liegen, der durch einen Scanspiegel Entfernungsmessungen in Polarkoordinaten liefert. Hierbei kann sowohl die Einstellung der Scanwinkel als auch die Entfernungsmessung einen Offset aufweisen. Die Justierung und Genauigkeit des Laserscanners hängt vom jeweiligen Gerät und von der darin verwendeten Hardware ab.

Selbst wenn die Entfernungsmessungen des Laserscanners hochgenau und die Scanwinkel sehr exakt sind, muss die Sensorausrichtung und -position bei jedem Laserpuls ebenso genau bekannt sein, um die Einzelmessungen zu einer konsistenten Punktmenge zusammensetzen zu können. Hierzu werden die INS/GPS-Navigationsdaten verwendet, wobei eine zeitliche Synchronisierung mit dem Laserscanner hergestellt sein muss. Wenn hierbei eine Abweichung vorliegt, führt das zu unvorhersehbaren Verzerrungen innerhalb der zusammengesetzten Punktwolke, insbesondere dann, wenn der Sensorträger wie in unserem

Fall an einem Hubschrauber unregelmäßigen Bewegungen und Vibrationen unterworfen ist. Die hardwareseitige Synchronisierung muss daher möglichst exakt durchgeführt werden (SCHATZ 2008).

Ungenauigkeiten bei der Anbringung der Sensoren am Sensorträger bilden die nächste systematische Fehlerursache. Wie in Abbildung 3 (rechts) zu sehen ist, sind die Einzelsensoren räumlich versetzt angebracht. Diese Abstände werden oft als Hebelarme (engl. lever arm) bezeichnet und sollten genau bestimmt und berücksichtigt werden. Deutlicher als Fehler der Hebelarme zeigen sich Ungenauigkeiten bei der Relativorientierung der Sensoren. Diese wirken sich umso stärker aus, je weiter das abgetastete Objekt entfernt ist. Beispielsweise führt ein Winkelfehler von 0.1° in einer Messentfernung von einem Kilometer zu einer Abweichung von fast zwei Metern. Eine Kalibrierung der gegenseitigen Ausrichtung der Sensoren (engl. boresight calibration) sollte daher unbedingt durchgeführt werden. Eine rigorose Vorgehensweise zur Selbstkalibrierung des INS/GPS/LiDAR-Systems ist von SKALOUD & LICHTI (2006) beschrieben worden. Die Autoren optimieren die relative Sensorausrichtung dahingehend, dass Ebenen durch die dort gemessenen Punkte auch möglichst eben repräsentiert werden.

Um eine Kalibrierung des Sensorsystems auf diese Weise durchführen zu können, müssen GPS-Positionierungsfehler möglichst ausgeschlossen werden. Diese ließen sich ansonsten kaum von den anderen genannten Fehlern separieren. Zur Ermittlung der exakten relativen Sensororientierung in unserem System wurde vor den Flügen über Kiel eine Testmessung am mittelfränkischen Ort Abenberg durchgeführt. Dabei wurden die gespeicherten GPS-Rohdaten nachträglich durch Korrekturdaten des Satellitenpositionierungsdienstes der deutschen Landesvermessung (SAPOS) berichtigt. Anschließend konnte dann die in (SKALOUD & LICHTI, 2006) beschriebene Methode angewendet werden, um Korrekturwinkel für die Sensorausrichtung zu erhalten, die bei der direkten Georeferenzierung in allen darauffolgenden Messungen berücksichtigt wurden.

Bei den weiteren Betrachtungen gehen wir von Situationen aus, in denen die Koregistrierung der Daten möglichst sofort vorliegen soll (z. B. im Rahmen einer Überwachungsaufgabe), ohne dass auf Positionsmessungen durch präzises Differential-GPS zurückgegriffen werden kann. Systematische Fehler der Sensoren und ihrer Anbringung sollen bereits im Vorfeld korrigiert worden sein, sodass der sich dann zeigende Versatz der Punktwolken andere Ursachen hat. Diese verbleibenden Fehler sind hauptsächlich durch die ungenaue Echtzeit-Positionsbestimmung des INS/GPS-Systems begründet.

3   Koregistrierung von Laserpunktwolken

Nach der Bestimmung der exakten Ausrichtung von IMU und Laserscanner ergibt sich im Vergleich zur Abbildung 2 eine deutliche Verbesserung der relativen Passgenauigkeit überlagerter Punktwolken des gleichen Sensors, wenn diese in einem kurzen Zeitabschnitt von wenigen Minuten aufgenommen wurden. Bei längeren Zeitabständen zeigen sich GPS-Abweichungen von bis zu einigen Metern. Diese werden durch Schwankungen der Satellitenbahnen und durch geänderte GPS-Signallaufzeiten in der Atmosphäre verursacht. Man kann zwar davon ausgehen, dass die Einzeldatensätze sich grob in Position befinden, eine Feinregistrierung ist jedoch noch notwendig, um eine konsistente Gesamtdatenbasis zu erhalten. Da die Relativorientierung der Sensoren bereits korrigiert wurde, gehen wir im

Folgenden von einer rein rigiden Transformation zur Koregistrierung der Punktwolken aus. Neben einer Translation lassen wir auch eine Rotation mit kleinen Winkeln zu, die durch eine leicht abweichende Flugrichtungsbestimmung verursacht sein kann.

Zur Koregistrierung von Punktmengen wird oft der ICP-Algorithmus (engl. iterative closest point) von BESL & MCKAY (1992) als Standardverfahren verwendet. Hierbei handelt es sich um ein iteratives Verfahren, bei dem abwechselnd Punktkorrespondenzen gesucht und Transformationsparameter bestimmt werden. Die von uns betrachteten Datenmengen sind aber mit mehreren Millionen Punkten in den Überlappungsbereichen der Datensätze recht groß für eine effiziente punktbasierte Zuordnung. Außerdem würde zur Organisation der unregelmäßig verteilten 3D-Punkte z. B. eine Dreiecksvermaschung oder ein k-d Suchbaum erforderlich sein, und die Punktwolken müssten zu Beginn bereits komplett vorliegen.

Unsere Vorgehensweise zielt stattdessen darauf ab, bereits während der Datenerfassung geometrische Strukturen ausfindig zu machen, die für eine stabile und schnelle gegenseitige Registrierung der Datensätze geeignet sind. Da wir es mit Daten von urbanem Gebiet zu tun haben, können wir mit dem Vorhandensein planarer Flächen rechnen, wobei insbesondere Gebäudedächer aufgrund ihrer Sichtbarkeit aus allen Richtungen für die Koregistrierung interessant sind. Ebene Strukturen äußern sich in den Scanzeilen des Laserscanners als lokale gerade Linienstücke. Unser darauf aufbauendes Segmentierungsverfahren ist im Detail in (HEBEL & STILLA 2008) beschrieben. Der nächste Absatz gibt nur kurz die Grundideen wieder:

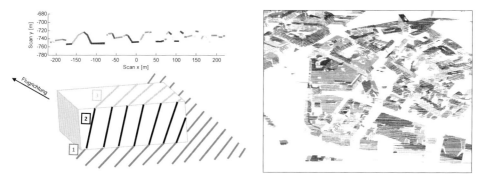

Abb. 4:   Gruppierung von Liniensegmenten zu Flächen: einzelne Scanzeile und Illustration des Vorgangs (links), Ergebnis für reale Daten (rechts)

Die Scanwinkel und Entfernungsmessungen in jeder neu erfassten Scanzeile werden zuerst in zweidimensionale kartesische Koordinaten umgerechnet. Zur Detektion gerader Linienstücke innerhalb der Scanzeile werden dann eine RANSAC-Technik und ein „region growing"-Verfahren angewendet. Anstelle einer Georeferenzierung aller Entfernungsmessungen müssen nur die Endpunkte der sich ergebenden Liniensegmente georeferenziert werden. Die zunächst noch unabhängigen Analyseergebnisse nachfolgender Scanzeilen werden sukzessive zu ebenen Flächen gruppiert, wobei verschiedene Abstandsmaße zur Überprüfung von Nähe und Koplanarität ausgewertet werden. Dabei müssen jeweils nur die Daten von wenigen zurückliegenden Scanzeilen berücksichtigt werden. In Abbildung 4 ist dieses Verfahren veranschaulicht.

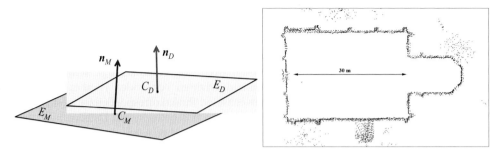

Abb. 5: Lage zweier homologer Ebenen vor der Ausrichtung (links) und Horizontalschnitt der Nikolaikirche in Kiel nach der Koregistrierung (rechts)

Die sich ergebenden Flächen können in den bereits grobregistrierten Datensätzen der verschiedenen Überflüge vergleichsweise einfach bezüglich Position, Größe und Normalenvektor verglichen und identische Flächen einander zugeordnet werden. Es sei E_M eine Ebene, die zum ersten Datensatz P_M gehört, und E_D die zugeordnete Ebene aus dem zweiten
Datensatz P_D. Die Ebenen werden in Hessescher Normalform jeweils durch den Schwerpunkt c der zugehörigen Liniensegmente zusammen mit dem Normalenvektor n beschrieben. In Abbildung 5 ist dies auf der linken Seite illustriert. Da es sich um homologe Ebenen
handelt, sollte der Punkt c_D den Abstand Null zur Ebene E_M haben, auch sollten die Norma-
lenvektoren n_M und n_D nach Festlegung auf positive Vertikalkomponenten gleich sein. Um
dies im Rahmen der Koregistrierung zu erreichen, wird eine rigide Transformation (R, t)
der Punktwolke P_D durchgeführt, deren Parameter noch zu bestimmen sind. Wir erhalten
für ein korrespondierendes Ebenenpaar folgende Bedingungen, wobei wir nur eine Drehung
mit kleinem Winkel zulassen und daher die angegebene Näherung zur Linearisierung verwenden können:

$$
\begin{aligned}
(R \cdot c_D + t - c_M) \cdot n_M &= 0 \\
(R \cdot n_D) \cdot n_M &= 1
\end{aligned}
\qquad
\text{mit } R \approx
\begin{pmatrix}
1 & -\alpha_3 & \alpha_2 \\
\alpha_3 & 1 & -\alpha_1 \\
-\alpha_2 & \alpha_1 & 1
\end{pmatrix}
\tag{1}
$$

Zusammen mit den Komponenten der Translation $t = (t_1, t_2, t_3)$ sind also sechs Parameter bei
zwei Gleichungen pro Ebenenpaar in einem linearen Gleichungssystem zu bestimmen. Die
linke Seite in (1) nimmt aufgelöst nach den sechs Unbekannten folgende Gestalt an:

$$
\begin{pmatrix}
c_{D2}n_{M3} - c_{D3}n_{M2} & c_{D3}n_{M1} - c_{D1}n_{M3} & c_{D1}n_{M2} - c_{D2}n_{M1} & n_{M1} & n_{M2} & n_{M3} \\
n_{D2}n_{M3} - n_{D3}n_{M2} & n_{D3}n_{M1} - n_{D1}n_{M3} & n_{D1}n_{M2} - n_{D2}n_{M1} & 0 & 0 & 0
\end{pmatrix}
\cdot (\alpha_1, \alpha_2, \alpha_3, t_1, t_2, t_3)^T
$$
$$
= \begin{pmatrix}
(c_{M1} - c_{D1})n_{M1} + (c_{M2} - c_{D2})n_{M2} + (c_{M3} - c_{D3})n_{M3} \\
1 - n_{D1}n_{M1} - n_{D2}n_{M2} - n_{D3}n_{M3}
\end{pmatrix}
\tag{2}
$$

Zur Bestimmung der Parameter $(\alpha_1, \alpha_2, \alpha_3, t_1, t_2, t_3)$ werden drei Ebenenpaare benötigt. Da
in der Praxis wesentlich mehr Korrespondenzen vorhanden sind, ergibt sich ein überbestimmtes lineares Gleichungssystem. Die beste Lösung hinsichtlich einer Minimierung der
Euklidischen Norm des Residuenvektors erhält man mit Hilfe einer QR-Zerlegung der
Koeffizientenmatrix, die z. B. mit dem Householder-Verfahren berechnet werden kann.

4   Erfahrungen und Ausblick

Das hier vorgestellte Verfahren zur Koregistrierung mehrerer Laser-Punktwolken basiert auf einer Zuordnung von zuvor aus den Entfernungsmessungen abgeleiteten planaren Strukturen. Ein Nachteil ist daher die Spezialisierung auf Daten von z. B. urbanem Gebiet, wo viele solcher Flächen zu erwarten sind. Das eingesetzte Segmentierungsverfahren operiert nicht wie sonst üblich auf den aufbereiteten Punktwolken, sondern auf den einzelnen Scanzeilen des Laserscanners und ist daher bereits während der Datenerfassung einsetzbar. Durch die Einpassung von Liniensegmenten und Ebenen entsteht zusätzlich die Möglichkeit, diese erheblich reduzierte Datenmenge z. B. in einem Sensornetzwerk zur gegenseitigen Positionskorrektur zu übertragen. Bei der eigentlichen Koregistrierung wird im Vergleich zum ICP-Verfahren keine Iterationsschleife benötigt, da die exakte Zuordnung homologer Flächen in den bereits approximativ georeferenzierten Daten relativ einfach möglich ist. Durch das vorgestellte Verfahren konnte bei den von uns getesteten Datensätzen eine Annäherung zugeordneter Flächenstücke auf eine durchschnittliche Distanz von 8 cm erreicht werden (Abb. 5, rechts). Dieser Abstand liegt im Bereich der Entfernungsauflösung einer Laser-Einzelmessung. Als Erweiterung des Verfahrens wäre ein lokaler Ansatz anstelle einer globalen rigiden Transformation denkbar. Bei der Erfassung längerer Streifen können nämlich durch GPS-Schwankungen bei der Echtzeit-Positionsbestimmung Verzerrungen der Punktwolken entstehen. Zukünftige Arbeiten werden sich vor allem mit der Frage der Änderungsdetektion in zeitversetzt erfassten Daten dieser Art befassen.

Literatur

Besl, P. J. & N. D. McKay (1992): *A method for registration of 3-D shapes.* IEEE Transactions on Pattern Analysis and Machine Intelligence, 14 (2), S. 239-256.

Hebel, M. & U. Stilla (2008): *Pre-classification of points and segmentation of urban objects by scan line analysis of airborne LiDAR data.* International Archives of Photogrammetry, Remote Sensing and Spatial Geoinformation Sciences, Vol. 37 (B3A), S. 105-110.

Schatz, V. (2008): *Synchronised data acquisition for sensor data fusion in airborne surveying.* Proceedings of the 11th International Conference on Information Fusion, S. 1-6.

Schenk, T. (2001): *Modeling and analyzing systematic errors of airborne laser scanners.* Technical Notes in Photogrammetry No. 19, Department of Civil and Environmental Engineering and Geodetic Science. The Ohio State University, Columbus, 42 S.

Schulz, K. R.; Scherbarth, S. & U. Fabry (2002): *HELLAS: Obstacle warning system for helicopters.* Laser Radar Technology and Applications VII, Proceedings of SPIE Volume 4723, S. 1-8.

Skaloud, J. & D. Lichti (2006): *Rigorous approach to bore-sight self-calibration in airborne laser scanning.* ISPRS Journal of Photogrammetry & Remote Sensing 61 (1), S. 47-59.

Methode zur Kalibrierung eines „Mobile Laser Scanning"-Systems

Peter RIEGER, Nikolaus STUDNICKA und Martin PFENNIGBAUER

1   Einleitung

Zur präzisen Georeferenzierung von Lasermessdaten aus einem Messsystem bestehend aus Laserscanner und Positions- und Lagemesssystem ist die genaue Kenntnis der Ausrichtung der Achsen des Laserscanners im Koordinatensystem des Lagemesssystems erforderlich. Bereits geringe Winkelfehler führen hier aufgrund der langen Hebelarme, speziell im Bereich des so genannten Airborne Laser Scannings (ALS), zu erheblichen Fehlern in der Lage der Lasermessung im erdbezogenen Koordinatensystem. Die Ermittlung dieser Ausrichtung erfolgt in der so genannten Systemkalibrierung. Es wurden bereits verschiedene Verfahren vorgestellt, einige davon werden vor allem im Bereich des ALS in der Datenproduktion laufend zur Auswertung und gegebenenfalls Korrektur von Scandaten angewendet.

Auch wenn die Transformationsschritte zur Georeferenzierung der Laserdaten im Anwendungsbereich Mobile Laser Scanning (MLS) exakt gleich sind wie im ALS, so unterscheiden sich dennoch die Methoden zur Erfassung eines Datensatzes für eine erfolgreiche Systemkalibrierung erheblich.

Im Airborne Laser Scanning können auf einfache Weise Datensätze auf gut geeignete Objekte, wie zum Beispiel schräg stehende ebene Dachflächen aus verschiedenen Richtungen, entsprechend dem jeweiligen Flugpfad, aufgenommen werden und bilden in weiterer Folge die Möglichkeit über den so genannten Streifenausgleich die Systemkalibrierung durchzuführen. Bei MLS-Systemen besteht diese Flexibilität, Objekte aus mehreren verschiedenen Richtungen aufzunehmen im Allgemeinen nicht. Es ist beispielsweise unmöglich mit einem 2D-Laserscanner mit eingeschränktem Scanwinkelbereich, der quer zur Fahrtrichtung Laserdaten erfasst, ein und dasselbe Objekt durch zwei Fahrten in jeweils entgegengesetzter Richtung zu erfassen.

Bisher vorgeschlagene Methoden beruhen unter anderem auf dem Scannen von terrestrisch vermessenen Passpunkten (z. B. Retroreflektoren), deren absolute Koordinaten bekannt sind, oder auch auf der Aufnahme von Scandaten eines Objektes bekannter Form und Größe aus verschiedenen Richtungen. Beide beispielhaft genannten Methoden zeigen jedoch die Einschränkung, dass die für die Systemkalibrierung notwendigen Passmarkenfelder oder speziellen Testobjekte eigens gestaltet und vermessen werden müssen.

2   Eine neue Methode zur Ermittlung der Systemkalibrierung

Ein neuer Ansatz zur Aufnahme von Scandaten, welche zur nachfolgenden Systemkalibrierung geeignet sind, beruht auf dem Einsatz eines „3D-Laserscanners" als eine Kernkomponente des MLS-Systems (Abb. 1, links). Ein 3D-Laserscanner liefert in einem oftmals beliebig wählbaren Raumwinkel eine so genannte Punktewolke als Datensatz, wobei alle

Punkte der Punktewolke im Allgemeinen über die kartesischen Koordinaten im scanner-eigenen Koordinatensystem definiert sind. Eine mögliche Ausführungsform eines 3D-Laserscanners ist untenstehend skizziert (Abb. 1, rechts). Ist nur der Scanmechanismus für die Line-Achse aktiv, liefert der 3D-Laserscanner Daten wie die eines 2D-Scanners. Diese so genannten Scanzeilen sind allerdings im wohl definierten Koordinatensystem des 3D-Laserscanners. Der Zeilenscan kann nun über Kommandierung in unterschiedliche Richtungen in Bezug auf die Frame-Achse gerichtet werden. Für die im Weiteren beschriebene Anwendung des 3D-Laserscanners auf einer mobilen Plattform wird die Frame-Achse annähernd parallel zur Hochachse (Z-Achse) des Fahrzeuges ausgerichtet.

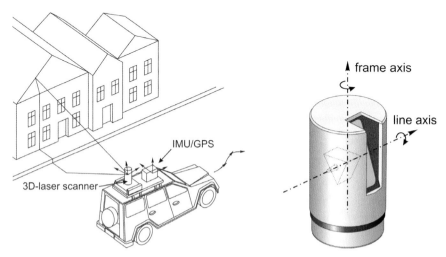

Abb. 1:   Links: Aufbau eines MLS-Systems bestehend aus einem 3D-Laserscanner und IMU/GNSS-System (Inertial Measurement Unit/Global Navigation Satellite System). Rechts: Line- und Frame-Achse des 3D-Laserscanners.

Die Datenaufnahme findet vorzugsweise in Gebieten statt, in welchen eine ausreichend große Anzahl ebener Flächen unterschiedlicher räumlicher Lage (beispielsweise Fassaden und Dächer von Gebäuden) aufgefunden werden kann. Allerdings ist nicht jedes scheinbar adäquate Stadtgebiet für eine Systemkalibrierung gut geeignet. Temporäre Abschattungen von Satelliten wirken sich negativ auf die Genauigkeit der Positionsbestimmung und folglich auch auf die Genauigkeit der Lagemessung aus. Die Wahl der Scanparameter, wie beispielsweise Messrate, Scanrate und Fahrgeschwindigkeit, bestimmt die Punktdichte auf den gescannten Objekten und somit die Erkennbarkeit von ebenen Flächen und kann bei ungünstiger Wahl die Systemkalibrierung erschweren.

Die vorgeschlagene Methode basiert auf dem mehrfachen Scannen von Objekten, welche ebene Flächen unterschiedlicher räumlicher Lage aufweisen. Die Scans werden während zwei oder mehrerer Vorüberfahrten in entgegengesetzter Fahrtrichtung mit entsprechend angepasster Scanrichtung (Winkel der Frame-Achse) durchgeführt. Für die erste Messung wird die Frame-Achse so ausgerichtet, dass die Scanzeile quer zur Fahrtrichtung verläuft und so Fassaden und Dächer auf der in Fahrtrichtung gesehen linken Straßenseite (Abb. 2, links) gescannt werden. Anschließend wird die Frame-Achse des 3D-Laserscanners um 180 Grad gedreht und ein weiterer Scan, diesmal in entgegengesetzter Fahrtrichtung, aufgenommen. Wie in Abbildung 2 Mitte dargestellt, wird wiederum dieselbe Straßenseite gescannt. So kann nun mehrmals verfahren werden. Auch die Wahl beliebig wählbarer Winkel der Frame-Achse ist sinnvoll, um bei unterschiedlichen Vorüberfahrten Objekte aus verschiedenen Blickwinkeln aufzunehmen (Abb. 2, rechts).

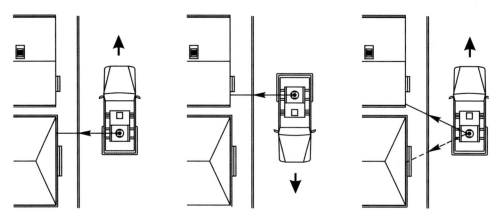

Abb. 2:   Laserscanning eines Objektes mittels MLS-System aus entgegengesetzten Fahrt- und Scanrichtungen

Sobald die Scandaten und die Positions- und Lagedaten nach der oben beschriebenen Datenaufzeichnung kombiniert wurden, bestehen mehrere Punktewolken welche zwar während verschiedenen Fahrten aufgezeichnet wurden, jedoch weitgehend dieselben Objekte zeigen.

Die Betrachtung der Überlappungsbereiche der Punktewolken zeigt unmittelbar etwaige Fehler in der Systemkalibrierung. Abbildung 3 zeigt als Beispiel die vereinfachte Darstellung der Auswirkung eines Verkippungswinkels auf die Punktewolke, bezogen auf die Roll-Achse des Fahrzeugkoordinatensystems. Ein und dasselbe Gebäude wurde bei zwei Fahrten in entgegengesetzter Richtung gescannt. Der von zwei korrespondierenden ebenen Flächen eingeschlossene Winkel in den Messergebnissen ist proportional zu dem in weiterer Folge zu bestimmenden Verkippungswinkel zwischen Scanner und IMU bezogen auf die Roll-Achse.

Die Verbesserung der Systemkalibrierung beruht auf der Auswertung der Lage korrespondierender ebener Flächen. In den Überlappungsbereichen unabhängig aufgenommener Scans werden in den jeweiligen Punktewolken Teilbereiche gesucht, die durch eine Fläche gut angenähert werden können. Aus diesen Bereichen werden Ebenenstücke bestimmt und durch Mittelpunkt, Normalvektor und Ausdehnung charakterisiert (Abb. 4). Im nächsten Schritt werden zu den Flächen die in einer Punktewolke aufgefunden wurden, die korrespondierenden Flächen in den übrigen Punktewolken gesucht. Die Information über die Lage einzelner, in verschiedenen Punktewolken aufgefundener, korrespondierender Ebenen bildet die Ausgangsbasis für die folgende Ausgleichsrechnung. Diese basiert auf der iterativen Änderung der Verkippungswinkel zwischen den Koordinatensystemen des Laserscanners und des IMU-Sensors um die Roll-, Nick- und Kurs-Achse, bis der mittlere quadratische Normalabstand (Gleichung 1) sämtlicher korrespondierender Flächen ein Minimum erreicht hat. Das Endergebnis sind eben diese Winkel, welche bei der Verknüpfung der Scandaten mit den Positions- und Lagedaten berücksichtigt werden müssen.

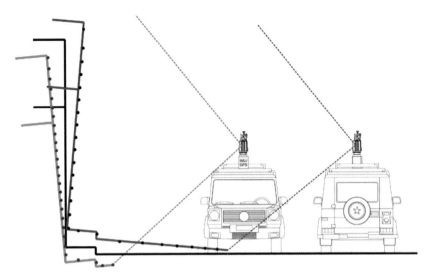

Abb. 3:   Auswirkung eines fehlerhaft modellierten Verkippungswinkels um die Roll-Achse des Fahrzeuges auf die georeferenzierten Punktewolken

Die beschriebene Methode zur Bestimmung der Systemkalibrierung ist selbstverständlich nicht auf den Einsatz eines einzigen 3D-Laserscanners beschränkt. Die Orientierung zusätzlicher 2D-Laserscanner im Koordinatensystem der IMU, welche zur gezielten Vermessung beispielsweise der Fahrbahn oder von Oberleitungen Verwendung finden, kann mit ähnlichen erweiterten Verfahren bestimmt werden. Hierzu dient die Punktewolke des 3D-Laserscanners, dessen Orientierung bereits korrekt bestimmt wurde, als Referenz. Die Punktewolken dieser weiteren 2D-Scanner werden wieder in einer Ausgleichsrechnung mit Variation der Verkippungswinkel an die Referenzpunktewolke angepasst.

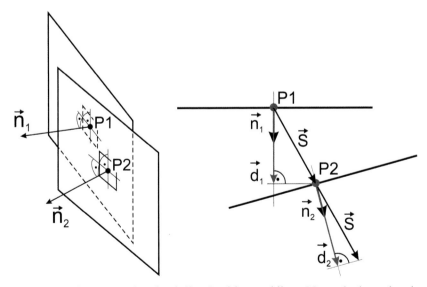

Abb. 4:   Ebenen werden durch ihre Position und ihren Normalvektor charakterisiert

$$\vec{d}_1 = (\vec{P}_2 - \vec{P}_1) \cdot \vec{n}_1$$
$$\vec{d}_2 = (\vec{P}_2 - \vec{P}_1) \cdot \vec{n}_2$$

$$\sigma = \sqrt{\dfrac{\sum_{i=1}^{n}\left(\dfrac{d_1 + d_2}{2}\right)^2}{n}}$$

(1)

Gleichung (1) dient zur Ermittlung des mittleren Normalabstands aller für die Kalibrierung herangezogener korrespondierender Ebenen.

3 Experiment und Beispieldaten

Die Hauptkomponenten des MLS-Systems sind ein Hochgeschwindigkeits-3D-Laser-scanner der Type *RIEGL* VZ-400 sowie ein Positions- und Lagebestimmungssystem der Type Applanix POS LV 420. Beide Geräte sind auf einer mechanisch stabilen Plattform angeordnet (Abb. 5). Zur Datenaufzeichnung der Scandaten wird ein Laptop-PC verwendet.

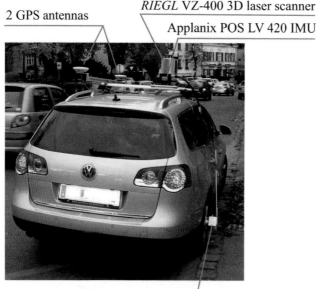

2 GPS antennas

RIEGL VZ-400 3D laser scanner

Applanix POS LV 420 IMU

DMI distance measuring indicator

Abb. 5:
Experimenteller Aufbau
des MLS-Systems

3.1 *RIEGL*'s neue 2D- und 3D-Laserscanner der „V-Line"

Die neuen *RIEGL*-Laserscanner der V-Line basieren auf dem Puls-Laufzeit-Messverfahren. Die erstmalige Anwendung des „online waveform processing" ermöglicht eine bislang unerreichte Messgeschwindigkeit bei gleichzeitig hoher Messgenauigkeit und Auflösung.

Die Mehrzielfähigkeit – jeder Laserschuss kann theoretisch eine nahezu unbegrenzte Anzahl an Zielechos auslösen – ermöglicht die Aufnahme von „True 3D"-Daten. Selbst Objekte, welche durch Vegetation, Staub oder Nebel teilweise verdeckt werden, können lokalisiert werden.

Zur Entfernungsmessung werden kurze Laserpulse mit hohen Pulsrepetitionsraten (100 bzw. 300 kHz beim *RIEGL* VZ-400) emittiert. Das vom Ziel rückgestreute optische Echo wird vom Empfänger detektiert und in weiterer Folge mit einer entsprechend hohen Abtastrate, welche an die Pulsdauer angepasst ist, digitalisiert. Der anschließende Algorithmus zur Auswertung der gemessenen Wellenform berücksichtigt lediglich Daten welche auch Nutzinformation beinhalten. Die Entfernungswerte werden in Echtzeit.

Die Echtzeit-Datenauswertung erfordert die Analyse der empfangenen Pulsform, welche in Bezug zur Pulsform des Sendesignals gesetzt wird. Deren Ähnlichkeit ist ein wertvoller Hinweis für die Güte der Distanzmessung und wird jedem einzelnen Messergebnis als Qualitätsmaß beigefügt.

Tabelle 1:   *RIEGL* VZ-400 Spezifikationen

	Messdistanz	bis zu 500 m (80 %) @ Laser Klasse 1, unsichtbarer Laser
	Präzision und Genauigkeit	< 5 mm
	Effektive Messrate	bis zu 125.000 Messungen/Sek.
	Erfassungswinkelbereich	$100° \times 360°$

3.2   Systemaufbau und Datenaufzeichnung

Die Scandaten des *RIEGL* VZ-400 sowie die Rohdaten des GPS/IMU-Systems wurden getrennt gespeichert. Zur exakten Zeitstempelung der Scandaten wurde der integrierte GPS-Empfänger des Scanners verwendet.

Um eine regelmäßige Verteilung der Messpunkte, aufgenommen mit maximaler Messrate des Scanners, bei einem Punktabstand von 5 cm auf Objekten in einer Distanz von 30 m zu erhalten, wurden Scanrate und Fahrgeschwindigkeit entsprechend gewählt (Tab. 2).

Tabelle 2:   Parameter für die Vermessungsfahrt

Mittlere Messdistanz	ca. 30 m
Mittlerer Punktabstand @ 30m	5 cm
Fahrgeschwindigkeit	ca. 20 km/h
Winkel zwischen zwei Lasermessungen innerhalb einer Scanzeile	0.1°
Scanrate	120 Linien/Sek.

3.3   Datenaufbereitung und Systemkalibrierung

Die Datenaufbereitung wurde mit RiPROCESS, einer Software zur Aufbereitung von ALS-und MLS-Daten, durchgeführt.

Im gezeigten Versuch wurde ein Straßenzug bei sechs Vorüberfahrten in zwei Richtungen gescannt. Der 3D-Laserscanner wurde in sechs verschiedene Richtungen orientiert um stets dieselbe Straßenseite, jedoch aus drei unterschiedlichen Blickwinkeln, zu scannen (Abb. 6, rechts). Die Punktewolken der einzelnen Scans sind einfarbig dargestellt.

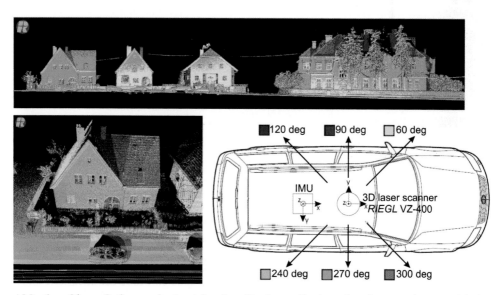

Abb. 6:   Oben: Orthogonale Ansicht einer Punktewolke bestehend aus sechs verschiedenen Vorüberfahrten. Links unten: Perspektivische Ansicht eines Hauses. Rechts
unten: Die Pfeile und Farben beschreiben die Stellung der Frame-Achse des 3D-
Scanners für die sechs verschiedenen Scans.

Abbildung 6 zeigt weiters die körperfesten Koordinatensysteme des Scanners sowie der IMU. Um die Daten beider Sensoren korrekt kombinieren zu können, ist es erforderlich den Bezug beider Koordinatensysteme zu kennen. Dieser wird mit einer Transformationsmatrix hergestellt, welche einerseits die grobe Ausrichtung der Achsen beider Sensoren anhand von Drehungen um jeweils 90 Grad, andererseits die Distanz der Messzentren berücksichtigt. Die vergleichsweise kleinen Verkippungswinkel zwischen den beiden Koordinatensystemen werden hier nicht berücksichtigt, zumal sie noch nicht bekannt sind.

$$C_{IMU}^{SOCS} = \begin{pmatrix} 1 & 0 & 0 & 0.209 \\ 0 & -1 & 0 & -0.008 \\ 0 & 0 & -1 & -0.204 \\ 0 & 0 & 0 & 1 \end{pmatrix} \tag{2}$$

Die drei Ansichten der Punktewolke eines Gebäudes in Abbildung 7 zeigen Überlagerungen zweier Scans aus jeweils entgegengesetzten Fahrt- und Scanrichtungen. Die Kombination der Punktewolken aus den Scans bei 120° und 300° (Abb. 7, links) deckt die Front und die rechte Seite des Gebäudes ab. Beim Scan aus 90° bzw. 270° wird lediglich die Front gescannt (Abb. 7, Mitte) und beim Scan aus den Richtungen 60° und 240° wird wiederum die Front sowie die linke Seite des Hauses gescannt.

Abb. 7: Links: Punktewolke des Scans nach links rückwärts (120°) und nach rechts vorwärts (300°) in Bezug auf das Fahrzeug. Mitte: Punktewolke des Scans nach links (90°) und nach rechts (270°) in Bezug auf das Fahrzeug. Rechts: Punktewolke des Scans nach links vorwärts (60°) und rechts rückwärts (240°) in Bezug auf das Fahrzeug.

Diese Art der Datenaufnahme ermöglicht das Auffinden von korrespondierenden Ebenenstücken in zumindest zwei unabhängigen Punktewolken welche jeweils aus entgegengesetzter Fahrtrichtung gescannt wurden. Das Auffinden der Ebenen sowie die darauf folgende Ausgleichsrechnung zur Bestimmung der Verkippungswinkel erfolgen in RiPROCESS vollautomatisch und bedürfen nur weniger zuvor zu definierender Einstellungen. Im gezeigten Beispiel wurden die folgenden Winkel als Systemkalibrierung ermittelt:

Rollwinkel = -0.032°   Nickwinkel = 0.209°   Kurswinkel = -0.868°

Die Auswirkung der Systemkalibrierung ist in Abbildung 8 und 9 gut erkennbar. Links erkennt man sämtliche Punktewolken ohne Berücksichtigung der Systemkalibrierung, der Querschnitt des Gebäudes zeigt einen Abstand der Scans ein und derselben Fläche von ca. 0.5 m. Rechts, nach Anwendung der Systemkalibrierung ist dieser Fehler auf ein Minimum reduziert und sämtliche Scans bilden eine geschlossene Punktewolke.

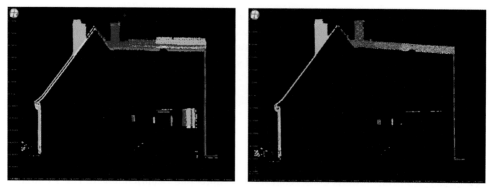

Abb. 8:   Links: Gemeinsame Punktewolke als Querschnitt durch das Haus vor der Systemkalibrierung. Rechts: Gemeinsame Punktewolke als Querschnitt durch das Haus nach Anwendung der Systemkalibrierung

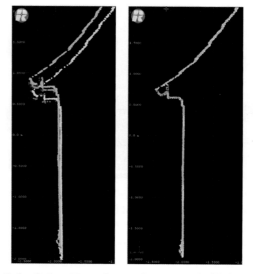

Abb. 9:   Links: Detail der linken Fassade vor der Systemkalibrierung. Rechts: Detail der linken Fassade nach Anwendung der Systemkalibrierung

Die visuelle Kontrolle der Punktewolke ermöglicht lediglich eine stichprobenartige Überprüfung ob der Ausgleichsprozess erfolgreich war. RiPROCESS bietet daher auch die Möglichkeit das Ergebnis sowie eine Abschätzung der erzielten Genauigkeit zur weiteren Analyse als Protokoll auszugeben. In dem gezeigten Beispiel wurden 471 korrespondierende Ebenen für die Ermittlung der Systemkalibrierung berücksichtigt. Die verbleibende Standardabweichung sämtlicher Beobachtungen beträgt 14 mm. Abbildung 10 zeigt ein Histogramm der Residuen sowie die Verteilung der räumlichen Lage sämtlicher berücksichtigter Flächen.

Tabelle 3:   RiPROCESS Scan Data Adjustment Protokoll

Calculation mode:	Adjustment (least square fitting)		
Calculation time:	8 secs, 79 msecs		
Min. change of error [m]:	0.000100		
Search active:	True		
Search radius [m]:	1.000		
Angle tolerance [deg]:	5.000		
Max. normal dist. [m]:	1.000		
Quadtree cells – active:	True		
Quadtree cells – count:	629		
Calculation results			
Number of observations:	471		
Error (Std. deviation) [m]:	0.0143		
Name	Roll	Pitch	Yaw
VZ-400 (VZ400, 9996063)	-0.032	0.209	-0.868

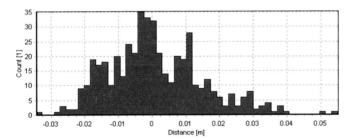 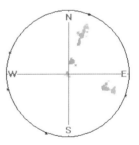

Abb. 10:   Links: Histogramm der Restfehler. Rechts: Räumliche Lage der Ebenen.

4   Zusammenfassung

Die Verwendung eines 3D-Laserscanners in einer mobilen Anwendung bietet eine Möglichkeit, die Verkippungswinkel zwischen IMU und Laserscanner und damit die so genannte Systemkalibrierung zuverlässig zu bestimmen. Eine erste Anwendung bei einem MLS-System bestehend aus einem *RIEGL* VZ-400 3D-Laserscanner sowie einem Applanix POS LV 420 GPS/IMU-System lieferte exzellente Ergebnisse.

Die Merkmale des Laserscanners – „real-time waveform processing", Mehrzielfähigkeit sowie ausgesprochen hohe Messrate – ermöglichen eine hohe Punktdichte auf ebenen Flächen, selbst wenn diese teilweise durch Vegetation verdeckt sind. Dies kommt dem während der Datenaufbereitung angewandten Verfahren des Ausgleichs über korrespondierende Flächen aus mehreren Scans entgegen. Dennoch ist die Genauigkeit der ermittelten Verkippungswinkel wesentlich von der Qualität der Positions- und Lagedaten abhängig. IMU/GPS-Systeme, die selbst im Falle des Verlusts des GPS-Empfanges über längere Zeiträume mit hoher Messgenauigkeit arbeiten, sowie schnelle und genaue 3D-Laserscanner sind die Kernkomponenten eines leistungsfähigen MLS-Systems.

Der Hauptvorteil der vorgestellten Methode liegt in der Möglichkeit, die Systemkalibrierung eines MLS-Systems mit hoher Präzision ausschließlich durch die Analyse der mit diesem System selbst erfassten Daten durchzuführen, die auf vielerorts vorhandenen Objekten mit ebenen Flächenstücken gewonnen werden können.

Literatur

APPLANIX Corp. (2008): *Technische Daten* bei www.applanix.com

RIEGL Laser Measurement Systems GmbH (2008): *Technische Daten* bei www.riegl.com

1.3 Anwendungen

Geometrieerfassung von Kaplanturbinen im Rahmen der digitalen Prozesskette zur Optimierung von Wasserkraftwerken

Lars SÖRENSEN

Einleitung

Für eines der Wasserkraftwerke am Hochrhein begleiten wir ein Pilotprojekt zur Optimierung von Kaplan-Turbinen. Zur Analyse der Oberflächengeometrien werden verschiedene Turbinen durch den Einsatz eines 3D-Laserscanners erfasst und aufgrund der Objektmodelle als Modell bestehend aus Freiformflächen modelliert. Aufgrund von Vergleichen der Geometrien in Abhängigkeit der Leistungsdaten werden vom Institut für Strömungsmechanik die Turbinen im Ist-Zustand analysiert.

Aufgrund der Ergebnisse werden optimierte Modelle gerechnet, die eine höhere Leistung bei gleich bleibenden äußeren Bedingungen ermöglichen sollen. Aus den Rechenmodellen werden hydraulische Modelle hergestellt, die aufgrund der Datenmodelle automatisiert gefräst werden können. Nach anschließenden hydraulischen Versuchen der reellen Modelle im Maßstab von ca. M1:10 wird die Form wiederum gescannt, um erneut ein digitales Modell des optimierten hydraulischen Modells zu erhalten.

Zuletzt werden aus den Freiformmodellen die Datenmodelle zur Herstellung der Gussformen für die neuen Schaufelradturbinen erstellt.

1   Die Aufgabenstellung

Die Aufgabe der Vermessung von Turbinen in Wasserkraftwerken besteht in der vollständigen Erfassung von Schaufelrädern durch 3D-Laserscanning zur Abbildung der Oberflächen. Für die vollständige Erfassung ist die Aufnahme von oben und unten erforderlich, wobei auch die sogenannte Wellenspitze und die Rohrgeometrie der Nabe aufzunehmen sind,

Um eine Minimierung der Stillstandszeiten der Turbinen zur Verringerung der Verluste in der Stromerzeugung zu erreichen, ist die präzise Planung und Abstimmung des Messeinsatzes erforderlich. Die Aufnahmezeit und damit auch die Aufenthaltszeit in der Turbine ist möglichst gering zu halten.

Die Anforderungen an die Messgenauigkeit werden für die Geometrieerfassung auf 1-3 mm festgelegt.

Die Auswertung der Objektmodelle hat in Form einer Modellierung der Oberflächen und Profile durch Polygonisierung und anschließende Überführung in Freiformflächen zu erfolgen, wobei die endgültige Modellform präzise und flexibel abzustimmen ist. Zum einfacheren Vergleich der unterschiedlichen Turbinen sind Zylinderschnitte zur Darstellung der Stützwerte zu erzeugen.

2   Wasserkraftwerke mit Kaplanturbinen

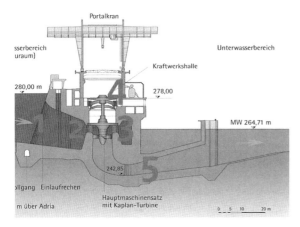

1 Rechen
2 Leitschaufel
3 Kaplanturbine
4 Generator
5 Saugschlauch

Abb. 1:   Funktionsprinzip (Quelle: VERBUND-Austrian Hydro Power)

In Abhängigkeit der Flussbreite und der Größe eines Wasserkraftwerkes hat ein Kraftwerk unterschiedlich viele Turbinen. Die Kraftwerke am Hochrhein zwischen Basel und dem Bodensee besitzen in der Regel 4 Turbinen, wobei das Turbinenpaar auf der deutschen Seite einen anderen Bautyp darstellt als die Turbinen auf der Schweizer Seite. Die Laufrad-schaufeln einer Kaplanturbine funktionieren nach dem Prinzip einer Tragfläche, wobei die Anströmung von der Neigung der Schaufeln abhängt. Die vermessenen Kaplanturbinen können in ihrer Neigung verstellt werden, um eine optimale Anströmung zu gewährleisten.

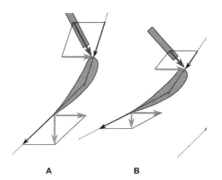

A   Verhältnisse am optimalen
      Arbeitspunkt
B   Regulierung durch
      Blattverstellung

Abb. 2:   Links: Kaplanturbine (Quelle: RKS Säckingen); rechts: Kraftverteilung (Quelle: J. Bard, Institut für solare Energieversorgungstechnik e. V., Kassel)

3   Die digitale Prozesskette

3.1   Die Struktur des Prozesses

Aus der Aufgabenstellung ergibt sich die Einbindung von 3D-Laserscanning als Vermes-
sungsinstrument in den digital gesteuerten und kontrollierten Prozess der Leistungssteige-
rung von Kaplanturbinen in Wasserkraftwerken. Hierzu ist die Analyse und Strukturierung
des digitalen Prozesses notwendig.

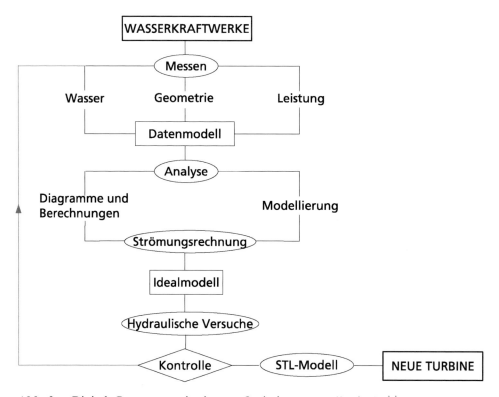

Abb. 3:   Digitale Prozessorganisation zur Optimierung von Kaplanturbinen

Der erste Schritt ist die Messung des Wassers, wobei folgende Eigenschaften und Zustände
gemessen werden müssen: die Eigenschaften des Wassers, bestehend in Wasserständen,
Durchflussmengen und Fließgeschwindigkeiten in Abhängigkeit zur Zeit. Zweitens werden
die Geometrien der Turbinen vollständig und dreidimensional vermessen, um ein Abbild
des Ist-Zustandes zu erhalten. Zuletzt ist noch das Festhalten der Leistungsdaten synchron
zur Erfassung des Wassers erforderlich.

Das hieraus entstandene Datenmodell dient der Analyse, die sich zunächst in die Untersuchung der Geometrie und die Auswertung der Leistungsdaten in Abhängigkeit vom Wasser
unterteilt.

Die Leistung der Turbinen wird mit Hilfe von Berechnungen und Diagrammen dargestellt. Diese „Muscheldiagramme" stellen die Wirkungsgrade von Turbinen in Abhängigkeit von Durchflussmengen und elektrischer Leistung dar.

Die Ergebnisse der Analyse fließen mit in die Strömungsmodelle zur aquadynamischen Analyse ein. Aus der Strömungsberechnung ergibt sich in Abhängigkeit zu den Wirkungsgraden ein Idealmodell, welches im Modellmaßstab gefertigt und in hydraulischen Versuchen getestet werden kann. Die Ergebnisse der hydraulischen Versuche liefern ein Idealmodell, welches aufgrund erneuter Geometrieerfassung digital kontrolliert werden kann. Das neue geometrische Modell dient als Vorlage zur Produktion von Gussformen aufgrund von stl-Datensätzen für die Herstellung neuer Laufradschaufeln für die Kaplanturbinen.

3.2 Der Prozess der Vermessung von Turbinen durch 3D-Laserscanning

Die Auswahl des geeigneten Messsystems erfolgt in Abhängigkeit zu den Anforderungen an die Genauigkeit, die Objektgröße, Materialoberflächen und den Zeitrahmen für die Vermessung. Die Kriterien führten zum Einsatz des Faro Photon, der insbesondere aufgrund seiner guten Eigenschaften auf dunklen, glänzenden und metallischen Oberflächen im Vergleich zu anderen Phasendifferenzscannern ausgewählt wurde. Der Faro Photon erreicht in eigenen Tests nachgewiesen eine Messgenauigkeit von unter ±2 mm bei sehr niedrigem Messrauschen. Bei Kleinturbinen und höheren Genauigkeiten wäre ggf. der Einsatz eines 3D-Messarms mit Scankopf sinnvoller, was allerdings die Aufnahmezeit deutlich erhöhen würde.

Für die Messungen vor Ort ist die präzise Abstimmung und Organisation erforderlich, um den Aufenthalt in den Turbinen und damit die Stillstandszeit möglichst gering zu halten. Aufgrund der hohen Anforderungen an die Genauigkeit des Objektmodells wurden 3D-Targets in Form von Kugeln eingesetzt. Zusätzlich haben wir die Referenzierung in ihrer Genauigkeit durch den Einsatz einer Bündelblockausgleichung (Clusterorientierung) verbessert. Durch weiteres Filtern der Punktwolken in Richtung einzelner Achsen lassen sich Punkte, die ein zu hohes Rauschen aufweisen herausfiltern.

3.3 Die Analyse des Wassers und der Wirkungsgrade

Da die Messungen der Durchflusseigenschaften des Wassers analog zur Erfassung der elektrischen Leistung erfolgt, wird eine Zuordnung der Wassereigenschaften zu den Leistungsdaten möglich. Der Wirkungsgrad ist von folgenden Faktoren abhängig. Neben der Geometrie spielen auch die Pegelstände, Pegelunterschiede und Durchflussmengen eine Rolle. Die Auswertung und Darstellung erfolgt in Muscheldiagrammen.

Diese Diagramme zeigen auf der x-Achse die Fallhöhen aus der Differenz der Pegelstände auf Ober- und Unterseite des Staus und auf der y-Achse die Durchflussmengen des Wassers. Im ersten Quadranten sind die Kurven konstanter Leistung sowie die kreisförmig geschlossenen Graphen der identischen Wirkungsgrade dargestellt. Das Feld der Leistungsgrade wird durch die obere Leistungsgrenze begrenzt, was aufgrund zu geringer Fallhöhen bei Hochwasser zu erklären ist.

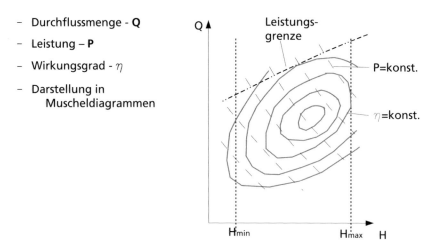

- Durchflussmenge - **Q**
- Leistung – **P**
- Wirkungsgrad - η
- Darstellung in Muscheldiagrammen

Abb. 4:   Muscheldiagramm zur Visualisierung der Wirkungsgrade

3.4   Die Modellierung in Freiformflächen

Nach abgeschlossener Orientierung über Kugeln mit Bündelblockausgleichung erfolgt der Import der Laserscans aus dem Faro Photon in unsere herstellerunabhängige Auswertesoftware Luposcan. Hier findet in dem Objektmodell bestehend aus den orientierten Einzelscans eine Sektionierung nach Schaufelober- und Unterseiten statt, um eine nach Bauteilen unterteilte Modellform zu erhalten.

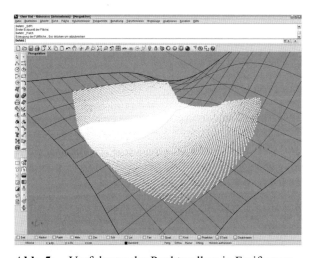

Abb. 5:   Verfolgung der Punktwolken in Freiformen

Die extrahierten und gefilterten Bereiche des Objektmodells werden anschließend in einem geeigneten Format wie iges oder dxf exportiert, um dann in einen Nurbs-Modellierer importiert werden zu können. Durch den Einsatz einer Software zum Modellieren von Nurbsflächen wird das Objektmodell in ein Modell, das die Oberflächen der Kaplanturbine in begrenzten Freiformflächen darstellt. Hierzu werden Funktionen zur Verfolgung von Punktewolken in Freiformen verwendet. Wichtig ist die geeignete Auswahl der Parameter für die Erstellung der Freiformen zum weitergehenden Ausgleichen des Messrauschens.

Ein Konflikt besteht in der schwingungsfreien Modellierung der Oberflächen, die teilweise nur durch die Glättung der Formen in den Randbereichen möglich ist. Besonders schwierig ist hierbei die Festlegung des Überganges der Freiformen zu den radialen Krümmungen an den Eintrittskanten. In jedem Fall ist eine visuelle Kontrolle der Schwingungsfreiheit in Abstimmung mit den Fachingenieuren erforderlich.

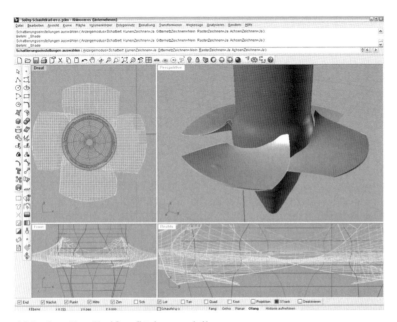

Abb. 6:   Das Freifomflächenmodell

Die Modellierung des Laufradmantels und der Nabe erfolgt in ähnlicher Form, wobei die Nabe auch vereinfacht als Rotationskörper aus ihrer Schnittgeometrie erstellt werden kann.

3.5 Die aquadynamische Analyse aufgrund des standardisierten Modells

Die Aquadynamische Analyse erfolgt durch das Institut für Strömungsmechanik und Hydraulische Strömungsmaschinen der Universität Stuttgart vertreten durch Herrn Prof. Dr. Ing. E. Göde. Aufgrund der Auswertesoftware müssen die Modelle weiter vereinfacht werden, da in den virtuellen Strömungsmodellen nicht zwischen grundsätzlichen Fehlern der Geometrie und Schwingungen in der Freiform oder Verformungen aufgrund von Kavitation unterschieden werden kann. Die Standardisierung erfolgt in unseren Modellen durch die Reduzierung der Laufradschaufeln auf ausgeglichene Zylinderschnitte, die die Freiformen des Modells aufspannen.

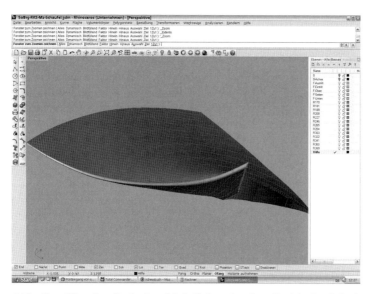

Abb. 7:   Eine Laufradschaufel definiert durch zylindrische Schnitte

Diese Form der Modellierung ermöglicht die Vereinfachung des Modells durch Rückführung der Freiform zu mindestens 11 Zylinderschnitten bei Reduzierung der Wassereintritts-
kante zu einer genähert radialen Schnittgeometrie. Problematisch ist hierbei aus meiner
Sicht die sich hieraus ergebende Abweichung des Ist-Zustandes, die wiederum eine Verfälschung der Analyse bewirken kann.

Abb. 8:   Strömungsgitter (Quelle: Institut für Strömungsmechanik und Hydraulische
Strömungsmaschinen der Universität Stuttgart, Prof. Dr. Ing. E. Göde)

4   Zusammenfassung

Die endgültigen Modelle der gescannten Turbinen sind aufgrund der Anforderungen der Software zur Analyse in geeigneter Form standardisierte Modelle. Wie im vorherigen dargestellt wurde die Vorgehensweise in der Modellierung der Kraftwerksturbinen gegenüber der ursprünglichen Aufgabenstellung angepasst und verändert.

Die Abweichungen in der Standardisierung des Modells gegenüber dem tatsächlichen Ist-Zustand sind erforderlich, um den Rahmenbedingungen der aquadynamischen Analyse durch die Universität Stuttgart gerecht zu werden. Hierbei wird deutlich, dass die Möglichkeiten der hochgenauen dreidimensionalen Vermessung von komplexen Geometrien weiter fortgeschritten sind als die anschließende Analyse. Es stellt sich damit die Frage, ob die Auswertung aufgrund vereinfachter Geometrien Fehler in den Rechenmodellen mit sich bringt und ob eine rasche Möglichkeit zur Weiterentwicklung der Analysesoftware möglich sein wird.

Die heutigen Möglichkeiten in der schnellen und präzisen Geometrieerfassung durch 3D-Laserscanning erfordern nicht nur im Maschinen- oder Turbinenbau ein Umdenken und eine Neustrukturierung der digital gesteuerten Abläufe und Prozesse. Auch in unserem ursprünglichen Betätigungsfeld der Dokumentation und Vermessung von historischer Architektur und Baudenkmalen ist eine zunehmende Umstellung zur „digitalen Baustelle" wünschenswert.

Bestimmung flächenhafter Deformationen einer ausgebrochenen Tunnellaibung mit multitemporalen Laserscanning-Daten

Johannes OHLMANN-BARTUSEL

Zusammenfassung

Terrestrisches Laserscanning (TLS) ist im heutigen Tunnelbau ein Messverfahren mit einem immer größer werdenden Anwendungsspektrum. Die momentan oft konkurrenzlose Stellung verdankt das Tunnelscanning dem bekannt schnellen, berührungslosen und vollflächigen Messverfahren eines Laserscanners. Neben den etablierten Anwendungen ist eine Auswertung von multitemporalen 3D-Laserscanning-Daten auf flächenhafte Deformationen der Tunnellaibung oder der Ortsbrust im unmittelbaren Tunnelvortriebsbereich noch Gegenstand der Forschung, mit dem Potenzial der mittelfristigen Marktreife.

Der Beitrag behandelt ein prototypisches Konzept zur flächenhaften Bestimmung von radialen Deformationen einer ausgebrochenen und mit Spritzbeton versiegelten Tunnellaibung, das mittels zeitversetzter 3D-Laserscanning-Daten durchgeführt wird. Das Potenzial und die Charakteristik von vortriebsbegleitendem Tunnelscanning werden hierbei besonders berücksichtigt. Das zur Deformationsbestimmung verwendete 2,5D-Deformationsmodell bedingt eine Interpolation der Punktwolken mittels Delaunay-Triangulation auf ein räumlich und zeitlich konstantes Interpolationsgitter, definiert in einem Tunnelbandkoordinatensystem. Zusätzliche Kernelemente des Konzeptes sind eine Reduktion des Rauschens und ein regional adaptiver Filter zur Elimination von in der Praxis unvermeidbaren Pseudodeformationen. Das softwareimplementierte Konzept besitzt eine semi-automatische Prozesskette von den multitemporalen Punktwolken bis hin zur Visualisierung und statistischen Auswertung der Deformationen. Ergebnisse und Genauigkeiten eines ausgewerteten, realen Laserscanning-Testdatensatzes von einem nach der „Neuen Österreichischen Tunnelbauweise" (NÖT) vorgetriebenen Tunnel veranschaulichen den Beitrag.

1 Einleitung

Das Spektrum etablierter Anwendungsbereiche von Terrestrischem Laserscanning im Tunnelbau (Tunnelscanning) deckt heute alle Lebenszyklusphasen eines Tunnelbauwerks ab (Abb. 1). Ausschlaggebend für den Einsatz der Laserscanning-Technologie in unterirdischen Bauwerken, wie Tunnels, sind neben der flächigen 3D-Objekterfassung die Objektivität der Messergebnisse, die gestiegene Genauigkeit des Messverfahrens sowie ökonomische Gesichtspunkte wie Schnelligkeit, Effizienz und zunehmende Anpassung der Laserscanner an die Messumgebung unterirdischer Bauwerke (WUNDERLICH & STAIGER, 2008).

Im Gegensatz zu allen im Einsatz befindlichen Anwendungen treten flächenhafte Deformationsnachweise als einziges Anwendungsfeld in Abbildung 1 in unterirdischen Bauwerken bisher überwiegend in Forschungsarbeiten, wie von SCHULZ et al. (2007), STRAMM (2004),

VAN GOSLIGA et al. (2006) und OHLMANN-BARTUSEL (2008) durchgeführt, auf. Neben der Genauigkeit der TLS-Datenerfassung sind die aktuell größten Herausforderungen für das Ziel einer flächenhaften Deformationsanalyse eine hochgenaue Registrierung von multi-temporalen (zeitversetzt erfassten und sich räumlich überlagernden) Laserscanning-Punktwolken, die mathematische Modellierung der Deformationen, die Datenfilterung sowie in naher Echtzeit verfügbare Ergebnisse.

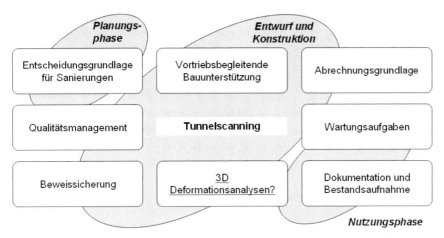

Abb. 1:   Anwendungsgebiete des Tunnelscannings im heutigen Tunnelbau

2   Multitemporale Tunnelscanning-Daten

Von besonderem Interesse im Tunnelbau ist die unmittelbare Kenntnis der Verformungen der Tunnellaibung oder der Ortsbrust in den Vortriebsbereichen der Tunnelbaustelle. Dies gilt insbesondere für die „Neue Österreichische Tunnelbauweise", welche sich auf ein systematisches Deformationsmonitoring als fortlaufende Entscheidungsgrundlage für die Tunnelkonstruktion stützt (SCHUBERT & VAVROVSKY, 1996). Konventionelle Messmethoden zur Bestimmung der 3D-Verformungen des ausgebrochenen Hohlraums liefern, bauablauf- und messtechnisch bedingt, die ersten Verschiebungsdaten erst mit einigen Abschlagszyklen Verzögerung und diese lediglich für die vermarkten Messprofile auf der Laibung (Abb. 2).

Grundlage für flächige Objektanalysen des ausgebrochenen Tunnels sind multitemporale 3D-Messdaten der deformierten Bereiche. Voraussetzung für die Erfassung von räumlich-zeitlichen 3D-Geometriedaten der Tunnellaibung ist ein vortriebsbegleitendes Laserscanningsystem. Oberste Prämisse ist dabei die Integration des Systems in den Bauprozess, mit einer Minimierung der anfallenden Stillstandszeiten durch die Laserscanning-Messungen. Eine autonome Positionierung des Laserscanners, eine Qualitätskontrolle der Messungen im Feld sowie eine automatisierte Auswertung mit der zugehörigen Softwarekomponente in (naher) Echtzeit vervollständigen die Anforderungen. Für ein solches Messsystem sei exemplarisch der „Orthos Laser Tunnel Scanner", eine Entwicklung der Firma Geodata in Leoben (GEODATA, 2009), als den Anforderungen entsprechend, aufgeführt (Abb. 3).

Abb. 2: Konventionelle 3D-Verschie-   **Abb. 3:** Vortriebsbegleitendes Tunnel
bungsmessungen   scanning (GEODATA, 2009)
(GEODATA, 2009)

3   Tunnelbandabwicklung

Ein in der Tunnelbaupraxis gängiges Verfahren zur Darstellung von geometrischen Daten der Tunnellaibung ist eine durch eine Abbildungsvorschrift definierte projektive Abwicklung. Ausgehend von der Firstlinie erfolgt diese definitionsgemäß beidseitig der Laibung. Abbildung 4 zeigt ein Beispiel nahe der Ortsbrust (OHLMANN-BARTUSEL, 2008).

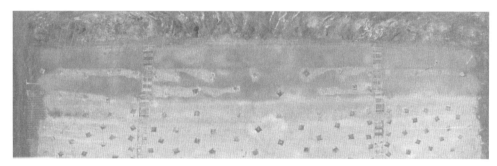

Abb. 4: Abgewickelte, mit Spritzbeton gesicherte und mit Laserscanning erfasste Tunnellaibung nahe der Ortsbrust (oben), Intensitätsbild

Auch im Anwendungsfall dieses Beitrags wird eine Transformation der zeitversetzt erfassten Punktwolken in ein Tunnelband als notwendige Basis einer vollflächigen 2,5-dimensionalen Analyse radialer Deformationen angewendet. Die verwendete Abbildungsvorschrift richtet sich streng nach der zugrundeliegenden Sollgeometrie des Tunnels, so dass eine eindeutige und längentreue Abwicklung der Punkte in die Abbildungsebene erreicht wird (Abb. 5).

Die Tunnelabwicklung lässt sich als tunnelgeometrisch flexibler Algorithmus mit Teil-Transformationen zwischen dem lokalen Scannerkoordinatensystem (x_S, y_S, z_S), dem übergeordneten Projektkoordinatensystem (Y, X, H) als Bezugssystem der Registrierung, dem lokalen Profilkoordinatensystem (x, y, S) und zu guter Letzt dem Tunnelbandkooordinatensystem (S, b, δ) als Zielsystem der Transformation mathematisch beschreiben. Die endgültig abgewickelten Koordinaten bestehen aus der Stationierung S, der Abwicklungslänge b orthogonal zur Tunnelachse und der Abweichung δ des Ausbruchsprofils vom theoretischen Profil. Daraus resultiert eine längentreue Abbildung der Punktwolken als Koordinatentransformation in die Abwicklungsebene. Die Abwicklung bezieht sich auf die projektierte Tunnelsollgeometrie im definierten Regelprofil und liefert somit vor der Bestimmung von radialen Deformationen die dafür nötigen Abweichungen δ des tatsächlichen Istprofils vom Sollprofil. Durch die Vermeidung einer indirekten Transformation mittels Zentralprojektion können beliebige Profilgeometrien als Korbbögen oder auch Profilgeometrien mit Geradenelementen abgewickelt werden.

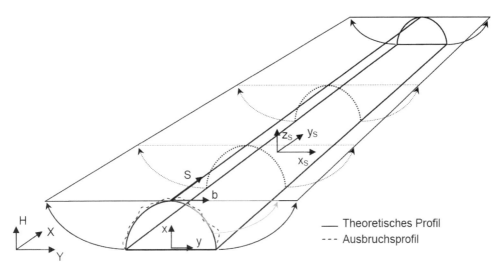

Abb. 5:   Punktweise 3D-Tunnelband-Transformation

4   Flächenhafte Deformationen

Die Punktwolken liegen nach der beschriebenen Tunnelabwicklung, abhängig vom Scannerstandpunkt zur Tunnelgeometrie (und somit dem Auftreffwinkel des Laserstrahl auf der Tunnellaibung entsprechend), in einem nicht konstanten Raster auf der Abwicklungsebene vor. Zudem variieren die gemessenen Raster auf der Tunnellaibung von Datensatz zu Datensatz aufgrund der notwendigen Neupositionierung und der Rauigkeit der Spritzbetonoberfläche. Die Herausforderung besteht nun in der Schaffung künstlich identischer Punkte in allen zu vergleichenden Datensätzen, um diese auf entsprechende Deformationen im Tunnelbandkoordinatensystem auszuwerten.

4.1   Angewandtes Deformationsmodell

Als Lösung für einen räumlich und zeitlich eindeutigen Vergleich von Punktwolken wird der von SCHÄFER (2004) entwickelte Ansatz einer regelmäßigen Interpolation mittels Delaunay-Triangulierung als 2,5D-Analysegrundlage angewendet. Die dadurch analysierbare Komponente der Deformationen ist orthogonal zur Abwicklungsebene (Interpolationsebene) und aufgrund der definierten Abwicklung in das Tunnelband als radiale Deformation der Tunnellaibung zu deuten. Die Differenzen zwischen den berechneten Abweichungen δ_i der interpolierten Gitterpunkte zum Sollprofil liefern die gesuchten Deformationen $\Delta\delta_i$. Als Interpolationsgitterweite bietet es sich an, den mittleren Punktabstand in der abgewickelten Punktwolke als optimale Gitterweite anzusetzen. In Anlehnung an das von LINDENBERGH & PFEIFER (2005) vorgestellte Deformationsmodell für flächenhafte Laserscanning-Daten lässt sich für die gegebene Problematik radialer Deformationen der Tunnellaibung definieren:

$$\delta_i(2) - \delta_i(1) = \Delta\delta_i + n_i + e_i \tag{1}$$

Dabei beschreibt der Parameter n_i den Einfluss des Rauschens auf die berechneten Deformationen, wobei er sowohl das Messrauschen als auch das Oberflächenrauschen umfasst, welches von den Oberflächeneigenschaften der gescannten Fläche beeinflusst wird. Im Falle einer mit rauem Spritzbeton bedeckten Tunnellaibung ist dies ein in keiner Weise zu vernachlässigender Faktor. Systematische Unsicherheiten e_i können weiter zu systematischen Messunsicherheiten und Registrierungsunsicherheiten verfeinert werden.

4.2   Regional adaptive Filterung

Eine Datenfilterung bildet den Kernbestandteil einer verlässlich statistischen Analyse der durch Differenzbildung gewonnenen radialen Deformationen $\Delta\delta_i$. Durch die gegebene Situation von in eine Abwicklungsebene interpolierten Deformationswerten lassen sich Verfahren aus der digitalen Bildverarbeitung anwenden. Der erste wichtige Schritt ist die Verringerung des (globalen) Rauschniveaus durch einen Glättungsfilter (z.B. durch Anwendung eines Binomialfilters). Erfahrungsgemäß ist eine Reduktion des Rauschens im Datensatz um den Faktor zwei bis drei erreichbar.

Es gibt viele Gründe für verfälschte Werte oder grobe Fehler in den abgeleiteten Deformationen $\Delta\delta_i$ aus Laserscanning-Daten einer Tunnellaibung. Der Überbegriff „Pseudodeformationen" umfasst alle entstandenen Deformationen im Ergebnis der Differenzbildung gemäß (1), die nicht auf Verformungen der Tunnellaibung, sondern auf zusätzlichen Spritzbetonauftrag, neu angebrachte Sicherungselemente, wie Ankerplatten oder Ausbaubögen, oder auf Materialabtrag zwischen den Messzeitpunkten zurückzuführen sind. Einen verfälschenden Charakter auf die berechneten Deformationen haben außerdem die mit einem Laserscanner messtechnisch unsicher zu erfassende Bereiche, wie Dehnungsschlitze oder Ankerplatten, die insbesondere bei flachen Auftreffwinkeln zu fehlerhaften Messungen führen (v. a. aufgrund von Abschattungen und Kometenschweif-Effekten entlang von Objektkanten).

Da innerhalb eines Datensatzes unterschiedliche Deformationsniveaus auftreten können, und im Allgemeinen nicht davon ausgegangen werden kann, dass die Deformationen innerhalb eines Bereiches einer Tunnellaibung gleich groß sind, ist alleinig die Anwendung eines regional adaptiven Filters sinnvoll. Der Filteralgorithmus soll nun, ausgehend vom regionalen Deformationsniveau, unsicher erfasste Bereiche und die oben beschriebenen Pseudodeformationen automatisch eliminieren. Dabei kann als Grundvoraussetzung für die Elimination die Reduktion des Rauschens angesehen werden.

Ein für diese Problematik regional adaptiver Filteralgorithmus basiert auf Konfidenzniveaus, deren Grenzen abhängig vom globalen Rauschniveau η um das regionale Deformationsniveau $\Delta\delta$ gelagert werden (2). Die Bestimmung des regionalen Deformationsniveaus kann durch eine Extraktion des Maximums im Histogramm der Deformationen der Gitterpunkte erfolgen, welche sich in einer frei definierbaren Kachelung innerhalb des Tunnelbandkoordinatensystems befinden. Die durch die Kachelung entstehenden Bereiche zur Ermittlung des Deformationsniveaus sollten so dimensioniert sein, dass Pseudodeformationen in dem als Normalverteilung angenommen Histogramm der Deformationen lokale Nebenmaxima ausbilden, die das globale Maximum der Verteilung nicht beeinflussen und gleichzeitig eine repräsentative Ermittlung des Deformationsniveaus zulassen. Das globale Rauschniveau, als charakteristische Größe der Rauigkeit der Objektoberfläche (mit Spritzbeton verkleideten Tunneloberfläche) und dem Messrauschen des Laserscanners sowie dem Auftreffwinkel des Laserstrahls, lässt sich in repräsentativen Testregionen bestimmen. Innerhalb dieser Testregion (Region ohne Pseudodeformationen) kann die Standardabweichung der Residuen der Deformationen $\Delta\delta_i$ bezüglich des regionalen Deformationsniveaus als globales Rauschniveau definiert werden. Zu berücksichtigen ist noch die Fehlerfortpflanzung für das ermittelte Rauschniveau, welches, wie in (1) ersichtlich, den Faktor Wurzel 2 aufgrund der Differenzbildung beinhaltet.

$$P\left[-3\cdot\eta \ < \ \Delta\delta_i - \Delta\delta \ < 3\cdot\eta\right] = 0.9973 \qquad (2)$$

Zusammenfassend lässt sich der regional adaptive Filteralgorithmus zur Elimination grober Fehler als regional gültiges Konfidenzintervall beschreiben.

4.3 Visualisierung

Das in den vorherigen Kapiteln erläuterte Konzept zur flächenhaften Ableitung von Deformationen einer Tunnellaibung bedarf einer farbcodierten Visualisierung. Das Ergebnis eines real vortriebsbegleitend gewonnenen, multitemporalen Laserscanningdatensatz ist in Abbildung 6 als abgewickeltes Tunnelband dargestellt.

Die zugrunde liegenden zeitversetzten Punktwolken wurden bereits im Jahre 2003 mit dem Messsystem Orthos Laser Tunnelscanner (GEODATA, 2009) der Firma Geodata in einem nach der Neuen Österreichischen Tunnelbauweise vorgetriebenen Tunnel vortriebsbegleitend erfasst. Laserscanner-Komponente des damals verwendeten Messsystems war der RIEGL LMS-Z360i, was für die erzielten Genauigkeiten zu berücksichtigen ist. Die heutige Scannergeneration birgt ein deutlich höheres Genauigkeitspotenzial, v. a. im Streckenmessteil des Laserscanners.

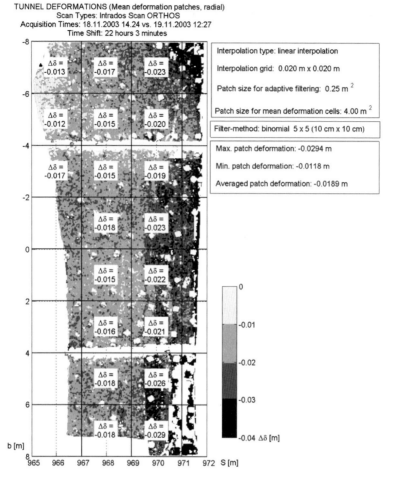

Abb. 6: Flächenhaft visualisierte und statistisch ausgewertete Deformationen nach Elimination von Pseudodeformationen (OHLMANN-BARTUSEL, 2008)

5   Fazit

Die visualisierten Ergebnisse der flächenhaften Deformationsbestimmung konnten in weiteren Testdatensätzen mit tachymetrischen 3D-Verschiebungsmessungen verifiziert werden.
Vorteile eines prompten flächenhaften Nachweises von Deformationen eines ausgebrochenen Tunnels gegenüber konventionellen Messmethoden bestehen für die Geotechnik. Für
die nahe Zukunft wird sich als interessant erweisen, ob dieses neue Auswerteverfahren
Einzug in die Tunnelbaupraxis hält. Aktueller Gegenstand der Forschung ist es, das mathematische Modell zur Bestimmung von flächenhaften Deformationen weiter zu verfeinern
und ergänzende Modelle zu entwickeln, um die Genauigkeit und Zuverlässigkeit des Verfahrens zu erhöhen und abschätzen zu lernen.

Die Konzeptentwicklung sowie Software-Implementierung der Abwicklung von Tunnelscanning-Daten, der Datenfilterung sowie der Berechnung der Deformationen erfolgte im Rahmen einer Diplomarbeit am Lehrstuhl für Geodäsie der Technischen Universität München im Jahre 2008 (OHLMANN-BARTUSEL, 2008).

Der Firma Geodata in Leoben, insbesondere Herrn Dr. Chmelina und Herrn Keszleri, sei für die Bereitstellung der Testdatensätze an dieser Stelle besonders gedankt.

Literatur

Geodata (2009): http://www.geodata.com, Homepage (Stand: 19.01.2009).

Lindenbergh, R. & N. Pfeifer (2005): *A statistical deformation analysis of two epochs of terrestrial laser data of a lock.* In: Grün A. & H. Kahmen (Eds.): Optical 3-D Measurement Techniques VII, Band 2. Wien: Eigenverlag, S. 61-70.

Ohlmann-Bartusel, J. (2008): *Innovative determination of areal deformations of an excavated tunnel intrados by multi-temporal laser scanning data.* Technische Universität München, Institut für Geodäsie, GIS und Landmanagement, Diplomarbeit.

Schäfer, T. (2004): *Deformationsmessung mit Laserscanning am Beispiel eines Schleusentores des Donaukraftwerks Gabcíkovo.* In: Luhmann, T. (Hrsg.): Photogrammetrie – Laserscanning – Optische 3D-Messtechnik. Beiträge der Oldenburger 3D-Tage 2004. Heidelberg: Wichmann, S. 246-253.

Schubert, W. & G. M. Vavrovsky (1996): *Die Neue Österreichische Tunnelbauweise.* Österreichische Ingenieur- und Architekten-Zeitschrift, Nr. 7-8/1996, S. 311-318.

Schulz, T., Lemy, F. & S. Yong (2005): *Laser Scanning Technology for Rock Engineering Applications.* In: Grün, A. & H. Kahmen (Eds.): Optical 3-D Measurement Techniques VII, Band 1. Wien: Eigenverlag, S. 50-59.

Stramm, H. (2004): *Untersuchung zur Operabilität von Laserscannern bei der Konvergenzmessung in Tunnelbauwerken.* Universität Hannover, Geodätisches Institut, Diplomarbeit.

Van Gosliga, R., Lindenbergh, R. & N. Pfeifer (2006): *Deformation analysis of a Bored Tunnel by Means of Terrestrial Laser Scanning.* In: Maas, H.-G. & D. Schneider (Eds.): IAPRS, International Archives of Photogrammetry and Remote Sensing, Band 36 (CD), Dresden.

Wunderlich T. & R. Staiger (2008): *„Schneller, weiter, effizienter, ... “ – Aktuelle Entwicklungen der Scannertechnik.* Terrestrisches Laserscanning (TLS 2008). Augsburg: Wißner (DVW Schriftenreihe, Band 54), S. 3-14.

Untersuchung von Massenbewegungen und Störungsflächen mit terrestrischem Laserscanning

Thomas WIATR, Tomás FERNANDEZ-STEEGER und Klaus REICHERTER

Zusammenfassung

Die Einsatzmöglichkeiten von LiDAR („**Light D**etection **A**nd **R**anging") sind weit gefächert und bilden durch die hohe räumliche und zeitliche Auflösung der Daten von den Untersuchungsobjekten eine vielseitige Methode, um koordinatenbezogene Phänomene zu untersuchen. Das LiDAR ILRIS 3D der Firma Optech wird am Lehr- und Forschungsgebiet für Neotektonik und Georisiken (NUG) zusammen mit dem Lehrstuhl für Ingenieurgeologie und Hydrogeologie (LIH) der RWTH Aachen vorwiegend für das Monitoring verschiedener Arten von geogenen Massenbewegungen und zur Analyse von aktiven Störungen eingesetzt. Des Weiteren findet die Methode Anwendung bei archäologischen und geoarchäologischen Projekten. Entsprechende Erfahrungen wurden bereits in diversen Geländekampagnen auf der Atlantikinsel Madeira und im Süden von Spanien gesammelt. Hierbei wurde LiDAR für Untersuchungen von Felsstürzen, Schuttströmen und Hangrutschungen sowie für Kluftmessungen erfolgreich eingesetzt. Eine Messkampagne im April 2009 zielt auf die Analyse von freigelegten Störungsflächen (*fault scarps*) infolge von koseismischen Versätzen in Griechenland ab. Dabei liegt das Hauptaugenmerk auf der Unterscheidung von verschiedenen seismischen Ereignissen unter Berücksichtigung des jeweiligen Verwitterungsgrades der freiliegenden *fault scarps*.

1   Einleitung

Im Frühjahr des Jahres 2008 wurde gemeinsam von den Lehrstühlen für Neotektonik und Georisiken sowie für Ingenieurgeologie und Hydrogeologie in die innovative Methode des terrestrischen Laserscanning (TLS) der Firma Optech ILRIS 3D investiert. In Tabelle 1 sind die wichtigsten technischen Daten des ILRIS 3D zusammengefasst. Das System des TLS stellt für raumbezogene Analysen in unzugänglichen Gebieten eine optimal unterstützende Methode für die Datenakquisition dar. Für die flächenhaften geographischen und geologischen Untersuchungen und Fragestellungen im mesoskalischen Bereich bietet das System von Optech mit einer Messgenauigkeit von unter 10 mm und einer Reichweite von 800 m bei einer Reflexivität von 20 % gute Voraussetzungen. Im Jahr 2008 kam der TLS im Mai und im Dezember im Rahmen eines Forschungsprojektes auf Madeira bei verschiedenen Messkampagnen zum Einsatz. Die Intention dieser Untersuchungen ist die Weiterentwicklung von Monitoringverfahren von Massenbewegungen sowie die Verbesserung der Datenbasis für die Ausweisung von potenziellen Gefahrenzonen. Anhand eines ausgewählten Beispiels werden die Untersuchungen auf Madeira erörtert sowie die Ziele und Umsetzung der Analysen von Störungsflächen in Griechenland dargestellt.

Tabelle 1: Technische Daten des ILRIS 3D der Firma Optech

Messbereich	40° (horizontal und vertikal)
Messgeschwindigkeit	2000 Messungen pro Sekunde
Maximale Auflösung	0,00115° (20 µrad)
Laserstrahlaufweitung	0,00974° (170 µrad)
Messgenauigkeit	< 10 mm
Kamera	Integrierte Digitalkamera (6 Megapixel)

2 Untersuchung von Massenbewegungen auf Madeira (Portugal)

Die zu Portugal gehörende Insel Madeira ist vulkanischen Ursprungs und liegt etwa 550 km vor der nordwestlichen Küste Afrikas im Atlantik. Madeira hat eine Fläche von rund 800 km^2. Die Hauptstadt Funchal befindet sich im südöstlichen Teil der Insel. Die Geologie auf der Insel besteht aus basaltischen Gesteinen, pyroklastischen Sedimenten, vulkanischen Gängen sowie Wechsellagerungen von basaltischen Gesteinen und pyroklastischen Sedimenten. Aufgrund des silikatreichen Ausgangsmaterials, der klimatischen Verhältnisse, den intensiven Verwitterungsprozessen sowie der Pedogenese sind tonmineralreiche Böden vorhanden. Die Untersuchungen von Massenbewegungen mit Unterstützung des terrestrischen Laserscanners sind bisher vorrangig in den südlichen Gebieten der Insel durchgeführt worden. Es wurden Hangrutschungen in Machico und Canical im Osten der Insel, pyroklastische Sedimente in Praia Formosa im Süden der Insel und Wechsellagerungen von basaltischen Gesteinen und pyroklastischen Sedimenten in Calheta und Praia Formosa im Südwesten bzw. im Süden der Insel untersucht (Abb. 1).

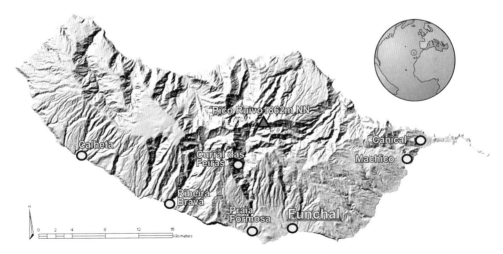

Abb. 1: Reliefkarte von Madeira mit den wichtigsten Untersuchungsgebieten (SRTM-Daten 90 m Auflösung)

2.1 TLS-Untersuchung der Wechsellagerung von basaltischen Gesteinen und pyroklastischen Sedimenten

In diesem Abschnitt soll in Bezug auf die Massenbewegungen exemplarisch nur auf die anstehenden Wechsellagerungen in Praia Formosa bei Funchal eingegangen werden, wo in einem Küstenkliff zwischen basaltischen Lavaströmen mächtige Aschelagen eingeschaltet sind. Die Besonderheit dieser geologischen Formation liegt in den verschiedenen Verwitterungsstabilitäten der übereinander liegenden Gesteinseinheiten. Ein Problem hinsichtlich der Stabilität dieses Kliffs liegt in dem unterschiedlichen Verwitterungsverhalten der wechsellagernden Gesteinsarten. Die zwischengelagerten porösen pyroklastischen Sedimente (Aschen, Tuffe) sind wesentlich verwitterungsanfälliger als die sehr kompakten basaltischen Gesteine. In diesen Zusammenhang sind die pyroklastischen Sedimente (Aschen, Tuffe) nicht im gleichen Maße verwitterungsresistent wie das Festgestein (Basalt). Demzufolge ist die Verwitterungsrate der pyroklastischen Sedimente höher, sodass Hohlkehlen und Überhänge entstehen können, die zu einem Stabilitätsverlust der darüber liegenden Schichten führen können. Zielsetzung dieser Untersuchung mit TLS ist unter anderem die Bewegungen der Gesteinseinheiten räumlich zu beobachten, berührungslos das Trennflächengefüge zu ermitteln, sowie durch Intensitätsunterschiede verschiedenen Gesteinseinheiten zu erkennen. Durch erweiterte Analysen z.B. von HRDEM soll darüber hinaus eine morphologische Beschreibung der Gesteinseinheiten und deren Verwitterungszustandes erfolgen. In der Abbildung 2 ist die in Praia Formosa anstehende Wechsellagerung mit den vier überlappenden Aufnahmebereichen schematisch dargestellt. Der Aufschluss ist ca. 80 m lang, 23 m hoch und nach Südosten exponiert.

Abb. 2:   Küstenkliff bei Praia Formosa mit überlappenden Aufnahmebereichen

Der gesamte Aufschluss wurde aus einer Scanposition durch vier überlappende und nach Priorität definierte Scanfenster mit einer Auflösung von 6,3 mm unter Verwendung des *Last Pulse* Modus vollständig erfasst. Zusätzlich wurden drei ausgewählte Detailscans mit einer Auflösung von 2 mm durchgeführt. Nach der Datenakquirierung durch den TLS wurde mit einem Gefügekompass die Scanrichtung und Scanwinkel ermittelt sowie mit einem GPS-Messgerät die globalen Koordinaten des Standortes festgehalten. Somit ist eine grobe Georeferenzierung der aufgenommen Objekte und der Scannerposition möglich. Der Rohdatensatz der vier Übersichtsscans mit rund 22 Mio. Punktmessungen pro Scanfenster beinhaltet primär die scannereigenen Koordinaten (X, Y, Z) und die Intensität als 256 Grauwertabstufungen. Während der Datenaufbereitung wurden Fragmente und nicht relevante Objekte aus der Punktwolke eliminiert, sodass die Qualität für die weiterführenden Analysen gewährleistet ist. Für die flächenhafte Analysen über den gesamten Bereich des anstehenden Gesteins sicher zu stellen, wurden in einem weiteren Schritt die einzelnen Scanfenster miteinander verknüpft. Die Datenbereinigung und das Zusammenfügen der Punktwolken geschehen mit dem Softwarepaket *Polyworks*. Abbildung 3 zeigt einen Ausschnitt der Punktwolke des gescannten Abschnittes mit den Intensitätswerten, sowie die Position eines Detailscans (Rahmen) innerhalb der Szene.

Abb. 3:   Zusammengefügte Punktwolke des Küstenkliffs in Praia Formosa und Ausschnitt eines Detailscans (Rahmen) für die weiteren Analysen

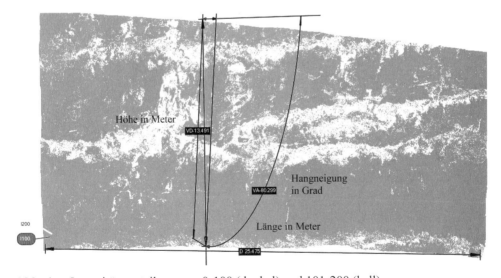

Abb. 4:   Intensitätsverteilung von 0-100 (dunkel) und 101-200 (hell)

Abbildung 4 zeigt die Verteilungen von zwei Intensitätsklassen der der Reflektion in dem Detailscan (s. Abb. 3). Dargestellt sind die Intensität von 0 bis 100 des Grauwertbereiches in der Farbe braun und die Verteilung 101 bis 200 des Grauwertbereiches in der Farbe gelb. Es zeigt sich, dass die basaltischen Festgesteine im Mittel eine geringere Intensitäten aufweisen als die pyroklastischen Sedimente. Die Klasseneinteilung ergibt sich aus dem Mittelwert der Intensitäten der unterschiedlichen Gesteinseinheiten und durch den Vergleich mit den aufgenommenen Fotos. Um dies weiter zu untersuchen soll zunächst eine Datenbank für die durchschnittlichen Intensitätswerte unterschiedlicher Gesteine unter Berücksichtigung von verschiedenen Einfallswinkeln und der Oberflächenbeschaffenheit erstellt werden. Der dargestellte Ausschnitt hat eine Länge von ca. 25 m, eine Höhe von rund 13 m und eine Hangneigung von etwa 80°. Ein wichtiges Ziel im Rahmen der Untersuchungen ist über relative Veränderungen die räumliche Oberflächendeformation und Massenverluste zu beschreiben. Infolgedessen wurden die temporal unterschiedlichen Scanfenster in ein gleiches Koordinatensystem gesetzt, sodass vektorbasierte Differenzunterschiede ersichtlich werden. Dabei dient der „Nullscan" von Mai 2008 als Referenzfläche und wurde in ein *Mesh* überführt. Die Punktwolke der Messkampagne von Dezember 2008 wurde in die Referenzfläche transformiert, sodass der Betrag der Veränderungen durch die Funktion „kürzeste Entfernung" (*shortest distance*) von der interpolierten Fläche zu der Punktwolke berechnet werden kann (Abb. 5). Die Skaleneinheit der Legende zeigt die Veränderungen im Zentimeterbereich an. Da die Messgenauigkeit laut Hersteller unter 10 mm liegt, wurde die Farbeinteilung in diesem Bereich mit grün dargestellt, da sonst die Unterscheidung zwischen Messfehler und Veränderung nicht möglich wäre. Der Epochenvergleich zeigt, dass der größte Teil dieses Scanausschnittes innerhalb des Beobachtungszeitraums von sechs Monaten kaum Veränderungen über 10 mm aufweist. Jedoch weist eine markante Stelle im Basalt (Rahmen) eine Veränderung auf.

Abb. 5: Epochenvergleich und Darstellung der Veränderungen in cm zwischen den Messkampagnen im Mai und Dezember 2008

Für die weiteren Analysen zur Bewertung der Morphologie in einem GIS muss die Punktwolke der vertikalen Kliffwand auf eine horizontale Ebene projiziert werden. Anschließend
wurde die Punktwolke in *ArcMap* in ein Raster mit der Zellengröße von 1 × 1 cm konvertiert und kann dann als digitales Geländemodell weiterverarbeitet werden. Das Ergebnis ist
in der Abbildung 6 als Reliefabbildung (Hillshade) dargestellt.

Abb. 6:   Reliefabbildung (Hillshade) des Detailscans aus Abbildung 3 in einer 1 cm Auflösung. Die weniger reliefierten basaltischen Lavaströme zeichnen sich deutlich
von den komplexeren pyroklastischen Sedimenten ab.

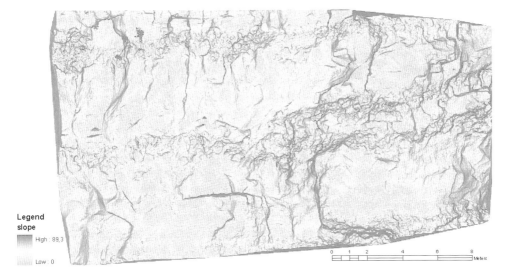

Abb. 7:   Hangneigung in Grad, aus der Horizontalen

Durch die Umwandlung in ein Geländemodell bzw. in ein Rasterformat können grundlegende und komplexe Funktionen für Oberflächenanalysen (morphologische Beschreibung), die ein GIS beinhaltet, abgeleitet werden. Insofern kann durch etablierte Analysen die Oberfläche beschrieben und klassifiziert werden. Unter anderem ist die Berechnung der „Hangneigung" der Gesteinsoberfläche möglich. Aufgrund der Heterogenität und komplexeren Strukturierungen der Oberfläche heben sich die pyroklastischen Sedimente von den basaltischen Lavaströmen ab (Abb. 7). Weiterhin sind aufgrund des hohen Neigungsgradienten bei hervorstehenden Blöcken die Kanten gut abgrenzbar, was z.B. zur Identifikation gefährdeter Bereiche bei Felssturzanalysen angewandt werden kann.

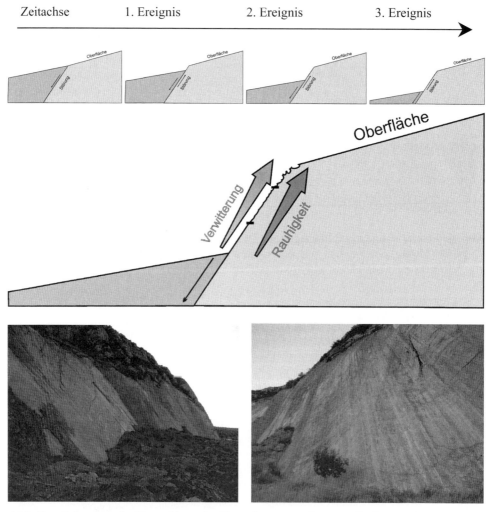

Abb. 8:   Schematische Darstellung der Entstehung von Störungsflächen nach BENEDETTI et al. (2002) bei einer Abschiebung und Fotos der Störung zwischen Arkitsa und Kalypso in Mittelgriechenland

3 Untersuchung von Störungsflächen in Griechenland

Ausgehend von den oben beschriebenen morphologischen Analysen der Felsoberfläche sollen ab April 2009 Untersuchungen in Griechenland folgen, die sich auf Störungen in neotektonisch sehr aktiven Zonen konzentrieren. In diesen Zonen kann die Entwicklung von Bruchstufen (*fault scarps*) sehr gut beschrieben werden. Durch die Schwächezonen begünstigt kommt es bei Erdbebenereignissen durch Abschiebungen zu koseismischen Versätzen, in deren Folge Störungsflächen exhumiert werden (BENEDETTI et al. 2002). Eine Prämisse für diese Untersuchung ist, dass die durch älteren Ereignisse exhumierten Bereiche der Störungsfläche der Verwitterung länger ausgesetzt sind und somit eine höhere Rauhigkeit aufweisen als die jüngeren Ereignisse am Fuß der Störungsfläche. In Abbildung 8 ist schematisch die Entstehung einer Bruchstufe dargestellt. Zur Verdeutlichung dienen zwei Fotos von dem Versatz zwischen Arkitsa und Kalypso in Mittelgriechenland.

Ein Ziel ist es unter Verwendung von Rauhigkeitsindices verschiedene Generationen von Erdbebenereignissen zu bestimmen. Für die anschließenden Auswertungen der gewonnenen Daten werden etablierte Lösungsansätze aus der Geo- und Materialwissenschaften verwendet. Hierfür stehen zum Beispiel Ansätze aus der fraktalen Geometrie zur Verfügung. Vielversprechende Methoden für flächenhafte Aussagen sind die *Root Mean Square* (RMS) Methode, die *Roughness-Length* Methode (FARDIN et al. 2001) oder der *Topographic Ruggedness Index* (RILEY et al. 1999). In der ersten Phase sind Untersuchungen an Bruchstufen und Störungsflächen in Mittelgriechenland, auf dem Peloponnes und auf Attika vorgesehen. Die geplanten Untersuchungsgebiete für TLS-Messungen sind in der Abbildung 9 dargestellt.

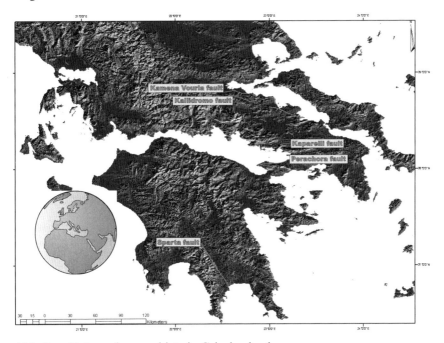

Abb. 9: Untersuchungsgebiete in Griechenland

Literatur

Benedetti, L., Finkel, R., King, G., Armijo, R., Papanastassiou, D., Ryerson, F. J., Flerit, F., Farber, D. & G. Stavrakakis (2002): *Motion on the Kaparelli fault (Greece) prior to the 1981 earthquake sequence determined from ^{36}Cl cosmogenic dating.* Terra Nova, 15 (2), S. 118-124.

Fardin, N., Stephansson, O. & L. Jing (2001). *The scale dependence of rock joint surface roughness.* International Journal of Rock Mechanics & Mining Sciences, 38/2001, S. 659-669.

Riley S. J., DeGloria, S. D. & R. Elliot (1999). *A terrain ruggedness index that quantifies topographic heterogeneity.* Intermountain Journal of Science, 5 (1-4), S. 23-27.

Anwendung des tachymetrischen Laserscannings in der Überwachung eines historischen Bauwerkes

Frank NEITZEL und Lars JOHANNES

Zusammenfassung

Es wird gezeigt, dass sich motorisierte Tachymeter mit reflektorloser Entfernungsmessung für ein tachymetrisches Laserscanning einsetzen lassen. Dies wird anhand der Überwachung eines historischen Bauwerkes demonstriert. Die einzelnen Arbeitsschritte von der Festlegung aufzumessender Bauteile über die Instrumentenuntersuchung bis hin zur Auswertung der Messungen und Präsentation der Ergebnisse werden aufgezeigt.

1   Einführung

Bei dem zu überwachenden Bauwerk handelt es sich um die 1851 erbaute St. Michael-Kirche in Berlin-Mitte in unmittelbarer Nähe des Verlaufs der ehemaligen Berliner Mauer. Im Zweiten Weltkrieg wurde die Kirche durch Brand- und Sprengbomben schwer beschädigt und das Mittelschiff vollständig zerstört. Um 1950 wurde das Querschiff saniert und seitdem für Gottesdienste genutzt, das Mittelschiff wurde nicht wieder aufgebaut. Um die aufgrund des zerstörten Mittelschiffes fehlenden Gegenkräfte aufzunehmen, wurden Stahlbänder in das Querschiff eingezogen. Abbildung 1a zeigt die Kirche in ihrem heutigen Zustand, das Querschiff mit dem Kuppeldach ist im hinteren Teil der Abbildung zu erkennen. Eine Innenansicht des Querschiffes, in der auch die eingezogenen Stahlbänder zwischen den Säulen 1 und 3 sowie 2 und 4 zu erkennen sind (siehe Pfeile), zeigt Abbildung 1b.

a)   b)

Abb. 1:   St. Michael-Kirche in Berlin-Mitte
a) Außenansicht, b) Innenansicht des Querschiffes

Trotz der eingezogenen Stahlbänder haben sich in den Rundbögen des Kreuzgewölbes Risse gebildet. Da sich diese in den letzten Jahren geweitet haben und zusätzliche Risse in bis dahin unbeschadeten Rundbögen aufgetreten sind, ergab sich die Notwendigkeit von Überwachungsmessungen, um das Bewegungsverhalten des Querschiffes zu beurteilen.

2   Rahmenbedingungen, Modellannahmen und Messkonzept

Bei einer Ortsbegehung mit Bausachverständigen wurde festgelegt, die Neigungen der Säulen 1, 2, 3 und 4 (siehe Abb. 1b) zu überwachen. Diese weisen eine Höhe von ca. 9,5 m über dem Fußboden auf, die Seitenflächen laufen jeweils um ca. 2,5 mm pro 1 m konisch nach oben zu. Die Anbringung dauerhafter Zielzeichen an den Säulen war nicht erlaubt, die Anbringungen von Punktmarkierungen auf dem Fußboden war zulässig. Das Messgebiet zwischen den Säulen weist eine Ausdehnung von ca. 10 × 10 m auf. Die aus den geodätischen Messungen abzuleitenden Ergebnisse wurden wie folgt festgelegt:

- Aus den Ergebnissen der ersten Messung (Referenzepoche) sollen Neigungen ε_i der Säulen gegenüber der Lotrichtung festgestellt werden (siehe Abb. 2a).
- Aus Folgemessungen sollen Neigungsänderungen der Säulen gegenüber der Referenzepoche festgestellt werden. Diese sind auf ihre Signifikanz zu testen.
- Alle Säulen sollen sich in einem gemeinsamen Koordinatensystem darstellen lassen.

Aufgrund dieser Rahmenbedingungen wurden folgende Modellannahmen getroffen:

- Eine planare Approximation der Niveauflächen des Erdschwerefeldes ist zulässig.
- Die Seitenflächen der Säulen können jeweils als eine durchgängige Ebene angesehen werden.
- Gegenüberliegende Seitenebenen laufen in gleichem Maße konisch zu.
- Die Säulen werden als Starrkörper betrachtet.
- Die Mittelachsen der Säulen waren ursprünglich lotrecht ausgerichtet.

Aus den Rahmenbedingungen und den Modellannahmen resultierte folgendes Messkonzept:

- Anlage eines 3D-Festpunktfeldes durch tachymetrische Messungen und Nivellements.
- Flächenhafte Erfassung gegenüberliegender Seitenebenen der Säulen mit einem berührungslosen Messverfahren. Die aufzumessenden Seitenebenen sind in Abbildung 2b in dickerer Strichstärke dargestellt.

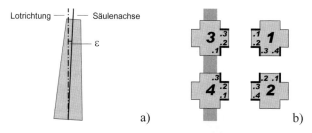

Abb. 2:   a) Neigung gegenüber der Lotrichtung, b) aufzumessende Seitenflächen

Für die berührungslose flächenhafte Erfassung der Säulen fiel die Entscheidung auf die Aufmessung mit Hilfe der reflektorlosen Tachymetrie, die im Folgenden als „tachymetrisches Laserscanning" bezeichnet wird. Über den erfolgreichen Einsatz der reflektorlosen Tachymetrie für Deformationsmessungen wird bereits in (WUNDERLICH et al. 2005) am Beispiel der Schadenserkennung an einer Spannbetonbrücke berichtet. Für die Überwachungsmessungen in der Kirche wurde das Instrument Leica TPS 1100 ausgewählt.

3   Vorbereitende Messungen und Untersuchungen

3.1   Schaffung eines Festpunktfeldes

Um in allen Messepochen einen einheitlichen Beobachtungsplan einhalten zu können, wurde festgelegt, dass die Festpunkte zugleich als Instrumentenstandpunkte für das tachymetrische Laserscanning dienen sollen. Die Festpunkte waren daher so festzulegen, dass möglichst günstige Auftreffwinkel für die Laserstrahlen resultieren, d. h. Vermeidung von sehr steilen Visuren, Doppelreflexionen und Messschatten.

Die Festpunkte wurden als überbestimmtes 3D-Netz aufgemessen. Die tachymetrischen Messungen wurden mit der Totalstation Leica TCA 2003 durchgeführt, zusätzlich wurden die Höhenunterschiede zwischen den Punkten mit Hilfe von Nivellements mit einem Zeiss Ni 2 mit Planplatte und einer Invarlatte mit Doppelteilung bestimmt. Die Ausgleichung aller Messelemente in einer freien 3D-Netzausgleichung lieferte für die Koordinaten eine Standardabweichung von durchschnittlich 0,24 mm in der Lage und 0,27 mm in der Höhe.

3.2   Instrumentenuntersuchung

Da die Messungen beim tachymetrischen Laserscanning in einer Fernrohrlage ausgeführt werden, ist das Instrument, hier Leica TPS 1100, auf das Vorhandensein eines Ziel- und Kippachsenfehlers zu überprüfen. Deren Bestimmung aus einer Minimalkonfiguration oder aus einer überbestimmten Konfiguration ist in (NEITZEL 2006) beschrieben. Der Höhenindexfehler kann ebenfalls aus einer Minimalkonfiguration oder einer überbestimmten Konfiguration bestimmt werden. Ob eine Korrektur der Richtungs- und Winkelmessungen um den Einfluss der Achsenfehler und des Höhenindexfehlers erforderlich ist, kann durch eine numerische Abschätzung der resultierenden Koordinatenabweichung beurteilt werden. Übersteigt diese die geforderte Genauigkeit, sind die Instrumentenfehler zu berücksichtigen. Dadurch erhält man die gesuchten Kugelkoordinaten ϑ und λ.

Des Weiteren ist zu untersuchen, ob der rote, reflektorlos messende Laserstrahl mit der visuellen Zielachse zusammen fällt. Dazu ist eine Zieltafel mit reflexionsverstärkter Oberfläche in ca. 20 m Entfernung vom Instrument aufzustellen. Mit der visuellen Zielachse wird das Zentrum Z der Zieltafel angezielt. Fällt der Mittelpunkt R des Messflecks nicht mit dem Punkt Z zusammen, kann beim Leica TPS 1100 die Strahlrichtung mit Hilfe von Justierschrauben am Instrument so verändert werden, dass die Abweichungen d_h und d_v beseitigt werden und der Punkt R mit dem Punkt Z zusammenfällt, siehe hierzu Abbildung 3. Nach dieser mechanischen Justierung beziehen sich alle polaren Messelemente auf den Punkt Z.

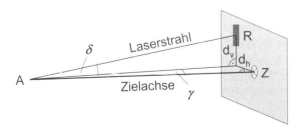

Abb. 3:
Abweichung der Strahlrichtung von der visuellen Zielachse

Eine weitere Möglichkeit zur Berücksichtigung der Abweichung des Laserstrahls von der visuellen Ziellinie besteht darin, dass man die Winkel γ und δ durch Messungen bestimmt. Zielt man Punkt Z dabei unter einem Kippwinkel von 100 gon an, kann γ als Zielachsenfehler interpretiert werden. Der Winkel δ kann als Höhenindexfehler betrachtet werden. Aus

$$\vartheta_R = \vartheta - \delta \quad \text{und} \tag{1}$$

$$\lambda_R = \lambda - f_R \quad \text{mit} \quad \tan f_R = \frac{\sin \gamma}{\cos \gamma \sin \vartheta_R} = \frac{\tan \gamma}{\sin \vartheta_R} \quad , \tag{2}$$

vergleiche (STAHLBERG 1997), erhält man die Kugelkoordinaten ϑ_R und λ_R, die sich auf den Punkt R (siehe Abb. 3) beziehen. Aus praktischen Gründen erscheint jedoch die mechanische Justierung des Laserstrahls ratsamer.

4   Messung und Auswertung der Referenzepoche

4.1   Tachymetrisches Scannen der Seitenebenen

Zu Beginn der Messung der Referenzepoche, die bei einer Außentemperatur von 4 Grad und einer Temperatur in der Kirche von 11 Grad Celsius erfolgte, wurde das Instrument Leica TPS 1100 jeweils auf einem Festpunkt aufgestellt, danach erfolgten Orientierungsmessungen zu mehreren Festpunkten. Für die flächenhafte Erfassung der Säulen stand das Programm „Scannen von Oberflächen" zur Verfügung, das nach Festlegung von zwei Eckpunkten sowie des horizontalen und vertikalen Gitterabstandes eine automatische Aufmessung aller Gitterpunkte ermöglicht. Bei einer Rasterweite von 4 cm (horizontal) und 15 cm (vertikal) ergab sich bei einer Seitenebene von 27 cm Breite und 9,5 m Höhe eine Anzahl von 448 aufzumessenden Punkten. Bei einer Messzeit von 3 Sekunden pro Punkt (Herstellerangabe) plus 1 Sekunde für das Anfahren eines Punktes ergab sich eine Messzeit von 30 Minuten pro Ebene, was bei insgesamt 14 Ebenen zu einem Zeitaufwand von 7 Stunden führte. Hinzu kamen ca. 2 Stunden für den Wechsel der Aufnahmestandpunkte.

Aus den Messwerten wurden für alle Seitenebenen die 3D-Koordinaten sowie deren Varianzen und Kovarianzen berechnet, wobei die Herstellerangaben der Winkelmessgenauigkeit von 0,5 mgon (Hz und V) und die Genauigkeit der reflektorlosen Distanzmessung von 3 mm + 2 ppm verwendet wurden. Die Koordinaten und deren Genauigkeitsangaben wurden verwendet, um die Parameter ausgleichender Ebenen zu berechnen.

4.2   Berechnung ausgleichender Ebenen

Beliebige Punkte einer Ebene im Raum erfüllen die allgemeine Ebenengleichung

$$Ax_i + By_i + Cz_i + D = 0 \quad , \tag{3}$$

mit $i = 1, \ldots, k$ (Anzahl der Punkte auf der Ebene), wobei die Koeffizienten A, B und C nicht alle zugleich null sein dürfen. Da man diese Gleichung mit einer beliebigen Zahl ungleich null multiplizieren kann, gibt es unendlich viele solcher Gleichungen, die die Ebene beschreiben. Für eine eindeutige Beschreibung der Ebene wird daher die Bedingung

$$\sqrt{A^2 + B^2 + C^2} = 1 \tag{4}$$

eingeführt, womit der Normalenvektor der Ebene die Länge 1 annimmt. Liegen $k > 3$ Punkte auf der Ebene, sind die Unbekannten mit Hilfe einer Ausgleichung zu bestimmen, woraus folgende Aufgabe resultiert: Bestimme die Parameter A, B, C und D unter der Voraussetzung, dass es sich bei den Werten x_i, y_i, z_i um mit zufälligen Fehlern behaftete Beobachtungen handelt. Die Varianzen und Kovarianzen der Beobachtungen sind zu berücksichtigen. Bei dieser Aufgabe sind die Verbesserungen $v_{x_i}, v_{y_i}, v_{z_i}$ einzuführen und man erhält

$$\psi(\mathbf{v}, \mathbf{x}) = A\left(x_i + v_{x_i}\right) + B\left(y_i + v_{y_i}\right) + C\left(z_i + v_{z_i}\right) + D = \mathbf{c}_1 \ . \tag{5}$$

$$\gamma(\mathbf{x}) = \sqrt{A^2 + B^2 + C^2} = \mathbf{c}_2 \ . \tag{6}$$

mit $\mathbf{c}_1 = \mathbf{0}$ und $\mathbf{c}_2 = 1$. Fasst man die Verbesserungen im Vektor

$$\mathbf{v} = \begin{bmatrix} v_{x_1} & \cdots & v_{x_k} & v_{y_1} & \cdots & v_{y_k} & v_{z_1} & \cdots & v_{z_k} \end{bmatrix}^{\mathrm{T}} \tag{7}$$

und die Genauigkeitsrelationen der Beobachtungen in einer Gewichtsmatrix $\mathbf{P}$ zusammen, lautet die zu minimierende Zielfunktion einer Ausgleichung nach kleinsten Quadraten

$$\mathbf{v}^{\mathrm{T}} \mathbf{P} \mathbf{v} \ . \tag{8}$$

Dies führt zu einer nichtlinearen „bedingten Ausgleichung mit Unbekannten und Bedingungen zwischen den Unbekannten", die auch als nichtlineares verallgemeinertes Gauß-Helmert-Modell (GH-Modell) bezeichnet werden kann. Um eine sachgerechte iterative Lösung zu ermöglichen, muss die Linearisierung der Bedingungsgleichungen korrekt und somit sowohl an der Stelle der Näherungswerte $\mathbf{x}^0$ für die Unbekannten als auch an der Stelle der Näherungswerte $\mathbf{v}^0$ für die Verbesserungen erfolgen (alternativ kann die Linearisierung an der Stelle $\mathbf{l} + \mathbf{v}^0$ vorgenommen werden). Führt man eine Linearisierung an der Stelle $\mathbf{v}^0 = \mathbf{0}$ durch, erhält man lediglich eine Näherungslösung, die leider in vielen populären Fachbüchern dargestellt ist, ohne auf deren Näherungscharakter hinzuweisen, siehe hierzu (LENZMANN & LENZMANN 2004) und (NEITZEL & PETROVIC 2008).

Durch Einführung geeigneter Näherungswerte $\mathbf{v}^0$ und $\mathbf{x}^0$ können die linearisierten Bedingungsgleichungen

$$\mathbf{f}(\mathbf{v}, \mathbf{x}) = \mathbf{B}\left(\mathbf{v} - \mathbf{v}^0\right) + \mathbf{A}\left(\mathbf{x} - \mathbf{x}^0\right) + \psi\left(\mathbf{v}^0, \mathbf{x}^0\right) = \mathbf{c}_1 \tag{9}$$

und die linearisierten Bedingungen zwischen den Unbekannten

$$\mathbf{g}(\mathbf{x}) = \mathbf{C}\left(\mathbf{x} - \mathbf{x}^0\right) + \gamma\left(\mathbf{x}^0\right) = \mathbf{c}_2 \tag{10}$$

angegeben werden. Die Matrizen der partiellen Ableitungen sowie die Widerspruchsvektoren, die jeweils an der Stelle der Näherungswerte $\mathbf{v}^0$ und $\mathbf{x}^0$ zu bilden sind, ergeben sich zu

$$\mathbf{A}(\mathbf{v}, \mathbf{x}) = \left.\frac{\partial \psi(\mathbf{v}, \mathbf{x})}{\partial \mathbf{x}}\right|_{\mathbf{v}^0, \mathbf{x}^0} \ , \ \mathbf{B}(\mathbf{v}, \mathbf{x}) = \left.\frac{\partial \psi(\mathbf{v}, \mathbf{x})}{\partial \mathbf{v}}\right|_{\mathbf{v}^0, \mathbf{x}^0} \ , \ \mathbf{C}(\mathbf{x}) = \left.\frac{\partial \gamma(\mathbf{x})}{\partial \mathbf{x}}\right|_{\mathbf{x}^0} \ , \tag{11}$$

$$\mathbf{w}_1 = -\mathbf{B}\mathbf{v}^0 + \psi\left(\mathbf{v}^0, \mathbf{x}^0\right) - \mathbf{c}_1 \ , \ \mathbf{w}_2 = \gamma\left(\mathbf{x}^0\right) - \mathbf{c}_2 \ . \tag{12}$$

Die Lösung für die Unbekannten $\hat{\mathbf{x}}$ erhält man aus dem linearen Gleichungssystem

$$\begin{bmatrix} -\mathbf{A}^{\mathrm{T}}\left(\mathbf{BQB}^{\mathrm{T}}\right)^{-1}\mathbf{A} & \mathbf{C}^{\mathrm{T}} \\ \mathbf{C} & \mathbf{0} \end{bmatrix}\begin{bmatrix} \hat{\mathbf{x}}-\mathbf{x}^0 \\ \mathbf{k}_2 \end{bmatrix} = \begin{bmatrix} \mathbf{A}^{\mathrm{T}}\left(\mathbf{BQB}^{\mathrm{T}}\right)^{-1}\mathbf{w}_1 \\ -\mathbf{w}_2 \end{bmatrix} , \tag{13}$$

wobei mit $\mathbf{Q}$ die Kofaktorenmatrix der Beobachtungen und mit $\mathbf{k}_1$, $\mathbf{k}_2$ die Korrelatenvektoren bezeichnet sind. Die Verbesserungen erhält man aus

$$\hat{\mathbf{v}} = \mathbf{QB}^{\mathrm{T}}\mathbf{k}_1 \quad \text{mit} \quad \mathbf{k}_1 = \left(\mathbf{BQB}^{\mathrm{T}}\right)^{-1}\left(-\mathbf{A}\left(\mathbf{x}-\mathbf{x}_0\right)-\mathbf{w}_1\right) . \tag{14}$$

Die Lösungen $\hat{\mathbf{v}}$, $\hat{\mathbf{x}}$ sind so lange als neue Näherungswerte $\mathbf{v}^0$, $\mathbf{x}^0$ einzusetzen, bis ein sinnvoll gewähltes Abbruchkriterium erreicht ist.

4.3   Ergebnisse der Referenzmessung und Präsentation der Ergebnisse

Die Ausgleichung lieferte für alle Ebenen zunächst ein sehr überraschendes Ergebnis, da für eine Vielzahl der Beobachtungen normierte Verbesserungen mit dem Wert NV > 3 auftraten. Auch der Schätzwert für die Standardabweichung der Gewichtseinheit nach der Ausgleichung $\hat{\sigma}_0$ überstieg den a priori-Wert σ_0 deutlich. Ein daraufhin durchgeführter χ^2-Test, siehe hierzu (NIEMEIER 2008, S. 84 ff), zeigte an, dass eine fehlerhafte mathematisch-stochastische Modellbildung vorliegen muss. Eine Antwort auf dieses Problem lieferte letztendlich eine graphische Darstellung der Punktwolken und der ausgleichenden Ebenen, in der die Lagekoordinaten mit einer 50-fachen Überhöhung gegenüber der z-Achse dargestellt wurden. Während in Abb. 4a bei einer Darstellung der ausgleichenden Ebene und der ausgeglichenen Punktwolke keine Auffälligkeiten zu erkennen sind, so ändert sich dies, wenn man die ausgleichende Ebene zusammen mit der originären Punktwolke darstellt (siehe Abb. 4b). Es ist deutlich zu erkennen, dass die Annahme einer durchgängigen Ebene nicht zutrifft und dass vielmehr die Zerlegung in Teilebenen erforderlich ist. Nach dieser Zerlegung verlief die Ausgleichung ohne Probleme. Abbildung 4c zeigt die ausgleichenden Teilebenen und die originäre Punktwolke.

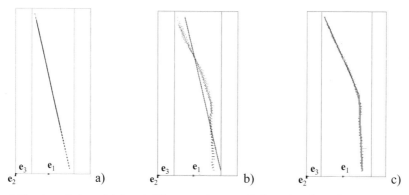

Abb. 4:   a) Ausgleichende Ebene und ausgeglichene Punktwolke,
b) ausgleichende Ebene und originäre Punktwolke,
c) ausgleichende Teilebenen und originäre Punktwolke

Für die weitere Bearbeitung wurden somit folgende Schlussfolgerungen gezogen:

- Die Annahme durchgängiger Seitenebenen ist zu verwerfen, was zur Folge hat, dass eine Aussage zur Schiefstellung der Säulen gegenüber der Lotrichtung nicht möglich ist.

- Für alle Säulen ist eine Zerlegung der Seitenflächen in Teilebenen erforderlich.

- Zur Abgrenzung der Teilebenen sind Trennungshöhen festzulegen.

- Für jede Säule sind Ausgleichungen von Teilebenen durchzuführen.

Aus den Parametern jeder Teilebene wurden mit Hilfe des Skalarproduktes von Vektoren die Neigungen des Normalenvektors berechnet und graphisch dargestellt (siehe Abb. 5).

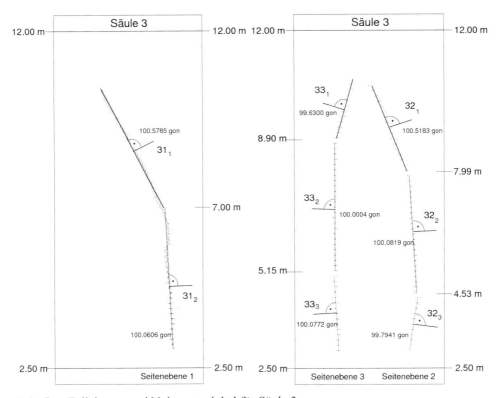

Abb. 5: Teilebenen und Neigungswinkel für Säule 3

5 Messung und Auswertung der ersten Folgeepoche

Die Messung der ersten Folgeepoche erfolgte zwei Jahre nach der Referenzepoche. Um möglichst gleiche äußere Bedingungen vorzufinden, fand die Folgemessung zur gleichen Jahreszeit wie die Referenzmessung statt. Die Außentemperatur betrug -2 Grad, die Temperatur in der Kirche 12 Grad Celsius. Für die Folgemessung wurde dasselbe Instrument wie in der Referenzmessung verwendet.

Vor der Messung wurden die in Abschnitt 3.2 beschriebenen Instrumentenuntersuchungen durchgeführt, der Beobachtungsplan zur Aufmessung der Seitenflächen wurde identisch zu dem der Referenzmessung festgelegt.

Die Auswertung der Messungen erfolgte wie in den Abschnitten 4.1 und 4.2 beschrieben. Bei der Ausgleichung der Teilebenen wurden die Trennungshöhen berücksichtigt. Als Ergebnis lagen für alle Teilebenen die Neigungswinkel und deren Standardabweichungen vor. Aus den Neigungen der Teilebenen in der Referenzepoche w_0 und denen in der Folgeepoche w_1 wurden die Neigungsdifferenzen

$$\Delta w = w_1 - w_0 \qquad\qquad (15)$$

und deren Standardabweichungen berechnet. die mit Hilfe eines t-Tests, siehe z. B. (NIE-MEIER 2008, S. 398), mit einer Irrtumswahrscheinlichkeit von $\alpha = 5\,\%$ auf Signifikanz getestet wurden. Abbildung 6 zeigt die Säule 2, bei der keine signifikanten Neigungsänderungen festgestellt werden konnten. Die signifikanten Neigungsänderungen für Säule 3 sind in Abbildung 7 dargestellt. Die Ergebnisse für alle Säulen wurden den Bausachverständigen zur Beurteilung des Bauwerksverhaltens übergeben.

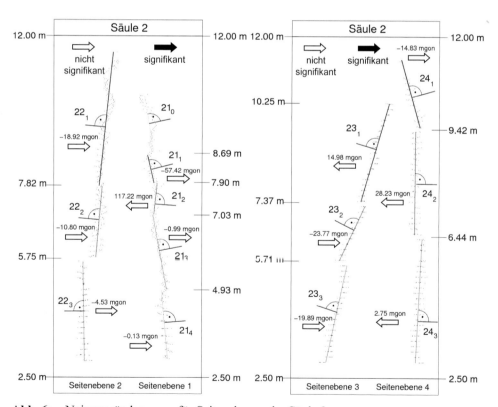

Abb. 6: Neigungsänderungen für Seitenebenen der Säule 2

Bitte senden Sie mir folgende Fachmedien-Verzeichnisse kostenlos und unverbindlich zu:

☐ Elektronik/Automatisierung
☐ Elektroinstallation/Gebäudetechnik
☐ Kunststofftechnik
☐ Chemietechnik
☐ Medientechnik

☐ Verpackungstechnik
☐ Architektur/Bautechnik
☐ Kälte-/Klima-/Lüftungstechnik
☐ Energietechnik
☐ Geodäsie/Geoinformatik/Photogrammetrie/Verkehr

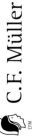

C.F. Müller

Hüthig

Wichmann

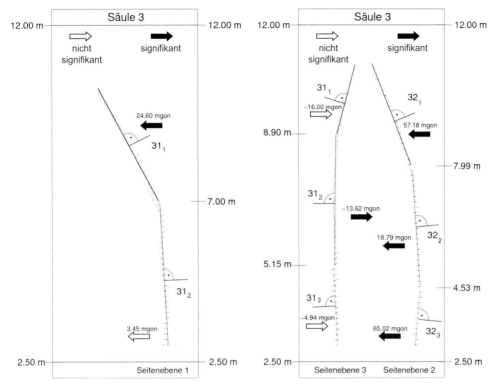

Abb. 7: Neigungsänderungen für Seitenebenen der Säule 3

6 Schlussbetrachtung

Da motorisierte Tachymeter mit reflektorloser Entfernungsmessung in vielen Ingenieurbüros zur Standardausrüstung gehören, bietet es sich an, diese Instrumente auch für ein tachymetrisches Laserscanning einzusetzen. Eine Einsatzmöglichkeit in der Bauwerksüberwachung wurde in diesem Beitrag aufgezeigt.

Die Vorteile des tachymetrischen Laserscannings liegen darin, dass die Messgenauigkeit in verwertbarer Weise von den Herstellern angegeben wird, so dass eine strenge Varianzfortpflanzung möglich ist. Zudem ist die Überprüfung und Justierung instrumenteller Fehler auf bekannte Weise möglich. Des Weiteren sind eine einfache Stationierung und Messungen mit direktem Bezug zur Lotrichtung möglich. Das tachymetrische Laserscanning kann nahtlos in den Ablauf „klassischer" Vermessungsaufgaben integriert werden.

Der Nachteil des tachymetrischen Laserscannings liegt in der geringen Messgeschwindigkeit, so dass sich ein wirtschaftlicher Einsatz auf die Erfassung von Objekten mit geringer Ausdehnung oder die Erfassung mit geringer Punktdichte beschränkt. Es ist jedoch festzustellen, dass inzwischen motorisierte Totalstationen angeboten werden, die ein Rasterscanning mit bis zu 20 Punkten pro Sekunde ermöglichen, wodurch der in Abschnitt 4.1 beschriebene Zeitaufwand deutlich reduziert werden kann.

Um die Softwarekosten für die Datenauswertung möglichst gering zu halten, bietet sich der Einsatz selbst erstellter Programme oder die Verwendung kostenfreier Software an. So ist die in Abschnitt 3.1 beschriebene 3D-Netzausgleichung nicht nur mit kommerziellen Softwarepaketen möglich, sondern ebenso mit dem Programm Xdesy, das als Freeware kostenfrei unter www.xdesy.de zum Download bereitgestellt wird.

Die Berechnung ausgleichender Ebenen kann mit Hilfe selbst erstellter Programme erfolgen, wobei es sich empfiehlt, eine Softwarebibliothek zur linearen Algebra, wie z. B. LAPACK (Linear Algebra PACKage) einzubinden. Hierbei handelt es sich um eine in Fortran geschriebene Softwarebibliothek mit effizienten Routinen zur Lösung linearer Gleichungssysteme. Diese kann auch in C/C++- und Java-Programmen verwendet werden. Die Softwarebibliothek steht unter www.netlib.org/lapack/ kostenfrei zum Download bereit.

Eine Möglichkeit, auch ohne umfangreiche Programmierkenntnisse Programme für die numerische Lösung von z. B. Ausgleichungsaufgaben zu erstellen, bietet das kommerzielle Programm MatLab™. Aber auch hierzu ist mit GNU Octave eine kostenfreie Alternative verfügbar, die unter www.gnu.org/software/octave zum Download bereitsteht. Ganz ohne Programmierkenntnisse kann die Berechnung ausgleichender geometrischer Objekte (Kreis, Kugel, Ebene, Zylinder) mit dem Programm Xdesy erfolgen.

Abschließend kann festgestellt werden, dass das tachymetrische Laserscanning mit einer Messgeschwindigkeit von bis zu 20 Punkten pro Sekunde kein Ersatz für das „echte" terrestrische Laserscanning mit Messgeschwindigkeiten von bis zu 500.000 Punkten pro Sekunde sein kann. Für die 3D-Erfassung von Objekten mit geringer Ausdehnung sind moderne Totalstationen mit reflektorloser Entfernungsmessung jedoch hervorragend geeignet und bieten zusätzliche Geschäftsmöglichkeiten z. B. im Bereich der Überwachungsmessungen, wie in diesem Beitrag gezeigt wurde.

Literatur

Lenzmann, L. & E. Lenzmann (2004): *Strenge Auswertung des nichtlinearen Gauß-Helmert-Modells*. AVN, 111, S. 68-73.

Neitzel, F. (2006): *Bestimmung von Ziel- und Kippachsenfehler polarer Messsysteme aus Minimalkonfigurationen und überbestimmten Konfigurationen*. ZfV, 131 (3), S. 132-140.

Neitzel, F. & S. Petrovic (2008): *Total Least Squares (TLS) im Kontext der Ausgleichung nach kleinsten Quadraten am Beispiel der ausgleichenden Geraden*. ZfV 133 (3), S. 141-148.

Niemeier, W. (2008): *Ausgleichungsrechnung*. Berlin, New York: Walter de Gruyter.

Stahlberg, C. (1997): *Eine vektorielle Darstellung des Einflusses von Ziel- und Kippachsenfehler auf die Winkelmessung*. ZfV 122 (5), S. 225-235.

Wunderlich, T., Schäfer, T., Zilch, K., Penka, E. & V. Cetl (2005): *Schadenserkennung an einer Spannbetonbrücke durch reflektorlose Deformationsmessungen*. In: Festschrift aus Anlass des 60. Geburtstags Prof. Bancila, 6. Mai 2005. Rumänien: Technische Universität „Politehnica" Timisoara, S. 60-68.

Schiefstellungsmessungen an der Oberkirche Bad Frankenhausen mittels terrestrischem Laserscanner

Thomas MARTIENSSEN und Tobias SCHEFFLER

1   Einleitung und Motivation

Die Kirche „Unser Lieben Frauen am Berge", auch Berg- oder Oberkirche (Volksmund: „Äwwerkerche") genannt, und insbesondere ihr schief stehender Kirchturm ist das stadt-bildbestimmende Wahrzeichen der Salz- und Kurstadt Bad Frankenhausen am Südrand des Kyffhäusergebirges (Abb. 1).

Abb. 1: Geographische Lage von Bad Frankenhausen

Abb. 2: Ansicht des Kirch-turmes von Südosten

Dem Besucher der Stadt bietet sich bereits von weitem der Blick auf die imposante Schief-stellung des Kirchturmes (Abb. 2), die allen statischen Gesetzen zu widersprechen scheint. Die Ursachen für die im Laufe der Jahre stetig zunehmende Schiefstellung sind in den geo-logischen Untergrundverhältnissen zu finden. Verkarstungen und tektonische Störungen unmittelbar im Bereich des Kirchturms, aber auch im näheren Kirchenumfeld sorgen seit jeher für Bewegungsprozesse der Erdkruste bis hin zur Erdoberfläche, denen der Kirchturm seinen Tribut zollen muss.

Laut Webseiten des *Fördervereins Oberkirche Bad Frankenhausen e.V.* ist er mit 4,45 Meter Auslenkung der Kirchturmspitze aus dem Lot (Stand 2007) der schiefste Kirch-turm Deutschlands, ein von selbigem Förderverein im Frühjahr 2008 herausgegebener Flyer betitelt ihn sogar mit „ ... *schiefster Turm der Welt!*". Auch wenn diese Aussagen angesichts der eher unbekannten Kirche im ostfriesischen Suurhusen (nördlich von Emden) – die auf ihren Webseiten gleichermaßen mit dem schiefsten Kirchturm der Welt wirbt – recht optimistisch erscheinen, nimmt das dem Kirchturm in Bad Frankenhausen nichts von seiner beeindruckenden Erscheinung.

Wer sich vor Ort selbst davon überzeugen möchte, findet die Angaben zur Schiefstellung (aktuellster Wert: Jahr 2005) auf einer Informationstafel am Eingang des Kirchenschiffs (Abb. 3) sowie den berechtigten Hinweis auf eine größere Schiefstellung, als sie der berühmte Turm von Pisa seit Beendigung der an ihm durchgeführten Sanierungsmaßnahmen im Jahr 2001 aufzuweisen vermag.

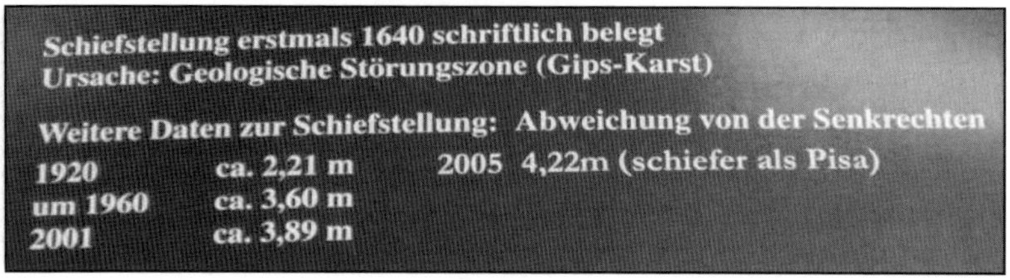

> Schiefstellung erstmals 1640 schriftlich belegt
> Ursache: Geologische Störungszone (Gips-Karst)
>
> Weitere Daten zur Schiefstellung: Abweichung von der Senkrechten
>
> 1920   ca. 2,21 m   2005 4,22m (schiefer als Pisa)
> um 1960   ca. 3,60 m
> 2001   ca. 3,89 m

Abb. 3:   Informationstafel am Kircheneingang mit Angaben zur Schiefstellung

Im Sinne der langfristigen Erhaltung des Kirchturms und damit des wohl markantesten Gebäudes der Stadt Bad Frankenhausen ist es unerlässlich, ein wirksames und effektives Sanierungskonzept zur Sicherung der Stabilität des Kirchturmes zu entwickeln und zur praktischen Realisierung zu bringen. Hierzu kann und muss der Vermessungsingenieur einen wichtigen Beitrag leisten – seine Mess- und Auswertedaten können Auskunft sowohl über den Bewegungsverlauf des Kirchturmes selbst im Laufe der Jahre, als auch über das ursächliche Deformationsverhalten der Tagesoberfläche im unmittelbaren und weiteren Umfeld des Objektes geben. Hierfür ist die Integration zuverlässiger und aussagefähiger Vermessungen in das Gesamtkonzept unerlässlich.

In den vergangenen Jahren haben sich zahlreiche Hochschulen und Universitäten sowie kommerziell arbeitende Vermessungs- bzw. Ingenieurbüros auf verschiedenste Art und mit unterschiedlichsten Intensionen mit der Vermessung des Kirchturmes der Oberkirche Bad Frankenhausen beschäftigt. Sinn der Vermessungsaktivitäten war es meistens, die Entwicklung der Schiefstellung des Kirchturmes kurz- oder auch langperiodisch zu beobachten und damit Rückschlüsse auf sein Bewegungsverhalten zu ermöglichen. Eher die Ausnahme bildeten Deformationsmessungen und -analysen zum Bewegungsverhalten der Kirchenumgebung.

Leider ist in der Vergangenheit kein einheitliches Vorgehen der beteiligten Vermesser zu verzeichnen gewesen. Bedingt durch unterschiedliche Messtechniken, Messverfahren und Auswertemethoden differieren die Resultate nicht unerheblich. Auch nach umfangreichen Recherchen fällt ein Vergleich oder sogar eine Systematisierung schwer, zu unterschiedlich sind die Herangehensweise an die Problematik und die Zielsetzung der Vermessungsaktivitäten.

In dem folgenden Beitrag sollen kurz die Ergebnisse der durch die Hochschule Magdeburg-Stendal (FH) und die TU Bergakademie Freiberg seit 1997 kontinuierlich durchgeführten klassischen Schiefstellungsmessungen dargestellt werden. Weiterhin wird im Vergleich mit diesen Ergebnissen anhand einer im Oktober 2008 erstmalig stattgefundenen terrestrischen Laserscannermessung gezeigt, inwieweit dieses moderne Messverfahren für die Bestimmung der Schiefstellung hoher Bauwerke geeignet ist und welche Vorteile es aufweist.

2 Klassische Vermessungsaktivitäten

2.1 Schiefstellungsmessungen des Kirchturmes

2.1.1 Historische Messungen

Der Kirchturm der Oberkirche Bad Frankenhausen ist seit vielen Jahrzehnten Objekt der Begierde von Vermessungsingenieuren. Die am Kirchturm in der Vergangenheit durchgeführten (geodätischen) Vermessungen lassen sich bis in das Jahr 1914 zurückverfolgen. Eine Zusammenstellung der aus unterschiedlichen Quellen recherchierten Messergebnisse bis zum Jahr 1996 – unterteilt nach der jeweils verwendeten Bezugsebene (Oberkante Mauerwerk in ca. 20 Meter Höhe bzw. Turmspitze in ca. 53 Meter Höhe) – enthält Tabelle 1.

Tabelle 1: Ergebnisse historischer Schiefstellungsmessungen

Jahr	Maximale Auslenkung [m]	Bezugsebene	Auslenkungs- geschwindigkeit [mm/Jahr]	Bemerkung
1914	0.85	OK Mauerwerk (ca. 20 m Höhe)		
1920	0.95	,,	16.7	Vergleich: 1914
1934	1.15	,,	14.3	Vergleich: 1920
1935	1.21	,,	17.3	Vergleich: 1920
02/1994	1.43	,,	3.7	Vergleich: 1935
02/1996	1.63	,,		Technologie fragwürdig
1951	2.45	Turmspitze (ca. 53 m Höhe)		
1979	2.94	,,	17.5	Vergleich: 1951
1975-1979		,,	25.0	Keine Angabe für Auslenkung
Nach 1979		,,	28.0	Keine Angabe für Auslenkung
02/1994	3.56	,,	41.4	Vergleich: 1979

Ein Vergleich der dargestellten Ergebnisse untereinander und mit aktuelleren Messungen ist aufgrund unterschiedlicher Messverfahren und Messanordnungen (sowie daraus resultierender unterschiedlicher Genauigkeiten), teilweise lückenhafter Darstellung der jeweiligen Lösungswege (bzw. derer Nichtnachvollziehbarkeit) und der Verwendung unterschiedlicher Bezugsebenen nur eingeschränkt möglich. Für den betrachteten Zeitraum von 80 Jahren lässt sich jedoch aus den vorliegenden Zahlen eindeutig ein Trend ableiten, der auch durch neuere Ergebnisse Bestätigung findet und fortgesetzt wird: Die zunehmende Auslenkung der Turmspitze ist kein gleichförmiger Bewegungsprozess, die Auslenkungsgeschwindigkeit wechselt.

2.1.2 Aktuelle Messungen und Ergebnisse

In Kooperation zwischen dem *Institut für Markscheidewesen und Geodäsie der TU Berg-akademie Freiberg* (Dr.-Ing. Thomas Martienßen) und dem *Fachbereich Bauwesen der Hochschule Magdeburg-Stendal* (Prof. Dr.-Ing. Tobias Scheffler) werden seit 1997 geodätische Messungen im Bereich der Oberkirche Bad Frankenhausen durchgeführt. Dazu gehören Schiefstellungsmessungen des Kirchturmes sowie Deformationsmessungen im Bereich der Oberkirche.

Für die Schiefstellungsmessung wurde 1997 ein Vermessungskonzept erarbeitet, welches zusammen mit den ersten Messergebnissen in SCHEFFLER & MARTIENßEN (1997) und später in TONDERA et al. (2002) publiziert wurde und bis zum heutigen Tag die Grundlage periodisch durchgeführter Messungen und Auswertungen bildet. Hauptsächliches Ziel ist es, Epochenvergleiche zwischen den Messungen zu ermöglichen - und damit die sichtbare Zunahme der Schiefstellung des Kirchturmes zu quantifizieren und Aussagen über die Geschwindigkeit des Bewegungsprozesses zu ermöglichen. Das Vermessungskonzept basiert auf dem Prinzip räumlicher Vorwärtseinschnitte, die Auswertung der Messungen erfolgt mittels Ausgleichungsrechnung. Die Instrumentenstandpunkte können entsprechend der jeweiligen Geländesituation frei gewählt werden, was eine erhebliche Flexibilität gewährleistet.

Grundlage des Messverfahrens bildet ein das Bauwerk umschließendes Basisnetz (Abb. 4), das im Rahmen der Nullmessung 1997 dauerhaft vermarkt und mittels GPS und Totalstation mit hoher Genauigkeit vermessen wurde. Dieses Basisnetz bildet den geodätischen Rahmen für alle Folgemessungen, bei denen jedoch nur noch terrestrische Messungen stattfinden. Von den Festpunkten erfolgen Messungen zu ausgewählten geometriebestimmenden Punkten in zehn horizontalen Ebenen am Kirchturm (Abb. 5). Dadurch ist es möglich, die offensichtlich am Kirchturm vorhandenen Schiefstellungsänderungen (d.h. Krümmungen) zu erfassen.

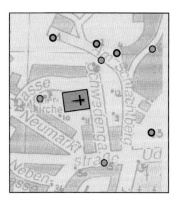

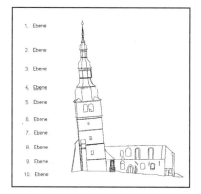

Abb. 4: Basisnetz der Null-messung (1997)

Abb. 5: Definition der horizontalen Ebenen des Kirchturms

Vergleicht man die oberste Ebene (Kirchturmkugel) mit dem Diagonalenschnittpunkt der untersten Ebene (Solllage in Höhe der Geländeoberfläche), ergibt sich die Auslenkung der

Kirchturmspitze bzw. über die Turmhöhe die Gesamtschiefstellung des Bauwerkes. Die Krümmungen des Kirchturms sind durch die Abweichungen der einzelnen horizontalen Messebenen von ihrer jeweiligen Solllage darstellbar. Es wurde nachgewiesen, dass der Kirchturm zwar eine beträchtliche Schiefstellung, jedoch keine Verdrehung aufweist. Ein Vergleich der Messepochen 1997 bis 2008 zeigt die Veränderung der Gesamtschiefstellung des Kirchturmes. Die Auslenkungsbeträge, die daraus resultierenden Schiefstellungen sowie die Auslenkungsgeschwindigkeiten sind in Tabelle 2 exemplarisch für die Kirchturmkugel aufgeführt.

Tabelle 2:   Zunahme von Auslenkung und Schiefstellung (Kirchturmkugel, 1997 – 2008)

Messepoche	Auslenkungsbetrag (Kirchturmkugel)	Schiefstellung (Turmhöhe: 53 m)	Durchschnittliche Auslenkungs- geschwindigkeit
1997 (März)	3,82 m	4,12°	–
1999 (April)	3,94 m	4,25°	5,8 cm/Jahr
2001 (Februar)	3,94 m	4,25°	–
2003 (Juni)	4,08 m	4,40°	6,0 cm/Jahr
2005 (März)	4,22 m	4,55°	8,0 cm/Jahr
2008 (März)	4,41 m	4,76°	6,3 cm/Jahr

Die Auslenkung der Kirchturmkugel aus der Solllage betrug demnach im März 2008 4,41 Meter in ost-nordöstlicher Richtung (Abb. 6), was einer Schiefstellung von 4,76° entspricht. Betrachtet man die Auslenkungen der Kirchturmkugel zwischen 1997 und 2008 (grundrissliche Darstellung, Abb. 7) ist zu erkennen, dass die Schiefstellungsrichtung des Kirchturmes im Verlauf der Jahre annähernd konstant bleibt. Der in Abbildumg 7 erkennbare Sprung zwischen 1999 und 2001 ist auf Sanierungsarbeiten zurückzuführen, die mit einem hydraulischen Anheben von Teilen der östlichen Turmhaube verbunden waren, wodurch der Neigung entgegen gewirkt wurde. Er bedeutet nicht – wie eine Interpretation der Zahlen in Tabelle 2 nahe legen würde – den Stillstand der Neigungsbewegung des Kirchturmes.

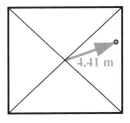

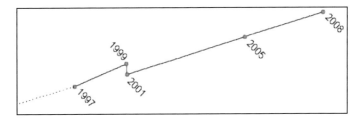

Abb. 6:
Auslenkung der Kirch-
turmkugel (2008)

Abb. 7:   Auslenkung der Kirchturmkugel (1997 – 2008)

2.2   Sonstige Messungen im Bereich der Oberkirche

Zusätzlich zu den im Abschnitt 2.1 dargestellten Schiefstellungsmessungen wird die Oberkirche Bad Frankenhausen seit mehreren Jahren mittels einer Reihe weiterer Messkampagnen und -systemen überwacht. Dazu zählen unter anderem:

- Deformationsmessungen im Bereich der Oberkirche (Lage und Höhe),

- Einsatz eines Lotmess- und eines Schlauchwaagemesssystems sowie

- Messungen infolge bergbehördlicher Auflagen im Zusammenhang mit der Solegewin-
  nung in Bad Frankenhausen.

Da der Schwerpunkt dieses Beitrages auf der Bestimmung von Schiefstellungen und nicht
auf einem umfassenden Bauwerksmonitoring liegt, soll im Weiteren nicht näher auf deren
Ergebnisse eingegangen werden.

3   Einsatz des Terrestrischen Laserscannings

3.1   Messkonzept und Referenzierung

Die Orientierung der mit terrestrischen Laserscannern gemessenen Punktwolken basiert auf
mit zu scannenden Referenzpunkten, welche in einem übergeordneten Koordinatensystem
zu definieren sind. Im Fall der Oberkirche in Bad Frankenhausen wurden diese Referenzpunkte mit einer Totalstation TCA 2003 unter Verwendung der Festpunkte des Basisnetzes
eingemessen. Dies sichert ab, dass sich die gesamte Datenerhebung des terrestrischen Laserscannings auf dasselbe geodätische Datum wie die klassischen Schiefstellungsmessungen (Abschnitt 2.1) bezieht. Nur so lassen sich später Vergleiche der Ergebnisse aus beiden
Verfahren ermöglichen.

Das Institut für Markscheidewesen und Geodäsie besitzt seit ca. 2 Jahren einen terrestri-
schen Laserscanner vom Typ LMS Z390 der Firma Riegl. Mit diesem Scanner sollte der
Kirchturm erfasst werden. Um eine einheitliche Datenerhebung unter den Bedingungen der
Zwangszentrierung zu realisieren, waren alle Scannerpositionen (siehe Abb. 8) an einem
Tag zu besetzen.

Insgesamt wurden mit dem Scanner elf Positionen besetzt. Die Arbeitsabläufe waren auf
jeder Position gleich. Nachdem der Scanner auf den Kirchturm ausgerichtet wurde, erfolgte
zuerst die globale Orientierung des Scanners über eine 360°-Panoramaaufnahme. Bei einer
horizontalen und vertikalen Auflösung von 0.12° wird damit zuerst das Umfeld der Scannerposition mit ca. 2 Millionen Punkten erfasst (Intensitätsbild in Abb. 9, oben). In dieser
Punktwolke lassen sich die Referenz- und Verknüpfungspunkte automatisch filtern, um
diese im Anschluss ein zweites Mal hoch aufgelöst zu erfassen. So kann im lokalen Koordinatensystem des Scanners die Position des Punktes exakt ermittelt werden.

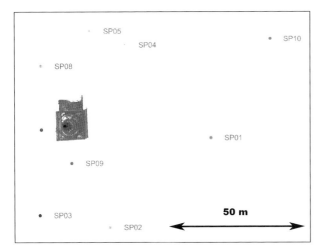

Abb. 8:   Grundrissdarstellung der Scannerpositionen in Bezug zum Kirchturm

Im zweiten Schritt wird der gesamte Kirchturm erfasst. Der Scanner arbeitet in Kombination mit einer aufgesetzten digitalen Kamera vom Typ NIKON D200. Es wird der Ausschnitt im Panoramabild (Abb. 9, oben) definiert und die horizontale und vertikale Schrittweite (Auflösung) auf mindestens 0.017° gesetzt. Diese gewählte Auflösung ist ein Minimalwert, der es ermöglicht, jedem Punkt des Ausschnittes den RGB-Wert eines Pixels aus dem digitalen Foto zuzuordnen. Setzt man in die Kamera ein 20 mm-Weitwinkelobjektiv ein, kommt man zu diesem Wert. In Abbildung 9 (links) sind die Daten eines solchen Detailscans in einer perspektivischen 3D-Darstellung mit der symbolisierten Ausrichtung des Scanners zu sehen. Jeder Ausschnitt umfasst ca. 4 Millionen Punkte.

Abb. 9:   Panoramascan (oben), Detailscan des Kirchturmes (links)
und Detailscan der Kirchturmkugel (rechts)

Der dritte und letzte Scan auf einer Aufnahmeposition betrifft einen sehr kleinen Ausschnitt, der – ausgehend von der Spitze des Turmes – soweit nach unten aufgezogen wird, bis darin die Unterkante der Kirchturmkugel sicher enthalten ist. Dies ist der Anzielpunkt für die klassischen Schiefstellungsbestimmungen. Gescannt wurde in der kleinsten möglichen horizontalen und vertikalen Schrittweite von 0,002°. Entsprechend der Entfernung des Scannerstandpunktes zur Spitze des Kirchturms schwankt die Anzahl der registrierten Punkte und liegt bei ca. 500.000. In Abbildung 9 (rechts) sind die Daten der Detailscans für die Kirchturmkugel zusammenfassend dargestellt. Nach der Höhenkoordinate der Punkte wurde die Punktwolke farbcodiert visualisiert.

Das ausgearbeitet Messkonzept geht davon aus, dass die Verknüpfung der Punktwolken untereinander aber nicht nur auf den Referenzpunkten basiert, sondern dass, ähnlich wie es in der Photogrammetrie üblich ist, weitere Verknüpfungspunkte den Orientierungsprozess stützen. Die Mess- und Auswertesoftware RiScanPro des Herstellers Riegl erlaubt es außerdem, weitere Objekte in eine homogene Ausgleichung einfließen zu lassen. Einerseits können es manuell vom Anwender extrahierte Ebenen sein, welche in den Überlappungsbereichen benachbarter Scans gefunden werden, andererseits lassen sich auch automatisch Ebenen extrahieren. Hierfür ist die natürliche Objektgeometrie des Kirchturmes gut geeignet. Abbildung 10 zeigt die Überlagerung von gelben und grünen Polyederflächen benachbarter Scanneraufnahmen an der Westseite des Kirchturmes.

Abb. 10: Polyederflächen an der Westseite des Kirchturmes im Überlappungsbereich benachbarter Scanneraufnahmen

Mit der *Hybrid Multi Station Adjustment* steht in RiScanPro optional ein Modul zur Verfügung, welches eine umfassende und homogene Verknüpfung der Punktwolken erlaubt und eine geschlossene Orientierung aller Scannerpositionen realisiert. Beschränkt man sich auf die manuell ermittelten Ebenen, erhält man im Ergebnis eine vereinfachte Histogrammdarstellung (Abb. 11, links) zu den Restklaffungen in den Distanzen. Erweitert man das Modell um die automatisch generierten Polyederflächen, ergeben sich verbesserte Resultate, wie es das Modell in Abbildung 11 (rechts) zeigt. Im hier behandelten Fall der Oberkirche von Bad Frankenhausen umfasste der Ausgleichungsansatz 28 Referenzpunkte (FIX), 62 Verknüpfungspunkte, 35 manuell gesetzte Verknüpfungsebenen, die zu 197 Verknüpfungsobjekten führten, und ca. 8000 automatisch extrahierte Polyederflächen.

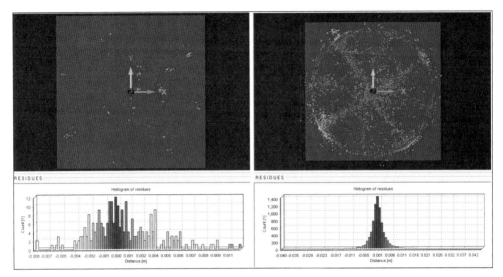

Abb. 11: Sphärische Ansicht (oben) und Histogramm (unten) zu den Restklaffungen in den Distanzen aus der hybriden Ausgleichung der Orientierungsgrößen (links: einfacher Modellansatz, rechts: erweiterter Modellansatz)

Über die Histogrammdarstellungen wird die räumliche Verteilung der Restklaffungen veranschaulicht. Die beiden Darstellungen sind sphärisch angelegt. Der Betrachter muss sich vorstellen, senkrecht auf eine Kugel zu sehen. Rechts sind in Abbildung 11 deutlich die in ihrer Anzahl dominierenden und automatisch extrahierten Polyederflächen erkennbar. Jeder Punkt der Grafik verkörpert den Durchstoßpunkt der Flächennormalen durch das sphärische Koordinatensystem, also durch die Kugel. Man erkennt als Struktur ein Kreuz, welches die vier Seiten des Kirchturmes widerspiegelt. Etwas weniger deutlich, aber noch zu erkennen, sind vier weitere Hauptachsen. Sie zeigen die Ausprägung des Daches der Oberkirche in Höhe der Kirchturmuhr als achtseitige Zwiebel (Abb. 2 und Abb. 9).

Im Übergang vom einfachen zum erweiterten Modellansatz konnte die Genauigkeit der orientierten Scannerpositionen von 4.0 mm auf 3.1 mm erhöht werden. Dies zeigt, dass sich der Aufwand sowohl von der Anzahl der Scannerpositionen, als auch der Einsatz des Moduls der *Hybrid Multi Station Adjustment* für die Aufgabenstellung der Schiefstellungsmessung gelohnt hat. Die relativ geringe Genauigkeitssteigerung zeigt aber auch, dass sich einfache Problemstellungen mit hinreichender Genauigkeit auch ohne das Modul realisieren lassen.

3.2   Ableitung der Schiefstellung

Zur Ableitung der Schiefstellung des Kirchturmes wurden die von jeder Scannerposition aufgenommenen Detailscans der Kirchturmkugel in einer Übersicht zusammengefasst. Die Darstellung in Abbildung 12 zeigt in einer 3D-Darstellung (links) und in einer Seitenansicht (rechts) die Kirchturmkugel. Klassisch-geodätisch wurde für die Bestimmung der Schiefstellung die Unterkante der Kirchturmkugel (Abschnitt 2.1.2) angezielt. Um aus den Laserscannerdaten an der gleichen Stelle zu messen, wurden an der Unterkante der Kirchturmkugel ca. 2700 Punkte manuell selektiert. Sie verkörpern einen ein Zentimeter starken Ring, der in Abbildung 12 schwarz hervorgehoben ist.

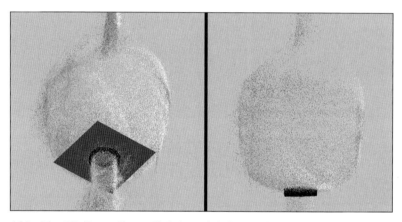

Abb. 12: 3D-Darstellung (links) und Seitenansicht (rechts) der Kirchturmkugel mit der Extraktion der Punkte zur Ableitung der Position „Unterkante Kugel"

Würde man aus den Koordinaten der Punkte das einfache arithmetische Mittel bilden, ergäben sich zwar Koordinaten für einen Zentrumspunkt, nur liegt dieser nicht exakt in der Mitte der Kugel. Der Grund dafür liegt in der Inhomogenität der Daten. Zwar wurde immer die gleiche, nämlich die kleinste horizontale und vertikale Winkelschrittweite eingestellt, doch sind die Scannerstandpunkte nicht streng homogen um den Kirchturm verteilt (Abb. 8). Die Inhomogenität der Daten rührt ebenfalls aus den unterschiedlichen Entfernungen der Scannerstandpunkte zum Kirchturm. Aus diesen beiden Gründen variiert die Punktdichte am Objekt.

Diese Situation lässt sich lösen, indem man alle Punkte des Ringes für die Berechnung eines ausgleichenden Kreises benutzt. Seine Mittelpunktskoordinaten stehen dann für die Position „Unterkante Kugel". In Abbildung 13 veranschaulichen zwei Quadrate die unterschiedlichen Ergebnisse. Links repräsentiert das Quadrat die unzureichende Lösung der arithmetischen Mittelbildung, während rechts die Position des Quadrates das Ergebnis eines ausgleichenden Kreises in Bezug zu den Daten zeigt. Beide Resultate unterscheiden sich in x-Richtung um 5 mm und in y -Richtung um 15 mm.

Über die Bildung der Koordinatendifferenzen in x- und y-Richtung zur bekannten Solllage wird letztlich die Schiefstellung des Kirchturmes berechnet. Im Ergebnis der Auswertung der terrestrischen Laserscannerdaten ergibt sich ein Auslenkungsbetrag der Kirchturmkugel von 4.43 m bzw. eine Gesamtschiefstellung des Kirchturms von 4,78°. Verglichen mit der

Zusammenstellung in Tabelle 2 würde dies bedeuten, dass sich die Auslenkung der Kirchturmkugel seit März 2008 um weitere 2 cm vergrößert hat. Die Laserscannerdaten zeigen außerdem, dass die Richtung der Kirchturmneigung konstant bleibt.

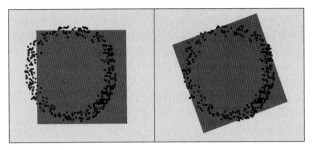

Abb. 13: Herleitung der Position „Unterkante Kugel" aus dem arithmetischen Mittel (links) und der Berechnung eines ausgleichenden Kreises (rechts)

3.3   Informationen aus Punktwolken

Es ist offensichtlich, dass im Vergleich zu einer punktuellen Messung mit der Totalstation die Methode des terrestrischen Laserscanning neue Aspekte und Möglichkeiten der Gewinnung von Informationen bereithält. So soll der letzte Abschnitt dieses Beitrages nur andeuten, welches Potenzial in der Arbeitsweise mit terrestrischen Laserscannern steckt. Im Falle der Schiefstellungsmessung an der Oberkirche Bad Frankenhausen hat man infolge der umfangreichen Messung von elf Scannerpositionen und aufgrund der kombinierten Arbeitsweise mit einer digitalen Kamera ein umfangreiches Datenmaterial gesammelt, aus dem sich in den Auswertungen im Innendienst weitere Informationen ableiten lassen. Als Beispiel sei der Verlauf der Schiefstellung betrachtet. Schnitte in interessierenden Horizonten, wie sie in Abbildung 14 zu sehen sind, können helfen, das Krümmungsverhalten des Turmes wieder zu geben. So wäre im Fall von Wiederholungsmessungen ein Verbiegen des Kirchturmes erkennbar.

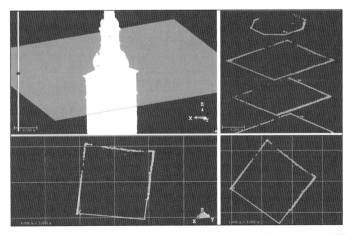

Abb. 14: Schnittkonstruktionen durch den Kirchturm zur Ableitung seines Krümmungsverhaltens

Fragen der Art „*Wie verhält sich der massiv ausgebildete Kirchturmfuß zu seiner Dachkon-struktion?*" oder „*Kommt es bei zunehmender Schiefstellung zur Verdrehung des Turmes?*" können beantwortet werden. Analog den Vorteilen aus der Photogrammetrie gibt der Datenbestand (Punktwolken und digitale Bilder) eine objektive Darstellung der Situation vor Ort zu einem ganz bestimmten Zeitpunkt wieder und dies mit einer hohen Informationsdichte. Die Daten besitzen einen unverfälschten Dokumentationswert. Jahre später lassen sich die Messungen erneut zur Hand nehmen, um andere Aufgabenstellungen zu lösen.

4   Wertung des Ergebnisses und Schlussfolgerungen

Um die Genauigkeit der Laserscanner-Auswertung abschätzen zu können, wurde zeitgleich zum terrestrischen Laserscanning eine klassische Schiefstellungsmessung durchgeführt. Die ermittelte Schiefstellung beträgt 4,415 Meter. Es ist festzustellen, dass eine Differenz zum Ergebnis der TLS-Messung von ca. 1,5 cm auftritt. Dieses Resultat ist noch nicht endgültig zufriedenstellend. Es gilt, die Ursachen zu klären, um in der Zukunft noch genauere und v. a. hinsichtlich der zeitlichen Entwicklung der Kirchturmneigung zuverlässigere Aussagen zu ermöglichen.

Erste Untersuchungen deuten darauf hin, dass die Messkonfiguration (d. h. die Wahl der Instrumentenstandpunkte) beider Messverfahren einen nicht unerheblichen Einfluss auf das endgültige Ergebnis ausübt. Die relativ enge Bebauung im Kirchenumfeld schränkt die Flexibilität bei der Standpunktwahl stark ein. Speziell beim Laserscanning führt dies im oberen Bereich des Kirchturms zu ungünstigen Schnittbedingungen, die die Messgenauigkeit negativ beeinflussen.

Es wird für eine periodische Bestimmung von Schiefstellungen hoher Bauwerke auf einem vergleichbaren Genauigkeitslevel wie beim vorliegenden Projekt von besonderer Bedeutung sein, weitergehende Untersuchungen hinsichtlich der erreichbaren Genauigkeiten und Zuverlässigkeiten durchzuführen. Für die nächste Messekampagne im Frühjahr 2010 ist der erneute Einsatz des Laserscanners fest eingeplant. Das Potenzial des terrestrischen Laserscannings insbesondere hinsichtlich der hohen Informationsdichte und der daraus ableitbaren zusätzlichen Auswerteergebnisse ist jedoch bereits jetzt unverkennbar und konnte anhand der Messungen am Kirchturm der Oberkirche Bad Frankenhausen dargestellt werden.

Literatur

Scheffler, T. & T. Martienßen (1997): *Ein modernes Verfahren zur Bestimmung von Schief-stellungen hoher Bauwerke.* Der Vermessungsingenieur, 6/1997.

Tondera, D., Scheffler, T. & T. Martienßen (2002): *Baugrundschadensdiagnose und mess-technische Untersuchungen zur Schiefstellung des Kirchturmes der Oberkirche in Bad Frankenhausen.* In: Veröffentlichungen des Institutes für Geotechnik der TU Berg-akademie Freiberg. Heft 2002-1.

Rekonstruktion von Exponaten der Ägyptischen Sammlung des Völkerkundemuseums Hamburg

Carlos ACEVEDO PARDO, Harald STERNBERG, Jessica WILHELM
und Thomas SCHRAMM

Zusammenfassung

Als Voruntersuchung für die Rekonstruktion eines Monuments in Ägypten werden Objekte aus dem Museum für Völkerkunde Hamburg aufgenommen, modelliert und rekonstruiert. Dabei werden zwei Messverfahren verwendet: das Laserscanning und die Streifenprojektion, weiterhin wird die Möglichkeit der Wiederherstellung des Senenmut-Monuments, mit verschiedenen Aufnahmetechniken und Rekonstruktionsmöglichkeiten untersucht und bewertet.

1 Einführung und Motivation

Im Rahmen unserer Kooperation mit der „Universidad Politécnica de Madrid" haben Archäologen vom „Instituto de Estudios del Antiguo Egipto" (Institut für Studien des Alten Ägyptens), Madrid/Spanien, mit uns Kontakt aufgenommen. Das Institut betreut das Projekt Senenmut seit 2003. Jährlich werden Untersuchungen und Ausgrabungen vor Ort durchgeführt. Leider kann das Monument wegen der Enge der Gänge und mangelnder Luftzufuhr nicht für Besucher geöffnet werden und soll daher oberirdisch in der Nähe als öffentlich zugängliches, begehbares Modell im Maßstab 1:1 rekonstruiert werden.

1.1 Das Senenmut Monument (TT 353)

Das Senenmut-Monument liegt in Luxor, nahe des Hatschepsut Tempel in Deir el Bahari, Ägypten. Es wird auch als TT353 (TT= Theban Tomb) bezeichnet und wurde im Januar des Jahres 1927 von H. E. Winlock entdeckt. Der Baubeginn des Monuments ist nicht eindeutig nachzuweisen, er wird ungefähr auf das Jahr 16 der Hatschepsut ca. 1474 v. Chr. datiert (siehe Abb. 1).

Abb. 1: Eingang zum Senenmut Monument, im Hintergrund der Hatschepsut Temple, (GardenVisit)

Das Monument besteht aus drei geradlinigen absteigenden Gängen, sowie aus drei Kammern, benannt A, B und C. TT353 wurde vollständig aus dem Fels geschlagen. In der letzten Kammer C befindet sich ein Schacht. Wie in Abbildung 2 zu sehen, ist der Gang vom Eingang bis zum Raum A ca. 61 m lang. Die Neigung des Ganges beträgt etwa 25°.

Der Raum A hat die Maße 3 × 5 × 2 m und ist als einziger im gesamten Monument mit Inschriften und Bildern dekoriert. Die weiteren Gänge und Räume stellen lediglich eine Erweiterung des Monuments dar. Links neben dem Eingang zu Raum A führt ein weiterer Gang zu Raum B. Dieser Gang ist ca. 25 m lang. Der Raum B ist unvollendet hinterlassen worden. Von dort geht es weitere 10 m zum Raum C.

Das auffälligste Merkmal des Monuments TT353 ist der vollständig dekorierte Raum A. An der Decke des Raumes befindet sich die älteste bekannte astronomische Darstellung (siehe Abb. 2). Die Decke hat die Maße 3 × 3,6 m (LESER, 2007).

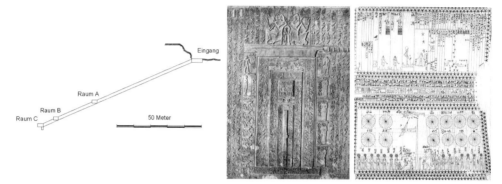

Abb. 2:   Schnitt, Wandausschnitt und astronomische Decke des Senenmut Monuments, (LESER, 2007)

1.2   Die Ägyptische Sammlung des Völkerkundemuseums Hamburg

Im Völkerkunde Museum befindet sich als feste Ausstellung unter anderem die Ägyptische Sammlung mit der Bezeichnung: „Ein Hauch von Ewigkeit – Die Kultur des Alten Ägyptens". Die Ausstellung ist auf zwei Ebenen (Alltagswelt und Unterwelt) aufgeteilt, die Werke umfassen Objekte von der Zeit ca. 3100 v. Chr. bis in die römische Epoche ca. 400 n. Chr. Hier befinden sich mehrere Exponate, welche die Oberflächenstruktur des Senenmut Monuments ähnlich sind. Aus dieser Sammlung wurden vier Objekte ausgewählt. (Museum für Völkerkunde Hamburg)

1.2.1 König Sahure

Das Objekt ist ein Bruchstück eines Reliefs aus dem Torbau der Grabanlage des Königs Sahure (siehe Abb. 3), gefunden bei Abusir. König Sahure lebte im Alten Reich in der 5. Dynastie, 2496 – 2483 v. Chr. Das Objekt misst an der breitesten Stelle 75 cm und ist 135 cm hoch (siehe Abb. 3).

1.2.2 Türpfosten

Der Türpfosten aus einer Grabkammer der 5. Dynastie hat im oberen Teil eine Breite von 40 cm und eine Höhe von 70 cm, im unteren Teil hat er eine Höhe von 75 cm und die Breite verringert sich auf 30 cm. Der gesamte Türpfosten hat eine Höhe von 145 cm (siehe Abb. 3).

1.2.3 Stockträger

Das Objekt ist ein Bruchstück eines Reliefs, ca. 50 × 25 cm groß. Es stammt aus dem Grab des Königs Niuserre. Auf dem Bruchstück sind Köpfe von vier Stockträgern oder Hofbeamten zu sehen (siehe Abb. 3).

1.2.4 Grabstein der Benenet

Der Grabstein der Benenet ist 80 cm breit und 60 cm hoch. Die Inschrift auf diesem Grabstein lautet: „Der König gibt ein Opfer, das gegeben wird dem Osiris, dem Herrn von Busiris und in seinen Binden ist, dem Herrn der Nekropole: Sie möge bestattet werden in ihrem Grabe der Totenstadt, das sehr schöne Kind, die Geehrte beim großen Gotte, die einzige Königsfavoritin". Benenet lebte in der 1. Zwischenzeit, der 11. Dynastie 2125 bis 1985 v. Chr. (siehe Abb. 3).

Abb. 3:   König Sahure, Türpfosten, Tafel der Benenet (oben) und Stockträger (unten)

2   Aufnahme mit dem Laserscanner Imager 5006

Das Department Geomatik der HafenCity Universität Hamburg besitzt einen Laserscanner (Imager 5006) der Firma Zoller und Fröhlich (Wangen/Allgäu). Dieser Scanner wurde zunächst für die Aufnahmen eingesetzt, um damit auch die Genauigkeit und Auflösung des Gerätes zu untersuchen. Ein geeigneter Nahbereichsscanner, wie der Mensi S10 oder Trimble FX, stand leider nicht zur Verfügung.

2.1   Aufnahme der Objekte der Ägyptischen Sammlung

Der Imager 5006 (Abb. 4) ist ein Scanner, der für die Streckenmessung das Phasendifferenzverfahren nutzt und eine maximale Reichweite von 79 m hat. Vom Hersteller wird eine Messunsicherheit von unter 1 mm auf 10 m Entfernung bei einer Laserstrahlreflexion von 20 bis 100 % angegeben. Für Streckenmessungen wird ein Laserstrahl mit 650 bis 690 nm Wellenlänge der Klasse 3R verwendet. Die Ablenkung des Messstrahls erfolgt in vertikaler Richtung durch einen schnell rotierenden Spiegel und in horizontaler Richtung durch die langsame Drehung des Laserscanners um die eigene Achse. Der Laserpunkt ist in 1 m Entfernung kreisrund mit einem Durchmesser von 3 mm und hat eine Strahlendivergenz von 0,22 mrad. Die maximale Messrate liegt bei 500.000 Punkten pro Sekunde. Das Sichtfeld liegt bei 360° x 310° (ZOLLER & FRÖHLICH, 2007).

2.1.1 Aufnahme König Sahure

Das Steinrelief wurde von zwei Scannerstandpunkten aufgenommen. Von den gewählten Standpunkten müssen die Passpunkte im Blickfeld des Scanners sichtbar sein und zusätzlich einen bestmöglichen Schnittwinkel zwischen den beiden Punktwolken ergeben. Der Stein wurde zuerst in der Einstellung Vorschau (Preview) gescannt. Danach wurde der betreffende Ausschnitt (Fenster) ausgewählt und mit den Einstellungen *Super High* und *Ultra High* gescannt, um später verschiedene Auswertungen durchführen zu können. Um die Punktwolken später zu referenzieren, wurden acht Targets um den Stein an der Wand, an der Steinhalterung und dem Targetgestell befestigt. Die Verteilung der Passpunkte ist in Abbildung 4 zu sehen.

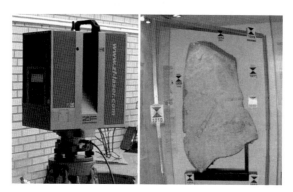

Abb. 4:   Z+F Imager 5006, Aufnahme Steinrelief König Sahure

2.1.2 Aufnahme Stockträger und Türpfosten

Der Türpfosten und der Stein mit den Stockträgern wurden zusammen von vier Standpunkten aus aufgenommen. Um beide Objekte herum wurden insgesamt 10 Targets befestigt.

2.1.3 Aufnahme Benenet

Die Opfertafel von Benenet wurde von zwei Standpunkten aus aufgenommen. Die Aufnahmen wurden mit der Einstellung *Ultra High* durchgeführt. Bei diesen zwei Messungen wurde auf das Anbringen von Targets verzichtet. Die Orientierung der Scanwolken wurde später anhand natürlicher Passpunkte durchgeführt.

2.2 Auswertung

Für die Aufnahme der verschiedenen Objekte aus dem Museum für Völkerkunde Hamburg wurden für die 4 Objekte insgesamt 22 Scannerstandpunkte verwendet. Jeder aufgenommene Laserscannerstandpunkt bildete zunächst ein lokales Koordinatensystem. Um alle lokalen Koordinatensysteme in ein Gesamtmodell zu überführen und die Scannerstandpunkte zu registrieren, wurden Targets und natürliche Passpunkte verwendet.

Für die Registrierung der einzelnen Projekte mit dem Programm Z&F Laser Control wurden zuerst die Targets gemessen und mit Passpunktnummern versehen, danach konnte die eigentliche Registrierung der einzelnen Punktwolken stattfinden. Auf eine Georeferenzierung wurde verzichtet.

2.2.1 Ergebnisse der Auswertung

Nach der Registrierung der einzelnen Projekte lagen alle Scans in einem einheitlichen Koordinatensystem vor (siehe Tab. 1).

Tabelle 1:   Ergebnisse der Registrierung

Projekte	Targets	Mittl. Abweichung (mm)	Std. Abweichung (mm)	Max. Abweichung (mm)
sahure_sh	13	0,9	0,5	1,6
sahure_uh	14	0,9	0,4	1,5
tuer_gesamt_sh	18	0,8	0,3	1,5
tuer_gesamt_uh	16	0,5	0,3	1,0
tuer_oben_sh	10	1,1	0,4	1,5
tuer_oben_uh	10	0,9	0,3	1,5
tuer_unten_sh	26	1,4	0,6	2,9
tuer_unten_uh	25	1,0	0,5	2,1
benenet_museum	18	1,4	0,5	2,4

Nach der Orientierung der Punktwolke wurde eine Filterung mit den Filtern *Mix-Pixel, Single-Pixel, Intensity und Range* durchgeführt.

2.2.2 Dreiecksvermaschung und Modellierung

Für die Modellierung der Laserscannerdaten wurden verschiedene Programme mit einem Beispieldatensatz getestet. Die Modellierung aller Objekte wurde letztlich in Geomagic Studio 10 durchgeführt.

Die Laserscannerdaten befinden sich nach der Referenzierung noch im Format des Programms Z&F Laser Control (*.zfs) und müssen in ein anderes Format konvertiert werden. Als allgemeines Austauschformat für die 3D-Koordinaten dient das ASCII-Format. Um die Programme zu testen, wurde zuerst ein repräsentativer Ausschnitt von ca. 6 Mio. Punkten des Exponats König Sahure exportiert.

Real Works 5.1 von Trimble

In Real Works wurde mithilfe des *Mesh Creation Tool* eine Dreiecksvermaschung durchgeführt. Das Ergebnis war eine Oberfläche, die kaum Strukturen erkennen ließ. Eine Glättung des Modells verbesserte das Ergebnis nicht (siehe Abb. 5).

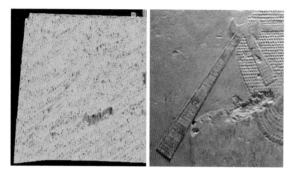

Abb. 5:   Ergebnis der Auswertung mit Real Works und Original

JRC 3D Reconstructor

Das Programm JRC 3D Reconstructor wird für die Auswertung von Laserscannerdaten in verschiedenen Anwendungen wie Architektur, Archäologie, Industrie, Geologie usw. eingesetzt. Eine Demoversion des Programms wurde installiert. Leider waren die vorhandenen Hardwarekomponenten nicht ausreichend, um das Programm in einem vernünftigen Rahmen zu testen, ein konsequentes Arbeiten war nicht möglich. Daher wurde diese Software nicht weiter getestet.

Programm Geomagic V10

Die endgültige Modellierung der Scannerdaten wurde mit dem Programm Geomagic Studio 10 von Geomagic Inc. vorgenommen. Nach dem Datenimport wurden folgende Schritte durchgeführt: Vereinigung der Daten (doppelte Punkte werden automatisch ohne Zugriffsmöglichkeit durch den Benutzer aussortiert), Bereinigung von Ausreißern (diese werden über die gewählte Sensitivität erfasst) und zuletzt die eigentliche Dreiecksvermaschung. Darüber hinaus muss hier zwischen einem Oberflächenmodell oder einem Volumenmodell gewählt werden. Nach der Erstellung des Modells kann die Rauschverringerung, die Glättung, der Punktabstand für die Weite der Dreiecksvermaschung oder die gewünschte Anzahl von Dreiecken gewählt werden (siehe Abb. 6) (GEOMAGIC, 2008)

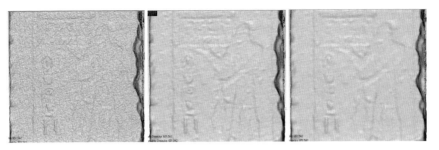

Abb. 6: Beispiel: keine, mittlere und volle Rauschbearbeitung

2.3 Ergebnisse

König Sahure

Beim Exponat König Sahure wurde eine Dreiecksvermaschung mit verschiedenen Einstellungen durchgeführt. In der *Super High* Einstellung des Scanners sind 1.738.808 Punkte bearbeitet worden. Die kleinstmögliche Maschenweite in der *Super High* Auflösung war 0,8 mm, d. h. Objekte, die kleiner sind als die Maschenweite, werden hier nur undeutlich dargestellt.

In der *Ultra High* Einstellung sind 2.283.339 Punkte bearbeitet worden. Die kleinstmögliche Maschenweite in dieser Auflösung war 0,8 mm. Es besteht ebenfalls die Gefahr, dass kleinere Objekte nicht mehr darzustellen sind (siehe Abb. 7).

Türpfosten

Beim Türpfosten wurde die Dreiecksvermaschung ebenfalls mit verschiedenen Einstellungen durchgeführt. Das Objekt wurde in drei Projekte unterteilt: oberer Abschnitt, unterer Abschnitt und gesamter Türpfosten (siehe Tab. 2).

Tabelle 2: Punktanzahl vom Türpfosten

	Super High	**Ultra High**
Türpfosten oben	975.550 Punkte	1.493.086 Punkte
Türpfosten unten	1.374.025 Punkte	2.128.948 Punkte
Gesamt	1.119.273 Punkte	2.373.988 Punkte

Bei der Vermaschung dieser Teilprojekte wurde versucht, eine kleinstmögliche Maschengröße zu erreichen. Bei den Teilprojekten *Türpfosten oben* und *Türpfosten gesamt* wurde die kleinste Maschengröße von 0,3 mm Seitenlänge erreicht. Beim Teilprojekt *Türpfosten unten* wurde die kleinste Maschengröße von 0,1 mm Seitenlänge erreicht (siehe Abb. 7).

Benenet

Wie bei allen Projekten wurden hier die Einstellungen bei der Berechnung der Vermaschung konstant gehalten. In der *Super High* Einstellung des Scanners sind für das Objekt

Benenet 1.738.808 Punkte bearbeitet worden. Die kleinste erreichte Seitenlänge war 0,3 mm (siehe Abb. 7).

Stockträger

Bei den Stockträgern wurde die kleinste Maschengröße mit 0,3 mm Seitenlänge erreicht. Jedoch sind hier die dargestellten Figuren so gut wie nicht zu erkennen (siehe Abb. 7).

Abb. 7:   Ergebnisse aus Geomagic: König Sahure (links), Türpfosten, Stockträger (oben) und Tafeln der Benenet (unten)

3   Aufnahme mit dem Streifenprojektionssystem ATOS II

Die Streifenprojektion als leistungsfähiges optisches 3D-Messverfahren gewinnt in der Geodäsie immer mehr an Bedeutung. Die Erfassung von kleineren Objekten ist meist auch mit einer Anforderung an höhere Genauigkeiten verbunden. Die punktuellen Messtechniken werden mehr und mehr durch flächenhafte Messtechniken mit 3D-Information wie z. B. Laserscanner und Streifenprojektion verdrängt

3.1   Prinzip des Streifenprojektionsverfahrens

Zunächst wird bei der Streifenprojektion im Messrechner ein Streifenmuster generiert und dann mit einer digitalen Lichtprojektion auf das Messobjekt projiziert. Mit einer CCD-Kamera wird das Objekt aufgenommen, das Bild digitalisiert und zur Auswertung wieder dem Messrechner zugeführt. Das Streifenmuster wird in seiner Form und Intensität durch das Objekt verändert. Aus dieser Veränderung lassen sich erste Rückschlüsse auf die vorhandene Oberflächenform des Messobjektes ziehen. Mit Hilfe von auf interferometrischen Konzepten basierenden Phasenschiebe- und Graycode-Techniken wird eine hochgenaue Auswertung durchgeführt (PRZYBILLA, 2007).

3.2 Die Aufnahme mit dem Streifenprojektionssystem

Für die Messung der Exponate von König Sahure, Türpfosten und Stockträgern wurde das Messsystem ATOS IIe der Firma GOM, Braunschweig eingesetzt (siehe Tab. 3).

Tabelle 3: Technische Information (GOM, 2008)

	Systemkonfiguration ATOS IIe
Messpunkte	1.400.000
Messzeit	1 Sekunde
Messbereich	$175 \times 140 - 2.000 \times 1.600$ mm^2
Messpunktabstand	$0,12 - 1,4$ mm
Abmessungen	$490 \times 300 \times 170$ mm^3
Rechner	High-End PC / Notebook

Die Genauigkeit des ATOS IIe ist mit 0,1 bzw. 0,02 mm in Abhängigkeit vom eingesetzten Messbereich angegeben. Vor der eigentlichen Messung wird zunächst das System mit dem dafür vorgesehenen Instrumentarium kalibriert (siehe Abb. 8).

Abb. 8: ATOS IIe und Kalibrierung des Systems

Als nächster Schritt wird die Passpunktbestimmung mittels photogrammetrischer Aufnahme durchgeführt, wobei kodierte und unkodierte Messpunkte um die Objekte verteilt und mit einer digitalen Spiegelreflexkamera aufgenommen werden. Das Programm erkennt, nummeriert und koordiniert die Passpunkte automatisch. Alle kodierten und unkodierten Messmarken bekommen jetzt Koordinaten zugewiesen und dienen als Referenz für die Aufnahme. Die kodierten Messpunkte befinden sich auf stabilen aus CFK gefertigten Referenzmesslatten und Kreuzen.

Nach der Kalibrierung und der Passpunktbestimmung kann mit der eigentlichen Messung begonnen werden. Mithilfe des integrierten Weißlicht-Projektors wird auf die Objekt-oberfläche ein Streifenmuster projiziert (siehe Abb. 9), das von zwei Kameras gleichzeitig erfasst wird.

Die Auswertung der jeweiligen Messung erfolgt an Ort und Stelle. Die Punktwolken werden schon während der Messung automatisch zueinander orientiert. Eine Nach-bearbeitung der Ergebnisse ist möglich.

Abb. 9:   Aufnahme mit dem Streifenprojektionssystem

Die Kalibrierung und der Einfluss der Umgebungsbedingungen werden vom System selbstständig überwacht.

3.3   Ergebnisse

Die Ergebnisse können zunächst beispielhaft durch eine Gegenüberstellung markanter Ausschnitte der Oberflächenmodelle visuell verglichen werden. Noch deutlicher wird der Vergleich nach der Erstellung einer Hardcopy.

Im Allgemeinen fällt auf, dass das Messrauschen in den Laserscannerdaten deutlich größer und dass dieses beim Streifenprojektionssystem kaum wahrzunehmen ist. Deutlich wird dieses auch im unteren Ausschnitt auf dem Stein König Sahures, auf dem ein Oberkörper zu sehen ist (siehe Abb. 10). Eindeutig wird der Vergleich beim Betrachten der Stockträger. Das Laserscanner Modell lässt so gut wie nichts erkennen, während beim Modell der Streifenprojektion alle Details erhalten sind (siehe Abb. 7 und 10). Auch bei der unteren Figur im Türpfosten (Kartusche und Träger, siehe Abb. 10) sind die Opfergabe mit drei Gänsen im Käfig und die Kartusche deutlich zu erkennen.

Abb. 10: Ergebnisse der Auswertung mit dem Streifenprojektionssystem und Ausschnittvergrößerungen

4 Erstellung einer Kopie

Für die Erstellung eines realen Oberflächenmodells wurde ein Ausschnitt des Türpfostens gewählt.

4.1 Verfahren

Für die Herstellung von Reliefobjekten werden zwei der gebräuchlichsten Methoden das Fräsen und das Rapid-Prototyping vorgestellt.

4.1.1 Fräsen

Fräsen gehört zu den spanabhebenden Fertigungsverfahren mit einer kreisförmigen Schnittbewegung. Meist wird beim Fräsen ein mehrzahniges Werkzeug zur Erzeugung von beliebigen Werkstückoberflächen benutzt. Als Materialien kommen Metall, Stein, Holz oder Kunststoff infrage. Die Schnittbewegung wird vom Werkzeug ausgeführt. Die wichtigsten Fräsverfahren nach DIN 8589 sind: Planfräsen, Rundfräsen, Schraubfräsen, Wälzfräsen, Profilfräsen und Formfräsen (UNIVERSITÄT ZÜRICH, 2007).

4.1.2 Rapid-Prototyping

Beim Rapid-Prototyping erfolgt die Formgebung durch das Aneinanderfügen von Volumenelementen. Voraussetzung für diesen Fertigungsprozess ist ein vollständiges 3D-Volumenmodell. Dieses wird in ein reales physikalisches Modell in 0,1 mm starke Schichten umgewandelt.

Die Konturinformationen werden einer Rapid-Prototyping-Anlage zugeführt. Die Anlage generiert mithilfe der Konturdaten die äußere und innere Berandung der jeweiligen Schicht des Bauteils und fügt diese an die bereits schon vorher gefertigten Schichten so an, dass Schicht für Schicht ein 3D-Bauteil entsteht.

Die bekanntesten Verfahren sind: Stereolithographie, Lasersinter-, Schicht- und Extrusions-Verfahren und 3D-Printing (GEBHARDT, 2007).

4.2 Rekonstruktion

Die Rekonstruktion des unteren Teils des Türpfostens wurde von der Firma Scopulus, Braunschweig im Fräsverfahren hergestellt. Das Modell für die Herstellung der Rekonstruktion hatte eine Maschenweite von 0,2 mm. Das Modell wurde in Kunststoff und Holz im Maßstab 1:2 mittels zweier Kugelfräser mit 1,0 bzw. 0,3 mm Durchmesser gefräst (siehe Abb. 11).

In unserem Fall ist für die Herstellung der ganzen Kammer das Rapid-Prototyping effektiver als die Verwendung einer Fräse, da größere Stücke schneller und mit einer größeren Genauigkeit hergestellt werden können. Am geeignetsten ist die Stereolithographie. Andererseits wird das Modell beim Fräsen widerstandsfähiger und kann gleich in einem dem Original ähnlichen Material gefräst werden.

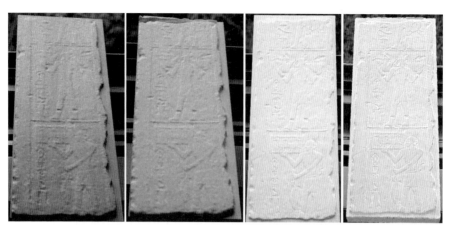

Abb. 11: Modelle: Laserscannerdaten in Holz und Kunststoff, Streifenprojektionssystem in Kunststoff und Kopie in Mörtel

Eine Anfrage bei der Firma Rapid Prototyping Könke, Hamburg für eine Rekonstruktion des Türpfosten-Unterteils im Format 1:1 durch Stereolithographie ergab einen Preis von ca. 4000 €. Darin sind die Materialkosten von ca. 200 €/Liter und die Betriebskosten der Maschine von ca. 30 €/Stunde enthalten. Die Herstellungskosten bei scopulus, Braunschweig, durch Fräsen im Format 1:1 liegen ebenfalls bei ca. 4000 € bei einem Preis von 1,70 €/cm².

5   Fazit und Ausblick

In diesem Projekt wurden Objekte aus dem Museum für Völkerkunde Hamburg mit einem Laserscanner und einem Streifeprojektionssystem aufgenommen. Es handelte sich um Objekte aus dem alten Ägypten mit Hieroglyphen und Zeichnungen. Die Laserscanneraufnahme wurde mit dem Imager 5006 von der Firma Z&F vorgenommen und mit der Software der gleichen Firma referenziert. Die weitere Verarbeitung zu einem 3D-Modell wurde mit der Software Geomagic Studio 10 durchgeführt. Die Aufnahme und Auswertung der Messung mit dem Streifenprojektionsprinzip wurde mit dem Streifenprojektionssystem ATOS IIe der Firma GOM, Braunschweig, durchgeführt.

Durch eine präzise Aufnahme und Modellierung von archäologischen Objekten können diese, die durch Gewalt oder Einflüsse der Natur Schaden genommen haben, restauriert und wiederhergestellt werden. Ebenso können Objekte, wie z. B. das Grab TT353, der Öffentlichkeit als Replikat zugänglich gemacht werden, ohne dass das Original Schaden nimmt. Diese Arbeit hat gezeigt, dass es möglich ist, ein gutes 3D-Modell aus Laserscannerdaten zu generieren. Aber je detailreicher und kleiner einzelne Signaturen oder Schriften sind, desto schwieriger wird es, diese mittels Laserscanner-Aufnahme sichtbar zu machen. Welches Verfahren am geeignetsten ist, hängt entscheidend von der Zielsetzung ab. Das Verfahren der Streifenprojektion hat sich hier als geeigneter erwiesen, mit dem Nachteil nur begrenzte Ausschnitte erfassen zu können. Eine Kombination bietet sich an, um mit dem Scanner ein geometrisches 3D-Raummodell zu erzeugen, in dem die Ergebnisse der Streifenprojektion eingepasst werden.

Bei der Rekonstruktion der Objekte ist das genaueste Verfahren die Stereolithographie. Beim Fräsen hingegen wird das Replikat durch die Dicke des Fräskopfes verschlechtert. Die Kosten der verschiedenen Verfahren weichen nur geringfügig voneinander ab. Beim Rapid-Prototyping wird ein sehr dünnes Objekt erzeugt, das den Wetterbedingungen sicher nicht standhalten wird. Man müsste es verdicken oder auf einer Seite verstärken. Dies würde zusätzliche Kosten verursachen. Beim Fräsen ist das Replikat sehr widerstandsfähig gegen Witterungseinflüsse und muss nicht zusätzlich bearbeitet werden. Insgesamt wäre das Ergebnis beim Fräsen daher preiswerter als vom Rapid-Prototyping.

Im Projekt TT353 soll ein ganzer Raum rekonstruiert werden. Dieser kann sicher nicht im Ganzen hergestellt, sondern müsste in Teile zerlegt werden. Beim Fräsen wäre die Herstellung von Platten von 1 × 2 m eine Möglichkeit, daher würden weniger Übergänge in der Wand zu sehen sein. Beim Rapid-Prototyping müssten kleinere Platten, abhängig von der Größe der Maschine, hergestellt werden. Dabei würden mehr sichtbare Übergänge entstehen. Beim Fräsen kann ein Material verwendet werden, welches dem Original ähnelt, womit der Eindruck der „Echtheit" noch verstärkt würde.

Dank

Die Autoren bedanken sich bei Prof. Dr. Wulf Köpke, Frau Jana Caroline Reimer und Herrn Uwe Nitsche vom Völkerkunde Museum Hamburg für die Aufnahmegenehmigung und die Unterstützung während der Aufnahmen und bei Dr. Jan Thesing und Herrn Dipl.-Ing. Stephan Wallstab-Freitag von der Firma GOM, Braunschweig, für die freundliche Unterstützung mit dem System ATOS IIe.

Literatur

Gebhardt, A. (2007): *Generative Fertigungsverfahren*. 3. Aufl. München: Carl Hanser.

GOM (2008): Gesellschaft für Optische Messtechnik. http://www.gom.com/DE/index.html (besucht am 18. Februar 2008).

Leser, K. H. (2007): *Senenmut*. http://www.maat-ka-ra.de/german/start_g.htm (14. August 2007, 15:00 Uhr).

Luhmann, T. (2003): *Nahbereichsphotogrammetrie – Grundlagen, Methoden und Anwendungen*. Heidelberg: Wichmann.

Museum für Völkerkunde Hamburg (2007): http://www.voelkerkundemuseum.com (28. November 2007, 16:00 Uhr).

Przybilla, H.-J. (2007): *Streifenprojektion – Grundlagen, Systeme und Anwendungen*. http://www.hochschule-bochum.de/fileadmin/media/fb_v/labore/photogrammetrie/ Artikel/Veroeffentlichungen/Przybilla/Streifenprojektion.pdf (14. Juni 2008, 15:00 Uhr).

Sternberg, H., Kersten, T. & N. Conseil (2005): *Untersuchungen des terrestrischen Laserscanners Mensi GS100 – Einfluss unterschiedlicher Oberflächeneigenschaften auf die Punktbestimmung*. In: Luhmann, T. (Hrsg.): Photogrammetrie – Laserscanning – Optische 3D-Messtechnik. Beiträge der 4. Oldenburger 3D-Tage 2005. Heidelberg: Wichmann, S. 56-65.

Thauer, C. (2007): *Geometrische Genauigkeitsuntersuchungen der neuesten Generation der terrestrischen Laserscanner.* Unveröffentlichte Diplomarbeit an der HafenCity Universität Hamburg, Department Geomatik.

Trimble (2007): *S6.* http://www.trimble.com (4. Dezember 2007, 13:44 Uhr).

Universität Zürich, Werkstatt Physik Institut (2007): *Bohren Drehen Fräsen* http://www.physik.unizh.ch/groups/werkstatt/pdf/FrasenDrehenBohren.pdf (4. Dezember 2007, 13:44 Uhr).

Zoller & Fröhlich, (2007): *Imager 5006.* http://www.zf-laser.com/Z&F_IMAGER_5006_Broschuere_DE.pdf (28. Mai 2007, 17:00 Uhr).

Zoller & Fröhlich (2007): *News.* http://www.zf-laser.com/d_news.html (21. Februar 2008, 13:00 Uhr).

2 Dynamische Prozesse

3D-Szenenrekonstruktion in dynamischen Umgebungen

Niklas BEUTER, Agnes SWADZBA, Joachim SCHMIDT und Gerhard SAGERER

Zusammenfassung

Diese Arbeit zielt auf zwei Aspekte in der Mensch-Roboter Interaktion ab: Zum einen auf die Detektion und das Verfolgen von bewegten Objekten, insbesondere Personen, sowie auf das Erstellen eines Hintergrundmodells. Die daraus gewonnenen Informationen dienen dem Roboter ideal zur Lokalisierung in seiner Umgebung und zur Erkennung von möglichen Interaktionspartnern. Normalerweise werden diese Prozesse unabhängig voneinander betrachtet, der Austausch dieser Informationen birgt jedoch enorme Vorteile für die Exaktheit der Einzelergebnisse. In dieser Arbeit fokussieren wir uns auf die bessere Hintergrundmodellierung durch Einbeziehung des Wissens über bewegte Objekte in der Szene. Das Wissen wird aus den Daten einer 3D Time-of-Flight (ToF) Kamera und den darauf berechneten Geschwindigkeiten gezogen. Auf diesen 6D-Daten werden bewegte Objekte mittels eines schwachen Objektmodells detektiert und anschließend mit einem Partikel-Filter-Framework verfolgt. Die bewegten Objekte werden anschließend aus dem Rekonstruktionsprozess ausgeschlossen. Wir zeigen durch Experimente, dass sich die Rekonstruktion durch unseren Ansatz verbessert, insbesondere für kurze Sequenzen, typisch in einem Mensch-Roboter-Szenario.

1   Theorie

1.1   Andere Arbeiten

Die Szene in 3D zu erfassen war seit geraumer Zeit ein wichtiger Aspekt für die mobile Robotik. Man kann drei Methoden zusammenfassen, die hauptsächlich für die 3D-Erfassung genutzt werden. Zum einen werden Stereosetups verwendet, die durch ein kalibriertes Kamerasystem Korrespondenzen berechnen, was zu einer 3D-Punktwolke führt. Ein typischer Ansatz ist das Block-Vergleichsverfahren [4], wobei dichte Punktwolken durch dynamische Programmierung [2] errechnet werden können. Noch bessere Ergebnisse lassen sich durch die Verwendung von Bildsequenzen des Kamerapaars erzielen [3]. Die resultierenden 3D-Punkte lassen sich mit Geschwindigkeiten erweitern, indem die Punkte z. B. über die Zeit in einem 6D-Orts-Geschwindigkeitsraum verfolgt werden [5].

Da ein Stereosetup ein passives System ist und erst noch die Berechnung der dritten Koordinate benötigt, rücken aktive Systeme mehr in den Vordergrund, da diese Licht aussenden und den zurückkommenden Strahl vermessen, was als Tiefeninformation genutzt werden kann. In der Navigation werden heutzutage meist Laserscanner verwendet [14,21], da diese recht genaue Tiefeninformation liefern. 3D Time-of-Flight (ToF) [22,23] kombinieren die Vorteile aktiver Sensoren mit denen der bildgebenden Verfahren, da sie ein 2D-Intensitätsbild und Tiefeninformationen für jedes Pixel in Echtzeit zugleich liefern.

Zusätzlich zu den 3D-Informationen lassen sich durch Kontur- und Flussdetektion in der Bildebene Bewegungsinformationen errechnen, welche z. B. zur Personendetektion genutzt werden können [16,17].

Bewegte Objekte verursachen Rekonstruktionsfehler in der Hintergrundberechnung, da Artefakte in dem Hintergrund bestehen bleiben. Eine Detektion der bewegten Elemente und deren Ausschluss aus dem Rekonstruktionsprozess zeigen gute Ergebnisse in der Erstellung von Bildmosaiken [13]. Nutzt man die 3D-Information, können Objekte lokalisiert und verfolgt werden durch z. B. ein Meanshift-Clustering der Punktwolke [9]. In der mobilen Robotik zeigt es sich von Vorteil, das Erstellen eines Hintergrundbilds und das Detektieren von bewegten Objekten zu vereinen [14,21]. Ebenenextraktion ist eine Möglichkeit der Datenreduktion für eine kompakte Repräsentation der Szene. In der Literatur gibt es zahlreiche Ansätze für die Generierung der Ebenen wie RANSAC [15], Erwartungsmaximierung (EM) [10,11], bis hin zu Regionswachstumsverfahren [7].

1.2 Anwendungsszenario

Das Ziel eines mobilen Roboters mit Menschen zu interagieren hängt stark von seinem Wissen über die Umgebung ab. Die Lokalisierung von möglichen Interaktionspartnern und die Erfassung der Umgebung ermöglichen es dem Roboter mit dem Menschen in dessen Welt zu agieren. Das Hintergrundwissen über eine statische Szene zu erhalten ist ein trivialer Vorgang, da eine einfache Integration der Daten über die Zeit zu sowohl einer 2D- als auch einer 3D-Repräsentation führt. Die Situation erschwert sich, wenn die Szene nicht statisch ist und sich die Integrationszeit stark verkürzt. In dem hier anvisierten Szenario führt ein Mensch den Roboter durch seine Wohnung. Die Szene beinhaltet folglich immer den Menschen und eventuelle andere dynamische Objekte. Weiterhin schaut der Roboter in die Umgebung, so dass er immer nur eine kurze Sequenz jeder Teilszene erhält. Eine einfache Integration der Einzelbilder der Szene würde zu Fehlern führen, da die dynamischen Objekte dem Hintergrund hinzugefügt würden. Das Detektieren der bewegten Objekte [16] und deren anschließendes Ausblenden aus dem Rekonstruktionsprozess verhindert eine falsche Integration und führt somit zu einem weitaus besseren Hintergrundbild.

1.3 Aufbau der Arbeit

In dem zweiten Kapitel werden die einzelnen Module des Systems vorgestellt. Im dritten Kapitel wird der verwendete 3D-Sensor beschrieben und die Erweiterung der Daten mit Geschwindigkeiten erläutert. Das anschließende Kapitel zeigt den verwendeten Algorithmus für das Detektieren und Verfolgen der dynamischen Objekte. Weiterhin wird der Rekonstruktionsprozess beschrieben. Abschließend werden in Kapitel 5 die Ergebnisse des vorgestellten Verfahrens aufgezeigt.

2 Systemüberblick

Unser System zur Erstellung eines Hintergrundbildes durch Ausschließen von dynamischen Objekten ist in Abbildung 1 dargestellt. Zur Datenerstellung verwenden wir die 3D Swissranger ToF Kamera, welche eine dichte 3D-Punktwolke der Szene liefert. Eine Filterung der Punktwolke eliminiert Rauschen und eventuelle Ausreißer, die von verschiedenen Reflektionseigenschaften stammen können. Jeder 3D-Punkt wird mit einer zusätzlichen 3D-Geschwindigkeit annotiert, welche durch ein OpticalFlow-Verfahren berechnet wurde. Durch Zuhilfenahme der Bewegungsinformationen kann die Szene nach dynamischen Objekten durchsucht werden. Zur einfacheren Berechnung werden die 6D-Punkte geclustert und danach durch ein schwaches Objektmodell zu potenziellen Objekten kombiniert. Diese potenziellen Objekte werden analysiert und anschließend durch ein Trackingverfahren verfolgt. Alle getrackten Objekte können abschließend von der Rekonstruktion ausgeschlossen werden. Im Folgenden werden die einzelnen Schritte näher detailliert.

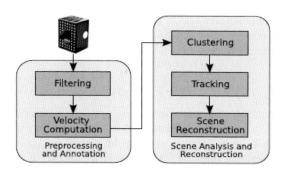

Abb. 1:   Systemüberblick

3   Geschwindigkeitsannotierung der Punktwolke

In dem vorgestellten Szenario konzentrieren wir uns auf die Situation, in der der Roboter kurz (2s-3s) eine Szene anvisiert und einen Teil des Hintergrundes rekonstruiert. Da der Mensch normalerweise im Blickfeld des Roboters ist, wird der Rekonstruktionsprozess gestört. Damit der Roboter diese Störung herausrechnen kann, muss er zwischen bewegten und unbewegten Objekten unterscheiden können. Kapitel 3.1 stellt hierfür die Datenakquisition und Kapitel 3.2 die Annotierung der 3D-Punktwolke mit Geschwindigkeiten vor.

3.1   3D-Datenerstellung

Das vorgestellte System verwendet die Swissranger SR3000, hergestellt vom Swiss Center for Electronics and Microtechnology (CSEM) [22], welche eine Distanzmatrix unabhängig von Textur und Beleuchtung liefert. Die Kamera besteht aus 176×144 CMOS Pixeln, die aktiv den Abstand zwischen Kamerazentrum und 3D-Weltkoordinate berechnen, indem die Zeit gemessen wird, die das Infrarotsignal braucht, um von der Kamera ausgesendet, von dem Punkt reflektiert und wieder auf den Sensor zu treffen. Die Kamera liefert außerdem ein Amplitudenbild pro Frame, welches durch die Amplitude des auf den Sensor treffenden Signals errechnet wird (siehe Abb. 2).

Um Rauschen aus den Daten zu entfernen wurden verschiedene Vorverarbeitungsschritte in den Algorithmus implementiert [20]. Das Distanzbild wird durch einen distanzadaptiven Medianfilter geglättet, zu kleine Amplituden werden herausgefiltert und Kanten, die Vorder- und Hintergrund zugleich reflektieren, werden eliminiert.

 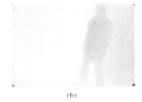

Abb. 2: Daten direkt von der Swissranger; a) Amplitudenbild, b) Distanzbild

3.2 Berechnung der 3D-Geschwindigkeiten

Um zwischen bewegten und unbewegten Objekten zu unterscheiden wird für jedes Pixel eine Bewegungskomponente berechnet. Eine weit verbreitete Technik ist die Berechnung des Optical Flow. Gewöhnlich wird dieser durch Unterscheidungsmethoden bestimmt. Diese können unterteilt werden in globale Strategien [8], die versuchen eine globale Energiefunktion zu minimieren und lokale Methoden, die eine lokale Energiefunktion minimieren. Ein weit verbreitetes Verfahren ist von LUCAS & KANADE [12] entwickelt worden, das einen lokalen Intensitätsgradienten verwendet, um eine gute Korrelation zu bestimmen. Durch die Annahme, dass in einer lokalen Nachbarschaft der Optical Flow konstant ist, kann dieser durch eine Optimierung mittels kleinster Quadrate berechnet werden. Wir haben einen hierarchischen Ansatz, entwickelt von SOHAIB KHAN[1, 2], verwendet.

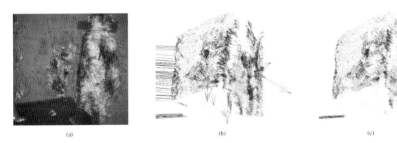

Abb. 3: Geschwindigkeitsberechnung an einem Beispielframe; a) Optical Flow, b) 3D-Geschwindigkeiten, c) geglättete 3D-Geschwindigkeiten

In Abbildung 3a sind die berechneten Geschwindigkeiten in das Amplitudenbild eingezeichnet. Durch die Hinzunahme der Tiefeninformation kann die Geschwindigkeit auf 3D ausgeweitet werden. Die 3D-Punktwolke und die 3D-Geschwindigkeiten resultieren in einer 6D-Punktwolke (Abb. 3b). Da einige Korrespondenzen fehlerhaft zugeordnet werden, glättet ein 5×5 Medianfilter die Punktwolke, sodass diese Ausreißer entfernt werden (Abb. 3c).

---

[1] http://www.cs.ucf.edu/~khan/

[2] http://server.cs.ucf.edu/~vision/source.html

4   3D Szenenanalyse

Kapitel 4.1 beschreibt wie die nun erstellte 6D-Punktwolke in möglichst informative Cluster segmentiert werden kann. Kapitel 4.2 zeigt, wie durch diese Cluster Objekte detektiert werden und wie diese über die Zeit verfolgt werden. Abschließend wird in Kapitel 4.3 die Rekonstruktion der Szene vorgestellt. Das Verfahren beruht auf dem Algorithmus präsentiert in [16].

4.1   Hierarchisches 6D-Clustering

Um die Szene zu vereinfachen und um die Berechnungskomplexität zu verringern, werden die 6D-Punkte geclustert. Punkte, die einen geringen Abstand und ähnliche Geschwindigkeit besitzen, werden in kleinen lokalen Clustern zusammengefasst. Durch die Hinzunahme der Geschwindigkeitsinformation kann effektiv zwischen bewegten und unbewegten Clustern unterschieden werden. Als Clusteralgorithmus wird der Complete Linkage Algorithmus [1,16] verwendet. Jedes dieser kleinen Cluster wird beschrieben durch seine Mittelpunktposition, seine mittlere Geschwindigkeit und die Anzahl der Punkte, die es beinhaltet.

4.2   Objektverfolgung

Ein Objekt wird definiert als eine Ansammlung kleiner Cluster mit ähnlicher Geschwindigkeit in einem aufrecht stehenden Zylinder mit variablem Radius. Dieses schwache Objektmodell kann sowohl für Objekte als auch Personen verwendet werden.

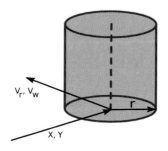

Abb. 4:
Als ein einfaches Objektmodell wird ein Zylinder verwendet, der mit 5 Parametern eine Vielzahl an Objekten beschreibt. Durch die mittlere Position in 2D (x,y), Radius (r), Bewegungsrichtung (v_w) und Geschwindigkeit (v_r) können Ansammlungen ähnlicher Cluster als ein Objekt zusammengefasst werden.

Eine Hypothese $s(a)$ eines bewegten Objekts ist definiert durch den Parametervektor des Zylinders $\vec{a} = \left[x y v_w v_r r\right]^T$, mit x,y als Zentrumsposition auf der Grundebene, v_r als Geschwindigkeit und v_w als Geschwindigkeitsrichtung, sowie r als Radius der Hypothese. Initiale Hypothesen werden gefunden, indem das Zylindermodell durch die Punktwolke geschoben wird und an jeder Stelle, wo sich Clusterhäufungen mit ähnlichen Geschwindigkeiten befinden, eine Hypothese erstellt wird. Diese Hypothese wird durch ein Downhill-Simplex-Verfahren (Nelder und Mead) verbessert.

Anschließend werden die so gefundenen Hypothesen in den nächsten Zeitschritt übernommen und dort mit einem Bewegungsmodell $\hat{a} = \Phi(a, \dot{a})$ und mit Hilfe eines Kernel-Partikel-Filters [19] an die vermutete Position prädiziert. Basierend auf der Position, der Größe und der Geschwindigkeit jedes Objekts $s_k^{t-1}(a)$ im vorherigen Zeitschritt, werden die Parameter für den momentanen Zeitschritt t vorhergesagt. Durch die Verwendung von Kerneln werden der Radius, die Geschwindigkeit und die Position des Objekts möglichst sinnvoll bestimmt. Dies geschieht durch die Berechnung einer Dichte, abhängig von den Parametern der Vorhersagen, wobei das Maximum die aktuelle Beobachtung am Besten beschreibt. Durch Meanshift-Iterationen werden lokale Maxima errechnet, die eine möglichst gute Beschreibung des aktuellen Objekts ermöglichen. Alle Punkte in der Hypothese können durch eine konvexe Hülle markiert werden, so dass diese Punkte von der weiteren Berechnung des Hintergrundbilds ausgeschlossen werden können.

4.3   Berechnung der statischen Szene

Durch die vorhergehenden Berechnungen wurde zwischen statischen und dynamischen Teilen der Szene unterschieden. Um die Szene korrekt zu rekonstruieren, müssen die statischen Anteile zusammengefügt werden.

Die Swissranger liefert Bilder mit 176×144 Pixeln bzw. mit 25.344 3D-Punkten. Für eine Sequenz einer Szene (Abb. 5) wird ein virtueller Frame mit der gleichen Bildgröße angelegt. Von jedem Frame der Sequenz werden nun die statischen Pixel in dem virtuellen Frame eingetragen (Schwarze Pixel in Abb. 5a) und für jedes Pixel in dem virtuellen Frame der Mittelwert berechnet. Dynamische Pixel werden nie betrachtet und virtuelle Pixel, die kein statisches Pixel enthalten werden als ungültig deklariert.

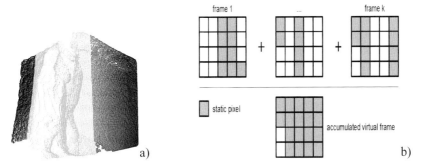

Abb. 5:   a) Markieren der dynamischen Pixel, b) virtuelles Bild

5   Ergebnisse

Abschließend soll die Qualität des erstellten Statischen Hintergrundmodells ausgewertet werden. In Abbildung 6 sind Ergebnisse verschiedener Verfahren abgebildet. Links ist die GroundTruth zu sehen, daneben die statische Szene generiert durch unseren Ansatz MTRACK. Das dritte Ergebnis MPIX wurde erstellt durch die Eliminierung aller Pixel die eine Geschwindigkeit über einem kleinen Schwellwert besitzen. Das letzte Verfahren MMEAN mittelt über alle Punkte, ohne irgendwelche Annahmen. Die Bewegung der Personen ist im Hintergrund noch deutlich zu sehen, was die Bedeutung unseres Ansatzes für die Szenenrekonstruktion verdeutlicht. Die GroundTruth wurde über 80 Frames ohne bewegte Objekte erstellt, während die anderen Verfahren über 35 Frames bzw. 2.5 s berechnet wurden. In den drei Verfahren laufen zwei Personen durch das Bild, wobei in jedem Frame mindestens eine Person anwesend ist.

Für alle drei Verfahren wurde die euklidische Abweichung von der GroundTruth berechnet, so dass die Verfahren qualitativ vergleichbar sind. Das Verfahren MMEAN hat einen mittleren Fehler von 259 mm und MPIX einen Fehler von 112 mm. Das hier vorgestellte Verfahren resultiert in einem deutlich geringeren Fehler von 44 mm.

Abb. 6:   Statische 3D-Szene. Von links nach rechts: GroundTruth, MTRACK, MPIX, MMEAN.

Die Ergebnisse zeigen, dass das präsentierte Verfahren paralleler Detektion und Verfolgung dynamischer Objekte und deren Ausschluss aus dem Rekonstruktionsprozess ein gutes Hintergrundmodell und gleichzeitig Annahmen über mögliche Interaktionspartner liefert.

Literatur

[1]   Berthold M. & D. Hand (2003): *Intelligent Data Analysis*. Springer, 2nd edition.

[2]   Cox, I., Hingorani S. & S. Rao (1996): *A maximum likelihood stereo algorithm*. CVIU, 63 (3).

[3]   Davis, J., Nehab, D., Ramamoorthi, R. & S. Rusinkiewicz (2005): *Spacetime stereo: A unifying framework for depth from triangulation*. PAMI, 27 (2).

[4]   Faugeras, O. (1993):*Three-Dimensional Computer Vision*: A Geometric Viewpoint. MIT Press.

[5]   Franke, U., Rabe, C., Badino, H. & S. Gehrig (2005): *6D vision: Fusion of stereo and motion for robust environment perception*. In: DAGM.

[6]   Gibson, J. (1950): *The perception of the visual world*. Riverside Press.

[7]   Hähnel, D., Burgard, W. & S. Thrun (2003): *Learning compact 3d models of indoor and outdoor environments with a mobile robot*. Robotics and Autonom. Systems, 44, S. 15-17.

[8]   Horn, B. K. & B. G. Schunck (1981): *Determining optical flow*. Artificial Intelligence, 17, S. 185-204.

[9]   Keck, M., Davis, J. & A. Tyagi (2006): *Tracking mean shift clustered point clouds for 3d surveillance*. VSSN, S. 187-194.

[10] Lakaemper, R. & L. J. Latecki (2006): *Using extended EM to segment planar structures in 3D*. ICPR, S. 1077-1082.

[11] Liu, Y., Emery, R., Chakrabarti, D., Burgard, W. & S. Thurn (2001): *Using EM to learn 3D models of indoor environments with mobile robots.* In: ICML.

[12] Lucas, B. & T. Kanade (1981): *An iterative image registration technique with an application to stereo vision.* IJCAI, S. 121-130.

[13] Möller, B. & S. Posch (2001): *Detection and tracking of moving objects for mosaic image generation.* LNCS, 2191, S. 208-215.

[14] Montemerlo, M., Whittaker, W. & S. Thrun (2002): *Conditional particle filters for simultaneous mobile robot localization and people-tracking.* In: ICRA.

[15] Nüchter, A., Surmann, H. & J. Hertzberg (2003): *Automatic model refinement for 3D reconstruction with mobile robots.* 3-DIM, S. 394-401.

[16] Schmidt, J., Wöhler, C., Krüger, L., Gövert, T. & C. Hermes (2007): *3d scene segmentation and object tracking in multiocular image sequences.* In: ICVS.

[17] Sharma, V. & J. Davis (2007): *Integrating appearance and motion cues for simultaneous detection and segmentation of pedestrians.* In: ICCV.

[18] Stamos, I. & P. K. Allen (2002): *Geometry and texture recovery of scenes of large scale.* CVIU, 88 (2), S. 94-18.

[19] Stößel, D. & G. Sagerer (2006): *Kernel particle filter for visual quality inspection from monocular intensity images.* LNCS, 4174, S. 597-606.

[20] Swadzba, A., Liu, B., Penne, J., Jesorsky, O. & R. Kompe (2007): *A comprehensive system for 3D modeling from range images acquired from a 3D ToF sensor.* In: ICVS.

[21] Wang, C.-C., Thorpe, C., Hebert, M., Thrun, S. & H. Durrant-Whyte (2007): *Simultaneous localization, mapping and moving object tracking.* IJRR, 26 (6).

[22] Weingarten, J., Gruener, G. & R. Siegwart (2004): *A state-of-theart 3D sensor for robot navigation.* In: IROS.

[23] Xu, Z., Schwarte, R., Heinol, H., Buxbaum, B. & T. Ringbeck (1998): *Smart pixel – Photometric Mixer Device (PMD) / new system concept of a 3D-imaging-on-a-chip.* M2VIP, S. 259-264.

Object Motion Analysis and Prediction
in Stereo Image Sequences

Christoph HERMES, Alexander BARTH, Christian WÖHLER and Franz KUMMERT

Abstract

Future driver assistance systems will have to cope with complex traffic situations, especially at intersections. To detect potentially hazardous situations as early as possible, it is therefore desirable to know the position and motion of oncoming vehicles for several seconds in advance. For this purpose, we propose a combined approach that tracks the vehicle position and orientation over time based on a box model, where the vehicle motion state is predicted several seconds ahead based on simultaneous tracking of multiple hypotheses with a particle filter framework. The scene is observed by a stereo camera mounted on the ego-vehicle. Compared to a traditional constant acceleration and curve radius prediction model, we show that the accuracy of the proposed particle filter approach is superior during turning manoeuvres displaying complex motion patterns.

1   Introduction

Future driver assistance systems have to be able to interpret complex traffic situations, for example at intersections. Predicting the trajectories of other traffic participants is an essential task for many applications such as collision avoidance. The aim is to detect critical situations as early as possible to warn the driver or to induce an autonomous safety action.

A method for estimating the pose and motion state of vehicles using a stereo vision sensor has been proposed in (BARTH 2008). In this approach, objects are represented as rigid 3D point clouds and tracked by an Extended Kalman Filter. The movement of the point cloud is restricted to circular path motion, assuming constant acceleration, which is an adequate assumption for time intervals of about one second. However, this motion model is insufficient if it is desired to predict the future trajectory, i.e. future pose and motion states, of a tracked object several seconds ahead.

Humans are able to predict object movements based on a short motion sequence using an expectation of typical motion patterns. For example, an oncoming vehicle at an intersection that starts changing its orientation is likely to turn left or right, depending on the direction of the orientation change. In this contribution, we adopt the human capability of inferring potential movements from a short motion sequence, which is extracted using an extended version of the method proposed in (BARTH 2008), allowing for reliable predictions up to three seconds ahead.

SIDENBLADH et al. (2002) utilize a particle filter on a given trajectory set for a probabilistic search to predict and track human body motion. We will extend this idea to estimate the probability density function of the future trajectory of a vehicle. Within this approach, trajectories are compared to reference trajectories using a rotationally invariant distance metric.

2   Object Motion Estimation

The following object motion estimation method is used both for generating reference trajectories of typical driving manoeuvres and for estimating the motion state of an object for prediction at runtime.

2.1   Object Representation

A vehicle is represented by a rigid 3D point cloud attached to a local *object coordinate system*. The origin of the object coordinate system is defined at an arbitrary reference point, e.g. the centroid of the point cloud, projected to the ground plane (street). ^{o}x, ^{o}y and ^{o}z represent the lateral axis, the height axis, and the longitudinal axis, respectively. The *ego coordinate system* is defined at the centre rear axis of the ego-vehicle (see Fig. 1).

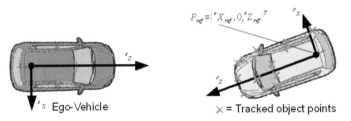

$\times$ = Tracked object points

Fig. 1:   Coordinate systems and pose parameters (bird's eye view)

The unknown parameters are the pose, i.e. position $\left(^{e}X_{ref}, {}^{e}Z_{ref}\right)$ and orientation (ψ in deg) with respect to the ego-vehicle, the motion state including velocity (v in m/s), acceleration (a in m/s²), and yaw rate ($\dot{\psi}$ in deg/s), as well as the exact structure of the 3D point cloud. These parameters are estimated using a standard Extended Kalman Filter (EKF) approach. In the following we will only present the main elements required for tracking, including state vector, system model and measurement model. Details regarding Kalman filtering can be found, for example, in (BAR-SHALOM 2001). The state vector of the unknown parameters x is defined as:

$$x = [^{e}X_{ref}, {}^{e}Z_{ref}, \psi, v, \dot{\psi}, a, {}^{o}X_0, {}^{o}Y_0, {}^{o}Z_0, ..., {}^{o}X_{M-1}, {}^{o}Y_{M-1}, {}^{o}Z_{M-1}] \tag{1}$$

We will denote $^{e}P_{ref} = \left[^{e}X_{ref}, 0, {}^{e}Z_{ref}\right]^{T}$ as the reference point in the following. The main difference to the approach in (BARTH 2008) is that the object point coordinates $^{o}P_m = \left[^{o}X_m, {}^{o}Y_m, {}^{o}Z_m\right]^{T}$, $0 \le m < M$, are also included in the filter state, i.e. the filter also estimates the structure of the (noisy) point cloud.

2.2   System Model

The non-linear system model f describes the dynamics of a tracked object and is used for predicting a state a given time interval Δt ahead, i.e. $\hat{x}(t+\Delta t)=f(x(t))$, where $\hat{x}$ denotes the predicted filter state before the measurements are incorporated. Vehicle movements are restricted to mostly longitudinal, or circular path movements, at normal driving conditions. Here, a constant curve radius and acceleration model is applied. In a time-discrete formulation the change of state x can be written as $f(x(t))=x(t)+\Delta x$ with

$$\Delta x =[{}^e X_{ref}, {}^e Z_{ref}, 0,0, \dot{\psi}\,\Delta t, a\,\Delta t, 0,0, \underbrace{0,\dots,0}_{3M}] \tag{2}$$

The centre rear axis plays an important role at rotational movements as it is the rotational reference centre (rotation point). The predicted reference point position P'_{ref} is computed as follows (in homogeneous representation):

$$P'_{ref} = M_{ego}\, M_{e2o}\, M_o \left({}^o P_{ref}\right) \tag{3}$$

First, M_o transforms the object origin ${}^o P_{ref} = [0,0,0]^T$ within the object coordinate system following a circular path motion model with

$$M_o = \begin{bmatrix} R(\dot{\psi}\,\Delta t) & {}^o T \\ 0 & 1 \end{bmatrix} \tag{4}$$

and

$$^o T = \left[\frac{v+a\Delta t}{\dot{\psi}}(1-\cos(\dot{\psi}\Delta t)), \frac{v+a\Delta t}{\dot{\psi}}\sin(\dot{\psi}\Delta t) \right]^T. \tag{5}$$

$R(\alpha)$ denotes a 3x3 rotation matrix around the height axis by an angle α. Then, M_{e2o} transforms the new position in object coordinates to the previous ego system:

$$M_{e2o} = \begin{bmatrix} R^{-1}(\psi) & {}^e P_{ref} \\ 0 & 1 \end{bmatrix} \tag{6}$$

Finally, the motion of the ego vehicle between the previous and the current frame is compensated by M_{ego} using the approach proposed in (BADINO 2004).

Thus, $\Delta P_{ref} = \left[\Delta^e X_{ref}, 0, \Delta^e Z_{ref} \right]^T = P'_{ref} - P_{ref}$ in Eq. (2).

2.3   Measurement Model

The measurement vector z consists of M triples (u_m, v_m, d_m), $0 \leq m < M$, with (u_m, v_m) the subpixel accurate image position of an observed object point ${}^oP_m$ and d the image disparity between left and right image of a rectified stereo image pair. The image position of each object point is tracked in the image using the KLT feature tracker (TOMASI et al. 1991).

The non-linear measurement model h computes a predicted measurement vector $\hat{z}$ based on the predicted state estimate $\hat{x}$, i.e. $\hat{z} = h(\hat{x})$. It results from the perspective camera model:

$$
\begin{aligned}
u_m &= h_{m,1}(\hat{x}) &= f_u \frac{{}^cX_m}{{}^cZ_m} + u_0 \\
v_m &= h_{m,2}(\hat{x}) &= -f_v \frac{{}^cY_m}{{}^cZ_m} + v_0 \\
d_m &= h_{m,3}(\hat{x}) &= f_u \frac{b}{{}^cZ_m},
\end{aligned}
\tag{7}
$$

where f_u and f_v are the horizontal and vertical focal length of the camera, (u_0, v_0) the principal point, and b the base line of the stereo system.

${}^cP_m = \left[{}^cX_m, {}^cY_m, {}^cZ_m \right]^T$ is the point ${}^oP_m$ in camera coordinates. The total transformation is composed of an object to ego transformation (parameterized by the state variables ψ, ${}^eX_{ref}$, and ${}^eZ_{ref}$), and the constant transformation between ego and camera system (including the extrinsic camera parameters).

For each measurement, a 3x3 noise matrix $R_m = diag(\sigma_u, \sigma_v, \sigma_d)$ has to be provided, yielding the total measurement noise matrix $R = blkdiag(R_0, R_1, \ldots, R_{M-1})$. Here, the measurement noise is assumed to be uncorrelated and constant.

2.4   Object Detection and Filter Initialization

Before tracking can be started, an object has to be detected. Here, a method fusing stereo and optical flow to track single 3D points in the scene, named 6D vision (FRANKE et al. 2005) is used. For each point, a 3D position and 3D velocity vector is estimated by means of Kalman filtering.

A group of points within a local neighbourhood, moving in the same direction with equal velocity, is assumed to belong to the same object. Clustering of the 6D vision data yields candidate objects. Such candidates consist of a set of 3D points $\left\{ {}^eP_0, \ldots, {}^eP_{M-1} \right\}$ in ego coordinates and an average velocity vector $\overline{V} = \left[v_x, v_y, v_z \right]^T$. For each candidate object a new filter state, as proposed in Section 2, is initialized as follows:

$$x = \left[{}^{e}C_{x}, {}^{e}C_{z}, 0, 0, \psi_{0}, \left|\overline{V}\right|, 0, 0, {}^{o}X_{0}, {}^{o}Y_{0}, {}^{o}Z_{0}, ..., {}^{o}X_{M-1}, {}^{o}Y_{M-1}, {}^{o}Z_{M-1}\right]^{T} \tag{8}$$

with ${}^{e}C = \left[{}^{e}C_{x}, 0, {}^{e}C_{z}\right]^{T}$ the centroid of the initial point cloud in ego coordinates, and $\psi_{0} = \arccos\left(v_{z}/\left|\overline{V}\right|\right)$ the angle of the average moving direction, defining the initial object coordinate system. ${}^{o}X_{m}, {}^{o}Y_{m}, {}^{o}Z_{m}$, $0 \le m < M$, correspond to the coordinates of point ${}^{e}P_{m}$ in this object system.

It is possible to restrict the initialization method to objects exceeding a certain velocity threshold, motion direction, or dimensional constraint.

3   Motion Prediction

The main idea for motion prediction is that we can infer the future trajectory from the currently estimated trajectory, i.e. from the object tracking results up to the current time step. The future states of similar reference trajectories are taken as hypotheses for the current trajectory.

3.1   Similarity of Trajectories

A trajectory $X = \left((x(t_{1}), t_{1}), ..., (x(t_{N}), t_{N})\right)$ is given as a series of object or vehicle states x_{i} with a time stamp t_{i}. Here, $x_{i} = \left[{}^{w}X_{ref}, {}^{w}Z_{ref}, \psi, v, \dot{\psi}, a\right]^{T}$ denotes a truncated version of state x (see Eq. (1)). Note that the position, corresponding to the centre rear axis, is given in *world coordinates,* i.e. a constant coordinate system outside the ego system.

First we define a metric to be able to compare trajectories. The following requirements have to be considered: (i) Insensitivity to outliers, since noisy data are likely to occur; (ii) different lengths of trajectories, i.e. different motion patterns do not depend on the starting point; (iii) translational invariance, i.e. similar motion patterns do not depend on the starting point; (iv) rotational invariance, i.e. similar motion patterns do not depend on the orientation, and their comparison needs to be independent of the observer's viewpoint.

The longest common sub-sequence (LCS) metric (VLACHOS et al. 2005) on trajectories has been shown to be an adequate metric and can handle the first two stated requirements. It originates in the field of string matching algorithms and returns the length of the longest common sub-string matched by two strings. To apply this technique to trajectories, a similarity matching function between two states (points) a_{i} and b_{j} from the given trajectory points $\left(a_{i}, t_{i}^{(a)}\right) \in A$ and $\left(b_{j}, t_{j}^{(b)}\right) \in B$ has to be defined. VLACHOS et al. (2005) use the minimum standard deviation $std_{min}^{(dim)} = min\left\{std\left(A^{(dim)}\right), std\left(B^{(dim)}\right)\right\}$ in each dimension *dim* as a decision boundary and apply a sigmoid function to smooth the distance value in the range $\left[0, std_{min}^{(dim)}\right]$. In our approach it is sufficient to use a linear function to obtain the distance between a_{i} and b_{j}, where $L^{1}(\cdot)$ denotes the L1 norm (Manhattan distance):

$$dist(a_i, b_j) = \begin{cases} 0 & \text{if } \exists\, dim \in D : L^1\left(a_i^{(dim)}, b_j^{(dim)}\right) > std_{min}^{(dim)} \\ \dfrac{1}{D} \displaystyle\sum_{dim=1}^{D} \left(1 - \dfrac{L^1\left(a_i^{(dim)}, b_j^{(dim)}\right)}{std_{min}^{(dim)}}\right) & \text{otherwise} \end{cases} \qquad (9)$$

The sizes of the trajectories A and B are denoted by N_A and N_B, respectively, corresponding to the number of motion states they comprise, and the sequence $\left[\left(a_1, t_1^{(a)}\right), \ldots, \left(a_{N_A-1}, t_{N_A-1}^{(a)}\right)\right]$ by $head(A)$. We then define the LCS on trajectories as follows:

$$LCS(A,B) = \begin{cases} 0 & \text{if } N_A = 0 \land N_B = 0 \\ LCS(head(A), head(B)) + dist\left(a_{N_A}, b_{N_B}\right) & \text{if } dist\left(a_{N_A}, b_{N_B}\right) \neq 0 \\ max\{LCS(head(A), B), LCS(A, head(B))\} & \text{otherwise} \end{cases} \qquad (10)$$

The distance between two trajectories A and B can then be obtained by $dist_{LCS}(A, B) = 1 - (LCS(A, B) / min\{N_A, N_B\})$, with $dist_{LCS}(A, B) \in [0,1]$. In order to get the translational and rotational invariance of this metric, we applied the method of KEARSLEY (1989) which finds the optimal orthogonal transformation to superimpose two point sets based on quaternions. This is done by applying the transformation on the well known Dynamic Programming version of Eq. (10), where partial best matches (sub-sequences) are stored in a table. The result is a metric called QRLCS (quaternion-based rotationally invariant LCS).

3.2　Prediction

The proposed motion prediction method utilizes as probabilistic tracking framework. Given a history of object states, i.e. a trajectory $X_{1:t}$ up to a current time t, we intend to predict the object state φ_T at a specific point in time T in the future. The uncertainty of this prediction can be formulated as a distribution $p(\varphi_T \mid X_{1:t})$, which is rewritten as $p(\varphi_T \mid X_{1:t}) = p(\varphi_T \mid \Psi_t) p(\Psi_t \mid X_{1:t})$, where we have incorporated the current object state Ψ_t. In the context of trajectories, Ψ_t represents a sequence of trajectory points (a sub-trajectory) including the position at the current time t and its history over a given travelled distance d_{tr}. We choose the distance window instead of a time window because the characteristics of vehicle motion are represented by the travelled distance, while the motion history especially of objects which are standing or moving slowly may be less meaningful when integrated over a uniform time interval.

The distribution $p(\varphi_T \mid \Psi_t)$ is the likelihood that the predicted state φ_T occurs when the sub-trajectory Ψ_t is given. Since we are using motion samples as reference, where each sub-trajectory has a deterministic extrapolation, the value of this likelihood can be set as constant and thus be neglected. Applying Bayes rule to the remaining distribution $p(\Psi_t \mid X_{1:t})$ results in an estimation of the current state based on the current measurement and the previous states as follows (η is a normalization constant):

$$p(\varphi_T \mid X_{1:t}) = \eta \, p(X_{1:t} \mid \Psi_t) \int p(\Psi_t \mid \Psi_{t-1}) p(\Psi_{t-1} \mid X_{1:t-1}) d\Psi_{t-1} \tag{11}$$

This distribution is represented by a set of S samples or particles $\{\Psi_t^{(s)}\}_S$, which are propagated in time using a particle filter (BLACK et al. 1998). Therefore, each particle $\Psi_t^{(s)}$ represents a sub-trajectory of the current state. The distribution $p(X_{1:t} \mid \Psi_t)$ represents the likelihood that the measurement trajectory $X_{1:t}$ can be observed when the model trajectory is given; it can be obtained by the QRLCS metric. According to (SIDENBLADH et al. 2002), it is sufficient to sample the particles from the distribution $p(\Psi_t \mid \Psi_{t-1})$ from a motion database as follows, resulting in an efficient implicit probabilistic motion model.

In a first step, the trajectory database is constructed by creating samples with overlapping windows of equal travelled distances d_{tr}. Since this procedure creates sub-trajectories with different numbers of points, we applied the Chebyshev decomposition to the velocity and yaw angle components of the trajectories to obtain a vector of Chebyshev coefficients $[c_v, c_a]$ for the velocity and the yaw angle, respectively. Then, a dimensionality reduction is performed using principal component analysis (PCA). The particles are also transformed to this low-dimensional coefficient space. The database of samples is then converted into a binary tree using the previously determined coefficients. The top node in the tree corresponds to the coefficient that captures the dimension of largest variance in the database, where lower levels capture the finer motion structure. At each level l, a sub-trajectory i is assigned to the left sub-tree when its coefficient $c_{i,l} < 0$ and assigned to the right one if $c_{i,l} \geq 0$. Each of the leaf nodes contains an index into the motion database.

SIDENBLADH et al. (2002) argue that sampling particles from the state transition distribution $p(\Psi_t \mid \Psi_{t-1})$ can be approximated by a probabilistic search in the database. When a particle reaches a leaf, the prediction step is performed by shifting the particle (i.e. the sub-trajectory) with the appropriate time over the trajectory to which the leaf points. The probabilistic search depends on the particle represented by its PCA-transformed Chebyshev coefficients c_i. At each level l in the binary tree it is decided with the probability

$$p_{right} = p(c_{i,l} \geq 0 \mid c_{i,l}) = \frac{1}{\sqrt{2\pi\beta\sigma_l}} \int_{z=-\infty}^{\hat{c}_{i,l}} e^{\frac{z^2}{2\beta\sigma_i^2}} dz \tag{12}$$

whether the particle is moved to the right subtree, otherwise the left one is chosen. The value β is a temperature parameter describing the spreading deviation around each particle c_i. The higher the value of β, the more likely the new regions of interest are explored. The variances σ_i^2 are normalisation factors and correspond to the eigenvalues of the covariance matrix computed for determining the PCA of the Chebyshev coefficients.

Since the distribution of the predicted states $p(\varphi_T \mid X_{1:t})$ is approximated by means of the particle filter, the estimated states σ_i^2 can be obtained by looking ahead for a specific time interval ΔT from the current object states $\Psi_t^{(s)}$ on the associated trajectories. This results in many hypotheses which often lie closely together. To condense this set into a small number of hypotheses, we apply a mean shift method (COMANICIU et al. 2002). The key idea is to estimate local densities of the predicted states $\varphi_T^{(s)}$ by constructing a kernel over each state and then to shift the states iteratively towards higher densities.

Fig. 2: Estimation results of an oncoming vehicle first detected at 48 m distance. The predicted driving path indicating curve radius and velocity for the next second and the tracked 3D points are shown as well as a bounding box indicating the object pose.

4   Experimental Results

For testing, a database of reference trajectories has been set up based on 110 training sequences, including different turn manoeuvres and straight movements, using the approach proposed in Section 2. These observations have been extracted on real world data using the following scenario. A vehicle moves straight toward the stationary ego vehicle ($v = 7.5\,m/s$ on average) and then turns right (left from the perspective of the ego vehicle) at 20 m distance (Fig. 2). This database is further used as a motion knowledge base in the particle filter system as stated in Section 3. One trajectory is left out for testing and is thought as *prediction ground truth* in this experiment, because the whole trajectory, i.e. previous and future movement, is known.

For comparison with the proposed state prediction method, we simultaneously apply a standard extrapolation technique assuming constant acceleration and curve radius with respect to the current vehicle state. In the particle filter system we use $S = 200$ particles, 50 Chebyshev coefficients in each dimension, a tree depth of 12, a temperature parameter $\beta = 0.8$, a travelled distance of $d_{tr} = 25\,m$, and a mean-shift kernel width of $h = 4.0\,m$. In Figure 3(b) an example is shown for the prediction at a current time step, where approximately four metres before the turning manoeuvre, the two kinds hypotheses "right turn" and "straight" turn up to be most significant. The turning hypothesis is correctly chosen as the predicted object's state. Since the particle filter is a probabilistic approach, each run on the same trajectory will give slightly different results. To examine if the standard deviation of the prediction result remains small, the particle filter system was run ten times for a prediction interval of 2 s on the test trajectory (cf. Fig. 3(a)). The resulting average prediction error and its standard deviation for each time step are shown in Figure 4 along with the prediction error of the standard model. Besides the position error, we also state the errors for the velocity, yaw angle, and yaw rate, as they represent important characteristics of the predicted state. The prediction behaviour of the particle filter approach is clearly superior compared to the standard model, especially during the turning manoeuvre.

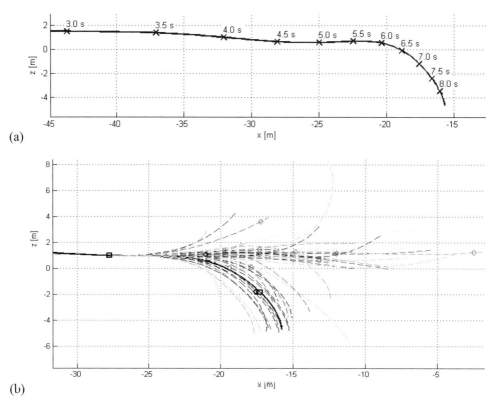

(a)

(b)

Fig. 3:   (a) Test trajectory for different time steps. The camera is looking from the right side at the scene. (b) Particle filter prediction for a prediction interval of 2 s. The strong line depicts the movement of a vehicle, whereas the dashed lines represent the motion hypotheses. On the left side, the black square depicts the current vehicle position; the circle denotes the predicted state by the standard method and the diamond sign the predicted state by the particle filter system. Nearby, the black square shows the ground truth's state.

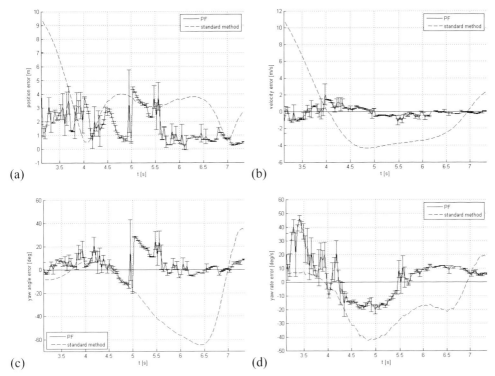

Fig. 4:   Errors and standard deviations over time for a single test trajectory (cf. Fig. 3(a), prediction interval is 2 s, ten runs of the particle filter. The turning manoeuvre begins at $t = 6\,s$. (a) Position error, (b) velocity error, (c) yaw angle error, (d) yaw rate error.

References

Badino H. (2004): *A robust approach for ego-motion estimation using a mobile stereo platform.* 1st Intern. Workshop on Complex Motion (IWCM04), Günzburg, Germany.

Bar-Shalom, Y., Rong Li, X. & T. Kirubarajan (2001): *Estimation with Applications to Tracking and Navigation.* John Wiley & Sons, Inc.

Barth, A. & U. Franke (2008): *Where Will the Oncoming Vehicle be the Next Second?* Proc. of IEEE Intelligent Vehicles Symposium, pp. 1068-1073

Black, M. J. & A. D. Jepson (1998): *A Probabilistic Framework for Matching Temporal Trajectories: CONDENSATION-Based Recognition of Gestures and Expressions.* ECCV, Springer, pp. 909-924.

Comaniciu, D. & P. Meer (2002): *Mean shift: a robust approach toward feature space analysis.* IEEE Transactions on PAMI, vol. 24, pp. 603-619.

Franke, U., Rabe C., Badino, H. & S. Gehrig (2005): *6D-vision: Fusion of stereo and motion for robust environment perception.* 27th DAGM Symposium, pp. 216-223.

Kearsley, S. K. (1989): *On the orthogonal transformation used for structural comparisons.* Acta Cryst., A45, pp. 208-210.

Sidenbladh, H., Black, M. J. & L. Sigal (2002): *Implicit Probabilistic Models of Human Motion for Synthesis and Tracking.* ECCV '02: Proceedings of the 7th European Conference on Computer Vision-Part I, Springer, pp. 784-800.

Tomasi, C. & T. Kanade (1991): *Detection and tracking of point features.* Carnegie Mellon University, Tech. Rep., CMU-CS-91-132.

Vlachos, M., Kollios, G. & D. Gunopulos (2005): *Elastic Translation Invariant Matching of Trajectorie.,* Mach. Learn., Kluwer, vol. 58, pp. 301-334.

Konzept zur Bewertung der 3D-Umfeldbeschreibung von Sensoren

Bärbel GRABE, Thorsten IKE und Michael HÖTTER

Zusammenfassung

Eine Voraussetzung für zukünftige Fahrerassistenzsysteme ist eine vollständige und zuverlässige Beschreibung des von der Sensorik erfassten Fahrzeugumfeldes. Dieser Beitrag generiert Maßzahlen und Verfahren zur Bewertung der Umfeldbeschreibung von Sensoren unter Berücksichtigung der Sensorerfassungsbereiche.

1 Einleitung

Eine Herausforderung für die Entwicklung von Fahrerassistenzsystemen ist die Wahrnehmung und Interpretation der Umgebung. Dabei steht eine vollständige und zuverlässige Beschreibung des Fahrzeugumfeldes im Mittelpunkt. Um eine höhere Genauigkeit in der Umfeldbeschreibung zu erzielen, werden verschiedene Sensoren zur Umfelderfassung eingesetzt und fusioniert (z. B. SKUTEK & LINZMEIER 2005). Ein Ansatz zur Umgebungsmodellierung ist die Repräsentation des Umfeldes in einem Gitter (ELFES 1989). Um die Belegtwahrscheinlichkeiten für das Gitter zu schätzen, werden Ansätze wie die Bayes-Theorie oder die Dempster-Shafer Theorie (DST) eingesetzt. Anhand von Ground Truth Daten wird die Qualität der Umfeldbeschreibung beurteilt (z. B. CARLSON et al. 2005).

In diesem Beitrag erfolgt die Bewertung der Umfeldbeschreibung von Sensoren ohne Berücksichtigung von Ground Truth Daten. Hierzu wird in Kapitel 2 das Gitter definiert und das Konzept zur Sensordatenfusion basierend auf der Evidenztheorie nach SHAFER (1976) vorgestellt. Folgend wird in Kapitel 3 das Bewertungskonzept erläutert. Hier werden Maße, die die Vollständigkeit und Genauigkeit der Detektion beschreiben, unter Berücksichtigung des Erfassungsbereiches definiert und zur Generierung von Gütemaßen kombiniert. Kapitel 4 stellt die verwendeten Sensormodelle vor und in Kapitel 5 sind die experimentellen Ergebnisse dargestellt.

2 Konzept zur evidenzbasierten Multi-Sensordatenfusion

In diesem Abschnitt wird das Gitter definiert und die evidenzbasierte Datenfusion vorgestellt.

2.1 Definition des Gitters

Occupancy grids sind eine quantisierte Repräsentation des Fahrzeugumfeldes (ELFES 1989). Die in diesem Beitrag beschriebenen Gitter teilen den beobachteten Bereich vor dem Fahrzeug in gleichgroße Gitterzellen mit einer Fläche von $0,2 \times 0,2$ m. Die i-te Zelle in x- und die j-te Zelle in z-Richtung ist definiert als $C_{i,j}$. Die Wahrscheinlichkeit für die Belegung einer Zelle durch ein Objekt ist mit $P_b(C_{i,j})$ angegeben. Mit der Definition des Gitters ist eine einheitliche Darstellungsbasis für verschiedene Sensoren verfügbar.

2.2 Evidenzbasierte Datenfusion

Das Konzept zur Sensordatenfusion ist in Abbildung 1 dargestellt. Für die Messwerterfassung stehen verschiedene Sensoren zur Verfügung, z. B. Radar und stereoskopische Videosensoren. Diese sind mit Sensor 1 bis Sensor n gekennzeichnet. Jeder Sensor generiert spezifische Messdaten, die unter Beachtung des entsprechenden Sensormodells bzw. der entsprechenden Sensoreigenschaften als stochastische Objektmodelle formuliert werden. Basierend auf diesen stochastischen Modellen erfolgt für jede Gitterzelle die Schätzung einer Belegtwahrscheinlichkeit $P_{b,n}(C_{i,j})$. Ein Update der Wahrscheinlichkeit je Gitterzelle erfolgt unter Verwendung der DST, die eine Aussage über den Zustand der Zelle (belegt, frei) und zusätzlich ein Maß für den Grad des Unwissens und des Konfliktes zur Verfügung stellt.

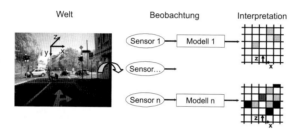

Abb. 1: Die Welt repräsentiert das von Sensoren vermessene Fahrzeugumfeld. Basierend auf stochastischen Objektmodellen ist eine Belegtwahrscheinlichkeit für jede Gitterzelle geschätzt.

Die Dempster-Shafer Theorie basiert auf einer Menge vollständiger, sich gegenseitig ausschließender Ereignisse, dem *frame of discernment* Θ. In diesem Beitrag beinhaltet der frame of discernment alle möglichen Zustände einer Zelle C, Θ = {b(elegt), f(rei)}. Die Potenzmenge von Θ bildet eine Menge hierarchisch angeordneter Ereignisse 2^Θ = {0, b, f, Θ} wobei eine grobe Ereignismenge (hier Θ) feinere, disjunktiv verknüpfte Ereignisse zusammenfasst. Die *mass function* ordnet den Teilmengen der Potenzmenge die Unterstützung für das jeweilige Ereignis zu: $m : 2^\Theta \rightarrow [0,1]$ wobei

$$m(0) = 0, \quad \sum_{A \subseteq \Theta} m(A) = 1 \tag{1}$$

gilt. In der klassischen Wahrscheinlichkeitstheorie beinhaltet die Zuordnung einer Wahrscheinlichkeit zu einem Ereignis (z. B.: $P(b)=0{,}8$) automatisch die Zuordnung der Restwahrscheinlichkeit zur Gegenhypothese ($P(\bar{b}) = P(f) = 0{,}2$). Im Gegensatz dazu erlaubt die DST die Zuordnung einer Unterstützung zum frame of discernment selbst, welches somit das Unwissen repräsentiert (z. B.: $m(b)=0{,}8$, $m(\Theta)=0{,}2$).

Die Kombination zweier unabhängiger mass functions m_1 und m_2 über demselben frame of discernment erfolgt unter Verwendung von *Dempsters rule of combination*:

$$m(X) = \begin{cases} \dfrac{1}{1 - m'(0)} \cdot m'(X) & \text{für } X \neq 0 \\ 0 & \text{für } X = 0 \end{cases} \quad \text{mit } m'(X) = \sum_{A_i \cap B_j = X} m_1(A_i) \cdot m_2(B_j) \tag{2}$$

Das Ergebnis wird als orthogonale Summe bezeichnet und kurz $m = m_1 \oplus m_2$ geschrieben. Durch wiederholte Anwendung von Gleichung (2) lässt sich somit eine beliebige Anzahl von mass functions kombinieren. Der Renormalisierungsterm in Gleichung (2) beschreibt die Konfliktmasse innerhalb des *weight of conflict* und somit die Unvereinbarkeit der zu fusionierenden Daten:

$$con = -\log(1 - \kappa) \quad \text{mit} \quad \kappa = m'(0) = \sum_{A_i \cap B_j = 0} m_1(A_i) \cdot m_2(B_j) \tag{3}$$

Mit steigender Unvereinbarkeit der zu kombinierenden mass functions geht *con* gegen unendlich. Bei vollständiger Widersprüchlichkeit ist con = ∞ und Gleichung (2) nicht definiert. Des Weiteren definiert die DST zur Beurteilung der fusionierten Daten eine *belief function* und eine *plausibility function*:

$$Bel(X) = \sum_{A \subseteq X} m(A) \quad \text{und} \quad Pl(X) = \sum_{A \cap X \neq 0} m(A). \tag{4}$$

Bel und *Pl* werden hierbei als untere beziehungsweise obere Schranke eines Intervalls interpretiert, dessen Breite die verbleibende Unsicherheit der fusionierten Daten beschreibt. Für das in diesem Beitrag verwendete frame of discernment entspricht die Intervallbreite genau dem verbleibendem Unwissen nach der Fusion der mass functions.

Im Folgenden ist die Fusionsvorschrift exemplarisch für einen Objektsensor S_n dargestellt. Hierbei sind die mass functions für eine Gitterzelle $C_{i,j}$ wie folgt definiert: $m_{Sn}(0)=0$, $m_{Sn}(b)=P_{Sn,i}(b)$, $m_{Sn}(f)=0$, $m_{Sn}(\Theta)=1- P_{Sn,i}(b)$, wobei $P_{Sn,i}(b)$ die Belegtwahrscheinlichkeit der i-ten Sensormessung des Sensors S_n ist. Daraus ergibt sich bei I statistisch unabhängigen Messungen die Wahrscheinlichkeit dafür, dass die Gitterzelle belegt ist nach (2) zu:

$$m_{Sn}(b) = 1 - \prod_{i=1}^{I} \left(1 - P_{Sn,i}(b)\right). \tag{5}$$

Das Maß Unwissen ist in diesem Fall wie folgt definiert:

$$m_{Sn}(\Theta) = 1 - m_{Sn}(b). \tag{6}$$

Für das Beispiel der Objektdetektion ist das Konfliktmaß nach Gleichung (3) $con_{Sn}=0$.

In Kapitel 3 wird die Umfeldbeschreibung eines jeden Sensors, wie in Abbildung 1 visualisiert, zur Entwicklung der Maßzahlen und Generierung der Gütemaße verwendet.

3 Bewertungsmethode

Für einen Vergleich und eine Bewertung der Umfeldbeschreibung von verschiedenen Sensoren werden die folgenden Spezifikationen gefordert: A) Die Umfeldbeschreibung muss unter Berücksichtigung der Sensoreigenschaften gitterbasiert vorliegen. B) Die Gütemaße sind unabhängig von der Form und Größe der Erfassungsbereiche verschiedener Sensoren, es wird jedoch ein überlappender Bereich gefordert. C) Der Referenzsensor ist der Sensor mit der vollständigsten und zuverlässigsten Umfeldbeschreibung, d. h. der Sensor mit dem größten Erfassungsbereich und der genausten Umfeldbeschreibung und D) zur Bewertung sind nur Gitterzellen berücksichtigt, die innerhalb des Erfassungsbereiches der Referenz-sensorik mit einer Wahrscheinlichkeit belegt sind. Mit diesen Forderungen werden Güte-maße generiert wobei im Folgenden der Referenzsensor S_1 und die zu analysierende Senso-rik S_2 unter Berücksichtigung der Erfassungsbereiche betrachtet werden. Die Maße resultie-ren aus drei verschiedene Bewertungsmethoden: Eine *globale Bewertung* wobei die lokalen Werte je Gitterzellen innerhalb des gesamten Erfassungsbereiches zu einem globalen Maß akkumuliert werden, eine *regionenorientierte Bewertung*, wobei die äquidistante Einteilung des Erfassungsbereiches in longitudinaler Richtung, z. B. Nah-, Mittel- und Fernbereich drei Maße zur Verfügung stellt und eine *lokale Bewertung* durch separate Auswertung jeder Gitterzelle.

3.1   Definition von evidenzbasierten Gütemaßen

Um einen Vergleich der Umfeldbeschreibung von Sensor S_1 und S_2 vorzunehmen wird die *Interpretationsdiskrepanz* (ID) wie folgt berechnet: Für die globale und regionenorientierte Bewertungsmethode werden die lokalen Werte je Gitterzelle im Erfassungsbereich akku-muliert:

$$ID_e = \frac{1}{N} \sum_{n=1}^{N} \left| m_{S1,n}(b) - m_{S2,n}(b) \right| \tag{7}$$

wobei N die Anzahl der belegten Gitterzellen innerhalb des Erfassungsbereiches der Refe-renzsensorik und die verwendete Bewertungsmethode durch den Index e gekennzeichnet ist: (g)lobal oder (r)egionenorientiert. ID_e ist die absolute Abweichung der Belegtwahr-scheinlichkeiten beider Sensoren unter Verwendung von Gleichung (5). Eine kleine ID weist hierbei auf identische Belegtwahrscheinlichkeiten hin, d. h. beide Wahrscheinlichkei-ten sind groß oder beide Wahrscheinlichkeiten sind klein. Des Weiteren wird das DS-Maß Unwissen (U) Gleichung (6) für die zu analysierende Sensorik S_2 betrachtet:

$$U_e = \frac{1}{N} \sum_{n=1}^{N} m_{S2,n}(\Theta) \tag{8}$$

Hierbei gilt, je kleiner der Wert des Unwissens, desto vollständiger ist die Umfeldbeschrei-bung. Für die lokale Bewertungsmethode erfolgt eine separate Auswertung jeder Gitterzel-le, wobei in Gleichung (7) und (8) N=1 ist.

Exemplarisch sind in Abbildung 2 mögliche Ergebnisse unter Verwendung der lokalen Bewertungsmethode dargestellt, wobei für jede Gitterzelle ID und U berechnet und als Punkte (grau) im Diagramm eingezeichnet sind. Durch Berechnung von Mittelwert und Varianz der Punktwolke ergibt sich eine Ellipse (Abb. 2, gepunktete Linie). Die Definition der drei Gütemaße erfolgt aus der Bestimmung der Ellipsenparameter (Schwerpunkt, Haupt- und Nebenachse), der Berechnung des Abstandes vom Ellipsenschwerpunkt zum Ursprung (d_r) und dem Winkel zur Abszisse (d_δ), die im Folgenden zur Bewertung der Umfeldbeschreibung von Sensoren verwendet werden.

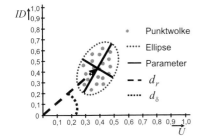

Abb. 2:
Punktwolke (grau) im Diagramm, Interpretationsdiskrepanz und Unwissen

Interpretation der Gütemaße: Abbildung 3 zeigt vier Beispiele, die die Bewertungsmethode verdeutlichen. In Beispiel 1 ist für S_1 eine hohes Wissen über das Fahrzeugumfeld
(Wahrscheinlichkeit 90 %) und für S_2 ein geringeres Wissen (Wahrscheinlichkeit 20 %)
angenommen, d. h. U=0,8 und ID=0,7 (Abb. 3, Strich-Punkt Linie). Der Abstand zum Ursprung und der Winkel sind d_r=1,1 und d_δ=41,2°. In diesem Beispiel detektiert S_2 im Gegensatz zu S_1 die Umgebung nur unvollständig und ungenau. In Beispiel 2 wird angenommen, dass S_1 kein Objekt im Umfeld detektiert wohingegen S_2 mit hoher Wahrscheinlichkeit (80 %) Objekte detektiert. Dies führt zu einem geringen U=0.2 und deutet auf ein
hohes Wissen von S_2 hin. Der hohe Wert der ID=0,8 weist darauf hin, dass die Wahrscheinlichkeiten beider Sensoren gegensätzlich sind (Abb. 3, gestrichelt). Hier ergibt sich ein
kleineres d_r=0,82 aber ein größeres d_δ=75,9°, d. h. S_2 vermisst das Umfeld mit einem hohen
Wissen im Vergleich zu S_1. Vermessen beide Sensoren das Umfeld mit einem geringen
Wissen wie in Beispiel 3 oder beide mit einem hohen Wissen wie in Beispiel 4, führt dieses
zu einer kleinen ID. Mit U=0,9 ist bekannt, dass die Wahrscheinlichkeit von S_2 klein ist.
Eine kleine ID weist somit auf eine kleine Wahrscheinlichkeit von S_1 hin. Dies führt zu
einem großen d_r =0,9 und einem kleinen d_δ=6,3° (Abb. 3, gepunktet). Im Gegensatz dazu,
wenn U klein ist wie in Beispiel 4, hat S_2 ein großes Wissen über das Umfeld und aufgrund
der kleinen ID muss auch S_1 ein hohes Wissen haben. Dementsprechend sind d_r =0,4 und
d_δ=33,7° klein (Abb. 3, durchgezogen). Aus den Beispielen geht hervor, dass: Je kleiner der
Abstand zum Ursprung **und** der Winkel sind, desto präziser ist die Umfeldbeschreibung,
d. h. desto höher ist die Leistungsfähigkeit der Sensorik.

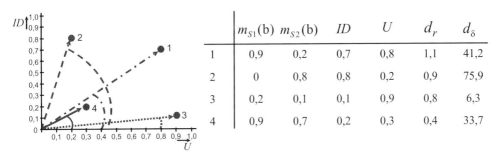

	$m_{S1}(b)$	$m_{S2}(b)$	ID	U	d_r	d_δ
1	0,9	0,2	0,7	0,8	1,1	41,2
2	0	0,8	0,8	0,2	0,9	75,9
3	0,2	0,1	0,1	0,9	0,8	6,3
4	0,9	0,7	0,2	0,3	0,4	33,7

Abb. 3:   Vier Extremfälle zur Bewertung der Umfeldbeschreibung

4   Schätzung der Belegtwahrscheinlichkeiten

In diesem Beitrag werden stochastische Objektmodelle für drei Sensoren (S_n, n=1,2,3), zur Schätzung der Belegtwahrscheinlichkeiten, wie folgt formuliert.

Stochastische Modellierung von Stereo 3D-Messpunkten: Sensor S_1 ist ein Stereovideosensor. Eine detaillierte Beschreibung des verwendeten Sensormodells ist in SUPPES (2004) dargestellt. Dieses Sensormodell stellt punktbasierte Sensordaten (3D-Messpunkte und zugehörige Unsicherheiten) zur direkten Verarbeitung zur Verfügung. Die Messungen werden als normalverteilt angenommen. Die Belegtwahrscheinlichkeit jeder Gitterzelle berechnet sich dann aus dem Integral über den Abschnitt der Normalverteilung, der über einer Gitterzelle liegt. Voneinander unabhängige Messungen werden zellenbasiert, entsprechend der Fusion nach Dempster-Shafer miteinander verknüpft.

Stochastische Modellierung von Stereo 3D-Messclustern: Sensor S_2 basiert auf dem zuvor vorgestellten Stereovideosensor. Hier ist in Anlehnung an THRUN et al. (2006) das Gitter gelabelt, indem einer Gitterzelle $C_{i,j}$ der Zustand *belegt* zugeordnet wird, wenn die folgende Zuordnungsvorschrift gilt: Befinden sich innerhalb eines Radius ε um den Mittelpunkt einer Gitterzelle mindestens zwei Messpunkte, deren Höhendifferenz größer δ ist, so erfolgt die Kennzeichnung der Zelle als belegt. Existieren mehr als zwei Messpunkte für eine Gitterzelle werden die am zuverlässigsten vermessenen (höchsten und niedrigsten) Messpunkte zur Schätzung der Belegtwahrscheinlichkeit verwendet.

Stochastische Modellierung von Mono-Rückansichten: Sensor S_3 ist ein Monovideosensor. Hier stehen Objektbeschreibungen von Rückansichten aus dem Videobild zur Verfügung (WITHOPF 2007). Die zweidimensionalen Bildobjekte sind durch umschreibende Rechtecke in Bildkoordinaten definiert, wobei die Kanten die Objektbegrenzungen definieren. Zusätzlich wird ein Fahrbahnoberflächenmodell nach LABAYRADE et al. (2002) verwendet, so dass eine 3D-Position und die zugehörige Unsicherheit für jede detektierte Fahrzeugrückansicht zur Schätzung der Belegtwahrscheinlichkeit verfügbar sind.

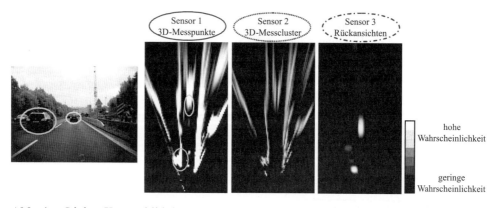

Abb. 4:   Linkes Kamerabild des Stereosensors. Stochastische Repräsentation der Szenenerfassung (Birdview) von Fahrzeugumfeldsensoren: links: Stereo 3D-Messpunkte, Mitte: Stereo 3D-Messcluster, rechts: Mono Rückansichten. Eine hohe Wahrscheinlichkeit ist durch helle Bereiche gekennzeichnet. Die grauen Umrandungen markieren die jeweilige Position der Objekte im Gitter.

Basierend auf den stochastischen Modellierungen der Sensoren stehen unter Verwendung von Gleichung (7) und (8) für n=1,2,3 die sensorspezifischen, gitterbasierten Umfeldbeschreibungen zur Verfügung. Abbildung 4 zeigt eine typische Szene vom linken Kamerabild des Stereovideosensors und die hierzu gehörenden Umfeldbeschreibungen der Sensoren (S_1, S_2, S_3) als *Birdview*. Je heller eine Verteilung erscheint, desto höher ist die Belegtwahrscheinlichkeit.

5 Experimentelle Ergebnisse

Die in Kapitel 3 herausgearbeiteten Gütemaße werden im Folgenden anhand von realen Daten visualisiert, die von verfügbaren Sensoren mit ausreichender Messdichte, z. B. Stereo 3D-Punkte, Stereo 3D-Messcluster und Mono Rückansichten basieren (Abb. 4). Die folgenden Betrachtungen werden für diese drei Sensoren durchgeführt, wobei S_1 als Referenzsensor definiert ist und S_2 und S_3 als zu analysierende Sensoren gewählt werden. Die Umfeldbeschreibung der Sensoren sind mit der globalen und regionenorientierten Bewertungsmethode aus Kapitel 3 bewertet und die zugehörenden Ergebnisse in Abbildung 5 und Abbildung 6 visualisiert. Hierbei sind im Folgenden die Ergebnisse der Auswertung von S_1-S_2 als durchgezogene Linie und die der Auswertung von S_1-S_3 als gestrichelte Linie dargestellt.

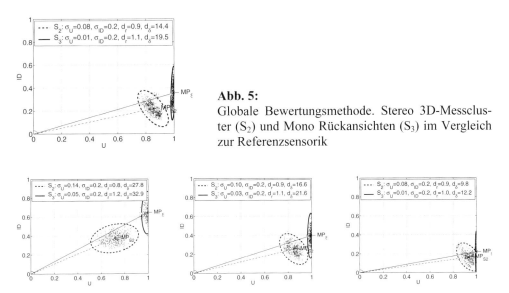

Abb. 5:
Globale Bewertungsmethode. Stereo 3D-Messcluster (S_2) und Mono Rückansichten (S_3) im Vergleich zur Referenzsensorik

Abb. 6: Regionenorientierte Bewertungsmethode für Nah-, Mittel- und Fernfeld. Stereo 3D-Messcluster (S_2) und Mono Rückansichten (S_3) im Vergleich zur Referenzsensorik

Abbildung 5 zeigt, dass die Verteilung der Interpretationsdiskrepanz von S_1-S_3 und S_1-S_2 vergleichbar ist, gleichzeitig produziert S_2 ein geringes Unwissen, d. h. S_2 vermisst mit höherer Wahrscheinlichkeit und hat ein höheres Wissen über das Fahrzeugumfeld. Insgesamt wird S_2 besser bewertet, da hier die Gütemaße (d_r, d_δ) kleiner sind als bei S_3, d. h. der Ellipsenschwerpunkt der Messwerte näher zum Ursprung liegt. In Abbildung 6 ist das Ergebnis aus Abbildung 5 noch einmal nach Nah-, Mittel-, und Fernbereich aufgeschlüsselt. Die Unsicherheit steigt von Nah- zu Mittel- zu Fernbereich. Dies entspricht der Charakteristik eines Videosensors. Bei Verwendung der Interpretationsdiskrepanz als Gütekriterium, zeigen S_2 und S_3 im Vergleich zu S_1 annähernd die gleiche Leistungsfähigkeit. Durch die zusätzliche Betrachtung des Unwissens lässt sich diese Aussage präzisieren, da das Unwissen des Sensors S_2 im Mittel geringer ist als das Unwissen von S_3 und damit eine umfassendere Beschreibung des Fahrzeugumfeldes erfolgt. Bei Analyse der Abbildung 6 wird deutlich, dass die Ellipsen nach rechts unten wandern, d. h. das ausgehend von Nah-, zu Mittel-, zu Fernbereich das Unwissen U wächst und ID sinkt. Dies bedeutet, entsprechend Kapitel 187 Beispiel 3, dass sowohl der Referenzsensor als auch die zu analysierende Sensorik nur mit geringen Wahrscheinlichkeiten Objekte detektieren können. Das heißt, dass auch der Referenzsensor mit wachsender Entfernung Objekte nur unsicher vermessen kann. Mit diesen Gütemaßen ist somit eine Aussage über die Leistungsfähigkeit des Sensors **und** des Referenzsensors verfügbar.

6   Zusammenfassung und Ausblick

In diesem Beitrag werden Gütemaße zur Bewertung der Umfeldbeschreibung von Sensoren vorgestellt, die auf Belegtwahrscheinlichkeiten des gitterbasierten Fusionsansatzes resultieren. Basierend auf dem DS-Maß Unwissen U und der vorgestellten Interpretationsdiskrepanz ID werden Gütemaße berechnet (Ellipsenparameter, Abstand zum Ursprung und Winkel). Mit den hier eingeführten Gütemaßen wird nicht nur der Sensor bewertet, sondern es ist auch einen Hinweis auf das Bezugssystem (Referenzsensor) verfügbar. Wie in Kapitel 2 dargestellt werden in diesem Beitrag ausschließlich Sensoren der Objektdetektion verwendet, d. h. der Konflikt dieser Sensoren ist immer $con_{Sn}=0$. In Zukunft sollen für eine umfassendere Bewertung zusätzlich Sensoren die befahrbaren Bereiche (Freiflächen) detektieren. Eine Fusion ermöglicht den Konflikt der Sensoren als zusätzliches Maß, neben ID und U zu berücksichtigen.

Literatur

Carlson, J., Murphy, R. R., Christopher, S. & J. Casper (2005): *Conflict Metric as a Measure of Sensing Quality*. Robotics and Automation 2005, ICRA 2005, Proc. of the 2005 IEEE International Conference.

Elfes, A. (1989): *Occupancy grids: a probabilistic framework for robot perception and navigation*. Carnegie-Mellon University, Nr. AAI9006205.

Labayrade, R., Aubert, D. & J.-P. Tarel (2002): *Real time obstacle detection in stereovision on non flat road geometry through "v-disparity" representation*. Intelligent Vehicle Symposium, 2002. IEEE.

Shafer, G. (1976): A *Mathematical Theory of Evidence.* Princeton, New Jersey: Princeton University Press.

Skutek, M. & D. Linzmeier (2005): *Sensor Data Fusion for Safety Applications in Automotive Environment.* Automatisierungstechnik, 53 (7), S. 295-305.

Suppes, A. (2004): *Stochastische Hindernisdetektion aus stereoskopischen Videosequenzen für fahrerlose Transportfahrzeuge.* VDI-Schriftenreihe, Fortschritt-Berichte, Informatik/Kommunikationstechnik, Band 740. Düsseldorf: VDI.

Thrun, S., Montemerlo, M. & A. Aron (2006): *Probabilistic Terrain Analysis for High-Speed Desert Driving.* Proc. of the Robotics Science and Systems Conference (ed. by G. Sukhatme, S. Schaal, W. Burgard & D. Fox). Cambridge, MA: The MIT Press.

Withopf, D. (2007): *Reliable Real-Time Vehicle Detection and Tracking.* VDI-Schriftenreihe, Fortschritt-Berichte, Verkehrstechnik/Fahrzeugtechnik, Band 661. Düsseldorf: VDI.

Evidenzbasierte Optimierung von gitterbasierten Fahrzeugumfeldbeschreibungen aus stereoskopischen Videodaten

Thorsten IKE, Bärbel GRABE und Michael HÖTTER

Zusammenfassung

Zukünftige Fahrerassistenzsysteme benötigen eine vollständige, präzise und zuverlässige Beschreibung des Fahrzeugumfeldes. Basierend auf einer pel-genauen und einer subpel-genauen Vermessung der Fahrzeugumgebung wird in diesem Beitrag unter Verwendung zweier aus der Dempster-Shafer Theorie entwickelter Maße ein Ansatz zur Beurteilung inverser Sensormodelle videobasierter Fahrzeugumfeldbeschreibungen vorgestellt, und exemplarisch an einem inversen Sensormodell demonstriert. Die eingeführte Methodik zeigt die Eignung inverser Sensormodelle zur umfassenden und widerspruchsfreien Beschreibung des Fahrzeugumfeldes und lässt Rückschlüsse auf die Ursachen von Widersprüchen und fehlenden Informationen zu.

1   Einleitung

Eine der größten Herausforderungen und gleichzeitig eine der wichtigsten Voraussetzungen für die Entwicklung zukünftiger Fahrerassistenzsysteme ist die vollständige, präzise und zuverlässige Beschreibung des Fahrzeugumfeldes anhand verfügbarer Sensordaten. Insbesondere Systeme, die ganz oder zumindest teilweise in der Lage sind, aktiv in die Fahrzeugführung einzugreifen, falls eine angemessene Reaktion des Fahrers ausbleibt, stellen höchste Ansprüche an die Zuverlässigkeit. Abhängig von den genauen Spezifikationen solcher Funktionen ist möglicherweise höchstens eine Fehlfunktion innerhalb von 100 Autojahren tolerabel (JORDAN et al. 2004).

Die vollständige Kenntnis des Fahrzeugumfeldes beinhaltet, dass neben der Vielzahl *aller* verschiedenartigen Objekte in alltäglichen Verkehrssituationen auch *alle* vorhandenen befahrbaren Bereiche (Freiflächen) detektiert werden. Die erforderliche hohe Zuverlässigkeit ist nur erreichbar, wenn die Fusion dieser komplementären Fahrzeugumfeldbeschreibungen nicht zu *Konflikten*, also Widersprüchen bei der Interpretation der Sensordaten, führt. Konflikte entstehen beispielsweise, wenn unterschiedliche Sensoren für einen bestimmten Bereich des Fahrzeugumfeldes verschiedene, widersprüchliche Zustände erkennen, also zum Beispiel ein Bereich als belegt *und* als frei erkannt wird. Stammen solche Widersprüche von einem einzelnen Sensor, werden diese als *interne Konflikte* bezeichnet. Interne Konflikte führen zu gestörten Fahrzeugumfeldbeschreibungen (CARLSON & MURPHY 2005) und gefährden somit die Zuverlässigkeit von Sicherheitssystemen.

Dieser Beitrag stellt einen Ansatz zur Beurteilung der Interpretation von Messdaten (inverse Sensormodelle, Abb. 1) vor. Basierend auf einer pel-genauen und einer subpel-genauen Vermessung der Fahrzeugumgebung berücksichtigt der vorgestellte Ansatz die Zusammenhänge zwischen Messgenauigkeit, Modellparametern, Konflikten und dem Wissen über das Fahrzeugumfeld. Dabei gliedert sich dieser Beitrag wie folgt:

Abschnitt 2 zeigt die Definition des beobachteten Fahrzeugumfelds als eine endliche Anzahl gleichgroßer Gitterzellen (Occupancy grids, eingeführt von ELFES 1989). In Abhängigkeit der verfügbaren Sensordaten und des verwendeten inversen Sensormodells wird jeder Zelle eine Wahrscheinlichkeit zugeordnet, mit der diese Zelle „frei" oder „belegt" ist (THRUN et al. 2006, WEISS et al. 2007, GAMBINO et al. 1997). Abschnitt 3 beschreibt das in diesem Beitrag verwendete Datenfusionskonzept. Ausgehend von der Evidenztheorie (SHAFER 1976, auch als Dempster-Shafer-Theorie, kurz DST bezeichnet), werden zwei Maße eingeführt, welche die Eigenschaften inverser Sensormodelle zur umfassenden und widerspruchsfreien Beschreibung des Fahrzeugumfeldes widerspiegeln. Anschließend stellt Abschnitt 4 das inverse Sensormodell vor, welches zur Interpretation der pel-genauen und der subpel-genauen Messungen verwendet wird. Die experimentellen Ergebnisse in Abschnitt 5 demonstrieren den Einfluss der Modellparameter und der pel-/subpel-genauen Messungen auf die Beschreibung des Fahrzeugumfeldes.

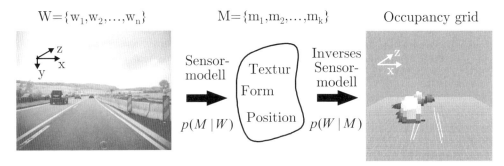

Abb. 1:   Prinzipskizze zur gitterbasierten Fahrzeugumfeldbeschreibung in Anlehnung an ELFES (1989). Links: Szene vor dem Fahrzeug beschreibbar durch eine Menge W von Eigenschaften. Mitte: Abbildung der Eigenschaften W auf die Messungen, charakterisiert durch das *Sensormodell.* Rechts: Aus den Messungen M über das *inverse Sensormodell* erstellte occupancy grid und erkannte Fahrbahnbegrenzungslinien. Je heller und je höher eine Gitterzelle dargestellt ist, desto höher ist ihre Belegtwahrscheinlichkeit.

2   Occupancy grid Repräsentation

Occupancy grids sind eine quantisierte Repräsentation des Fahrzeugumfeldes. Die in diesem Beitrag beschriebenen Gitter teilen den beobachteten Bereich vor dem Fahrzeug in gleichgroße Gitterzellen mit einer Fläche von $0,2 \times 0,2$ m. Die i-te Zelle in x- und die j-te Zelle in z-Richtung sind definiert als $C_{i,j}$. Die Wahrscheinlichkeit für die Belegung einer Zelle durch ein Objekt ist mit $P_b(C_{i,j})$, die Wahrscheinlichkeit für deren Nichtbelegung (frei) mit $P_f(C_{i,j})$ angegeben. Die Wahrscheinlichkeiten für die Zustände „frei" und „belegt" stammen von verschiedenen und unabhängigen Messungen. Das bedeutet, im Gegensatz zu Beiträgen wie WEISS et al. (2007) und GAMBINO et al. (1997) gilt hier $P_f(C_{i,j}) \neq 1 - P_b(C_{i,j})$.

Die Wahrscheinlichkeit für den Zustand „frei" einer Zelle ist unabhängig von deren Belegtwahrscheinlichkeit.

3   Datenfusion unter Verwendung der Dempster-Shafer Theorie

Die Dempster-Shafer Theorie basiert auf einer Menge vollständiger, sich gegenseitig ausschließender Ereignisse, dem *frame of discernment* Θ. In diesem Beitrag beinhaltet der frame of discernment alle möglichen Zustände einer Zelle C, $\Theta = \{b(elegt), f(rei)\}$. Die Potenzmenge von Θ bildet eine Menge hierarchisch angeordneter Ereignisse $2^{\Theta} = \{0, b, f, \Theta\}$ wobei eine grobe Ereignismenge (hier Θ) feinere, disjunktiv verknüpfte Ereignisse zusammenfasst. Die *mass function* ordnet den Teilmengen der Potenzmenge die Unterstützung für das jeweilige Ereignis zu: $m : 2^{\Theta} \rightarrow [0,1]$ wobei

$$m(0) = 0, \quad \sum_{A \subseteq \Theta} m(A) = 1 \tag{1}$$

gilt. In der klassischen Wahrscheinlichkeitstheorie beinhaltet die Zuordnung einer Wahrscheinlichkeit zu einem Ereignis (z. B.: $P(b)=0,8$) automatisch die Zuordnung der Restwahrscheinlichkeit zur Gegenhypothese ($P(\overline{b}) = P(f) = 0,2$). Im Gegensatz dazu erlaubt die DST die Zuordnung einer Unterstützung zum frame of discernment selbst, welches somit das Unwissen repräsentiert (z. B.: $m(b)=0,8$, $m(\Theta)=0,2$).

Die Kombination zweier unabhängiger mass functions m_1 und m_2 über demselben frame of discernment erfolgt unter Verwendung von *Dempsters rule of combination*:

$$m(X) = \begin{cases} \dfrac{1}{1 - m'(0)} \cdot m'(X) & \text{für } X \neq 0 \\ 0 & \text{für } X = 0 \end{cases} \quad \text{mit } m'(X) = \sum_{A_i \cap B_j = X} m_1(A_i) \cdot m_2(B_j) \tag{2}$$

Das Ergebnis wird als orthogonale Summe bezeichnet und kurz $m = m_1 \oplus m_2$ geschrieben. Durch wiederholte Anwendung von Gleichung (2) lässt sich eine beliebige Anzahl von mass functions kombinieren. Der Renormalisierungsterm in Gleichung (2) beschreibt die Konfliktmasse innerhalb des *weight of conflict* und somit die Unvereinbarkeit der zu fusionierenden Daten:

$$con = -\log(1 - \kappa) \quad \text{mit} \quad \kappa = m'(0) = \sum_{A_i \cap B_j = 0} m_1(A_i) \cdot m_2(B_j) \tag{3}$$

Mit steigender Unvereinbarkeit der zu kombinierenden mass functions geht das Konfliktmaß gegen unendlich. Bei vollständiger Widersprüchlichkeit ist *con* $= \infty$ und Gleichung (2) nicht definiert. Des Weiteren definiert die DST zur Beurteilung der fusionierten Daten eine *belief function* und eine *plausibility function*:

$$Bel(X) = \sum_{A \subseteq X} m(A) \; ; \; Pl(X) = \sum_{A \cap X \neq 0} m(A) \tag{4}$$

Bel und *Pl* werden hierbei als untere beziehungsweise obere Schranke eines Intervalls interpretiert, dessen Breite die verbleibende Unsicherheit der fusionierten Daten beschreibt.

Für das in diesem Beitrag verwendete frame of discernment entspricht die Intervallbreite genau dem verbleibenden Unwissen Θ nach der Fusion der mass functions.

Zur Beurteilung des in Abschnitt 4 definierten inversen Sensormodells folgt die Einführung zweier auf dem Unwissen basierender Maße, der Messleistung Π_m und der Detektionsleistung Π_d:

$$\Pi_m = \frac{1}{N} \sum_{C_{i,j}} 1 - m_{C_{i,j}}(\Theta) \;\; \forall \;\; C_{i,j} \tag{5}$$

$$\Pi_d = \frac{1}{N} \sum_{C_{i,j}} 1 - m_{C_{i,j}}(\Theta) \;\; \forall \;\; C_{i,j} : con_{C_{i,j}} \leq t_\sigma \tag{6}$$

wobei N der Gesamtzahl der Zellen des Gitters im Erfassungsbereich des Sensors entspricht. Der Schwellwert t_σ unterdrückt Konflikte bei der Berechnung der Detektionsleistung, die durch Rauscheinflüsse entstehen. Π_m summiert das Gesamte Wissen des jeweiligen inversen Sensormodells über das Fahrzeugumfeld, während Π_d nur das konfliktfreie Wissen summiert. Das bedeutet, dass das inverse Sensormodell mit der umfassendsten Darstellung des Fahrzeugumfeldes den höchsten Wert für Π_m besitzt, und das zuverlässigste inverse Sensormodell den höchsten Wert für Π_d. Somit stellt $\Pi_m = \Pi_d = 1$ das bestmögliche inverse Sensormodell dar. Die Werte für Π_m und Π_d sind in hohem Maße abhängig von den Parametern des in Abschnitt 4 definierten inversen Sensormodells und werden somit genutzt, um die zuverlässigste und umfassendste Interpretation der gegebenen Datensätze zu identifizieren.

4   Inverses Sensormodell zur 3D-Punkt-Cluster basierten Interpretation der Stereo-Videomessdaten

Dieser Abschnitt stellt den verwendeten stereoskopischen Videosensor vor und beschreibt anschließend das inverse Sensormodell, welches die Messungen des Sensors in zwei Teilmengen aufteilt, die jeweils die Zustände „frei" und „belegt" der Gitterzellen unterstützen. Inverse Sensormodelle unterliegen im Allgemeinen gegensätzlichen Anforderungen. Zum einen werden möglichst detaillierte Interpretationen der Messungen benötigt, um ein Maximum an Informationen aus den Messungen zu erhalten. Zum anderen beschreiben zu detaillierte Modelle nicht alle möglichen auftretenden Objekte vor dem Fahrzeug. Die experimentellen Ergebnisse in Abschnitt 5 zeigen den Zusammenhang zwischen der Auflösung der Messungen (pel-/subpel-Genauigkeit) und der Parameter des hier vorgestellten inversen Sensormodells.

4.1   Stereo Videosensor

Als Videosensor ist ein kalibriertes Stereo-Videosystem im Einsatz. Die Bilder der beiden Kameras werden rektifiziert. Auf der daraus resultierenden Standardgeometrie erfolgt die Disparitätsschätzung, wobei die mittelwertfreie quadratische Abweichung zwischen Referenz- und Suchbereich das Gütekriterium zur Ermittlung der Punktkorrespondenzen ist. Die Rekonstruktion der 3D(imensionalen) Messpunkte aus den gefundenen Punktkorrespondenzen im linken und rechten Kamerabild geschieht mittels Triangulation. Die Unsicherheit der geschätzten 3D-Punkte wird durch die zugehörige Kovarianzmatrix $\Sigma_{\tilde{\hat{X}}}$ beschrieben:

$$\Sigma_{\tilde{\hat{X}}} = \Sigma_{\tilde{\hat{X}},P} + \Sigma_{\tilde{\hat{X}},D} , \tag{7}$$

wobei $\Sigma_{\tilde{\hat{X}},P}$ den Einfluss der Unsicherheiten der Parameter aus der Sensorkalibrierung beschreibt und $\Sigma_{\tilde{\hat{X}},D}$ die Unsicherheiten der Disparitätsschätzung beinhaltet. Näheres zum Aufbau eine Stereo-Videosensors, Rektifizierung, Triangulation und Modellierung der Unsicherheiten ist z. B. in SUPPES (2004) beschrieben.

Sei L die Anzahl aller rekonstruierten 3D-Punkte im beobachteten Bereich, dann ist der Datensatz gegeben durch:

$$\hat{\tilde{X}}_k, \; \Sigma_{\tilde{\hat{X}}_k} \quad k \in L \tag{8}$$

Jede einzelne Messung $\hat{\tilde{X}}_k$ wird als erwartungstreue Schätzung des „wahren" Wertes $\bar{X}_k$ angesehen und als gaußverteilt angenommen. Die Wahrscheinlichkeitsdichte von $\bar{X}_k$ ist dann definiert als:

$$p(\bar{X}_k \mid \hat{\tilde{X}}_k, \Sigma_{\tilde{\hat{X}}_k}) \tag{9}$$

Seien $M \subseteq L$ die Messungen welche die Freiflächen repräsentieren und $O \subseteq L$ die Messungen welche die Objekte beschreiben, dann berechnet sich für jede Messung, innerhalb der jeweiligen 3σ Grenzen von $\Sigma_{\tilde{\hat{X}}_k}$, die Unterstützung für die Zustände „frei" und „belegt" einer Zelle $C_{i,j}$ nach Gleichung (10).

$$m^k_{C_{i,j}}(\mathrm{f}) = \int_{C_{i,j}} p(\bar{X}_k \mid \hat{\tilde{X}}_k, \Sigma_{\tilde{\hat{X}}_k}) \mid k \in M ; \quad m^k_{C_{i,j}}(\mathrm{b}) = \int_{C_{i,j}} p(\bar{X}_k \mid \hat{\tilde{X}}_k, \Sigma_{\tilde{\hat{X}}_k}) \mid k \in O \tag{10}$$

Das Unwissen der entsprechenden Zellen ist dann

$$m^k_{C_{i,j}}(\Theta) - 1 - m^k_{C_{i,j}}(\mathrm{f}) \mid k \in M \text{ bzw. } m^k_{C_{i,j}}(\Theta) = 1 - m^k_{C_{i,j}}(\mathrm{b}) \mid k \in O . \tag{11}$$

Zur schnellen Berechnung des resultierenden occupancy grids wird Dempsters rule of combination zunächst getrennt für alle Freiflächen mass functions und alle Objekt mass functions angewandt, woraus eine einfache und effizient zu berechnende Fusionsgleichung entsteht:

$$m_{C_{i,j}}(\mathrm{f}) = 1 - \prod_k (1 - m^k_{C_{i,j}}(\mathrm{f})) \mid k \in M ; \quad m_{C_{i,j}}(\mathrm{b}) = 1 - \prod_k (1 - m^k_{C_{i,j}}(\mathrm{b})) \mid k \in O \tag{12}$$

Anschließend ist nur die einmalige Berechnung von Gleichung (2) mit den Zwischenergebnissen aus Gleichung (12) notwendig.

4.2   Inverses Sensormodell für 3D-Punkt-Cluster

Das inverse Sensormodell adaptiert das Konzept der *terrain labelling function* von THRUN et al. (2006). Die Idee dabei ist, dass der Zustand „frei" einer Zelle durch eine einzelne Messung beschrieben werden kann. Im Gegensatz dazu werden für den Zustand „belegt" mindestens zwei Messungen innerhalb eines Radius ε gefordert, die eine signifikante Höhendifferenz überschreiten (Abb. 2).

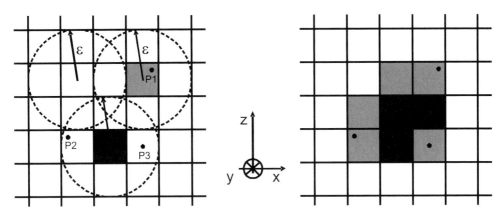

Abb. 2:   Labeln des Occupancy grids in Anlehnung an THRUN et al. 2006. Graues Label: Zelle ist frei, schwarzes Label: Zelle ist belegt, weißes Label: Zustand der Zelle unbekannt.

Somit erfolgt im ersten Schritt das Labeln der Zellen $C_{i,j}$ als:

- **Belegt**, wenn mindestens zwei Messungen innerhalb des Radius ε um den Mittelpunkt der Zelle $C_{i,j}$ existieren deren Höhendifferenz größer als ein Schwellwert t_{hd} ist. Existieren mehr als zwei Messungen wird die jeweils zuverlässigste niedrigste und höchste Messung gespeichert.

- **Frei**, wenn mindestens eine Messung innerhalb des Radius ε um den Mittelpunkt der Zelle $C_{i,j}$ existiert deren Höhenkoordinate unterhalb des Schwellwertes t_l liegt. Bei mehreren vorhandenen Messungen wird ebenfalls die zuverlässigste gespeichert.

- **Unbekannt**, wenn keine Messung innerhalb des Radius ε um den Mittelpunkt der Zelle $C_{i,j}$ existiert.

Die den Zustand der Zellen definierenden gespeicherten Messungen werden im zweiten Schritt benutzt, um die mass functions unter Verwendung der Gleichungen (10)-(12) und (2) zu berechnen. Für den Zustand „belegt" werden hierfür die entsprechenden Kovarianzmatrizen addiert.

5   Experimentelle Ergebnisse

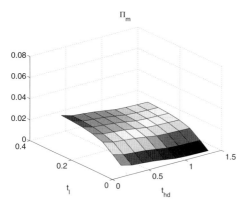

Π_m

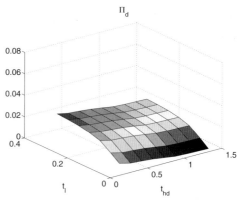

Π_d

Abb. 3:   Messleistung 3D-Punkt-Cluster, pel-genaue Messungen, t_{hd} und t_l siehe Abschnitt 4.2

Abb. 4:   Detektionsleistung 3D-Punkt-Cluster, pel-genaue Messungen

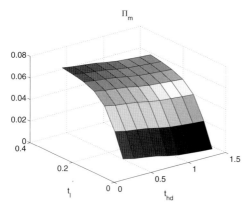

Π_m

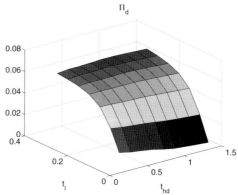

Π_d

Abb. 5:   Messleistung 3D-Punkt-Cluster, subpel genaue Messungen

Abb. 6:   Detektionsleistung 3D-Punkt-Cluster, subpel-genaue Messungen

Die Abbildungen 3 bis 6 erlauben eine umfangreiche Beurteilung der in Abschnitt 4 vorgestellten Interpretation der Messdaten. Wie bereits in Abschnitt 3 beschrieben, gilt für das umfassendste und zuverlässigste inverse Sensormodell $\Pi_m = \Pi_d = 1$. Abbildung 3 zeigt eine maximale Messleistung von $\Pi_m = 0{,}02$. Das bedeutet, bei der Interpretation der pel-genauen Messungen beschreibt das inverse Sensormodell nur 2% der Fahrzeugumgebung im Erfassungsbereich des Videosensors. Die Messleistung nimmt dabei mit steigendem t_{hd} und geringer werdendem t_l ab, da in beiden Fällen immer weniger Messpunkte die geforderten Bedingungen zur Beschreibung von Objekten und Freiflächen erfüllen. Die Detektionsleistung (Abb. 4) ist identisch, die Interpretation der Messdaten somit widerspruchsfrei. Aus Abbildung 5 wird deutlich, dass der Übergang von pel- zu subpel-genauen Messungen zu einer Vervierfachung der Messleistung führt. Die Detektionsleistung (Abb. 6) steigt dabei um einen Faktor 3 und ist nahezu unabhängig von der Objektbeschreibung t_{hd}. Daraus lässt sich folgern, dass die Objektbeschreibung durch das inverse Sensormodell zu Konflikten bei der Datenfusion führt. Vor allem Objekt mit geringer Höhendifferenz führen zu Widersprüchen, da die Messleistung sich mit steigendem t_{hd} der Detektionsleistung annähert.

6 Fazit und Ausblick

Dieser Beitrag demonstriert die Eignung der evidenzbasierten Analyse der Interpretation von Messdaten exemplarisch an einem inversen Sensormodell. Der vorgestellte Ansatz erlaubt die Beurteilung der Messdateninterpretation unter Berücksichtigung der Modellparameter und der Präzision der Messdaten für eine quantisierte Darstellung des Fahrzeugumfeldes. Des Weiteren können Anhand der eingeführten Mess- und Detektionsleistung Konfliktquellen identifiziert, und deren Einfluss auf die Güte der Fahrzeugumfeldbeschreibung gezeigt werden. Ausgehend von diesen Ergebnissen beinhalten die nächsten Arbeitsschritte neben der Beurteilung weiterer inverser Sensormodelle die Analyse des Zusammenhangs zwischen der Präzision der Messdaten und der Auflösung des occupancy grids.

Literatur

Carlson J. & R. R. Murphy (2005): *Use of dempster-shafer conflict metric to detect interpretation inconsistency.* UAI, S. 94-103.

Elfes, A. (1989): *Occupancy grids: a probabilistic framework for robot perception and navigation.* Dissertation, Carnegie-Mellon University.

Gambino, F., Ulivi, G. & M. Vendittelli (1997): *The transferable belief model in ultrasonic map building.* IEEE, Trans. Fuzzy Systems, 1, S. 601-608.

Jordan, R., Lucas, B., Randler, M. & U. Wilhelm (2004): *Safety application specific requirements on the data processing of environmental sensors.* Intelligent Vehicles Symposium, IEEE, S. 907-912.

Shafer, G. (1976): A *Mathematical Theory of Evidence.* Princeton, New Jersey: Princeton University Press.

Suppes, A. (2004): *Stochastische Hindernisdetektion aus stereoskopischen Videosequenzen für fahrerlose Transportfahrzeuge.* VDI-Schriftenreihe, Fortschritt-Berichte, Informatik/Kommunikationstechnik, Band 740. Düsseldorf: VDI.

Thrun, S., Montemerlo, M. & A. Aron (2006): *Probabilistic Terrain Analysis for High-Speed Desert Driving.* Proc. of the Robotics Science and Systems Conference (ed. by G. Sukhatme, S. Schaal, W. Burgard & D. Fox). Cambridge, MA: The MIT Press.

Weiss, T., Schiele, B. & K. Dietmayer (2007): *Robust driving path detection in urban and highway scenarios using a laser scanner and online occupancy grids.* Intelligent Vehicles Symposium, IEEE, S. 184-189.

Kinematische Objekterfassung mit hochauflösenden terrestrischen Laserscannern

Christian HESSE

Zusammenfassung

Die fortschreitende Verbreitung der Informationstechnologie führt zu einer immer größeren Nachfrage nach digitalen Daten sowohl in der öffentlichen Verwaltung als auch bei privaten Anwendern von Geoinformationssystemen, Polizeidienststellen und Gerichten. Die für die flächenhafte Erfassung von Umgebungsdaten eingesetzten Mobile-Mapping-Systeme besitzen eine Reihe von Nachteilen, die einen breiten Einsatz dieser Technik bislang erschweren. Dieser Beitrag behandelt die Entwicklung eines Mobile-Mapping-Systems auf der Grundlage eines profilmessenden terrestrischen Laserscanners unter Verzicht auf eine kostenintensive Inertialmesseinheit.

1   Einleitung

1.1   Marktsituation im Segment Mobile-Mapping

Systeme zur dreidimensionalen Erfassung von Außenbereichen, so genannte Mobile-Mapping-Systeme, existieren bereits seit mehr als 15 Jahren. Die bildhafte Erfassung erfolgt bei der Mehrzahl der Systeme durch photogrammetrische Stereobildkameras und seit neuestem auch durch profilmessende Laserscanner mit niedriger Auflösung. Zur Positionsbestimmung der Systeme und somit zur Georeferenzierung der Daten werden von straßengebundenen Systemen nahezu ausschließlich GNSS-Empfänger in Verbindung mit hochwertigen Inertialmesseinheiten verwendet.

Aktuelle Mobile-Mapping-Systeme bieten absolute Objektpunktegenauigkeiten in einer Bandbreite zwischen 0,5 m und wenigen Zentimetern, je nach verwendeter Sensorik zur Trajektorienbestimmung und dem vor Ort verfügbaren Satellitenempfang.

Nachteilig wirkt sich bei den am Markt vorhandenen Systemen neben dem vergleichsweise hohen Anschaffungspreis bis zu 500.000 € insbesondere die fehlende Möglichkeit aus, hochaufgelöste und direkt dreidimensional bestimmte Objektkoordinaten zu erfassen. Trotz der guten Ansätze zur automatisierten Extraktion von Objektpunkten aus photogrammetrischen Aufnahmen ist diese Erfassungsart mit einem hohen Maß an Interaktion verbunden.

Systeme, die in der Lage sind, eine hochaufgelöste und direkt dreidimensionale Umgebungserfassung zu deutlich reduzierten Kosten bei gleichzeitiger Fokussierung auf einen Genauigkeitsbereich von besser als 0,5 m durchzuführen, existieren aktuell nicht.

1.2   Aufgabenstellung

Terrestrische Laserscanner haben in der jüngsten Vergangenheit eine starke Verbreitung in der ingenieurgeodätischen Praxis gefunden und sind aufgrund ihres aktiv abtastenden

Messprinzips in der Lage, verschiedene Nachteile, die bislang bei der Objekterfassung mit Mobile-Mapping-Systemen bestehen, zu kompensieren. Aus diesem Grund bestand die Aufgabenstellung darin, ein mobiles System zur Umgebungserfassung mit terrestrischen Laserscannern im Profilmodus für einen Genauigkeitsbereich der 3D-Objektpunkte zwischen 0,2 m und 0,5 m für den Nahbereich bis 20 m zu entwickeln. Um die Kosten des Systems möglichst gering zu halten, sollte auf den Einsatz einer Inertialmesseinheit vollständig verzichtet werden. Stattdessen waren die Positionierung und die Ableitung der Orientierungsparameter mit konventionellen geodätischen Standardsensoren zu realisieren.

2   Entwicklung eines kinematischen Laserscansystems

2.1   Lösungsansatz

Die vorliegende Systementwicklung verwendet den hochauflösenden Laserscanner Imager 5003 des Herstellers ZOLLER + FRÖHLICH, der im Profilmodus entlang einer beliebigen, vom Fahrzeug befahrenen Trajektorie, bewegt wird. Hierdurch werden vorhandene Objekte in helixförmiger Weise mit einer von der Fahrtgeschwindigkeit abhängigen Auflösung in Längsrichtung erfasst. Abbildung 1 zeigt den realisierten Systemaufbau.

1: Echtzeitrechner
2: Notebook
3: Laserscanner
4: Thermosensor
5: Inklinometer
6: GPS
7: Batterie

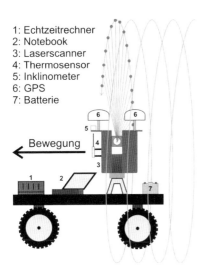

Abb. 1:
Helixförmige Objekterfassung mit profilmessendem Laserscanner (HESSE 2008)

Aufgrund der Bewegung des Fahrzeuges und somit des Scanners liegen die erfassten Scanprofile nicht in einem einheitlichen Bezugssystem vor. Um diese Profilmessungen zu einer homogenen Gesamtpunktwolke zusammenfügen zu können, ist eine kontinuierliche Bestimmung von Raumposition und Orientierungsparametern des Systems während der gesamten Aufnahmedauer unabdingbar. Zusätzlich muss eine gegenseitige Referenzierung von Scannerposition und dem jeweils gemessenen Profil erfolgen, was implizit über die Registrierung der Erfassungszeitpunkte in einer gemeinsamen Zeitskala wie der GPS-Zeit geschehen kann.

Während sich die Bestimmung von Roll- und Nickbewegungen mit Hilfe geodätischer Standardsensorik realisieren lässt (Abschnitt 2.2), sollen die benötigten Gierwinkel bei diesem System (Azimute) auf algorithmischem Wege ermittelt werden (Abschnitt 2.3).

2.2 Verwendete Sensorik

Zur Georeferenzierung der Profilmessungen sind insgesamt 7 Parameter zu erfassen. Neben der dreidimensionalen Raumposition und den drei Orientierungsparametern ist zudem der Erfassungszeitpunkt aller Signale bezogen auf ein übergeordnetes Zeitnormal zu ermitteln.

Die Raumposition kann grundsätzlich vollständig durch GPS-Messungen erfasst werden, wobei die Genauigkeit dieser Positionen von der Beobachtungsdauer und dem Auswerteansatz abhängig ist. Da das entwickelte System im kinematischen Umfeld von einer bewegten Plattform aus eingesetzt werden soll, war eine möglichst große Anzahl an Einzelpositionen erwünscht. Aus diesem Grund wurden die GPS-Beobachtungen differentiell als kinematische Einzelpunktlösung prozessiert. Als Basis kam eine individuell berechnete virtuelle Referenzstation (VRS) des SAPOS-Netzes zum Einsatz. Bedingt durch die kinematische Auswertung lag die Varianz der berechneten GPS-Positionen in einem Bereich von bis zu einem Dezimeter, so dass vor der Ableitung des Azimuts aus GPS-Positionen noch eine Filterung und Glättung der Trajektorie durchgeführt wurde.

Ungeachtet der algorithmischen Berechnung des Gierwinkels (Abschnitt 2.3) verbleibt die Rollbewegung des Fahrzeuges als unbekannte Größe. Hierzu wurden zwei Inklinometer des Typs Schaevitz LSOC verwendet, die eine Neigungsmessung auf servomotorischer Basis vollziehen. Diese tragen zur redundanten Bestimmung des Nick- und des Rollwinkels bei.

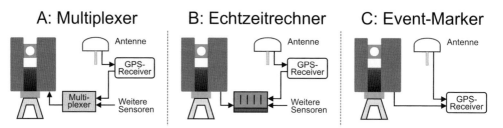

Abb. 2:   Möglichkeiten zur gegenseitigen Referenzierung von Scan- und Positionsdaten

Zur gegenseitigen Referenzierung von Scandaten auf der einen und Positions- sowie Orientierungsdaten auf der anderen Seite ist es zwingend notwendig, alle Datensignale in einem gemeinsamen Zeitnormal aufzuzeichnen. Hierbei existieren im Wesentlichen die drei in Abbildung 2 gezeigten Ansätze, die sich vornehmlich durch den Ort der Referenzierung und die mögliche Anzahl an Datenquellen unterscheiden. Die Referenzierung externer Datenquellen in einem GPS-Receiver über dessen Event-Marker-Eingang besitzt den Nachteil, dass primär nur binäre Rechtecksignale erfasst werden können und verkettete Signale wie serielle Datenströme oder Analogsignale vor der Referenzierung umgewandelt und im Nachhinein wieder voneinander getrennt werden müssen. Weite Verbreitung finden dagegen die Referenzierungslösungen über einen Multiplexer (A), die für Systeme der Firmen RIEGL und ZOLLER + FRÖHLICH angeboten wird, und mit Hilfe eines echtzeitfähigen Messrechners (B). Die Variante B wurde für die vorliegende Systementwicklung ausgewählt, da zum einen der gesamte Messprozess samt Priorisierung einzelner Datensignale besser beherrschbar ist als bei einer Firmenlösung im Scanner und zum anderen eine sehr große Anzahl an unterschiedlichen Datensignalen auf einfache Art und Weise über Schnittstellenkarten in das System eingebunden werden kann.

2.3   Azimutbestimmung durch Kalman-Filterung

Wie bereits angesprochen, kann allein aufgrund der mit GPS gemessenen Raumpositionen und der eingesetzten Inklinometer noch keine Bestimmung der azimutalen Bewegungsrichtung des Scanners erfolgen. Dass die Filterung der Messwerte mit Hilfe eines Kalman-Filter Ansatzes hierfür genutzt werden kann, soll im Folgenden gezeigt werden.

Der Kalman-Filter stellt seinem Wesen nach ein sequentielles Ausgleichungsverfahren dar, das für verschiedene, unter anderem auch robuste Schätzer, realisiert ist. In seiner kinematischen, also zeitabhängigen, Formulierung kann der Zustand eines beliebigen linearen Systems im Kalman-Filter durch die Position, Geschwindigkeit und Beschleunigung eines oder mehrerer Punkte zum Zeitpunkt t dargestellt werden (Formel 1).

$$\hat{y}(t_k) = \left[x(t_k) \quad \frac{\partial x(t_k)}{\partial t} \quad \frac{\partial^2 x(t_k)}{\partial^2 t} \right] \tag{1}$$

In der ebenen Darstellung spaltet sich der in Formel (1) enthaltene Geschwindigkeitesvektor, bestehend aus der ersten Ableitung nach der Zeit, in eine X- und eine Y-Komponente auf (Formel 2).

$$\frac{\partial x(t_k)}{\partial t} = \left[\begin{matrix} v_X(t_t) \\ v_Y(t_t) \end{matrix} \right] \tag{2}$$

Betrachtet man die in Abbildung 3 dargestellte Trajektorie eines hypothetischen Fahrzeuges mit den gefilterten Punkten und Geschwindigkeitsvektoren aus dem Zustandsvektor, so fällt auf, dass die Bewegungsrichtung des Fahrzeuges, die durch die Tangente und somit den resultierenden Geschwindigkeitsvektor repräsentiert wird, direkt zur Berechnung des Azimuts für diesen Zeitpunkt genutzt werden kann.

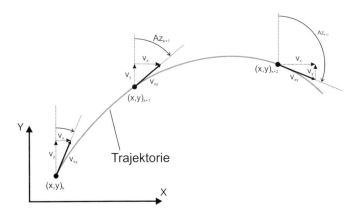

Abb. 3:   Azimutbestimmung aus Kalman-Filterdaten (Hesse 2008)

Im Gegensatz zur Berechnung des Azimuts aus Sekanten zweier Positionen ist es durch Verwendung des Kalman-Filters möglich, das dazugehörige Azimut für beliebige Zeitpunkte und somit auch für jeden Erfassungszeitpunkt eines Scanpunktes zu bestimmen.

2.4   Glättung der Trajektorie

Bedingt durch die Tatsache, dass die zur Berechnung der Azimute im Kalman-Filter verwendeten GPS-Positionen als kinematische Einzelpunktlösungen prozessiert wurden und somit ein unerwünscht hohes Rauschen aufwiesen, erscheint eine Glättung der gemessenen Trajektorie im Nachgang zur Filterung wünschenswert. Nur hierdurch gelingt eine ausreichende Annäherung der verrauschten GPS-Trajektorie an die vergleichsweise glatte Bewegung des Fahrzeuges.

Bei der Glättung der Trajektorie ist darauf zu achten, dass diese nicht übermäßig durchgeführt werden darf, da eine Glättung zwar erwünscht ist, die tatsächlich vorhandene Fahrdynamik des Fahrzeuges jedoch nicht zu stark überlagern darf. Bildhaft gesprochen würde dies in scharfen Kurven dazu führen, dass die Trajektorie zwar geglättet würde, das Fahrzeug aber nicht mehr „um die Kurve käme". Ein solcher Effekt führt zu sichtbaren systematischen Abweichungen in der transformierten Punktwolke und ist unbedingt zu vermeiden.

Aus diesem Grund kommt im vorliegenden System ein so genannter Rauch-Tung-Striebel-Glätter zum Einsatz. Dieser kann auf einfache Weise aus der Zwei-Filter-Form des Kalman-Filters hergeleitet werden. Für weitergehende Betrachtungen zu diesem Thema sei aus Platzgründen auf SCHRICK (1977) und HAYKIN (2001) verwiesen. Als Eingangsgrößen für die Glättung werden sämtliche Zustandsvektoren aus der Kalman-Filterung im Hinweg sowie deren Kofaktormatrizen benötigt. Es kann gezeigt werden, dass die Varianz des geschätzten (geglätteten) Systemzustandes auf Grundlage der Messwerte durch die Verwendung des RTS-Algorithmus minimal ist und keiner weiteren Glättung bedarf.

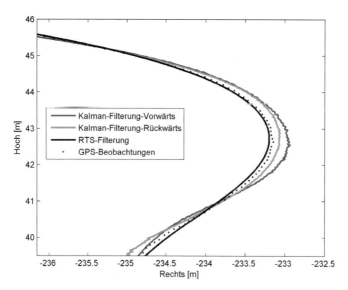

Abb. 4:   Ergebnis von Filterung im Hin- und Rückweg sowie Glättung (HESSE 2008)

Abbildung 4 zeigt die gemessenen GPS-Positionen zusammen mit der in vorwärts und rückwärts gerichteten Filterung zusammen mit den Ergebnissen des RTS-Algorithmus, der eine deutlich verbesserte Annäherung an die wirklichen Messwerte erreicht.

3 Evaluierung des Systems

3.1 Echtzeitmesssystem

Zur Beurteilung der Leistungsfähigkeit des Echtzeitmesssystems wurde die maximal auftretende Latenz der Datenerfassung bestimmt. Diese sagt aus, in welchem Zeitraum das Echtzeitsystem in der Lage ist, auf ein auftretendes Ereignis – zum Beispiel durch Anliegen eines Datensignals – zu reagieren.

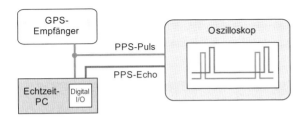

Abb. 5: Messanordnung zur Erzeugung des PPS-Echos (Hesse 2008)

Hierzu wurde der PPS-Puls eines GPS-Empfängers, der als Rechtecksignal auftritt, auf ein Oszilloskop geleitet (Abb. 5). Parallel dazu wurde der gleiche PPS-Puls über einen Signalteiler auf die freie Schnittstelle des Echtzeitrechners geleitet und führte durch Interrupt-

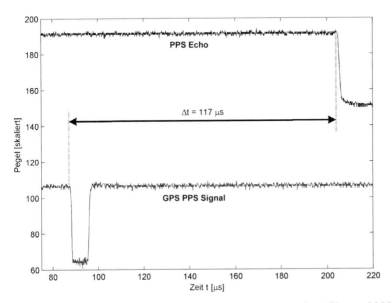

Abb. 6: Latenz des Echtzeitsystems bei hoher Systemlast (HESSE 2008)

auslösung zum Start einer Task. Diese Task hatte die Aufgabe, eine zweite Task zu aktivieren, die wiederum ein dem PPS-Puls gleichweitiges Rechtecksignal (das PPS-Echo) auf einer zweiten Schnittstelle ausgab. Das somit erzeugte PPS-Echo wurde ebenfalls vom Oszilloskop erfasst und zusammen mit dem eigentlichen PPS-Signal dargestellt.

Die Zeitdifferenz, die zwischen dem Eintreffen des PPS-Signals und seinem Echo am Oszilloskop abgelesen werden kann, entspricht näherungsweise der zweifachen Latenzzeit einer Echtzeittask. Abbildung 6 veranschaulicht, dass bei einer gleichzeitig vorhandenen sehr hohen Systemslast die zweifache Latenzzeit in etwa 117 Mikrosekunden beträgt. Somit ist das Echtzeitsystem in der Lage, selbst bei hoher Systemauslastung innerhalb einer Zeitspanne von 59 Mikrosekunden auf ein Datensignal zu reagieren und aufzuzeichnen.

3.2   Genauigkeit im Objektraum

Um die Genauigkeit des System in der Praxis zu testen, wurden annähern 70 Punkte an einem ausgedehnten Objekt auf dem Hochschulgelände ausgewählt. Der Abstand dieser Punkte von der gefahrenen Trajektorie betrug zwischen 1,5 m und 23 m in der Horizontalen und bis zu 9 m in der Vertikalen. Entsprechend ihres Abstandes vom Scanner wurden die Punkte in die vier Kategorien A, B sowie C1 und C2 gruppiert.

Abb. 7:   Übersicht über die Messpunkte der Validierungsstrecke (HESSE 2008)

Die Punkte bestanden sowohl aus Zielmarken des Herstellers als auch aus natürlichen Objektpunkten. Abbildung 7 zeigt den Scan des Testobjektes, welches in zwei unabhängigen Aufnahmen im Abstand von wenigen Minuten jeweils im Hin- und Rückweg erfasst wurde.

Die Auswertung zeigt, dass die Abweichungen zwischen Hin- und Rückweg in allen Koordinatenrichtungen deutlich unterhalb von 0,1 m liegen. Es waren jedoch sowohl im Hoch- als auch im Rechtswert geringe systematische Abweichungen von bis zu 5 cm zu beobachten, die im Rahmen der Genauigkeit einer kinematischen Einzelpunktprozessierung liegen.

Von weitergehendem Interesse bei der Validierung des Systems war die erreichbare innere Genauigkeit, da diese ganz wesentlich durch die Azimutbestimmung aus GPS-Messungen beeinflusst wird. So führt ein ungenaues Azimut aufgrund der Verschwenkung des Laserprofils bei der Transformation der Scanprofile in die Punktwolke unweigerlich zu starken Verzerrungen der resultierenden Punktwolke. Nach manueller Punktbestimmung wurden die beiden Punktfelder zur Untersuchung der inneren Genauigkeit über eine räumliche Helmert-Transformation aufeinander transformiert. Abbildung 8 zeigt die aus der Transformation hervorgegangenen Restklaffungen, die ebenfalls deutlich unter 0,1 m liegen.

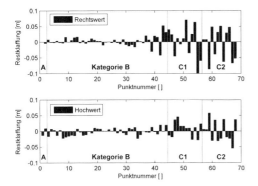
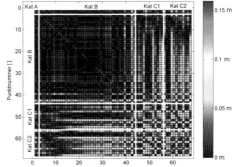

Abb. 8: Restklaffen der Punkte nach Transformation (HESSE 2008)

Abb. 9: Differenzen der Raumvektoren (HESSE 2008)

Um eine Aussage über räumlich begrenzte Verzerrungen innerhalb der Punktwolke treffen zu können, sind die in Abbildung 8 dargestellten Koordinatendifferenzen für eine Bewertung der inneren Genauigkeit nur bedingt geeignet, da sie zusätzlich GPS-bedingte Translationseffekte zwischen beiden Aufnahmen enthalten. Aus diesem Grund wurden die Raumvektoren zwischen allen erfassten Punkten ermittelt und ihre betragsmäßigen Änderungen zwischen der Aufnahme im Hin- und Rückweg einander gegenübergestellt (Abb. 9). Benachbarte Punkte sind hierbei auch nebeneinander dargestellt. Lokale Verzerrungen innerhalb der Punktwolke können dadurch identifiziert werden, dass in der Nähe der Hauptdiagonalen helle, beziehungsweise hellrote Punkte zu sehen sind. Diese deuten auf lokale Unterschiede zwischen den Scans im Hin- und Rückweg hin.

4   Zusammenfassung und Ausblick

Im vorliegenden Beitrag wurde die Entwicklung eines Mobile-Mapping-Systems mit einem Imager 5003 als zentralem bildgebendem Sensor unter Verzicht auf die Verwendung einer Inertialmesseinheit gezeigt. Es wurde vorgeschlagen, die für die Transformation von Profilmessungen notwendigen unbekannten Parameter sowohl messtechnisch als auch algorithmisch mit Hilfe eines kinematisch formulierten Kalman-Filters abzuleiten.

Durch empirische Tests konnte nachgewiesen werden, dass der angestrebte Genauigkeitsbereich von 0,2 bis 0,5 m für eine 3D-Objektkoordinate zu erreichen ist. Auf diese Weise kann der in Abbildung 10 gezeigte Auswertegang bei der Objekterfassung mit terrestrischen Laserscannern in Zukunft deutlich optimiert werden. Es ergibt sich durch die kinematische Objekterfassung ein Einsparpotenzial von bis zu 90 % (HESSE 2008).

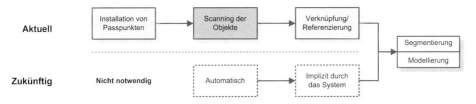

Abb. 10: Aktueller und zukünftiger Scanprozess (HESSE & NEUMANN 2007)

Literatur

Haykin, S. (2001): *Kalman Filtering and Neural Networks*. New York: John Wiley & Sons, S. 1-22.

Hesse, C. (2008): *Hochauflösende kinematische Objekterfassung mit Terrestrischen Laser-scannern*. Dissertation, Wissenschaftliche Arbeiten der Fachrichtung Geodäsie und Geoinformatik der Leibniz Universität Hannover Nr. 268, Hannover.

Hesse, C. & I. Neumann (2007): *Automatische Objekterfassung und -modellierung*. In: Luhmann, T. & C. Müller (Hrsg.): Photogrammetrie – Laserscanning – Optische 3D-Messtechnik. Beiträge der Oldenburger 3D-Tage 2007. Heidelberg: Wichmann, S. 278-288.

Schrick, K.-W., Föllinger, O. & H. Sartorius (1977): *Anwendungen der Kalman-Filter-Technik*. München, Wien: Oldenbourg.

Laserscanning und Photogrammetrie mobil – Verfahren zur Erfassung von Infrastruktur

Christoph EFFKEMANN

Zusammenfassung

Die mobile Erfassung von Laserscannerdaten und Digitalbildern nimmt weiter zu. Schnelle Laserscanner und Digitalkameras sind ebenso verfügbar wie hochgenaue Sensoren zur Navigation. Die Punktwolken und Bilddaten stellen jedoch nur Rohdaten dar. Das Endprodukt, in den meisten Anwendungsfällen die 3D-Geometrie von Infrastruktur, muss aus den Messdaten extrahiert werden. Das Programmsystem PHIDIAS bietet verschiedene Auswertemethoden, zur 3D-Modellierung aufgrund von Laserscannerdaten und Digitalbildern.

1 Mobile Datenerfassung

1.1 Systemkonfiguration

Je nach Anwendungsfall kommen verschiedene Sensoren zum Einsatz. Allen Konfigurationen gemeinsam ist in der Regel ein Navigationssystem, bestehend aus einem Inertialmesssystem und einem System zur Satellitennavigation. Zusätzlich können z. B. Radsensoren eingesetzt werden um eine kurzzeitige Unterbrechung des Satellitensignals die Navigation mit INS zu stabilisieren. Die absolute Genauigkeit der Navigation ist stark abhängig von der Satellitenkonstellation. In Innenstädten mit starker Abschattung durch hohe Gebäude kann die Genauigkeit der Positionierung von einigen cm bis auf einige dm absinken.

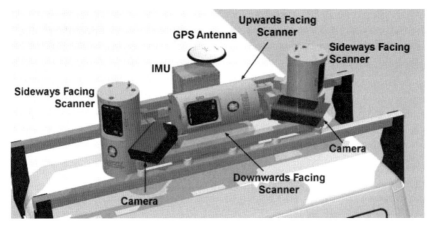

Abb. 1: Systemkonfiguration am Beispiel Streetmapper, 3dlasermapping

Laserscanner unterscheiden sich im Wesentlichen im Typ (2D oder 3D), der Datenrate, Öffnungswinkel, maximaler Reichweite und Strahldivergenz. Eingesetzt werden kann ein einzelner 3D-Scanner mit hoher Datenrate oder mehrere Zeilenscanner mit niedriger Datenrate, die jeweils unterschiedliche Bereiche Abdecken (siehe Abb. 1).

Falls Laserscanner eingesetzt werden, kann es ausreichend sein, nur eine einzige Kamera oder relativ wenige Kameras zu verwenden. Neben der Position und Ausrichtung der Kameras müssen auch der Öffnungswinkel, die Bildauflösung und Empfindlichkeit auf die Fahrgeschwindigkeit und die Art der zu erfassenden Objekte abgestimmt sein. Zur Erfassung von Straßenbegrenzungen, Durchfahrtshöhen und ähnlichen Objekten reicht es aus, eine einzige Kamera mit normalem Öffnungswinkel oder Weitwinkel in Fahrtrichtung auszurichten. Zur Erfassung von Gebäuden sind zusätzliche Kameras nötig, die schräg oder quer zur Fahrtrichtung aufnehmen. Die Empfindlichkeit muss in diesem Fall höher sein weil ansonsten bei hohen Fahrgeschwindigkeiten Bewegungsunschärfen auftreten. Werden nur Kameras ohne Laserscanner eingesetzt, ist eine 3D-Auswertung der Bilder nur möglich, wenn mindestens zwei Kameras mit ausreichendem Abstand und genügend großem Überlappungsbereich gegeben sind.

Als Trägersysteme kommen unterschiedlichste Systeme zum Einsatz. Neben Straßen- und Geländefahrzeugen können Boote, Flugzeuge, Hubschrauber oder Schienenfahrzeuge eingesetzt werden. Ist das Gesamtgewicht der Sensoren nicht zu hoch, können auch ferngesteuerte oder autonome Fluggeräte, so genannte UAV (Unmanned Aerial Vehicle), als Trägersysteme dienen.

1.2   Kombination Photogrammetrie – Laserscanner

Prinzipiell könnten mobile Systeme entweder ausschließlich mit Kameras oder ausschließlich mit Laserscannern ausgerüstet sein. Die Kombination beider Systeme hat jedoch entscheidende Vorteile. Die digitalen Bilder hochauflösender Kameras haben eine höhere Auflösung als Laserscanner. Kleine oder dünne Objekte, z. B. Leitungen sind besser identifizierbar, auch in größerer Entfernung und bei geringerer Dichte der Punktwolke. Die Interpretation und Identifizierung in hochauflösenden 24 Bit Farbbildern entspricht annähernd dem natürlichen Sehen und ist wesentlich sicherer und einfacher als in eingefärbten Punktwolken. Die Dichte der Punktwolke kann deshalb geringer ausfallen, was dazu führt, dass die Datenmenge reduziert, bzw. die Fahrgeschwindigkeit erhöht werden kann.

Die Bildmessung gestaltet sich bei der Kombination mit der Punktwolke einfacher als bei der Mehrbildmessung oder Stereobildmessung. Erstens entfällt die Zuordnung identischer Punkte in mehreren Bildern und zweitens ist die Entfernungsgenauigkeit nicht mehr abhängig vom Winkel der Bildstrahlen. Die Stereobasis der Kameras auf Fahrzeugen ist zwangsläufig begrenzt und somit ist auch die maximale Auswerteentfernung eingeschränkt.

Häufig ist es unmöglich, die Position von Fahrbahnkanten allein in der Punktwolke mit der geforderten Genauigkeit zu identifizieren. Im Digitalbild dagegen ist auch in ungünstigen Situationen mit geringem Kontrast meist noch eine genaue Identifizierung möglich.

Abb. 2:   Fahrbahnkante im Scanprofil nicht identifizierbar

Abb. 3:   Fahrbahnkante im Bild schwer identifizierbar

2   Kalibrierung

Die unterschiedlichen Arten von Sensoren erfordern unterschiedliche Kalibrierungen. Die große Anzahl Sensoren und Komplexität der Zusammenhänge führt dazu, dass die Systeme nicht simultan, sondern stufenweise kalibriert werden. Erst nach der Kalibrierung eines Systems wird das nächste kalibriert.

Die typische Reihenfolge der Kalibrierungen ist:

1. Abstand GPS – INS
2. Abstand und Rotation zwischen INS und Scanner
3. Abstand und Rotation zwischen Kamera und Scanner/INS

2.1   Kamerakalibrierung

Zu bestimmen sind 6 Parameter der Transformation vom Kamerasystem ins System des INS bzw. umgekehrt, 3 Parameter für die Position des Projektionszentrums (dx, dy, dz) und die 3 Rotationswinkel (α, β, γ).

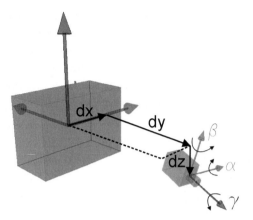

Abb. 4:   Verschiebung und Rotation der Koordinatensysteme von INS und Kamera

Für die Bestimmung der 6 Transformationsparameter ist es erforderlich, die 3D-Koordinaten identischer Punkte in beiden Koordinatensystemen zu bestimmen. Als Passpunkte sollten dazu Marken verwendet werden, die einerseits in der Punktwolke automatisch erkannt werden können andererseits auch im Bild sicher und automatisch identifizierbar sind. Kugelförmige Objekte sind geeignet, um halbautomatisch mit hoher Genauigkeit aus der Punktwolke extrahiert werden zu können. Sie sind allerdings im Bild nicht sicher messbar weil die Erkennbarkeit der Konturen abhängig ist von der Beleuchtung und dem Hintergrund. Eine Lösung ist die exzentrische Anordnung zweier codierter Zielmarken. Der Mittelpunkt zwischen den beiden Marken ist identisch mit dem Zentrum der Kugel (siehe Abb. 5).

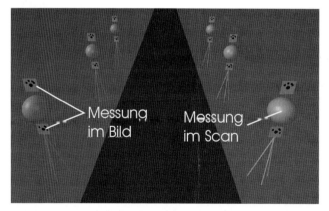

Abb. 5:   Passpunktmarken für automatische Messung in Scan und Bildern

Für die praktische Durchführung der Kalibrierung müssen einige Marken mit dem mobilen Messsystem aus verschiedenen Richtungen erfasst werden, so dass der Laserscan die Kugeln möglichst rundum abdeckt und auch genügend Bilder vorhanden sind, in denen die Marken das gesamte Bildformat ausnutzen.

Liegt eine große Anzahl geeigneter Bilder vor und decken die Marken in den Bildern das Bildformat vollständig ab, können die Parameter der inneren Orientierung, (ck, xh, yh, a1, a2, a3, b1, b2) in der Bündelausgleichung simultan bestimmt werden. Andernfalls muss die Bestimmung der inneren Orientierung der Kamera getrennt bestimmt werden.

2.2 Manuelle Kalibrierung

Unter der Voraussetzung, dass die Systemkomponenten auf derselben Plattform relativ zueinander fixiert sind, sollte eine Kalibrierung nur relativ selten nötig sein. Die Positionen der Kameras sollten auch bei erneuter Montage mit hoher Genauigkeit reproduzierbar sein. Die Rotationswinkel der Kameras sind jedoch kritisch. Schon geringe Winkelabweichungen führen zu einer Dejustierung der Rotation um mehrere Pixel.

Eine schnelle Überprüfung der Rotationswinkel ist möglich, indem die Punktwolke schmaler entfernter Objekte, z. B. Laternen, Leitungen, Verkehrszeichen oder Gebäudeprofile in Überlagerung mit den Bildern betrachtet werden. In PHIDIAS können die Rotationswinkel und Positionen der Kamera manuell korrigiert werden und wenn die Überlagerung von Bild und Punktwolke hergestellt ist, können die Korrekturwinkel und -verschiebungen für alle Bilder, die mit der ausgewählten Kamera aufgenommen wurden, angewendet werden (siehe Abb. 6).

Abb. 6:   Überprüfung der Kamerarotation durch Überlagerung von Punktwolke und Bild bei schmalen Objekten

3   Anwendungen

Mobile Mapping Systeme werden überwiegend zur großflächigen Erfassung von Infrastruktur eingesetzt. Konkret ist damit die sichtbare bauliche Infrastruktur gemeint, wie z. B. Straßen, Brücken, Gebäude, Freileitungen und ähnliche Objekte.

Das Auswertesystem PHIDIAS verwendet sowohl die Daten von Laserscannern als auch hochauflösende digitale Bilder und bietet zahlreiche Messmethoden für die kombinierte Auswertung und detaillierte 3D-Modellierung.

3.1   Straßenaufnahme

Die Vorteile der kombinierten Auswertung mit Bildern und Punktwolken sind bei der Straßenaufnahme offensichtlich. Höhendaten, z. B. Querprofile können aus der Punktwolke weitgehend automatisch ermittelt werden. Fahrbahnkanten, Kanaldeckel und andere Objekte, die in einer Ebene liegen und deshalb nicht direkt aus der Punktwolke extrahiert werden können, sind meist im Bild einfach identifizierbar. Die Messung im Bild kann sehr einfach monoskopisch erfolgen, da die Entfernung indirekt durch den Schnitt mit der Punktwolke bestimmt wird. Eine Mehrbildmessung ist ebenfalls möglich, falls die Punktwolke z. B. aufgrund von Abschattungen nicht dicht genug ist. Die Punktgenauigkeit hängt in diesem Fall jedoch von der Schnittgeometrie ab und ist meist nur im Nahbereich akzeptabel.

Falls Punktgenauigkeiten von 1 cm oder besser gefordert sind, ist eine kinematische Aufnahme nicht mehr möglich. Die mobile Aufnahme muss dann im Stop-and-Go-Verfahren erfolgen.

Abb. 7:   Straßenaufnahme mit PHIDIAS

Neben der Modellierung der reinen Straßengeometrie mit Objektattributen können auch flächenhafte Aufnahmen durchgeführt werden um z. B. Orthophotos der gesamten Straßen-oberfläche zu erstellen. Das Ergebnis ist dann ein maßstäblicher Bildplan, der als Grundla-ge für Schadenskartierungen dienen kann.

3.2   Leitungen

Die Erfassung dünner Objekte wie z. B. Stromleitungen mit Laserscannern ist nur möglich, wenn der Winkelabstand zwischen Scanpunkten im Verhältnis zur Strahldivergenz nicht zu groß ist. Andernfalls verfehlt der Scanstrahl die Leitung häufig. Folglich ist die Leitung im Scan nur schwer zu identifizieren und auf keinen Fall automatisch extrahierbar. Wenn je-doch ein kalibriertes Digitalbild vorliegt, genügen zwei Scanpunkte auf der Leitung um die Position der Leitung in der XY-Ebene zu bestimmen. Die vertikale Lage kann anschließend durch die Messung von drei Punkten im Bild festgelegt werden.

3.3   Durchfahrtshöhen

Bei der Ermittlung von Durchfahrtshöhen auf Straßen oder Lichtraumprofilen auf Schie-nenwegen ist es wichtig, nicht nur die Geometrie einer Engstelle zu erfassen, sondern die Situation auch im Bild zu dokumentieren, damit die Art der Engstelle klassifiziert bzw. Fehlinterpretationen vermieden werden können.

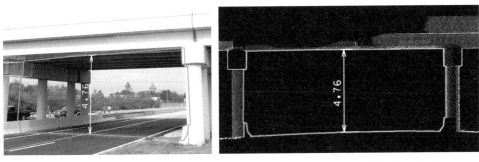

Abb. 8:   Ermittlung von Durchfahrtshöhen (links) und Lichtraumprofilen (rechts)

3.4   Stadtmodelle

Detaillierte Stadtmodelle hoher Qualität können nicht ausschließlich aus Luftbildern ge-wonnen werden. Zusätzliche Aufnahmen der Fassaden aus geringeren Höhen sind erforder-lich. Mit PHIDIAS können auf Grundlage der Laserscannerdaten und Digitalbilder schnell Polygonmodelle der Gebäude erstellt und texturiert werden.

4   Fazit

Mobile Systeme zur Erfassung von Infrastruktur, wie z. B. Straßen, Brücke, Gebäuden und Leitungen, sind sehr effizient und liefern mittlerweile Daten mit einer hohen Genauigkeit und Dichte, die für viele Anwendungsgebiete ausreichend ist. Das Potenzial der Kombination von Laserscanning und Photogrammetrie wird von der Auswertesoftware nicht immer vollständig genutzt, sondern teilweise werden die Bildinformationen nur zur Übersicht und nicht für Messzwecke verwendet oder sie werden nur zur Einfärbung der Punktwolke verwendet. Anhand einiger Anwendungsbeispiele wurde gezeigt, dass die Kombination von kalibrierten digitalen Bildern zusammen mit der 3D-Punktwolke des Laserscanners nicht nur die Aufnahme- und Auswertezeit verkürzt, sondern auch qualitativ hochwertigere Ergebnisse produziert.

Literatur

Haala, N., Peter, M., Kremer, J. & G. Hunter (2008): *The International Archives of Remote Sensing and Spatial Information Sciences.* ISPRS Congress Beijing 2008, Vol. XXVII, Part B5, Com. V.

Lichtenstein, M., Benning, W. & C. Effkemann (2008): *Anwendung von Bildverarbeitungsverfahren in photogrammetrischen Aufnahmen zur automatischen Auswertung von terrestrischen Laserscannerdaten.* In: Luhmann, T. & C. Müller (Hrsg.): Photogrammetrie – Laserscanning – Optische 3D-Messtechnik. Beiträge der Oldenburger 3D-Tage 2008. Heidelberg: Wichmann, S. 154-161.

Ullrich A. & N. Studnicka (2005): *Zusammenführung boden- und luftgestützter Laserscanner- und Kameradaten.* In: Luhmann, T. (Hrsg.): Photogrammetrie – Laserscanning – Optische 3D-Messtechnik. Beiträge der Oldenburger 3D-Tage 2005. Heidelberg: Wichmann, S. 288-299.

Algorithmen und Messergebnisse bei der dynamischen Bestimmung von Baumparametern

René KOCH, Alexander ZIEGLER, Lutz BREKERBOHM und Klaus BOBEY

Zusammenfassung

Die wirtschaftliche Bedeutung des Rohstoffs Holz ist in den letzten Jahren stark angestiegen. So erfordert die Einbindung des Rohstoffes Holz in komplexe logistische Systeme eine differenzierte Planung und eine Holzernte auf objektiver Grundlage, die mit der Kenntnis der genauen Lage, der Holzmenge und der weiteren Entwicklung jedes wirtschaftlich nutzbaren Baumes gegeben wäre. Um diese Daten zu erhalten, werden in forstwirtschaftlichen Betrieben Inventuren der Waldbestände durchgeführt. Diese Inventuren werden allerdings aus ökonomischern Gründen als Stichprobenverfahren realisiert. In dem von Bundesministerium für Bildung und Forschung (BMBF) geförderten und zurzeit an der Hochschule für angewandte Wissenschaft und Kunst (HAWK) laufenden Forschungsprojekt mit dem Titel „Entwicklung eines optischen Sensorsystems zur dynamischen Waldinventur bei der Holzernte mit Harvestern" (DynaWIS) soll ein Sensorsystem entwickelt werden, mit dem nicht nur Stichproben eines Bestandes erfasst werden, wie derzeit üblich, sondern sämtliche in einem bewirtschafteten Waldbestand befindliche Bäume.

Das Ziel des Forschungsprojekts ist die Vermessung aller Bäume hinsichtlich des Brusthöhendurchmessers (BHD) und der jeweiligen Baumposition. In der hier dargestellten Phase des Forschungsprojekts sollen die Algorithmen zur Vermessung der Bäume erläutert und erste aktuelle Messergebnisse präsentiert werden.

1   Hintergrund

1.1   Forstwirtschaft

Nach der Landwirtschaft ist in Deutschland die Forstwirtschaft die flächenmäßig bedeutendste Landnutzungsform laut Bundesministerium für Ernährung, Landwirtschaft und Verbraucherschutz (BMELV). Mit über 1 Mio. Beschäftigten und einem Umsatz von mehr als 100 Mrd. € je Jahr trägt die Forst- und Holzwirtschaft mit ca. 3 Prozent zum Bruttoinlandsprodukt bei (BMELV 2008). Das BMELV will zudem innerhalb der nächsten zehn Jahre mit dem Programm „Charta für Holz" den Pro-Kopf-Verbrauch von Holz aus nachhaltiger heimischer Erzeugung um weitere 20 Prozent steigern (CHARTA FÜR HOLZ 2004). Die aus diesen Argumenten heraus resultierende gestiegene wirtschaftliche Bedeutung des Rohstoffes Holz, sowie dessen Einbindung in komplexe logistische Systeme, erfordert für forstwirtschaftliche Betriebe die Kenntnis von der genauen Lage der zur Verfügung stehenden Holzmenge und die zukünftige Entwicklung von Forstbeständen. Nur so ist eine differenzierte Planung sowie ein auf objektiver Grundlage basierender Holzhandel vereinbar. Informationen über die zur Verfügung stehende Holzmenge sowie deren Verteilung auf die Einzelindividuen in einem Forstbestand werden über eine Forstinventur gewonnen. Aus ökonomischen Gründen werden für Inventuren in der Forstwirtschaft maßgeblich Stichprobenverfahren mit dem Ziel angewendet, den Forstbestand in seiner Masse und Qualität zu erfassen. Naturgemäß haften den genannten Möglichkeiten Fehler an, wodurch die Messdatenerhebung auf wenige eindeutige Merkmale – Alter, Brusthöhendurchmesser (BHD, Durchmesser des Baumstammes in einer Höhe von 130cm) und Höhe – reduziert wird. Das in diesem Forschungsprojekt zu entwickelnde System soll im Gegensatz zur Forstinventur sämtliche Bäume in einem Bestand, während der Durchforstung mit einem Harvester, erfassen. In der Forstwirtschaft sind aus Kostengründen solche Vollaufnahmen eher selten, so dass das zu entwickelnde System eine Verbesserung darstellen wird und sich nahtlos in die Landschaft moderner Inventurmethoden einpasst (BOBEY & BOMBOSCH 2006). Der BHD eines Baumes ist die wichtigste Messgröße für die Bestimmung des Ertrages eines Bestandes, da er als einziger direkt bestimmt werden kann. Weitere wichtige Merkmale sind die Baumhöhe und die Position des Baumes im Bestand (GELS 2007). Anhand der gewonnenen Informationen lassen sich individuelle und genaue Aussagen über die aktuelle Holzmenge im jeweiligen Bestand treffen. Eine solche Vermessung würde es ermöglichen, für jeden Wald signifikante Aussagen über den Holzbestand und die Zuwachsrate zu treffen, und somit einen Nachweis über die Nachhaltigkeit führen zu können.

1.2   Messsystem

Abbildung 1 zeigt eine schematische Darstellung des Harvesters mit dem Sensortestsystem. Die beiden seitlich eingezeichneten Winkel symbolisieren den Messbereich des Systems.

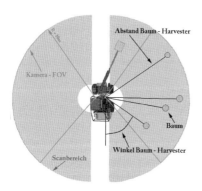

Abb. 1:   Schematische Darstellung der Messung im Forstbestand

Abb. 2:   Darstellung des montierten Sensorsystems am Harvester

Neben extremen Einsatzbedingungen im Wald bezüglich Betriebstemperatur und Luftfeuchtigkeit, sollte das Gehäuse auch eine ausreichende mechanische Festigkeit aufweisen, um schlagenden Ästen und Ähnlichem standzuhalten. Das System soll das ganze Jahr über eingesetzt werden und muss daher unempfindlich gegenüber Regen und Schnee sein. In ausführlichen Untersuchungen wurden verschiedene zur Verfügung stehende Sensoren (Laserscanner, PMD-Kamera) miteinander verglichen und auf Ihre Tauglichkeit bzgl. der Anforderungen untersucht (KOCH 2007, JATHO (2008), KOCH, JATHO, BREKERBOHM & BOBEY 2008). Unter diesen Anforderungen ist ein Laserscanner (LMS221 der Firma Sick) in Verbindung mit einer hochauflösenden 2D-Kamera (DX4-285 der Firma Kappa opto-electronics), die unterhalb des Laserscanners moniert ist, die sinnvollste Kombination. Abbildung 2 zeigt das an einem Harvester montierte Sensorsystem. Die 2D-Kamera wird zum Schutz vor schlagenden Ästen sowie Regen oder anderen Wetterbedingungen mit einem zusätzlichen Gehäuse, das an den Laserscanner angepasst ist, geschützt.

2   Bilddatenanalyse

Aufgabe der Bildanalyse ist die Bestimmung und Berechnung der zur Vermessung benötigten Baumdurchmesser und Baumpositionen. Diese Daten bilden zusammen die sogenannten Sensordaten, die Basis für die spätere Bestandesrohdatenberechnung (Kapitel 3) sind. Die Bestimmung der Sensordaten erfolgt aus den Sensorrohdaten des Sensortestsystems, bestehend aus 2D-Kamera und Laserscanner. Der Laserscanner dient zur Positionsbestimmung der im Raum zu vermessenden Bäume relativ zum Sensorsystem, während die hochauflösende 2D-Kamera die Grundlage zur Bestimmung der Baumdurchmesser ist. Das zugrunde liegende Blockschaltbild der Bildanalyse ist in Abbildung 3 gezeigt und wird in Kapitel 2.2 näher beschrieben.

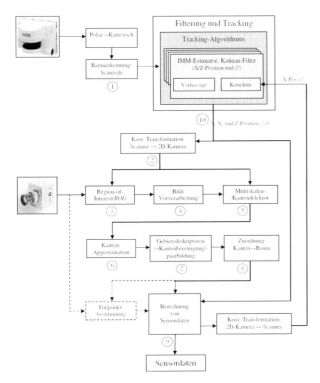

Abb. 3:
Blockschaltbild der Bildanalyse

Da es sich um ein Multisensor-System handelt, müssen für eine Datenfusion die Orientierungen bezüglich Translation und Rotation von Laserscanner und 2D-Kamera zueinander bekannt sein. Hierzu sind die Definition eines gemeinsamen Bezugssystems sowie eine Kalibrierung des Sensortestsystems notwendig.

2.1 Kalibrierung des Sensortestsystems

Laserscanner und 2D-Kamera besitzen eigenständige Koordinatensysteme, deren Ursprünge und Orientierungen bedingt durch den mechanischen Aufbau nicht identisch sind (Abb. 4). Im Sinne einer Kalibrierung müssen die zugrunde liegenden Parameter Translation und Rotation zwischen beiden Systemen bestimmt werden. Ebenfalls sind die inneren **Parameter der 2D-Kamera zu bestimmen.**

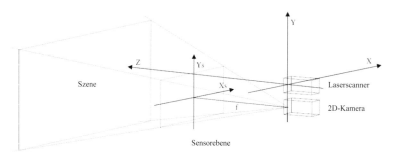

Abb. 4: Koordinatensysteme des Sensortestsystems (nicht maßstäblich)

Das Koordinatensystem des Laserscanners wird als gemeinsames Sensorkoordinatensystem (SKS) definiert, in das die Koordinaten der 2D-Kamera transformiert werden. Die hierzu notwendigen Parameter für Translation und Rotation der Koordinatensysteme werden mittels eines zweistufigen Verfahrens bestimmt. Zuerst wird dabei die Lage der Laserscanebene im Bild der 2D-Kamera gemessen. Das erfolgt durch die Sichtbarmachung des Laserschnitts auf Ebenen, die sich in zwei unterschiedlichen Entfernungen von der 2D-Kamera befinden. Das weitere Vorgehen besteht in der Aufnahme von zylindrischen Referenzkörpern an möglichst vielen unterschiedlichen Positionen in der Szene. Mittels korrespondierender Positionen in Laserscanebene und 2D-Kamera werden in einer Optimierungsrechnung die übrigen Kalibrierparameter bestimmt. Die inneren Kameraparameter werden mit Hilfe von Kamera-Kalibriersoftware (BOUGUET 2008) bestimmt. Auf weitere Details der Kalibrierung soll an dieser Stelle nicht näher eingegangen werden.

2.2 Ablauf der Bildanalyse

Im Folgenden werden die Abläufe bei der Bildanalyse anhand der Blöcke in Abbildung 3 näher beschrieben.

Der Laserscanner liefert die Tiefeninformation der Szene als Laserscanzeile, die 2D-Kamera das zugehörige Szenenbild. 2D-Bild und Laserscanzeile sind miteinander synchronisiert und bilden einen sogenannten Frame. Auf Basis der Laserscanzeile werden mittels diskontinuitätsbasierter Clusterung vorläufige Baumkandidaten gewonnen und deren Positionen in Bezug auf das Sensortestsystem sowie Schätzwerte für die Durchmesser bestimmt (Abb. 3, Block 1). Nach wiederholter erfolgreicher Beobachtung von Baumkandidaten werden zugehörige Tracks gebildet (BAR-SHALOM & FORTMANN 1988), die jeweils mittels mehrerer Kalman-Filter für Position (Multiple-Model Estimator) sowie Durchmesser verfolgt werden (BAR-SHALOM, LI & KIRUBARAJAN 2001). Dabei wird das Bezugssystem des Sensortestsystems als ruhend angenommen, die Baumkandidaten als bewegend. Den im Tracking befindlichen Baumkandidaten werden laufende Baumnummern zugeordnet, die später zur Wiedererkennung in aufeinanderfolgenden Frames dienen. Das Tracking basiert aus den Daten der Laserscanzeile, sowie einer späteren Verbesserung mittels Datenfusion nach der Bildverarbeitung (weiter unten in diesem Abschnitt). Wird ein Baumkandidat mittels Laserscanner nicht mehr erfasst, wird dessen Track nach Überschreiten einer Unsicherheitsschwelle beendet.

Die auf Basis der Laserscanzeile gewonnenen Positionen der Baumkandidaten werden mittels der Kalibrierparameter sowie der Unsicherheiten aus den Kalman-Filtern in das 2D-Bild transformiert und definieren Regions-of-Interest (ROIs) (Abb. 5, links) für die anschließende Bildverarbeitung (Abb. 3, Block 2,3). Diese beginnt mit einer Bildvorverarbeitung, welche eine Verbesserung der Bildqualität innerhalb der ROIs zur Aufgabe hat (Abb. 3, Block 4). Innerhalb der ROIs werden potenzielle Baumkanten gesucht. Das erfolgt im ersten Schritt mittels eines Multiskalen-basierten adaptiven Kantendetektors (Abb. 3, Block 5), da Bäume in der Regel über eine störende Textur verfügen. Die resultierenden Multiskalen-Binärbilder (Abb. 5, Mitte) dienen einer stufenweisen robusten Regression (Abb. 3, Block 6), die eine Approximation der Kanten durch Geradengleichungen zur Aufgabe hat (Abb. 5, rechts). Die approximierten Geraden dienen zur Orientierung bei der Berechnung von ausgewählten Gebietsdeskriptoren sowie zur späteren Berechnung der Baumdurchmesser. Mit Hilfe der Gebietsdeskriptoren erfolgen die Zuordnungen der Geradenpaare (links und rechts) sowie die Beseitigung vereinzelter Kanten (Abb. 3, Block 7).

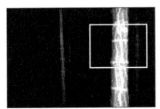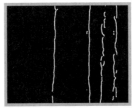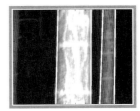

Auswahl der ROI   Multiskalen-Kanten   Approximation

Abb. 5:   Schritte von der Region-of-Interest (ROI) zur Kantenapproximation

Bevor Baumdurchmesser berechnet werden können, muss zuerst eine Zuordnung von Geradenpaaren zu im Tracking befindlichen Baumkandidaten hergestellt werden. Das erfolgt über das Prinzip des nächsten Nachbarn, wobei die Unsicherheiten aus den Kalman-Filtern für Position und Durchmesser eingehen (Abb. 3, Block 8). Die Zuordnung von Geradenpaaren zu einem in der Laserscanzeile getrackten Baumkandidaten macht aus diesen gültige Bäume. Deren Durchmesser sowie die horizontale Positionen (Abb. 4, X-Achse) werden mit Hilfe der Geradengleichungen in Höhe der Laserscanzeile bestimmt (Abb. 3, Block 9).

Mittels einer Baum-Fußpunkterkennung soll die Höhe der Scanzeile geschätzt und die darauf bezogenen Durchmesser in BHDs umgerechnet werden. Durch Rückprojektion der im 2D-Bild bestimmten Daten in das Bezugssystem (Laserscanner) sowie anschließender Datenfusion (WELCH & BISHOP 1996), werden die Baumpositionen und -durchmesser von denjenigen Bäumen stetig verbessert (Abb. 3, Block 10), die sich im sichtbaren Bereich des Sensorsystems befinden. Diese so genannten Sensordaten (Baumpositionen und -durchmesser) werden während der Fahrt des Harvesters gespeichert.

3   Bestandesrohdatenberechnung

Für eine erfolgreiche Bestandesinventur und dem damit verbundenen Erfassung der Bäume und der Baumparameter, muss eine Datenstruktur entwickelt werden, mit der zum einen die Baumparameter übersichtlich dargestellt und zum anderen dauerhaft vergleichbar archiviert werden kann. Eine solche Möglichkeit bietet die Struktur einer Karte. Alle über das Sensorsystem erfassten und über die Bildanalyse extrahierten Baumparameter, müssen über die Algorithmen der Bestandesrohdatenberechung in eine Karte transformiert werden. Für diese Berechnung sind die Sensordaten essenziell notwendig. Derzeit sind die Sensordaten, wie in Abbildung 6 ersichtlich, über eine Messkampagne in einem Referenzbestand und nachgekoppelter Bildanalyse zu ermitteln. Zudem erlaubt die Simulation einer Harvesterfahrt Sensordaten anhand der Referenzbestandsdaten zu generieren.

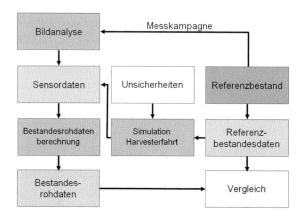

Abb. 6:
Schematische Darstellung
Bestandesrohdatenberechnung

3.1   Simulation Harvesterfahrt

Die Simulation der Harvesterfahrt setzt auf die handvermessenen Daten vom Referenzbestand auf, die ebenfalls zum Vergleich der berechneten Bestandesrohdaten herangezogen werden. Anhand der Referenzbestandesdaten, die aus dem BHD und den Gauß-Krüger-Koordinaten für jeden Baum im Referenzbestand bestehen, wird eine Übersichtskarte erzeugt. In der Simulation bewegt sich ein Harvester samt Sensorsystem durch den Referenzbestand auf einer vordefinierten Strecke und erfasst unter den identischen Bedingungen (Sichtfeld, Rückengassenbreite, Überdeckungen) zum realen Sensorsystem Messdaten und gibt diese als Sensordaten aus.

Die Sensordaten aus der Simulation beruhen auf den handvermessenen, realen Daten eines vollständig erfassten Referenzbestandes, wodurch die Sensordaten mit nur einer sehr kleinen, rundungsbedingten Abweichung berechnet und daher als ideal angesehen werden können. Die Unsicherheit der simuliert berechneten Baumpositionen zwischen benachbarten Bäumen zueinander, liegt unter 1mm. Mit diesen idealen Sensordaten ist es nunmehr möglich die Algorithmen der Bildanalyse sowie der Bestandesrohdatenberechnung zu verifizieren. Zudem ergibt sich die Möglichkeit, nur einzelne und bestimmte Unsicherheiten bei der Simulation einfließen zu lassen und somit deren Auswirkung bei der nachfolgenden Bestandesrohdatenberechnung zu betrachten. Einzelne Messfehler können in einer konstanten Umgebung untersucht und somit die Algorithmen zur Bildanalyse und Bestandesrohdatenberechnung so ausgelegt werden, um die größten Unsicherheits- und Fehlertendenzquellen zu berücksichtigen bzw. zu kompensieren.

3.2   Algorithmen zur Bestandesrohdatenberechnung

Auf den vorliegenden Sensordaten, ermittelt aus der Bildanalyse oder der Harvestersimulation, können die Algorithmen zur Bestandesrohdatenberechnung angewendet werden. Die Sensordaten werden in der Bildanalyse Frame für Frame aus den Sensorrohdaten extrahiert. Hierauf aufbauend erfolgt die Bestandesrohdatenberechnung.

In der hier dargestellten Projektphase wird der in Abbildung 7 dargestellte Transformationsalgorithmus verwendet. Die Baumkoordinaten werden dabei über die Transformationsmatrix T Frame für Frame vom, sich mit dem Harvester bewegenden, Sensorkoordinatensystem (SKS) in das ruhende Hauptkoordinatensystem (HKS) transformiert. Hierzu müssen für jedes Frame die Schnitt- und Differenzmengen bzgl. der Baumkoordinaten zwischen dem SKS des aktuellen Frames und dem HKS festgestellt werden. Grundlage hierzu bildet die Baumnummerierung aus der Bildanalyse, mit der die Zuordnung erfolgt. Da jeder Baum vom Sensorsystem mehrfach vermessen und in der Bildanalyse mehrfach erkannt wird, unter anderem durch Vor- und Rückwärtsbewegungen des Harvesters mit samt des Sensorsystems, liegen nach der Bestandesrohdatenberechnung die Baumkoordinaten eines Baumes mehrfach vor. Über Clusterungs- und Mittelwertverfahren werden diese Daten zu einem Koordinatensatz je Baum komprimiert.

Die resultierenden, transformierten und gemittelten Baumkoordinaten können im nächsten Schritt mit den handvermessenen Baumkoordinaten verglichen werden. So kann eine Bewertung der Algorithmen der Bestandesrohdatenberechnung und der Bildanalyse erfolgen.

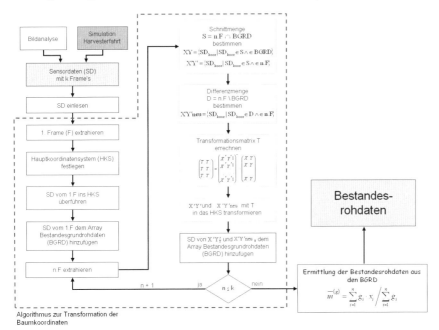

Abb. 7:   Schematische Darstellung Bestandesrohdatenberechnung

4 Ergebnisse

Im Folgenden werden konkrete Messergebnisse diskutiert, die mittels Bildanalyse und anschließender Bestandesrohdatenberechnung erzeugt wurden. Basis sind Sensorrohdaten, die während einer realen Harvesterfahrt durch den Referenzbestand erzeugt wurden.

Abbildung 8 zeigt eine Karte, in der die handvermessenen Baumkoordinaten nach der Simulation und die über die Bestandesrohdatenberechnung transformierten Baumkoordinaten dargestellt sind. Handvermessene Baumkoordinaten und Sensordaten sind hier in ein gemeinsames Koordinatensystem gelegt. Eine Bewertung der Baumkoordinaten kann derzeit nur zwischen benachbarten Bäumen zueinander erfolgen, da die mittels Sensorsystem ermittelten Baumkoordinaten momentan nicht mit GPS-Daten verknüpft werden. Die räumlich geometrische Ausrichtung des Hauptkoordinatensystems hat keine Orientierungspunkte zu einem geometrisch ausgerichteten Koordinatensystem.

Innerhalb des Referenzbestandes liegt die mittlere Entfernung zwischen zwei Bäumen bei 2,5m. Wird dieses als max. Abstandsmaß für benachbarte Bäume angenommen, so ergibt sich daraus eine resultierende Unsicherheit der berechneten Baumpositionen zwischen benachbarten Bäumen von 0,1303m, bezogen auf die händisch ermittelten Daten des Referenzbestandes.

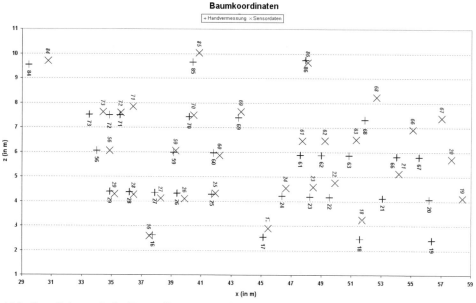

Abb. 8: Schematische Darstellung Bestandesrohdatenberechnung

Der BHD wird mittels der im Kapitel 2 beschriebenen Algorithmen innerhalb der Bildanalyse ermittelt. Bei der Bestandesrohdatenberechnung werden einzelne Messergebnisse von Bäumen zusammengefasst. Daher kann dies auch für die BHD-Messdaten erfolgen. Zudem können die Messdaten über die Zuordnung der Koordinaten mit den handvermessenen Baumdurchmessern verglichen werden.

Tabelle 1:   Auszug aus den ermittelten BHD-Messdaten

BHD Handvermessen [cm]	Mittlere Entfernung Sensor↔Baum [m]	Durchmesser Bildanalyse [cm]	Abweichung [cm]
20,35	1,70	18,96	1,39
16,25	1,90	16,24	0,01
14,90	3,41	13,86	1,04
18,95	3,67	16,92	2,03
12,90	5,32	11,49	1,41
14,35	8,26	12,13	2,22

Die Tabelle 1 zeigt, dass es zwischen den handvermessenen und den durch Bildanalyse ermittelten Messdaten zu Abweichungen kommt. Diese Abweichungen haben systematischen Charakter. Eine mögliche Ursache ist die Tatsache, dass die Bildanalyse im aktuellen Stand noch nicht den BHD liefert, sondern den Durchmesser in Höhe der Laserscanebene, die sich in der Regel oberhalb der BHD-Höhe von 1,30m befindet.

Werden alle zugeordneten und vermessenen BHDs betrachtet, so ergibt sich eine mittlere Abweichung ($\pm 1\sigma$) von (1,73±0,7)cm sowie ein Median von 1,96cm. Die in der aktuellen Projektphase geforderte Abweichung von max. 2cm wird somit bereits eingehalten.

Angestrebt ist eine in der Forstwirtschaft übliche Genauigkeit von 1cm. Dabei wird bei der Ermittlung von BHDs immer auf ganze Zentimeter abgerundet.

5   Ausblick

Derzeit ist die Algorithmik zum Zwecke der Entwicklung und Optimierung in MATLAB® implementiert. Aktuell realisiert ist die gesamte Algorithmik in Abbildung 3, mit Ausnahme der Baum-Fußpunktbestimmung. Ebenfalls noch nicht abgeschlossen ist die Parametrierung der für das Tracking verwendeten Kalman-Filter hinsichtlich optimaler und robuster Verfolgung bei perspektivischen Verdeckungen von Bäumen während der Fahrt.

Ziel ist es, die gesamte Algorithmik der Bildanalyse in Echtzeit (>25fps) auf einem DSP-basierten Embedded-System im Harvester durchzuführen. Die gewonnenen Sensordaten sollen in einem nichtflüchtigen Speicher (z. B. SD-Speicherkarte) während der Arbeit des Harvesters abgelegt werden. Auf Basis dieser Sensordaten erfolgt die Berechnung der Bestandesrohdaten, Offline auf einem PC.

Bei der Entnahme von Bäumen durch den Harvester führt dieser während der Entastung eine Vermessung der Schaftkurve durch und stellt diese in Form digitaler Daten bereit. Ziel ist die Nutzung dieser Daten durch die Bildanalyse zum Abgleich der photogrammetrisch ermittelten Durchmesser mit den am Stamm gemessenen Werten. Zudem kann durch die Bestimmung der Längen entnommener Bäume über bestandes-spezifische Parameter vom BHD auf das verbleibende Holzvolumen geschlossen werden.

Literatur

Bar-Shalom, Y. & T. E. Fortmann (1988): *Tracking and data association*. Mathematics in science and engineering, 179. Academic Press, Inc.

Bar-Shalom, Y., Li, X. R. & T. Kirubarajan (2001): *Estimation with applications to tracking and navigation*. New York: John Wiley & Sons.

BMELV (2008): *Internetseite „Holzmarkt" des Bundesministerium für Ernährung, Landwirtschaft und Verbraucherschutz (BMELV)*. http://www.bmelv.de/cln_045/nn_827702/ DE/06-Forstwirtschaft/Holzmarkt/_holzmarkt_node.html_nnn=true. Berlin/Bonn.

Bobey, K. & F. Bombosch (2006): *Vorhabensbeschreibung des Forschungsprojekts „Entwicklung eines optischen Sensorsystems zur dynamischen Waldinventur bei der Holzernte mit Harvestern" (DynaWIS)*. HAWK, Fachhochschule Hildesheim/Holzminden/ Göttingen.

Bouguet, J. Y. (2008): *Internetseite „Camera Calibration Toolbox for Matlab"*. http://www.vision.caltech.edu/bouguetj/calib_doc/index.html.

Charta für Holz (2004): *Verstärkte Holznutzung, Zugunsten von Klima, Lebensqualität, Innovation und Arbeitsplätze (Charta für Holz)*. Bundesministerium für Verbraucherschutz, Ernährung und Landwirtschaft (BMVEL), Berlin, S. 13 und S. 19.

Gels, M. (2007): *Dokumentation der Aufnahme von Referenzbeständen für ein dynamisches Waldinventursystem (DynaWIS) und Ausblick auf künftige Einsatzgebiete*. Diplomarbeit, HAWK, Fachhochschule Hildesheim/Holzminden/Göttingen.

Jatho, M. (2008): *PMD – Kamera zur Baumvermessung bei der dynamischen Waldinventur*. Masterarbeit, HAWK, Fachhochschule Hildesheim/Holzminden/Göttingen, Kap. 2 und Kap. 4.

Koch, R. (2007): *Auswahl, Inbetriebnahme und Implementierung eines Laserscanners zur Messung von Baumabständen von einem Harvester aus*. Diplomarbeit, HAWK, Fachhochschule Hildesheim/Holzminden/Göttingen.

Koch, R., Jatho, M., Brekerbohm, L. & K. Bobey (2008): *Dynamische Vermessung von Baumpositionen, Laserscanner vs. 3D-Kamera*. In: Luhmann, T. & C. Müller Hrsg.): Photogrammetrie – Laserscanning – Optische 3D-Messtechnik. Beiträge der Oldenburger 3D-Tage 2008. Heidelberg: Wichmann, S. 110-120.

Welch, G. & G. Bishop (1996): *One-Step-At-A-Time Tracking*. Technical Report. UMI Order Number: TR96-021. University of North Carolina at Chapel Hill.

Hochfrequente Erfassung von Pressenbewegungen während des Massivumformprozesses zur Untersuchung des dynamischen Lastverlagerungsverhaltens

Alexander ZACHAROV

Zusammenfassung

Im Bereich der Produktions- und Fertigungstechnik ist es wichtig, dass die eingesetzten Maschinen einwandfrei funktionieren. Zudem müssen die produzierten Werkstücke bestimmten Qualitätsstandards entsprechen. Dabei steigen aufgrund automatisierter Montageprozesse die Anforderungen an die Passgenauigkeit, da Abweichungen beim Verbau der Teile nicht mehr einfach ausgemittelt werden können. Die Hauptursache für eine fehlerhafte Produktion von Werkstücken ist in der Metallumformung neben dem Material häufig die Presse selbst, welche sich beim Schmiedeprozess verkippen oder verlagern und somit falsch auf das Rohmaterial auftreffen kann. Das produzierte Werkstück kann den hohen Kundenanforderungen anschließend nicht mehr gerecht werden.

Das Werkzeugmaschinenlabor (WZL) an der Rheinisch Westfälischen Technischen Hochschule (RWTH) in Aachen untersucht Bewegungen von verschiedenen Pressen für die Massivumformung, um deren Lastverlagerungsverhalten zu bestimmen und Möglichkeiten zur Optimierung zu erforschen. Die Ergebnisse sollen später direkt in den Produktionsprozess einfließen. Des Weiteren sollen die Resultate der Untersuchungen mit Simulationsergebnissen abgeglichen werden, um die hierfür verwendeten Modelle ggf. weiter zu entwickeln. In diesem Beitrag werden 3D-Messverfahren untersucht, welche die Bewegungen dreidimensional erfassen und auch im robusten Produktionsumfeld eingesetzt werden können.

1 Einleitung

Um die Bewegung einer Presse zu erfassen sind bis dato taktile Messsensoren eingesetzt worden. Diese weisen aber einige Nachteile auf:

1. Der Messaufbau ist aufwendig und generiert lange Stillstandzeiten der Presse. Der daraus resultierende Produktionsausfall ist mit hohen Kosten verbunden.

2. Bei Pressen mit automatischem Werkstücktransfer liegt ein sehr enger Einbauraum für die Sensorik vor.

3. Die taktile Messtechnik ist anfällig für hohe Temperaturen. Je nach Umformprozess (Kalt- oder Heißumformung) haben die Werkstückteile eine Temperatur von bis zu 1200 °C.

4. Die Messung der Pressenbewegung ist nur im unteren Bereich möglich. Maximal können 50 mm Messweg erfasst werden.

Deshalb eignet sich im Schmiedeprozess der Einsatz von taktiler Sensorik nur bedingt. Um die Pressenbewegung möglichst über die gesamte Hubbewegung zu messen bedarf es einer neuen Messmethode.

Im ersten Schritt soll in einer Voruntersuchung eine geeignete Messmethode für die hochfrequente Erfassung der Pressenbewegung durch das WZL gefunden werden. Mithilfe des Messsystems, welches den Messanforderungen entspricht, wird anschließend die Pressenbewegung untersucht.

2   Voruntersuchung an der Versuchspresse

Vor der eigentlichen Messung des Lastverlagerungsverhaltens der Presse recherchierte das WZL in einer Voruntersuchung nach einem geeigneten 3D-Messsystem. Dabei sind spezielle Anforderungen an die Messsysteme gestellt worden. Diese sind unter anderem kurze Installationszeiten, hochfrequente Datenakquisition und Messung beliebig vieler Punkte.

In diesem Kapitel werden die Versuchspresse und die untersuchten Messsysteme kurz vorgestellt. Anschließend wird das Messsystem, welche die Messanforderungen des WZL erfüllt hat, näher erläutert.

2.1   Versuchspresse

Die Voruntersuchung ist an einer Versuchspresse im Forschungslabor des WZL an der RWTH Aachen durchgeführt worden (s. Abb. 1).

Abb. 1:   Versuchspresse am WZL

Bei der Presse handelt es sich um eine Kniehebelpresse der Firma Schuler. Diese verfügt über eine Presskraft von etwa 6300 kN.

Bei einer kompletten Pressbewegung vom oberen Punkt (OT) bis zum unteren Punkt (UT) ist der Verfahrweg etwa 315 mm lang. Die Hubzahl der Pressenbewegungen pro Minute beträgt 35. Die Tischgröße der Presse hat ein Ausmaß von 800 × 710 mm.

2.2 Messsysteme

In der Voruntersuchung an der Versuchspresse sind vier verschiedene Messsysteme gegenüber gestellt worden.

Die Anforderungen an ein geeignetes Messsystem sind:

- Kurze Installationszeiten: Im Schmiedebetrieb ist jeder Stillstand der Presse mit Kosten verbunden, so dass der Aufbau des Messsystems möglichst wenig Zeit beanspruchen darf.

- Abbildung der gesamten Hubbewegung: Die Erfassung der gesamten Hubbewegung ist wichtig, um auch die Pressenbewegungen (Verlagerungen und Kippungen) ohne Prozesslast aufgrund des vorhandenen Führungsspiels untersuchen zu können.

- Hochfrequente Datenakquisition: Die Pressenbewegung soll durch viele Messwerte hochauflösend erfasst werden.

- Messgenauigkeit: Die Messgenauigkeit des Messsystems soll mindestens 0,1 mm betragen.

- Messung beliebig vieler Messpunkte: Um Verlagerungen und Kippungen der Presse untersuchen zu können ist die gleichzeitige Erfassung einer großen Anzahl von Punkten wünschenswert.

- Die Bewegungsabläufe sollten dreidimensional gemessen werden.

Die untersuchten Messsysteme variieren in ihren Eigenschaften. Bei den Messsystemen handelt es sich um:

Lasertracker
Bei der Messung mit dem Lasertracker wird ein Laserstrahl auf einen Spiegelreflektor gerichtet und von diesem wieder zurück projiziert. Mit Hilfe der reflektierten Lichtwellen kann nun die Entfernung zwischen dem Lasertracker und dem Spiegelreflektor bestimmt werden. Zusätzlich werden der horizontale und vertikale Winkel erfasst und dann eine 3D Koordinate des Zielpunktes im Raum ermittelt.

Lasertracer
Der Lasertracer besteht aus einem Interferometer, dessen Laserstrahl über eine hochpräzise Kugel abgelenkt wird. Der Strahl, der von dem an der Maschine befestigten Reflektor reflektiert wird, fällt im Lasertracer auf eine positionssensitive Diode (PSD). Wird der Reflektor bewegt, kommt es zu einem Offset auf der Diode und der Strahl wird erneut auf das Zentrum des Reflektors ausgerichtet. Die Bewegung des Reflektors kann so verfolgt werden.

Da sich mit einem Lasertracer lediglich Längenmessungen durchführen lassen, sind für die genaue Bestimmung von 3D-Koordinaten eines Punktes mindestens drei Lasertracer notwendig.

Hochgeschwindigkeitskamera

Bei der Vermessung des Verlagerungsverhaltens der Presse mit einer Hochgeschwindig-keitskamera werden die Messpunkte am Stößel und an der Maschine mit Messmarken sig-nalisiert. Anschließend wird mit der Kamera ein Stößelhub während des Umformprozesses aufgezeichnet. Bei der Auswertung werden die Verlagerungen der Messmarken ermittelt, aus denen das Pressenverhalten berechnet werden kann. Die Aufnahmekamera besitzt einen internen Bildspeicher, der es erlaubt, je nach Auflösung und Aufnahmegeschwindigkeit Bildsequenzen von 4 bis 30 s aufzunehmen. Mit einer Kamera kann jedoch nur ein zweidi-mensionales Bild aufgenommen und ausgewertet werden.

Photogrammetrisches optisches 3D-Messsystem MoveInspect

Beim photogrammetrischen optischen 3D-Messsystem werden zwei oder mehr Kameras eingesetzt. Die Messpunkte an der Presse werden mit retro-reflektierenden Messmarken signalisiert. Diese Art der Signalisierung benötigt wenig Licht, so dass dieses Verfahren unabhängig von der Umgebungshelligkeit ist. Die Position der Messmarken im Raum wird mithilfe eines räumlichen Vorwärtsschnitts von zwei oder mehr Kameras bestimmt. Das System MoveInspect HF erlaubt es zudem, die Pressenmessungen hochfrequent über einen beliebigen Messzeitraum zu erfassen. So sind auch Dauerversuche über mehrere Tage denkbar.

Das WZL hat die Systeme auf die Messtauglichkeit hin untersucht und festgestellt, dass nur das Messsystem MoveInspect HF (high frequency) der Firma Aicon 3D Systems GmbH allen Messanforderungen gerecht wird.

Tabelle 1 vergleicht fünf Messsysteme inklusive der taktilen Messsensorik im Hinblick auf die gestellten Anforderungen.

Tabelle 1:   Untersuchte Messsysteme

	Laser-tracker	Laser-tracer	High Speed-Kamera	Taktiler Mess-sensor	Move-Inspect
Kurze Installationszeit	+	+	+	−	+
Messung der gesamten Hubbewegung	+	+	−	−	+
Hochfrequent	+	+	+	+	+
Messgenauigkeit < 0,1 mm	+	+	+	+	+
Beliebig viele Messpunkte	−	−	+	−	+
3D-Punkt-erfassung	+	−	−	−	+

(+: Messanforderung erfüllt   −: Messanforderung nicht erfüllt)

Der Nachteil vom Lasertracker und Lasertracer liegt darin, dass diese Systeme nur einen Punkt gleichzeitig verfolgen können. Bei mehreren Punkten ist der Kostenaufwand zu hoch, da für jeden weiteren Messpunkt ein zusätzliches Messgerät benötigt wird. Außerdem werden mindestens drei Lasertracer benötigt um 3D-Koordinaten von einem Punkt zu berechnen.

Die Hochgeschwindigkeitskamera kann nur kurze Bewegungssequenzen aufnehmen, da alle Bilddaten in den internen Ringspeicher übertragen werden. Dies erzeugt eine hohe Datenmenge, die gespeichert werden muss. So ist die Kapazität des Ringspeichers schnell erschöpft. Anschließend muss die große Datenmenge bearbeitet werden. Durch die kurze Aufnahmezeit kann die komplette Hubbewegung nicht erfasst werden.

Mit der taktilen Messsensorik ist es möglich die Hubbewegung hochfrequent und genau zu bestimmen. Allerdings ist dies nur auf einer Messlänge von maximal 50 mm möglich, da bei längeren Messwegen die Genauigkeit der Sensoren abnimmt. Die aufwendige Installation und Anfälligkeit für hohe Temperaturen sind weitere Hindernisse für einen Einsatz im Schmiedebetrieb.

Das photogrammetrische Messsystem MoveInspect der Firma AICON 3D Systems konnte im Gegensatz zu den anderen geprüften Messverfahren alle Messanforderungen erfüllen. Mithilfe des Messsystems ist es möglich mehrere Punkte gleichzeitig über einen beliebigen Zeitraum hochfrequent zu erfassen. Zudem erreichte das System die vorgegebene Messgenauigkeit problemlos. Auch die Installationszeit entsprach den Erwartungen.

2.3 MoveInspect

Das Messsystem, welches während der Untersuchung des Lastverlagerungsverhaltens eingesetzt worden ist, wird von der Braunschweiger Firma AICON 3D Systems entwickelt und hergestellt. Das System ist in einer Zwei- oder Dreikamera-Variante erhältlich (siehe Abb. 2). Während der hier beschriebenen Versuche ist das Zweikamerasystem MoveInspect HF eingesetzt worden.

Abb. 2: Messsystem MoveInspect

Das Aicon Messsystem MoveInspect HF analysiert die Messpunkte hinsichtlich ihrer geometrischen Veränderung. Es ermittelt für jeden gemessenen Punkt die 3D-Position und die Geschwindigkeit. Mit dem Messsystem können beliebig viele Punkte über einen langen Zeitraum ohne Zeitlimit mit einer Frequenz von bis zu 1000 Hz gemessen werden. Dreidimensionale Bewegungsabläufe können mit einer Messgenauigkeit von bis zu 10 µm gemessen werden.

Des Weiteren kann das Messsystem an ein zentrales Messwerterfassungssystem angebunden werden. Für die Versuche erfolgte eine Synchronisation des MoveInspect HF mit den Wegaufnehmern. In der anschließenden Auswertung konnten die Daten dann direkt übereinander gelegt werden.

3   Erfassung der Pressenbewegungen – Versuchsdurchführung

Mit dem Messsystem MoveInspect HF ist die Pressenbewegung der Versuchspresse hochfrequent erfasst worden, um das Lastverlagerungsverhalten der Presse beim Leerhub zu überprüfen. Dazu wurde die Presse mit Messmarken signalisiert (siehe Abb. 3). Zusätzlich zu den Messmarken sind Wegaufnehmer (WA) an der Presse montiert worden. Diese dienten anschließend als Referenzsystem zum Vergleich der beiden Messsysteme. Die Aufnahme der Hubbewegungen erfolgte mit 485 Hz. Die Aufnahme dauerte ca. 30 Sekunden. Mit der gesamten Aufnahmedauer konnten ca. 17 Hübe erfasst werden.

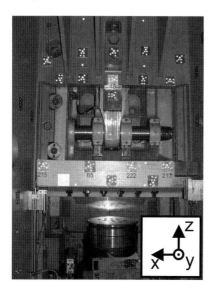

Abb. 3:
Versuchsaufbau mit Messmarken und zusätzlichen Wegaufnehmern

4   Ergebnisse der Untersuchung

Zunächst ist die Bewegungsrichtung der Presse betrachtet worden. Ein Vergleich der Z-Werte mit den Wegaufnehmern ist nur im unteren Bereich möglich, da die Wegaufnehmer nur dort Messwerte erfassen konnten.

Abbildung 4 zeigt einen Ausschnitt der Messergebnisse für die Bewegungsrichtung der Presse.

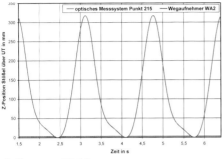 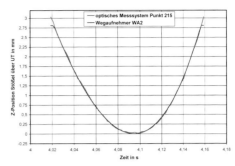

a) Gesamte Hubbewegung   b) Unterer Todpunkt

Abb. 4: Abbildung der Z-Richtung der Presse über der Zeit

Werden die beiden Systeme miteinander verglichen, so stellt sich heraus, dass eine Peak-to-Peak-Abweichung von 0,102 mm (±0,051 mm) erreicht wird (vgl. Abb. 5). Diese Abweichung ist auf das Führungsspiel zurückzuführen, das sich auf Grund unterschiedlicher Messstellen von Wegaufnehmer und optischem System in den Ergebnissen widerspiegelt.

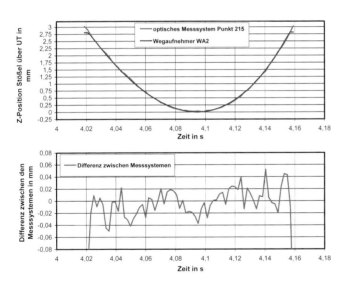

Abb. 5: Messabweichung MoveInspect HF gegenüber dem Wegaufnehmern, verursacht durch das Führungsspiel

Im Idealfall bewegt sich die Presse entlang ihrer Führung nur in Z-Richtung. Dennoch kann bei älteren Modellen, die lange nicht mehr generalüberholt worden sind, das Führungsspiel in X- und Y-Richtung bis zu 2 mm betragen.

Abbildung 6 zeigt die Bewegung der Presse in X- und Y-Richtung. Dazu ist jeweils zur Ausgangslage, oberer Todpunkt, die Differenz der X- beziehungsweise Y-Koordinate gebildet worden. Die Abbildungen zeigen die Abweichungen zur Ursprungslage.

Wie aus den Abbildungen ersichtlich wird, hat die untersuchte Presse in X-Richtung ein Spiel bis zu 0,3 mm und in Y-Richtung bis zu ±0,4 mm.

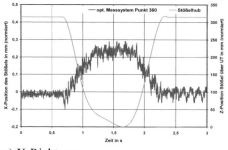
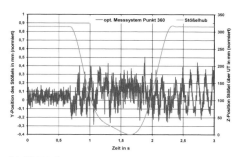

a) X-Richtung   b) Y-Richtung

Abb. 6:   Stößelbewegung

5   Fazit

Die Erfassung der Pressenbewegung und die Ergebnisse des MoveInspect HF Messsystems haben ergeben, dass die Hubbewegung der Versuchspresse durch das System gut abgebildet wird. Durch die hochfrequente Erfassung der Pressenbewegung war es möglich, die Verlagerungen und Verkippungen der Presse optimal zu analysieren. Außerdem wurde die geforderte Genauigkeit durch das Messsystem erreicht.

Wie im Artikel beschrieben, ist das Messsystem unter Laborbedingungen eingesetzt worden. Weitere Untersuchungen an zwei Pressen der Firma Schuler bestätigten jedoch auch die Praxistauglichkeit im laufenden Schmiedebetrieb.

Literatur

Industrieverband Massivumformung e.V. (2007): *Massivumformung: Überlegene Produkte – Innovative Prozesse.* CD-ROM, Hagen.

Luhmann, T. (2000): *Nahbereichsphotogrammetrie: Grundlagen, Methoden und Anwendungen.* Heidelberg: Wichmann.

Tannert, M. (2008): *Optimierung von Mehrstufenwerkzeugen durch gekoppelte Simulation von Maschine und Prozess.* 2. Patentgruppensitzung, Hagen.

Messung der Ausbreitungsgeschwindigkeit eines Airbags mittels Image Pattern Correlation Technique (IPCT)

Tania KIRMSE

Zusammenfassung

Während viele Standardfälle im Nachweis der Fahrzeuginsassensicherheit durch die vorhandenen Simulationsprogramme schon ausreichend gut beurteilt werden können, besteht, insbesondere für Situationen in denen die Entfaltung des Airbags behindert wird, der Bedarf weiterer Verbesserungen in der numerischen Modellierung (BLÜMCKE 2008). Für deren Validierung werden Messdaten von Airbagentfaltungsvorgängen benötigt. Mittels der „Image Pattern Correlation Technique" (IPCT) wurde die Ausbreitungsgeschwindigkeit eines Airbags bei der Entfaltung optisch vermessen und die prinzipielle Eignung des Messverfahrens für die Anwendung im Crashtest demonstriert. Die Messungen wurden bei der AUDI AG in Ingolstadt durchgeführt. Die Aufnahmen erfolgten mit einem Hochgeschwindigkeits- Stereo-Kamerasystem des DLR.

1 Die Messtechnik IPCT

1.1 Allgemeines Messprinzip

Die Image Pattern Correlation Technique ist ein optisches Deformationsmessverfahren, das die Verfahren der Photogrammetrie mit den Kreuzkorrelationsalgorithmen kombiniert, die für die Particle Image Velocimetry (PIV) entwickelt wurden. Das DLR nutzt das Verfahren unter anderen für die Messung von Flügeldeformationen im Windkanal und im Flugversuch (MICHAELIS et al. 1998, HURST et al. 2007, BODEN 2008, BODEN et al. 2008).

Die Nutzung eines Stereo- oder Mehrkamerasystems ermöglicht die Messung von 3D-Koordinaten via Triangulation. Um die dafür erforderlichen Korrespondenzen zwischen den beiden Kameraansichten ermitteln zu können, wird ein zufälliges Punktemuster auf der Oberfläche des Messobjektes aufgebracht. Korrespondierende Gebiete in den Aufnahmen von Kamera 1 und Kamera 2 werden über die Kreuzkorrelation kleinerer Auswertefenster bestimmt. Insbesondere für komplizierte Oberflächenformen, die starke Gradienten in der Höhe haben, wird die Fläche iterativ ermittelt. Mit den Parametern aus der Kamerakalibrierung und den Ergebnissen der Kreuzkorrelation kann die 3D-Oberfläche in dem Überlappungsbereich der Kamera rekonstruiert werden.

Zur Bestimmung der Deformation erfolgt eine Korrelation zwischen den Aufnahmen des Messobjektes in zwei Zuständen, z. B. unbelastetes und belastetes Bauteil zur Ermittlung von Deformationen oder zwei zeitlich aufeinander folgende Aufnahmen für die Bestimmung von Oberflächengeschwindigkeiten. Dabei wird für jede Kamera der 2D-Verschiebungsvektor zwischen den beiden Aufnahmen ermittelt. Mit der zuvor bestimmten Höhe des Objektes und den aus der Kalibrierung ermittelten Transferfunktionen beider Kameras wird aus den 2D-Verschiebungsvektoren der einzelnen Kameras der 3D-Verschiebungsvektor berechnet.

Aus den 3D-Deformationsvektoren zweier aufeinander folgender Bilder kann in einem weiteren Schritt die Ausbreitungsgeschwindigkeit der Oberfläche abgeleitet werden. Für die Auswertung wurde das *StrainMaster*-Modul der Software *DaVis* von LaVision benutzt.

1.2   IPCT am Airbag

Um die 3D-Bewegung der Luftsackoberfläche mittels IPCT vermessen zu können, ist es nötig, eine korrelationsfähige Struktur auf der Oberfläche aufzubringen. Dazu wurde ein zufälliges Punktemuster auf den Stoff des Luftsackes gedruckt, d.h. die in der Messung zum Einsatz gekommenen Airbag-Module wurden speziell für die Messung gefertigt. Ein Aufprojizieren des Musters wurde verworfen. Mit dieser Technik würde zwar die 3D-Oberfläche erfasst werden können, eine direkte Messung der 3D-Bewegung der Luftsackfläche wäre jedoch nicht möglich. Vor allem seitliche Bewegungen in der Frontebene sind damit nicht zu erfassen. Diese kommen aber durchaus beim Entrollen und Aufziehen des Stoffes vor.

Der Vorgang der Airbagentfaltung ist hochdynamisch. Die Entfaltung vom Aufplatzen der Schalttafel bis zur größten Ausbreitung ist in ca. 30 ms abgeschlossen. Dabei kann die Front des Airbags lokal begrenzt Spitzengeschwindigkeiten von deutlich über 100 m/s erreichen. Um den Vorgang zeitlich ausreichend auflösen zu können, sind große Bildraten von 10.000 Bildern/s erforderlich, damit die Verschiebungen zwischen zwei aufeinander folgenden Bildern noch gut korrelierbar sind. Des Weiteren machen die hohen Geschwindigkeiten sehr kurze Belichtungszeiten von unter 10 µs notwendig, um Bewegungsunschärfen zu vermeiden. Um trotzdem eine gute Lichtausbeute zu erhalten, sind kleine Blendenzahlen erforderlich. Da der Airbag bei der Entfaltung einen vergleichsweise großen Weg zurücklegt und damit die Tiefe des Messvolumens sehr groß ist, ist bei der Wahl der Blende ein Optimum zwischen genügender Ausleuchtung des Messobjekts und ausreichender Tiefenschärfe zu finden.

Ein Stereoverfahren erfordert, dass beide Kameras das Messvolumen erfassen. Bereiche, die nur von einer Kamera abgedeckt sind, können nicht ausgewertet werden. Bei der großen Tiefe der Messstrecke bedeutet dies, dass der Auswertebereich in Richtung der Kameras kleiner wird. Kurze Brennweiten der Kameras und der damit verbundene größere Öffnungswinkel sind günstig für ein tiefes Messvolumen. Durch einen kleineren Stereowinkel zwischen den Kameras kann die Messtiefe weiter vergrößert werden, allerdings verringert sich damit die Messgenauigkeit des Systems in Kamerarichtung.

2   Der Messaufbau

2.1   Das DLR-Kamerasystem

Das Kamerasystem des DLR besteht aus 2 *Photron ultima APX_RS* Hochgeschwindigkeitskameras. Die Kameras haben einen s/w-CMOS-Sensor mit einer maximalen Auflösung von 1024 × 1024 Pixel bei einer Bildrate von bis zu 3000 fps. Der interne Ringspeicher der Kameras hat eine Größe von 8 GB. Die minimale Belichtungszeit beträgt 2 µs.

Für eine Stereomessung ist eine Synchronisation der Kameras notwendig, um zu gewähr-leisten, dass beide Kameras zum selben Zeitpunkt die Bilder aufnehmen. Die Synchronisa-tion erfolgt über ein Triggerausgangssignal von der Master-Kamera in der eingestellten Bildrate an die Slave-Kamera. Über einen externen Starttrigger von der Versuchsanlage wurden die einzelnen Messsequenzen ausgelöst. Die Airbag-Messungen erfolgten mit einer Bildrate von 10.000 fps bei einer Auflösung von 512 × 512 Pixel und einer Belichtungszeit von 4 μs.

Abb. 1:   Blick durch die Beifahrertür auf   **Abb. 2:**   Kameras und LED-Strahler im
den Aufbau mit Airbag-Dummy   Fahrzeuginneren

Die Kameras wurden im Fahrzeuginneren auf der Beifahrerseite auf einem X95-Profil angebracht. Der Abstand zwischen den Kameras und der Schalttafel betrug ca. 860 mm mit einem Abstand zwischen den Kameras von ca. 360 mm (Abb. 1 und Abb. 2). Das ergibt ein Stereowinkel von 24°. Bei einer Bildrate von 10.000 fps und einer konservativ angesetzten Korrelationsgenauigkeit von 0,25 Pixel ergibt sich aus dem Aufbau eine Genauigkeit von ca. 3 m/s in Richtung der Kameras (KRAUS 2004).

Neben den im Labor standardmäßig genutzten Außenstrahlern wurde ein LED-Strahler zwischen den Kameras im Fahrzeuginneren angebracht, um den Airbag optimal auszu-leuchten und genügend Licht für die kurze Belichtungszeit bereitzustellen.

2.2   Kamerakalibrierung

Die Kalibrierung der Kameras erfolgte mittels einer Kalibrierplatte, die in verschiedenen Positionen des Messvolumens aufgenommen wurde. Die Kalibrierplatte ist mit einem Punktegitter mit bekanntem Raster versehen. Mittels der Kalibrieraufnahmen wird die Transferfunktion der Kameras bestimmt, die den Zusammenhang zwischen den Pixelkoor-dinaten (x1, y1) und den Raumkoordinaten (x, y, z) mathematisch beschreibt. Bestimmt werden die externen Kameraparameter, die die Position und Lage der Kamera im Bezug zum Weltkoordinatensystem darstellen, und die internen Parameter, die die Kamerakon-stante (analog zur Brennweite des Objektivs), die radialen Linsenverzeichnungen erster und zweiter Ordnung sowie die Lage des Kamerahauptpunktes auf dem Chip beinhalten. Da die Explosion beim Auslösen eines Airbags eine starke Erschütterung hervorruft, die leichte Änderungen der Kameraausrichtung bewirken können, wurde vor jeder weiteren Messung das Kamerasystem neu kalibriert.

Das Koordinatensystem wird über die Position und Lage der Kalibrierplatte mit einer Kalibrieraufnahme definiert, wobei die x-y-Ebene des Messkoordinatensystems mit der Kalibrierebene zusammenfällt. Für einige Sequenzen wurde ein Punktemuster mittels einer selbstklebenden Folie auf der Schalttafel unterhalb des Airbag-Ausbruchbereiches angebracht. Diese Referenzfläche wurde mittels IPCT vermessen und kann zur Verknüpfung des Messkoordinatensystems mit dem CAD-Modell genutzt werden.

3   Auswertung

Die Auswertung kann in folgende vier Arbeitsschritte aufgeteilt werden:

1. Vorbereitung der Bilder für die Korrelation
2. Bestimmung der 3D-Oberfläche aus den Korrespondenzen der Stereobildpaare
3. Bestimmung des 3D-Verschiebungsvektors zwischen zwei aufeinander folgenden Stereoaufnahmen
4. Berechnung der Oberflächengeschwindigkeit aus dem Verschiebungsvektorfeld

3.1 Vorbereitung der Bilder

Für die Auswertung wurden die Bilder in umgekehrter Reihenfolge in die Auswertungssoftware DaVis von LaVision geladen. Die Auswertung in umgekehrter Bildreihenfolge erleichtert das Auswerteverfahren, da zur Beschleunigung der Bildkorrelation die Ergebnisse des vorherigen Bildpaares als Startwerte für den nächsten Zeitschritt verwendet werden. Betrachtet man das „Zusammenfalten" des Airbags, so verschwinden Punktemuster in den Randbereichen. Damit kann der Algorithmus besser umgehen, als mit einer Ausdehnung des Auswertebereiches mit der Zeit, da in diesem Fall für die neu erscheinenden Randbereiche keine Startwerte vorliegen.

   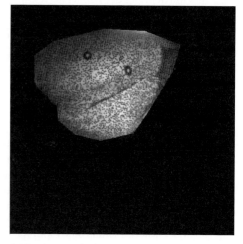

Abb. 3: Beispielaufnahme Original   **Abb. 4:** Beispielaufnahme maskiert

Da der Airbag nur im voll entfalteten Zustand die Kamerabilder annähernd ausfüllt, ist vor dem Start der Korrelation zur Bestimmung der 3D-Oberfläche eine Maskierung jedes Bildes notwendig, in der der nicht zum Airbag gehörende Hintergrund ausgeblendet wird. Ebenfalls maskiert werden Bereiche des Airbags, in denen kein korrelationsfähiges Punktemuster zu sehen ist. Dies kann an abgeschatteten Flanken der Fall sein, oder durch die Abdeckung des Musters durch ein Fangband verursacht sein. Für die Maskierung wurden manuell gesetzte Masken für größere Sequenzbereiche und eine automatische Maskengenerierung miteinander kombiniert. Kriterien für die automatische Maskengenerierung waren unter anderem minimale und maximale Grauwerte als Grenzen, sowie der RMS-Wert über ein Abfragefenster. Abbildung 3 und Abbildung 4 zeigen an einem Beispiel das Ergebnis der Maskierung.

3.2   Bestimmung der 3D-Oberfläche

Die Startoberfläche wird aus der Korrelation der Stereoaufnahmen des entfalteten Airbags bestimmt. Ausgehend von dieser Startfläche werden die 3D-Flächen der ganzen Messsequenz ermittelt, wobei der Auswertealgorithmus stets das vorherige Ergebnis als Anfangswert für die neue Korrelation nutzt. Abbildung 5 zeigt die gemessenen Oberflächen zu fünf ausgewählten Zeitpunkten eines Entfaltungsvorganges.

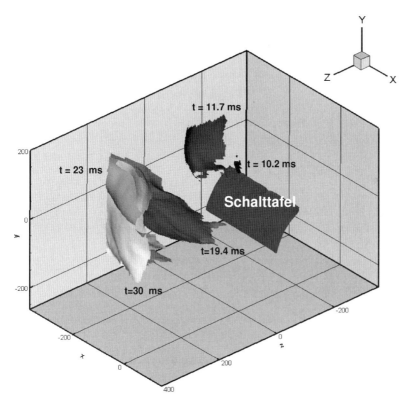

Abb. 5:   Mittels Stereo-IPCT ermittelte 3D-Oberfläche des Airbags zu verschiedenen Zeiten und die vermessene Referenzfläche an der Schalttafel

3.3 Bestimmung der Ausbreitungsgeschwindigkeit

Für die Bestimmung der Oberflächengeschwindigkeit des Airbags werden die 3D-Verschiebungen zwischen zwei aufeinander folgenden Aufnahmen ermittelt. Mit der bekannten 3D-Fläche und der Transferfunktion der Kameras wird aus den 2D-Pixel-Verschiebungen zwischen zwei aufeinander folgenden Bildern jeweils einer Kamera der 3D-Verschiebungsvektor eines Auswertefensters direkt bestimmt.

Aus den Deformationsvektoren der Oberfläche und der Bildrate ergibt sich die Oberflächengeschwindigkeit des Airbags unter Berücksichtigung der umgekehrten Auswerterichtung.

In Abbildung 6 sind die Geschwindigkeitsvektoren für ausgewählte Zeitpunkte einer Messung dargestellt. Die höchsten Geschwindigkeiten treten in der Anfangsphase auf. Hier kommt es auch zu starken Querkomponenten in der Ausbreitungsgeschwindigkeit, da die Entfaltung noch nicht abgeschlossen ist. Ab ca. 30 ms nach Auslösung hat der Airbag seine volle Größe erreicht und die Front zeigt nur noch ein leichtes Wabern.

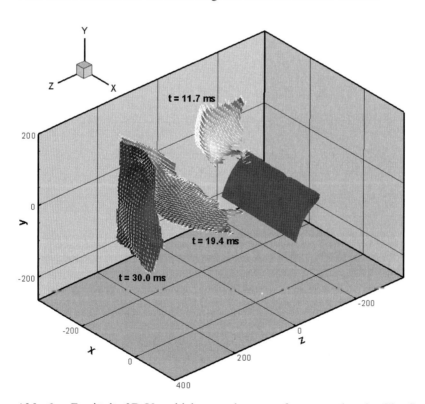

Abb. 6:   Ermittelte 3D-Verschiebungsvektoren aufgetragen über der Oberfläche

4   Zusammenfassung

In den durchgeführten Messungen wurde die Ausbreitungsgeschwindigkeit eines Airbags bei der Entfaltung mittels der „Image Pattern Correlation Technique" (IPCT) optisch vermessen.

Die erfolgreiche Demonstration der Messtechnik am Airbag zeigt das Potenzial der IPCT für Anwendungen im Crashtest. Die Vermessung der Luftsackentfaltung wurde als Testfall gewählt, um das Messverfahren an dem Fall extremster Deformation zu testen. Bei der Entfaltung treten die größten Oberflächenänderungen pro Zeiteinheit auf, und das Erscheinen des Musters aus dem „Nichts", die starke Faltung in der ersten Phase des Vorgangs, sowie das große Messvolumen stellen besondere Herausforderungen an die Auswertung dar. Bei Deformationsmessungen an festen Bauteilen treten hingegen geringere Geschwindigkeiten auf. Außerdem steht die Originaloberfläche vor der Messung als Bezugsfläche bereits zur Verfügung und kann als Startwert genutzt werden.

Für Messungen im Fahrzeuginneren bei einem Crashtest ist am ehesten von Seiten der optischen Zugänglichkeit und des Einbaus der Kameras mit Limitierungen zu rechnen. Bei den durchgeführten Messungen befanden sich keine Sitze, Dummies oder anderes, was den freien Blick versperren könnte, im Fahrzeuginneren. Bei einem voll instrumentierten Crashtest wird eine große Herausforderung darin bestehen, geeignete Kamerapositionen zu finden, so dass beide Stereokameras eine freie Sicht auf den Messbereich haben ohne die Testergebnisse zu beeinflussen. Der Einsatz mehrerer Kameras, die in der Auswertung verschieden kombiniert zu mehreren Stereosystemen zusammengefasst werden können, kann dabei das Auswertegebiet auch weiter vergrößern. Gelingt der optische Zugang zum Messobjekt kann eine Vielzahl von Informationen aus den Stereoaufnahmen gewonnen werden, sei es die Intrusionsgeschwindigkeit der Fahrzeugwände in verschiedenen Bereichen, der Entfaltungsvorgang von Airbags oder die Relativpositionen von Dummies zu markanten Punkten.

Danksagung

Die Messungen wurden bei der AUDI AG in Ingolstadt durchgeführt. Vielen Dank an das Team von AUDI für die gute Zusammenarbeit.

Literatur

Blümcke, E. (2008): *Neue Möglichkeiten zur Betrachtung von Airbag-Entfaltungen in Simulation und Versuch.* SIMVEC 2008, 14. Internationaler Kongress und Fachausstellung, 26.-27. November 2008, Baden-Baden.

Boden, F. (2008): *Dynamische Deformationsmessung mittels digitaler Bildkorrelation an Flugzeugstrukturen im Flugversuch.* In: Luhmann, T. & C. Müller (Hrsg.): Photogrammetrie – Laserscanning – Optische 3D-Messtechik. Beiträge der Oldenburger 3D-Tage 2008. Heidelberg: Wichmann, S. 90-101.

Boden, F., Kirmse, T., Stasicki, B. & C. Lanari (2008): *Advanced optical in-flight measurements on deformation of wings and propeller blades*. Conference Proceedings Society of Flight Test Engineers – European Chapter, 19th Annual Symposium, 2008-09-22 – 2008-09-24. Manching (Germany).

Hurst, D., Frahnert, H., Schinkel, R. van, Quix, H. & Y. Le Sant (2007): *Benchmark Testing of the Model Deformation Measurement Systems Developed Within the European Windtunnel Association (EWA)*. Conference Proceedings, ceas 2007-336, 1st CEAS European Air and Space Conference 2007, Berlin.

Kraus, K. (2004): *Photogrammetrie*. Band 1. Berlin/New York: Walter de Gruyter.

Michaelis, D., Frahnert, H. & B. Stasicki (2004): *Accuracy of Combined 3D Surface Deformation Measurement and 3D Position Tracking in a Wind Tunnel*. CD-ROM Proceedings, S. 1-8, ICEM12 – 12th International Conference on Experimental Mechanics. 29. August – 2. September 2004. Italy: Politecnico di Bari.

3 6 Degrees of Freedom (6DOF)

6DOF-Technologie als Grundlage zur Automatisierung

Raimund LOSER

Zusammenfassung

Die verschiedenen Schritte mit einzelnen Detailerläuterungen der technologischen Entwicklung vom herkömmlichen Laser Tracker System, das 3D-Koordinaten erfassen kann, zu einem System, das die Erfassung aller 6 Freiheitsgrade (6DOF) mit einer Einzelmessung erlaubt, wird beschrieben. Besonders der Übergang von statischen zu dynamischen Messungen findet anhand von einzelnen Beispielen Beachtung. Als neuester Entwicklungsschritt wird die Hard- und Softwareerweiterung zu einem automatischen Robotermesssystem vorgestellt.

1   Erweiterung von 3D zu 6DOF

1.1   Laser Tracker zur räumlichen 3D-Messung

Die Nutzung von Laser Tracker Systemen wurde in den letzten Jahren als Messmittel für große Bauteile in der Industrie etabliert und akzeptiert. Viele Mess- und Montageabläufe sind durch Laser Tracker erst effizient realisierbar, sodass beispielsweise zur Produktion jedes neuen Passagierflugzeugs Laser Tracker Systeme einen erheblichen Beitrag liefern.

Häufig zieht der erfolgreiche Einsatz spezieller Methoden und Technologien eine Reihe weiterer Anforderungen nach sich und zeigt die technischen Grenzen sehr bald auf. Im Falle des Laser Trackers begrenzten:

- die Notwendigkeit eines Reflektors,
- die Einhaltung der Sichtbarkeit zwischen Tracker und Reflektor sowie
- die Messung während der Bewegung des zu beobachtenden Objekts

das Anwendungsgebiet dieser Technologie.

Diese Einschränkungen der Messung von 3D-Koordinaten (X, Y, Z) mit Laser Trackern führte einerseits zur Entwicklung von einfachen mechanischen Hilfsmitteln (Hidden Point Bar oder Oberflächenreflektor).

Andererseits ermöglichen spezielle Softwareerweiterungen die indirekte Bestimmung der interessierenden Werte aus Mehrfachmessungen (mindestens 3 Punkte zur Bestimmung der eindeutigen Orientierung). Daraus ergibt sich neben dem erhöhten Zeitaufwand die Stabilität des Werkzeugs oder Objekts während der Messung als weiterer Nachteil.

Als logische Folge kam die Forderung auf, alle 6 Freiheitsgrade (6DOF mit den Koordinaten X, Y, Z sowie die Orientierungswinkel Ω, φ, κ) zur eindeutigen Beschreibung eines Objekts im Raum mit einer Messung erfassen zu können. Auf diese Weise können vom gemessenen Objektpunkt aus über die drei Orientierungswerte sowohl die Lage des Objekts im Raum als auch alle weiteren Objektpunkte bestimmt werden.

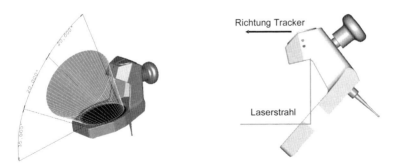

Abb. 1:   Oberflächenreflektor (indirekte Messung eines Punktes)

1.2   Entwicklung des 6DOF-Messsystems

Eine der naheliegenden Ansätze für ein derartiges 6DOF-Messsystem war die Kombination eines genauen polaren Messsystems (Laser Tracker System) mit einem Photogrammetrie-System, das mit einem Bild mehrere Punkte gleichzeitig erfassen kann. Obwohl die technologische Entwicklung seitens der Bildverarbeitung mit CMOS-Chips und immer größeren Rechnerleistungen diese Entwicklung erst ermöglichte waren noch weitere Hürden zu überwinden.

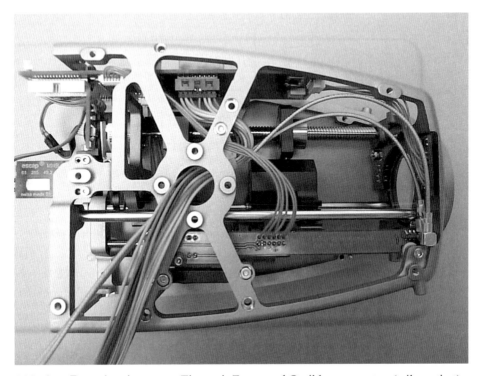

Abb. 2:   Fernrohrgehäuse aus Titan mit Zoom und Optikkomponenten (teilmontiert)

Die hohen Genauigkeitsanforderungen über den gesamten Messbereich führten schließlich zur Entwicklung der speziellen Zoom Optik mit unterschiedlich bewegten Optikbaugruppen (Fokus und Vergrößerung), mit ausgewählten Materialien wegen der thermischen Stabilität und strengen Forderungen an die Baugröße des Fernrohrkörpers.

Letztendlich wurde mit der Kombination von Laser Tracker Messungen mit Photogrammetrie-Funktionalität ein signifikanter Entwicklungsschritt vollzogen, der eine vollständige Erfassung der 6DOF-Werte mit einer Messung ermöglicht.

Mittlerweile existiert eine Vielzahl von Anwendungen, die auf dem Einsatz einer T-Probe als flexibles Hilfsmittel bauen. Auf diese Weise wurden andere Hilfsmittel praktisch unnötig und unwirtschaftlich. Die Variation der möglichen Taster und einer T-Probe brachte die erforderliche Flexibilität für den Benutzer. Für die Messungen von vielen Objekten bedeutet das eine erhebliche Zeitersparnis, bis zu 40 %, da wesentlich weniger Stationswechsel erforderlich sind. Trotz der vielen Vorteile bleibt die erreichbare Messgenauigkeit als eine der wichtigsten Kriterien im Fokus der Anwender. Unabhängig von der Orientierung der T-Probe kann mit einer Standardkonfiguration (100 mm Tasterlänge) eine Genauigkeit der gemessenen Objektpunkte in der Größenordnung von 40 bis 50 µm erreicht werden. Vergleichsmessungen (T-Probe System mit einer Mitsutoyo CMM) an einer 3 × 6 m großen Pressform mit circa 100 Punkten über das Objekt verteilt zeigten eine 2σ Standardabweichung von ± 0.34 mm, wobei die maximale Differenz bei 0.043 mm lag. Die Verteilung der Differenzen ist in Abbildung 3 dargestellt.

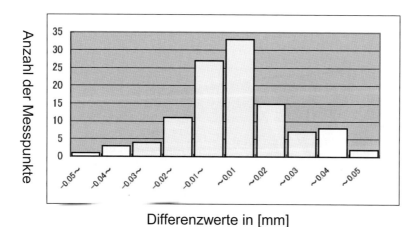

Abb. 3:   Häufigkeitsverteilung der Abweichungen zwischen CMM und Laser Tracker

Als neueste Verbesserungen wurden mit dem Absolut Tracker nochmals erheblich bessere Spezifikationen möglich, ebenso wie die zusätzliche Funktionalität des dynamischen Anhängens an den Reflektor, was dem Anwender nochmals eine erhebliche Zeitersparnis bringt.

1.3 Messungen während der Bewegung

Mit der Erweiterung von Laser Tracker Messungen auf die 6DOF-Datenerfassung konnte die Kombination mit Scannern realisiert werden. Die Datenerfassung mit dem handgeführten T-Scan erforderte erstmals die dynamische Nutzung der 6DOF-Messungen. Die Verbindung der 6DOF-Laser-Tracker-Messungen mit den 2D-Daten des Scanners stellen hohe zeitliche Anforderungen an die Synchronisation der erfassten Daten, und nur die Darstellung der Resultatwerte weist einen geringen Zeitversatz auf (keine Echtzeit). Diese Verbindung von Laser Tracker und Scanner Sensorik vereinigt die Vorteile beider Systemkomponenten auf sich. Das ist einerseits die hohe Absolutgenauigkeit über ein großes Messvolumen und andererseits die große Punktdichte mit hervorragender Nachbarschaftsgenauigkeit.

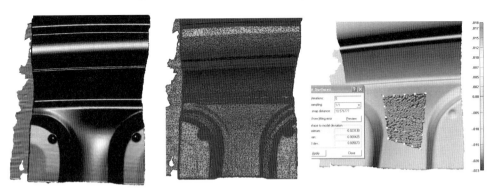

Abb. 4: T-Scan Messresultate – Nachbarschaftsgenauigkeit im Bereich von 12 μm

Der Einsatz der speziellen Scannertechnologie mit dem beweglichen Punkt ermöglicht zusätzlich die individuelle Intensitätsanpassung und erweitert das Spektrum der ohne weitere Behandlung „scannbaren" Oberflächen enorm. Das Beispiel (Abb. 4) zeigt das Resultat einer Messung auf eine glänzende Pressform, ohne weitere Behandlung (ohne Spray) der Oberfläche. Gleichzeitig garantiert die Laser Tracker Genauigkeit eine entsprechend hohe absolute Genauigkeit von circa 60 bis 80 μm über die gesamte Objektgröße. Im dargestellten Fall (Abb. 4) ergab sich eine absolute Messgenauigkeit (2σ) von 58 μm bei einer Objektgröße von 6 m.

Abgesehen von der Variante, dass sich der Messsensor entlang des Objekts bewegt, ist der nächste Schritt die Messung zu bewegten Objekten, wie beispielsweise die Aufzeichnung einer Roboterbahn oder die automatisierte Zusammenfügung zweier Bauteile während der Montage von Flugzeugen. Obwohl die angewandte Technologie bei Laser Tracker Systemen für die dynamische Verfolgung von Bewegungsabläufen prädestiniert ist, konnte bisher diese Funktionalität nur in den seltensten Fällen genutzt werden. Mit einem 3D-Messsystem kann nur ein diskreter Punkt am zu messenden Objekt verfolgt werden. In vielen Fällen interessiert jedoch zusätzlich das Verhalten des gesamten Messobjekts im Raum, das erst über 3 Punkte absolut im Raum erfasst wird. Mit einem weiteren 6DOF-Sensor zum Laser Tracker System, dem T-Mac (**ma**chine-**c**ontrol-**p**robe) existiert effiziente eine Lösung zu diesen Anwendungen. Aufgrund der dynamischen Messung mit einem T-Mac-Sensor erstellte WRBA (2007) optimierte Bahnkorrekturen für eine spezielle Roboterbahn (Abb. 5), sodass der Roboter für diese Bahn auf eine Genauigkeit von > 0.1 mm während der Bewegung erreichen konnte.

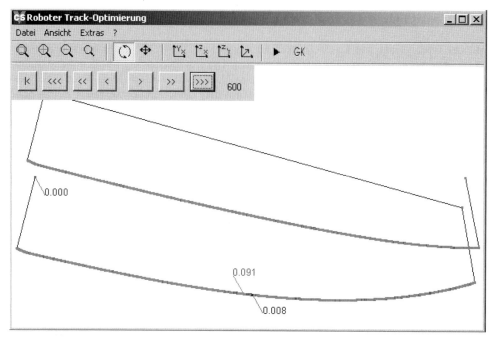

Abb. 5:   Graphische Darstellung der verbesserten Bahnkurve des Roboters

T-Mac-Messungen während der Bewegung können ebenfalls für die automatisierte Montage größerer Bauteile verwendet werden, wobei die Rückkopplung der Messdaten zur Steuerung des Automaten momentan mit einer Datenrate von maximal 10 Messungen pro Sekunde durchführbar sind.

Auf diese Weise kann ein MAP-Prozess (**m**easurement **a**ssisted **p**ositioning) etabliert werden, der eine effiziente automatische Einpassung und Fügung von Teilen ermöglicht. Teil-
montagen von größeren Flugzeugteilen, aber auch die Bewegung entlang eines definierten
Verfahrwegs ist realisierbar. Je nach Anwendung und Einsatzgebiet sind noch erstaunliche
Genauigkeiten erreichbar, insbesondere, wenn nur die relative Orientierungsgenauigkeit des
T-Mac-Sensors wirkt. Absolut muss von einer Genauigkeit von ca. 0.15 mm in 1 m Abstand vom T-Mac ausgegangen werden, wobei die Relativgenauigkeit um einen Faktor 5
besser ist. Mittlerweile gibt es einige Anwendungen, von denen leider noch keine zur Veröffentlichung freigegebenen Daten und Bilder vorliegen.

2   Hardwareerweiterungen zur Automatisierung

Der T-Mac-Sensor wurde grundsätzlich zur Benutzung mit einem Roboter oder einer Maschine entwickelt, um deren Genauigkeit über die Steuerung durch das Laser Tracker System signifikant zu erhöhen. Abgesehen vom Auflösungsvermögen der Positionierglieder
hängt die letztendlich erreichbare Genauigkeit von der Leistungsfähigkeit des Laser Tracker Systems ab, und die Maschine oder der Roboter ermöglichen es, einen wesentlich

genaueren Prozessablauf zu realisieren. Die konsequente Fortführung dieses Ansatzes endet nun in der Automatisierung des Messvorganges selbst, sodass der Roboter oder die Maschine zu einer Messmaschine umfunktioniert werden lönnen. Folglich muss ein T-Mac um einen automatischen Taster zur Auslösung einer Messung erweitert werden. Am Markt sind tatsächlich bereits Sensoren verfügbar, die mit einer entsprechenden Hardware- und Softwareschnittstelle als Zusatzsensoren zur Auslösung der Messwerte brauchbar sind.

Die Erweiterung des T-Mac durch ein entsprechendes Interface-Kit, das die Synchronisation und den Datenaustausch mit dem Laser Tracker sowie die Triggerung der Messwerterfassung sicherstellt, ist ein wesentlicher Baustein zur Realisierung eines automatischen Messsystems. Zu diesem Interface wurden ein berührungsloser Taster (OPT6-LD von Wolf & Beck) und ein schaltender Taster (TESASTAR-rp von Tesa) evaluiert. Tabelle 1 und Tabelle 2 beschreiben die Spezifikationen der erwähnten Taster.

Tabelle 1:   Spezifikationen des berührungslosen Tasters OPT6-LD

Eigenschaft	Spezifikation
Fokusdistanz	ca. 36.5 mm
Arbeitsbereich	4 mm
Strahldurchmesser	50 – 70 µm
Triangulationswinkel	22°
Wiederholgenauigkeit	± 1µm
Messgenauigkeit	± 25 µm
Messmodus	1D und 3D

Tabelle 2:   Spezifikationen des schaltenden Tasters TESASTAR-rp

Eigenschaft	Spezifikation
5 Koordinatenrichtungen	± X ± Y + Z
XY Arbeitsbereich	± 22°
Z Arbeitsbereich	5.5 mm bei 0.11 N 2.0 mm bei 0.30 N
Justierbare Kraft	0.11 – 0.30 N
Wiederholgenauigkeit	± 35 µm (2σ)
Messmodus	1D
Sensorgewicht	43 g

Abbildung 6 zeigt die beiden Tastervarianten, die ein identische mechanische Renishaw Verbindung PAA1 zum T-Mac-Sensor haben. Die beiden Varianten können wie herkömmliche Taster ausgetauscht werden.

Abb. 6:   Optischer Taster OPT6-LD und schaltender Taster TESASTAR-rp

Diese beiden Sensoren wurden mittlerweile für erste Testmessungen zur Überprüfung der erreichbaren Genauigkeit an einem FANUC Roboter benutzt. Die ersten Ergebnisse waren vielversprechend und die a priori Genauigkeitsannahmen konnten vollständig erreicht werden. Trotzdem bleiben noch einige weitere Arbeiten zu erledigen, wie beispielsweise der automatische Sensoraustausch oder die entsprechende Erweiterung der Prozesssteuerungssoftware.

3   Anwendungen der automatischen Objektinspektion

Erste Beispiele der Anwendung eines automatischen Messsystems zur Objektinspektion wurden im Zusammenhang mit dem T-Scan-Sensor realisiert. Wegen des relativ großen Messbereichs von ± 40 mm (Objektabstand von 40 mm bis 120 mm) eignet sich der T-Scan besonders zum automatisierten Messwerterfassung. Der Roboter dient dabei nur als einfaches Transportmittel dessen Positioniergenauigkeit in jedem Falle ausreicht. Der automatisierte Messablauf erfordert noch die Koordination der unterschiedlichen Prozesse durch einen übergeordneten Prozess-Manager.

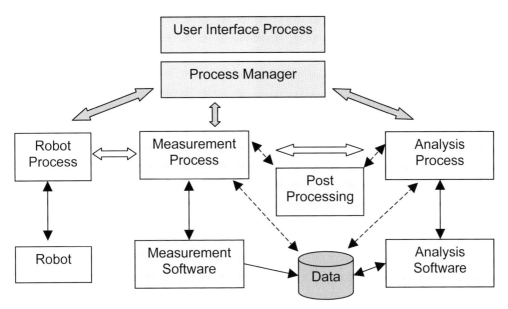

Abb. 7: Schematische Darstellung, wie die unterschiedlichen Programme koordiniert werden – Synchronisation der Programme eines automatischen Messablaufs

Der vorgestellte Ansatz mit dem Prozessmanager erlaubt den gewohnten Einsatz der bereits etablierten Programme, wie beispielsweise das Roboterprogramm, die T-Scan Collect Software oder die Polyworks Analyse Software. Der übergeordnete Prozess Manager dient lediglich als Verbindungsglied und besorgt die Synchronisation der Einzelprogramme inklusive deren Makro-Funktionalität zu einem automatischen Gesamtablauf. Zwischen dem Roboter Programm und dem Messablauf gibt es lediglich eine einfache Kommandoverbindung über eine Digitale I/O Schnittstelle zum Austausch einiger Basisbefehle.

Als ein Anwendungsbeispiel wurde die Messung Autotür mit einem T-Scan am Roboter implementiert (Abb. 8). Der gesamte Messablauf umfasst die Überprüfung der Oberflächenform (Türe außen) gegen CAD, die Kontrolle von 15 Randpunkten (Spalt- und Überstandmasse), die Messung der RPS-Punkte an der Türinnenseite sowie zwei spezielle Anschlagflächen. Neben der Messung wird auch die Auswertung mit der Protokollierung der Resultate automatisch durchgeführt bei einem Zeitaufwand von ca. 4 Minuten, wobei nach weniger als 3 Minuten das Objekt gewechselt und der Messablauf erneut gestartet werden kann, während die Auswertung der vorherigen Messung noch erstellt wird.

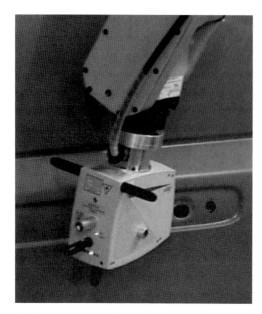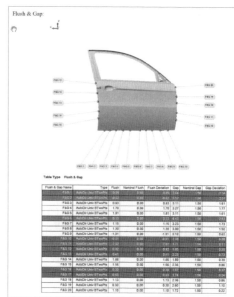

Abb. 8: Automatisierte T-Scan Messungen (robotergeführt) mit Beispielreport

Ein analoger Ablauf kann für die automatische Messung von Einzelpunkten und Geometrien mit einem der T-Mac-Sensoren erstellt werden.

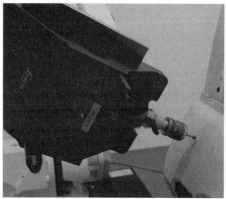

Abb. 9: Automatische Teilekontrolle mit T-Mac-Sensoren

Der logische nächste Schritt wird die Entwicklung eines automatischen Sensorwechslers sein, wie er in der Automobilindustrie bereits mit Schweißwerkzeugen realisiert ist.

Abschließend bleibt zu sagen, dass hier erst die ersten Schritte der Automatisierung vorgestellt wurden und voraussichtlich noch eine Reihe von Erweiterungen, Verbesserungen und zusätzliche Anforderungen auf uns warten.

Literatur

Hennes, M. & E. Richter (2008): *A-TOM – eine neuartige instrumentelle Lösung für die hochpräzise und echtzeitnahe 6DoF-Bestimmung.* Allgemeine Vermessungs-Nachrichten, 8-9/2008, S. 301-310.

Kilman, H. & R. Loser (2003): *6DOF Metrology-integrated Robot Control.* Aerospace Automated Fastening Conference & Exhibition (Aerofast). September 8-12. Palais des Congrès. Canada: Montreal, Quebec.

Loser, R. & S. Kyle (2004): *Concepts and components of a novel 6DOF tracking system for 3D metrology.* Optical 3D Measurement Techniques Conference, Zurich, 22-25 September 2004.

Wrba, P. & M. Hennes (2008): *Fortbildungsseminar Messtechnik 2008.* TU Karlsruhe, „Raumzeitliche Roboterkalibrierung".

Ein neuartiges Verfahren zur 6DOF-Bestimmung

Maria HENNES und Eva RICHTER

Zusammenfassung

Es werden verschiedene Verfahren zur Bestimmung der Pose (Position und Orientierung) eines Objektes im Raum diskutiert, die u. a. zur Posenbestimmung von Nahbereichsscannern dienen können. Ein neuartiger Ansatz, der auf der Verfolgung eines einzelnen Reflektors mit einem polaren Messsystem beruht, wird vorgestellt und seine Leistungsmerkmale und der bisherige Entwicklungsstand aufgezeigt. Zielsetzung der Entwicklung ist eine kostengünstigere Alternative zu den bisherigen Verfahren.

1 Motivation

1.1 Orientierung von Nahbereichsscans

Für die flächenhafte Objekterfassung im Nahbereich werden scannende oder bildgebende Triangulationssensoren eingesetzt, deren Messvolumina auf wenige dm^3 bis m^3 beschränkt sind. Ist das einzumessende Objekt größer als das Messvolumen des Geräts, oder ist aufgrund einer unstetigen Objektstruktur nicht die gesamte Oberfläche für den Scanner einsehbar, werden mehrere Scans aus verschiedenen Perspektiven zur Erfassung der gesamten Oberfläche notwendig. Dabei muss die relative Orientierung der Punktwolken zueinander bestimmt werden. Die Dauer für einen einzelnen 3D-Scan reicht von unter 1 sec für Weißlicht-Streifenprojektionsverfahren bis zu über 1 min für einige der scannenden Laserverfahren. Über diese Zeit verbleibt der Scanner in derselben Position, und diese Zeit lässt sich bereits zur Ermittlung der gegenseitigen Orientierung der Scans nutzen.

Die Scans können über auf dem Objekt oder weiter außen im Sichtfeld des Scanners angebrachte Passpunkte orientiert werden. Hat die Objektgeometrie in jedem Messfeld sehr charakteristisch ausgeprägte Merkmale, sind gar keine Passpunkte notwendig, da die Ausrichtung z. B. über den ICP-Algorithmus vorgenommen werden kann. Die letztgenannte Methode hat allerdings den Nachteil, dass die Scans sich gegenseitig überlappen müssen.

1.2 Objektunabhängige Bestimmung der 6DOF

Völlig unabhängig vom Objekt oder von Passpunkten in dessen Nähe kann die Pose des Scanners direkt von einem übergeordneten System aus bestimmt werden. Dies kann ein photogrammetrisches System sein, sofern der Scanner selbst mit Passpunkten versehen ist. Auch iGPS ermöglicht bei ausreichender Bestückung des Objekts mit Empfängern und der näheren Umgebung mit iGPS-Sendern ebenfalls die Bestimmung der Pose, die erreichbare Genauigkeit bleibt aber noch hinter der photogrammetrischer Systeme zurück. Aus den auf Lasertracker-Messungen basierten Verfahren werden nachfolgend zwei Möglichkeiten zur hochgenauen Bestimmung der Objektpose herausgegriffen, wobei zusätzlich zum Tracker jeweils noch weitere Sensorik benötigt wird.

In der ersten Variante (Abb. 1, links oben) befindet sich auf dem auszurichtenden Objekt ein Reflektor, dessen Position mit dem polar messenden Tracker eingemessen wird. Zusätzlich ist auf dem Tracker eine Kamera aufmontiert, die auf dem Objekt angebrachte LEDs miterfasst und aus deren Aufnahmen sich alle drei Rotationswinkel des Objektes bestimmen lassen. Für ein Produkt dieser Bauart, wie sie Leica mit Produkten der T-Serie anbietet, beträgt die herstellerseitig genannte erreichbare Genauigkeit für die Position ±15 μm + 6 ppm, für die drei Orientierungswinkel werden Genauigkeiten von jeweils 175 μrad angegeben. Der maximale Messabstand, der in Kombination mit den T-Produkten nicht überschritten werden soll, liegt bei 15 m, was aber weit unter der Reichweite des Trackers von bis zu 40 m liegt.

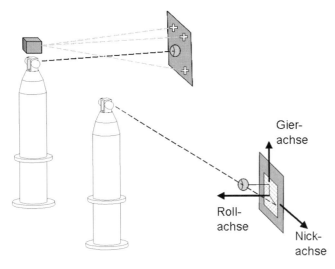

Abb. 1: 6DOF-Bestimmung mit Tracker und Kamera (links oben) und mit Tracker und messendem Reflektor (rechts unten)

Ohne Kamera kommt eine anderer Ansatz aus: Zwar erfasst auch hier wieder der Tracker die Reflektorposition, der Reflektor ist aber nun mit einem positionsempfindlichen Detektor (PSD) hinterlegt (SCHUTZRECHT EP 1 710 602 A1). Der Messstrahl gelangt durch ein winziges Loch im Reflektor (daher auch die Bezeichnung Pinhole-Reflektor) auf den Detektor und die Einfallswinkel des Strahls lassen sich aus der Ablage auf dem Detektor herleiten, womit Nick- und Gierwinkel des messenden Reflektors bekannt sind (Abb. 1, rechts unten). Der Rollwinkel muss separat mittels Neigungssensor bestimmt werden. Die von der Firma API angegebenen Unsicherheiten zu einem System dieser Bauart betragen ±5 μm/m (k=2) für die Position des Reflektors und jeweils ca. 90 μrad für die Winkel. Der zulässige Messabstand beträgt 40 m.

In KYLE (2008) werden dieses und weitere überwiegend nicht realisierte Verfahren zur Rollwinkelbestimmung ausführlich diskutiert. Weil die hohen Investitionskosten dieser Verfahren die Anwendung einschränken, ergibt sich die Motivation zur Entwicklung des im Folgenden vorgestellten Systems. Diese ist nicht allein auf die Applikation mit Nahbereichsscannern beschränkt, sondern eröffnet prinzipiell auch Möglichkeiten in Nicht-Präzisionsverfahren.

2   Konzept der Neuentwicklung

2.1   Grundprinzip

Das zu entwickelnde System zur 6DOF-Bestimmung sollte zumindest den folgenden An-forderungen genügen. Seine Genauigkeit soll zur Posenbestimmung eines Nahbereichs-scanners ausreichen. Im Hinblick auf andere Einsatzbereiche soll das Konzept Hersteller-und Geräteunabhängigkeit garantieren. Das System sollte zudem mit möglichst wenig zu-sätzlicher Sensorik und ohne Zielmarken und überlappende Scans auskommen. Als überge-ordnetes Messsystem steht ein Leica Lasertracker LTD500 mit einer maximalen Messdis-tanz von 40 m zur Verfügung.

Die Idee war, den Lasertrackerreflektor exzentrisch auf einer Drehscheibe oder einem Dreharm anzubringen (Abb. 2) und während einer oder mehrerer Umdrehungen mehrere hundert Punkte der kreisförmigen Trajektorie zu erfassen. Durch Berechnung der ausglei-chenden Kreise durch alle Punkte erhält man nun sowohl die Position des Drehzentrums (anstelle einer einzelnen definierten Reflektorposition) als auch Nick- und Gierwinkel im übergeordneten Bezugssystem.

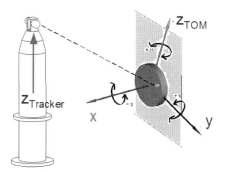

Abb. 2:   6DOF-Bestimmung mit Tracker und A-TOM. Die Z-Achsen der Systeme sind nicht parallel.

Der Rollwinkel könnte durch eine definierte Stillstandsposition oder durch Verschneiden von zwei kreisförmigen Trajektorien bestimmt werden, die unter unterschiedlichen Gier-winkeln erfasst wurden. Beide Varianten kranken an mechanisch zu definierenden An-schlägen. Eleganter und genauer ist die Synchronisation von Tracker und Positionsencoder des Dreharms. Nutzt man als Positionsencoder einen handelsüblichen Winkelencoder, lässt sich aus jeder Inkrementflanke ein Triggersignal ableiten, wodurch sich die Redundanz und damit die Qualität der Bestimmung erhöhen. Diese Lösung wurde zur Bestimmung des Rollwinkels weiterverfolgt, auf deren Besonderheit näher eingegangen werden soll:

Der Encoder hat 500 Inkremente, und an jedem dieser Inkremente kann ein Triggersignal für den Tracker erzeugt werden. Der Nulldurchgang des Encoders wurde dabei aber ausge-spart, um dem Tracker auf diese Weise den Nulldurchgang zu signalisieren. Bei jedem der verbleibenden 499 Werte wurde über ein Event-Triggersignal am Tracker eine einzelne Messung ausgelöst. Die Zuordnung der Messwerte geschieht dabei mit einer Auflösung von 1-2 µsec (LOSER 2004).

2.2 Funktionsmuster

Der Antrieb des Dreharms ist ein Gleichstrommotor, der über einen Zahnriemen mit der Achse des Dreharms verbunden ist. In dem zylindrischen Gehäuse befinden sich zwei Kugellager mit einer überprüften Rundlaufgenauigkeit von < 2 µm sowie der Winkelencoder. Der erste Dreharm hatte einen flexibel einstellbaren Radius zwischen 50 mm und 300 mm (Abb. 3). Der Aufbau wurde mit einem Nivel 20 daraufhin untersucht, ob er während der Drehung Schwingungen oder Vibrationen auf das Stativ überträgt. Die Standardabweichung der Messwerte lag dabei unter 1 µrad, ein Trend über die Zeit (Messdauer 3,5 min) war nicht erkennbar, ein Einfluss auf das Stativ konnte also ausgeschlossen werden. Da bei diesem Prototyp der Schwerpunkt des Dreharms aber nicht dem Drehzentrum entsprach, wurden Genauigkeitseinbußen bei der Kreisform selbst befürchtet (WÖLLNER 2007) und der Arm gegen einen austarierten Arm mit einem festen Radius von 175 mm ausgetauscht. (Abb. 3). Dieses Modul A-TOM (Adapter zu einem Trackingfähigen Optischen Messsystem) ist so konzipiert, dass es mit dem zu navigierenden Objekt verbunden werden kann.

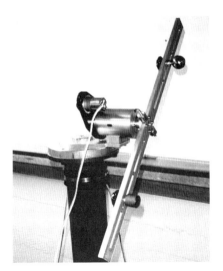

Abb. 3:   Erstes (links) und zweites Funktionsmuster von A-TOM (rechts)

3 Genauigkeitsuntersuchungen

3.1 Unsicherheitseinflüsse

Mit dem modifizierten Funktionsmuster von A-TOM wurden die im Weiteren aufgeführten Genauigkeitsuntersuchungen für die Position des Drehzentrums und für die drei Winkel durchgeführt. Die Untersuchungen sind eingeteilt nach Positions- und Winkeluntersuchungen. Bei den Winkeln ist wiederum der Rollwinkel abgespalten, da er ja im Gegensatz zu Nick- und Gierwinkel nicht aus einem Kreisausgleich, sondern aus der Synchronisation mit dem Tracker bestimmt wird. Zusätzlich wurde er auch noch absolut mit Nivel 20-Messungen überprüft.

Nicht vernachlässigt werden dürfen bei den Untersuchungen die vorab bekannten Toleranzen und Genauigkeiten des Trackers und der beim Dreharm verwendeten Bauteile. Die kinematische Positions-Messgenauigkeit des Trackers ist herstellerseitig mit 20 µm/m angegeben, was mit Untersuchungen von (DEPENTHAL & BARTH 2007) am GIK bestätigt wurde und eher noch unterschritten wird.

Die Kugellagergenauigkeit des Dreharms ist mit den bereits genannten max. 2 µm als unkritisch zu betrachten. Das herstellerseitig genannte zulässige Maß für Exzentrizität und Radialspiel des Winkelencoders von zusammen 0,1 mm ist für die Bestimmung des Rollwinkels bedenklich. Allein die Exzentrizität ist ein systematischer Fehler und liesse sich daher kalibrieren.

Diejenigen Einflussfaktoren, die aus der Messkonstellation erwachsen können, sind insbesondere die Distanz zwischen Tracker und Dreharm, die Drehfrequenz, sowie die Verdrehung des Arms und damit des CCR-Reflektors um die Gierachse. Diese Anteile sind nachfolgend in die Bestimmung der Messunsicherheiten eingeflossen, beginnend mit der Unsicherheit der Position des Drehzentrums.

3.2   Positionsunsicherheit des Drehzentrums

Es wurden unterschiedliche Ausrichtungen von A-TOM untersucht: diejenige, bei der der Normalenvektor durch das Zentrum der Kreisebene in Richtung des Trackers zeigt und diejenige, bei der der Normalenvektor um ca. 20° um die Gierachse verschwenkt ist. Außerdem wurden die Distanzen und die Drehzahlen variiert. Es wurde jeweils die Trajektorie einer Umdrehung erfasst. Die Kreisausgleichung aus einer einzelnen Umdrehung ergab, zusammen mit den oben genannten Unsicherheitseinflüssen, die in Abbildung 4 gezeigten inneren Genauigkeiten für die räumliche Position als Anteil an der Messunsicherheit. Es ist bis etwa 16 m kaum ein Einfluss der Drehzahl- oder Entfernungszunahme zu erkennen, die innere Genauigkeit bleibt bis 24 m Distanz unter 20 µm. In verdrehter Ausrichtung (Abb. 4) steigt die Unsicherheit bis 16 m bereits auf knapp 20 µm, und bis 24 m zeichnet sich eine stark von der Drehzahl abhängende Zunahme bis zu über 70 µm ab. Es ist anzumerken, dass mit dieser Verdrehung bereits am Rande des Messbereichs des Reflektors, der mit ±20° angegeben ist, gearbeitet wird. Ein größtmöglicher Winkelmessbereich ist aber entscheidend für die spätere Einsetzbarkeit des Systems, weshalb dieser Extremfall untersucht wurde.

Nach Bestimmung der Positionsunsicherheit aus einer Einzelmessung wurde die Wiederholgenauigkeit der Position des Drehzentrums über jeweils ca. 20 Umdrehungen betrachtet. Die Unsicherheit ist entgegen den Erwartungen größer als die innere Positionsgenauigkeit der Einzelmessung, bei 24 m Distanz und einer Verdrehung von 20° wächst sie bis zu 190 µm an. Die Abhängigkeit von der Drehzahl ist größer als diejenige von der Verdrehung. Inwieweit dies auf eine Instabilität im Dreharm zurückzuführen ist, wird Bestandteil zukünftiger Untersuchungen sein.

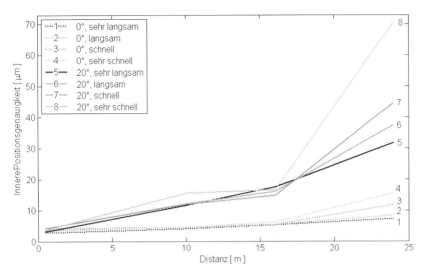

Abb. 4: Positionsgenauigkeit des Drehzentrums aus Einfachdrehung.
Sehr langsam = 0,15 Hz, langsam = 0,4 Hz, schnell = 0,6 Hz,
sehr schnell = 1 Hz

3.3 Unsicherheit der Orientierung

Im nächsten Schritt wurden Nick- und Gierwinkel betrachtet, beginnend mit den Wiederholgenauigkeiten für den Neigungswinkel (Abb. 5). Es fällt die extreme Abhängigkeit vom Verkippungswinkel auf, der maximale Unsicherheitswert liegt bei 24 m bei rund 170 µrad.

Ähnlich verhält es sich beim Gierwinkel. Auch hier liegt bei optimaler Ausrichtung die Wiederholgenauigkeit unter 15 µrad. Sie nimmt auf maximal 170 µrad bei 20° Verdrehung und maximaler Distanz zu. Als Ursache könnte in Frage kommen, dass der Tracker wegen der starken Verkippung des Reflektors diesem nicht mehr korrekt folgen kann, denn eine optimale Nachsteuerung benötigt die Reflexion des gesamten Messstrahlquerschnitts, was bei zu großer Verdrehung nicht mehr der Fall ist.

Beim Rollwinkel (Abb. 6) wird eine maximale Unsicherheit von 800 µrad bei 24 m Entfernung erreicht. Die schlechtere Genauigkeit des Rollwinkels war allerdings zu erwarten; es ist zu vermuten, dass diese sich aus der Bauart des Encoders herleitet, da dieser (vgl. Abschnitt 3.1) eine sehr hohe Toleranz für Radialspiel und Exzentrizität aufweist.

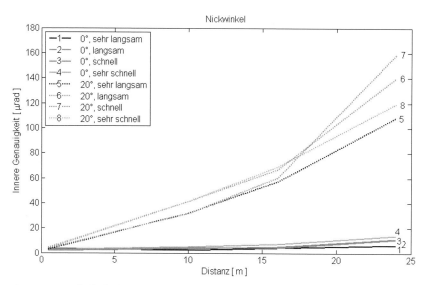

Abb. 5:   Wiederholgenauigkeit Nickwinkel

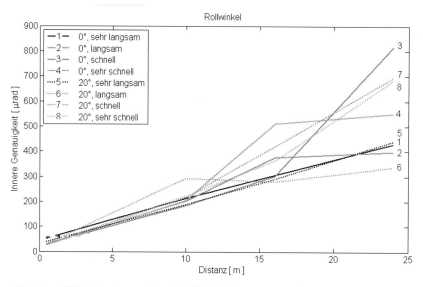

Abb. 6:   Wiederholgenauigkeit Rollwinkel

4   Potenzial der Entwicklung

Bis zu mittleren Nick- und Gierwinkeln und einer Distanz von 10 m liegt die Wiederholgenauigkeit unter 20 µrad und die des Rollwinkels unter etwa 200 µrad. Für die Position ist
eine Wiederholgenauigkeit von 20 µm realistisch. Da sich wahrscheinlich die meisten
Unsicherheitsbeiträge bereits in der Wiederholgenauigkeit niederschlagen, kann die Ge-

samtmessunsicherheit optimistisch eingestuft werden. Deswegen sollen auch die zukünftigen Vergleichsmessungen unter diesem Aspekt konzipiert werden.

Für die weitere Entwicklung ist angedacht, die einzelnen Störquellen noch vertieft zu untersuchen und gerade für die Bestimmung des Rollwinkels alternative Methoden zu testen, beispielsweise den Encoder zu kalibrieren oder einen Encoder höherer Genauigkeit einzubauen. Um die vom Anwender gewünschte Miniaturisierung zu erreichen, müsste – neben anderen Designmodifikationen – auch die Dreharmlänge verkürzt werden, was theoretisch allerdings zu Genauigkeitseinbußen in der Nick- und Gierwinkelbestimmung führt. Der Erweiterung des Messbereichs von Nick- und Gierwinkel liesse sich mit einem Reflektor mit erweitertem Öffnungswinkel angehen, aktuell sind 160° möglich.

Für die geometrische Verknüpfung zwischen A-TOM und Scanner ist ein effizientes Referenzierungsverfahren zu entwickeln. Kinematische Anwendungen sollten durch Erhöhung der Drehzahl (beschränkt durch die Datenrate des Lasertrackers) und zusätzlicher Kalman-Filterung bei Einbeziehung der Objekt-Trajektorie möglich sein.

Literatur

Depenthal, C. & M. Barth (2007): *Zur Leistungsfähigkeit eines zeitreferenzierten Dreharms als Prüfmittel für 4D-Messsysteme in Hochgeschwindigkeitsanwendungen.* Allgemeine Vermessungs-Nachrichten, 7/2007, S. 244-249.

Kyle, S. (2008): *Roll angle in 6DOF tracking.* Paper to CMSC 2008 Conference, Charlotte/Concord, North Carolina, 18.-25.7.2008.

Loser, R. (2004): *Kinematische Messmethoden im industriellen Nahbereich.* Kinematische Messmethoden „Vermessung in Bewegung". Augsburg: Wißner (DVW-Schriftenreihe, Band 45), S. 233-243.

Schutzrecht EP 1 710 602 A1 (23.03.2006): *System für eine Punkt-für-Punkt Messung von Raumkoordinaten.* Leica Geosystems AG. Pr.: 29.03.2005.

Wöllner, J. (2007): *Konzeption und Umsetzung eines neuartigen Orientierungssystems.* Diplomarbeit, Geodätisches Institut der Universität Karlsruhe (TH).

A Bayesian Approach to 3D Head-Shoulder Pose Tracking

Markus HAHN, Lars KRÜGER and Christian WÖHLER

Abstract

In this contribution we apply a new generic 3D curve model of the head-shoulder contour in the framework of the Multiocular Contracting Curve Density (MOCCD) algorithm to track the human head-shoulder silhouette over time. The MOCCD is integrated into a multi-hypothesis tracking system and its suitability for 3D tracking of the head-shoulder silhouette in front of cluttered background is examined. The generic 3D head-shoulder model is not adapted to a particular human and only a coarse initialisation of the model parameters is required. We show that the usage of three MOCCD algorithms with three different kinematic models within the tracking system leads to an accurate and temporally stable tracking. Experimental investigations are performed on four real-world test sequences showing three different test persons at a distance of 1.6 – 4.2 m to the camera in front of cluttered background. We achieve typical pose estimation accuracies of 50 – 90 mm for the average deviation from the ground truth. The rotation of the shoulder and head around the viewing direction are estimated with an angular RMSE of 3 – 13 degrees.

1   Introduction

Today, industrial production processes in car manufacturing worldwide are characterised by either fully automatic production sequences carried out solely by industrial robots or fully manual assembly steps where only humans work together on the same task. Up to now, close collaboration between human and machine is very limited and usually not possible due to safety concerns. Industrial production processes can increase efficiency by establishing a close collaboration of humans and machines, making use of their unique capabilities. The recognition of interactions between humans and industrial robots requires vision methods for 3D pose estimation and tracking of the motion of both human body parts and parts of the robot based on 3D scene analysis. In this paper we address the problem of marker-less 3D pose estimation and tracking of the motion of the human head-shoulder contour in front of a cluttered background.

BIRCHFIELD (1998) introduces a 2D head tracking approach and uses a simple elliptical model. To adapt the model he relies on intensity gradients and colour histograms. There are a lot of related approaches, having in common that they work in 2D image space and are robust and fast. Industrial vision-based safety systems rely on an accurate 3D pose estimation of human body parts, which limits the usage of such approaches in our application.

Similar to (PLÄNKERS & FUA (2003), ROSENHAHN et al. (2005)) we apply a multi-view 3D pose estimation algorithm which is based on silhouette information. PLÄNKERS & FUA (2003) use 3D data generated by a stereo camera to obtain a pose estimation and tracking of the human upper body. The upper body is modelled by implicit surfaces, and silhouettes are used in addition to the depth data to fit the surfaces. ROSENHAHN et al. (2005) track a 21 DoF 3D upper body model using a four-camera setup. The pose estimation is based on silhouettes which are extracted using level set functions. A high metric accuracy is achieved in the absence of cluttered background. Tracking is performed by using the pose in the previous frame as initial pose in the current frame. A common limitation of both approaches is the estimation of a single pose which is updated at every time step. To achieve a more robust tracking, we apply a multi-hypothesis framework.

HANEK (2004) introduces the Contracting Curve Density (CCD) algorithm and applies it to various curve fitting problems. To track the human head-shoulder silhouette in 2D, he uses the CCD tracker and a point distribution model with 12 degrees of freedom. We apply the Multiocular Contracting Curve Density (MOCCD) algorithm (KRUEGER 2007, HAHN et al. 2007), a 3D extension of the CCD algorithm, to track the 3D pose of the human head-shoulder contour. In contrast to (HANEK 2004) we use a simple and generic 3D curve model and apply the MOCCD algorithm as the measurement system in a multi-hypothesis Kalman filter tracking framework.

2   Theoretical Background

2.1   The CCD Algorithm

The real-time CCD algorithm (HANEK 2004) fits a parametric curve $c(\alpha, \Phi)$ to an image $\mathbf{I}$. The parameter $\alpha \in [0,1]$ increases monotonically along the curve, and Φ denotes a vector containing the curve parameters to be optimised. The principle of the CCD algorithm is depicted in Figure 1. The input values of the CCD are an image $\mathbf{I}$ and the Gaussian a priori distribution $p(\Phi | \hat{\mathbf{m}}_\Phi, \hat{\Sigma}_\Phi)$ of the model parameters Φ, defined by the mean $\hat{\mathbf{m}}_\Phi$ and the covariance $\hat{\Sigma}_\Phi$. The CCD algorithm estimates a model pose by computing the maximum of the a posteriori probability (MAP) according to

$$p(\Phi | \mathbf{I}) = p(\mathbf{I} | \Phi) \cdot p(\Phi). \tag{1}$$

In Eq. (1) $p(\mathbf{I} | \Phi)$ is approximated by $p(\mathbf{I} | S(\mathbf{m}_\Phi, \Sigma_\Phi))$, with $S(\mathbf{m}_\Phi, \Sigma_\Phi)$ representing the pixel value statistics close to the curve. The maximisation of Eq. (1) is performed by iterating the following two steps until the changes of the estimated parameter vector fall below a threshold or a fixed number of iterations are completed. The procedure starts from the user supplied initial density parameters $(\hat{\mathbf{m}}_\Phi, \hat{\Sigma}_\Phi)$.

1. Compute the pixel value statistics $S(\mathbf{m}_\Phi, \Sigma_\Phi)$ on both sides of the curve. For greyscale images this procedure amounts to computing a mean and a standard deviation of the pixel grey values on either side of the curve.

2. Refine the curve density parameters $(\mathbf{m}_\Phi, \Sigma_\Phi)$ towards the maximum of Eq. (1) by performing one step of a Newton-Raphson optimisation procedure. This step moves the

segmentation boundary such that the image content (grey values) conforms better with the pixel statistics, e.g. towards an edge.

A numerically favourable form of Eq. (1) is obtained by computing the log-likelihood

$$X(\mathbf{\Phi}) = -2\ln[p(\mathbf{I} \mid S(\mathbf{m_\Phi}, \Sigma_\Phi)) \cdot p(\mathbf{\Phi} \mid \hat{\mathbf{m}}_\Phi, \hat{\Sigma}_\Phi)] \ . \tag{2}$$

In terms of image processing this procedure can be seen as follows: The Gaussian probability density $p(\mathbf{I} \mid S(\mathbf{m_\Phi}, \Sigma_\Phi))$ is an edge detector along the curve normal, i.e. if the curve is at the edge, the function value is maximal. In contrast to classical edge detectors (e.g. Sobel, Prewitt) the kernel size is adaptive and the function is spatially differentiable. These properties are the main reasons for the robustness and accuracy of the CCD algorithm.

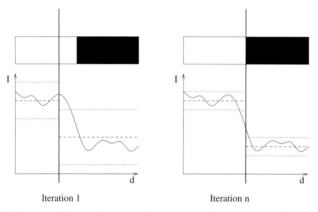

Iteration 1   Iteration n

Fig. 1:   The principle of the CCD algorithm. Fitting the segmentation boundary (bold line) to the image grey values (solid line) by estimating the mean (dashed line) and standard deviation (dotted line) on either side of the assumed boundary. The oundary is moved such that the image grey values have the highest probability according to the means and standard deviations.

2.2   The MOCCD Algorithm

The MOCCD algorithm (KRUEGER 2007, HAHN et al. 2007) is an extension of the CCD algorithm to multiple calibrated cameras by projecting the boundary of a 3D contour model into each image. The intrinsic and extrinsic parameters of the camera model are obtained by multiocular camera calibration (KRÜGER et al. 2004). An arbitrary number of images N_c can be used for this projection. We maximise the joint probability

$$X(\mathbf{\Phi}) = -2\ln[(\prod_{c=1}^{N_c} p(\mathbf{I}_c \mid S_c(\mathbf{m_\Phi}, \Sigma_\Phi))) \cdot p(\mathbf{\Phi} \mid \hat{\mathbf{m}}_\Phi, \hat{\Sigma}_\Phi)] \tag{3}$$

with $S_c(\mathbf{m_\Phi}, \Sigma_\Phi)$ representing the grey value statistics close to the projected curve in image $\mathbf{I}_c$. The underlying assumption is that images are independent random variables. The MOCCD performs an implicit triangulation in this case. For further information about the MOCCD algorithm we refer to (KRUEGER 2007, HAHN et al. 2007).

3   3D Tracking of the Head-Shoulder Contour

3.1   Modelling the Head-Shoulder Contour

We use a generic 3D curve model with seven parameters to describe the human head-shoulder contour. The curve model consists of 13 3D control points (Fig. 2 (left)) defined by the following parameter vector:

$$\mathbf{\Phi} = \left[P_{1x}, P_{1y}, P_{1z}, \alpha, \beta_1, \beta_2, r_4 \right]^T . \tag{4}$$

The 13 control points of the curve lie on a plane which is parallel to the XY plane of the camera coordinate system, therefore all curve points have the same depth. The 3D control points $[\mathbf{C}_1, \mathbf{C}_2, \mathbf{C}_3, \mathbf{C}_{11}, \mathbf{C}_{12}, \mathbf{C}_{13}]$ of the neck are computed based on the centre axis $\mathbf{P}_1\mathbf{P}_2$ of the neck and the radii $r_1 = 0.13\,m$, $r_2 = 1.5 \cdot r_4$, and $r_3 = 0.9 \cdot r_4$. Only the radius r_4 is observed (Eq. 4), the dependencies of all other radii are derived from human anatomy (Fig. 2 (middle)). The neck axis is defined by the 3D point $\mathbf{P}_1$ (centre of the neck), the rotation β_1 around the Z axis, and the predetermined length l_{neck} of the neck. The 3D control points $\mathbf{C}_4 - \mathbf{C}_{10}$ of the head are computed based on the centre axis $\mathbf{P}_2\mathbf{P}_3$ of the head and the radii r_4 (estimated), $r_5 = 1.3 \cdot r_4$, and $r_6 = 1.15 \cdot r_4$. The head axis is defined by $\mathbf{P}_2$, the orientation β_2 and the length l_{head}. The parameter α is used to approximate the perspectivical foreshortening of the human head-shoulder silhouette. The control points are scaled down in the direction of the neck and head axis by the factor $\cos(\alpha)$. The perspective view also yields a stretching of the shoulder and neck points $\mathbf{C}_1 - \mathbf{C}_4$ and $\mathbf{C}_{10} - \mathbf{C}_{13}$ in the directions indicated by arrows in Figure 2 (right) by a factor of $1 + (1 - \cos(\alpha))$.

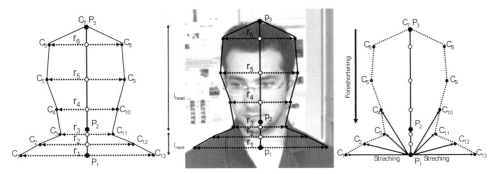

Fig. 2:   Left: Head-shoulder curve model. Middle: Projection of the 3D curve model into an image. Right: Description of the approximation to handle the perspectivical foreshortening of the human head-shoulder silhouette.

As the MOCCD algorithm adapts a smooth model curve to the image, the 3D control points of the curve are projected into the image and a smooth curve is computed using Akima interpolation (AKIMA 1970) over the 13 projected control points. Examples of smooth projected curves are depicted in Figure 4.

3.2 System Overview

The system model is depicted in Figure 3, the input images are acquired with a trinocular camera system (horizontal and vertical baseline 150 mm, 6 mm focal length). The cameras are synchronised and capture images with a resolution of 516×389 pixels in 14 fps.

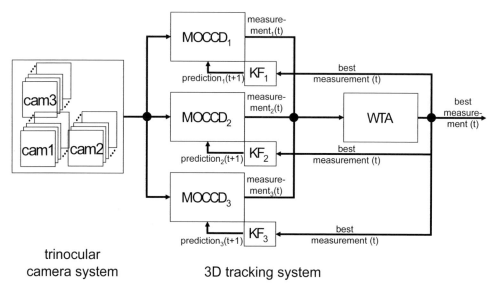

Fig. 3:   The system model

To start tracking, a coarse initialisation of the model parameters at the first time step is required, since the MOCCD algorithm refines a given a priori 3D pose. At all other time steps the MOCCD algorithm uses as an initialisation the predicted pose of the associated Kalman filter (KF). In the tracking system (Fig. 3) we apply three instances of the MOCCD algorithm in a multi-hypothesis Kalman filter framework (HAHN et al. 2007). Each MOCCD instance is associated with a Kalman filter and each Kalman filter implements a different kinematic model, assuming a different object motion. The idea behind this kinematic modelling is to provide a sufficient amount of flexibility for fast changing head-shoulder motion. The used kinematic models are constant-acceleration, constant-velocity, and constant-position. After the computation of all three MOCCD measurements, the best-fitting model of the parameter vector at time step t is selected based on a Winner-Takes-All (WTA) approach. As criteria for the measurement quality, we utilize (i) the confirmation measurement of the MOCCD, (ii) the quality of the prediction, and (iii) the difference of the grey value statistics along the model curve. The confirmation measurement introduced by HANEK (2004) is an indicator of the convergence of the MOCCD algorithm. The second criterion describes how similar the prediction of the tracker and the measurement of the MOCCD are. With the third criterion it is ensured that the MOCCD separates grey value statistics along the projected curve. A measurement that is better than all others in at least two criteria is deemed the winner.

4   Experimental Results

The system is evaluated on four test sequences which display three different test persons performing complex movements. Each sequence contains at least 200 image triples. The distance of the test persons to the camera system varies from 1.6m to 4 m. The ground truth consists of the centre point of the neck in the world coordinate system, which correspond to the estimated point P_1 and the rotation angles β_1 and β_2. To extract the ground truth we attach markers on the forehead and shoulder joints of the test person (see Fig. 4 (first row, middle column)). These markers were automatically detected in the three images of the camera system, and the 3D coordinates were computed by bundle adjustment. The ground truth for the centre of the neck is determined with the mean of the 3D points on the shoulder joints. The rotation of the shoulder is computed with the 3D points on the shoulder joints and the orientation of the head is determined with the centre of the neck and the 3D point on the forehead.

The experimental results are computed with a coarse initialisation of the test person in the first frame and the approximate and fixed length of the neck ($l_{neck} = 70\,mm$) and head ($l_{head} = 220\,mm$). The experimental results listed in Table 1 show that the accuracy of the pose estimation is $50 - 90$ mm for the average Euclidean distance to the ground truth point, where the corresponding standard deviations amount to $30 - 75$ mm. The rotation of the head and shoulder around the viewing direction are estimated with an angular root-mean-square error (RMSE) of $3 - 13$ degrees. The estimation of the shoulder angle can be affected by the clothing of the test person, e.g. it is possible that the curve model is fitted to the collar and rather than the shoulder silhouette. Figure 5 (right) depicts that the general behaviour of the rotation angle of the head can be estimated, but an error remains since the used model is too coarse. Figure 5 (left) shows that the system is able to track the 3D pose in an accurate and robust manner. Compared to the work by ROSENHAHN et al. (2005) we achieve lower accuracies but they require detailed person-specific modelling, more cameras, wide baselines, and less complex backgrounds.

Table 1:   Experimental results. "RMSE" denotes the root-mean-square error.

Name	Average euclidean deviation in mm	RMSE shoulder angle in degrees	RMSE head angle in degrees
Seq01	74 ± 75	8.13	4.04
Seq02	67 ± 73	3.36	5.39
Seq03	47 ± 27	3.83	8.94
Seq04	87 ± 66	13.91	no ground truth

beginning   middle   end

Fig. 4: Tracking results: The estimated smooth curve model is depicted in image sections from camera 1. The rows correspond to (i) Seq01, (ii) Seq02, (iii) Seq03, and (iv) Seq04. The columns show the results at the beginning, middle, and end of the sequence.

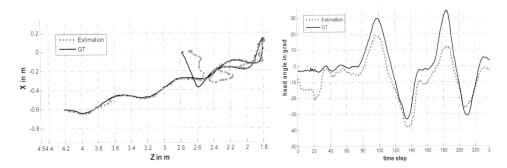

Fig. 5: Left: Pose estimation results for Seq01 for X (horizontal position) and Z (depth) compared to the ground truth. Right: Estimated head angle in Seq03 compared to the ground truth.

Literature

Akima, H. (1970): *A new method of interpolation and smooth curve fitting based on local procedures.* Journal of the Association for Computing Machinery, 17 (4), pp. 589-602.

Birchfield, S. (1998): *Elliptical Head Tracking Using Intensity Gradients and Color Histograms.* Proc. of the IEEE Conference on Computer Vision and Pattern Recognition, Santa Barbara, California, pp. 232-237.

Hahn, M., Krüger, L., Wöhler, C. & H.-M. Groß (2007): *Tracking of Human Body Parts using the Multiocular Contracting Curve Density Algorithm.* In 3DIM '07: Proc. of the Sixth International Conference on 3-D Digital Imaging and Modeling, pp. 257-264.

Hanek, R. (2004): *Fitting Parametric Curve Models to Images Using Local Self-adapting Separation Criteria.* PhD thesis, Technische Universität München.

Krüger, L. (2007): *Model Based Object Classification and Localisation in Multiocular Images.* PhD thesis, Universität Bielefeld.

Krüger, L. & M. M. Ellenrieder (2005): *Pose Estimation using the Multiocular Contracting Curve Density Algorithm.* Proc. of VMV 2005, Erlangen.

Krüger, L., Wöhler, C., Würz-Wessel, A. & F. Stein (2005): *In factory Calibration of Multiocular Camera Systems.* In Photonics Europe, Automatic Target Recognition XIV, Proc. SPIE, 5457, pp. 126-137.

Plänkers, R. & P. Fua (2003) *Articulated soft objects for multiview shape and motion capture.* IEEE Trans. Pattern Anal. Mach. Intell., 25 (9), pp. 1182-1187.

Rosenhahn, B., Kersting, U., Smith, A., Gurney, J., Brox, T. & R. Klette (2005): *A system for marker-less human motion estimation.* In Pattern recognition: 27th DAGM Symposium, vol. 3663 of Lecture Notes in Computer Science, pp. 230-237.

Monokulare modellbasierte Posturschätzung des menschlichen Oberkörpers

Joachim SCHMIDT

Zusammenfassung

In diesem Papier wird ein modellbasiertes Verfahren zur 3D Posturschätzung des menschlichen Oberkörpers vorgestellt. Dieses Verfahren ist auch in monokularen Bildern ohne explizite Distanzmessungen in der Lage, die Position eines Menschen und einzelner Körperteile im 3D Raum zu bestimmen. Die Entfernung ergibt sich dabei implizit durch die Hinzunahme von Modellwissen. Das vorgestellte System verwendet zur Verfolgung einer Postur über die Zeit einen Kernel-Partikelfilter. Dieses probabilistische Suchverfahren nutzt verschiedene Farb- und Intensitätsmerkmale zur Bewertung der Übereinstimmung zwischen Modell und Person im Bild. Die Evaluation erfolgt anhand einer Beispielsequenz, die einen Menschen zeigt, der verschiedene Montagehandlungen an einem Motorblock durchführt. Die verfolgten Bewegungen werden mit Ground Truth Daten verglichen, die aus photogrammetrischen Marken unter Zuhilfenahme einer trinokularen Kamera ermittelt wurden.

1   Szenario und Aufgabenstellung

Ziel dieser Arbeit ist die Analyse der Bewegungen einer Person, die verschiedene Montagehandlungen an einem Motorblock durchführt, zum Beispiel das Festziehen von Schrauben mit einem Schraubenschlüssel. Die Aufgabe besteht in der Verfolgung der 3D Postur des Oberkörpers der Person, insbesondere des rechten Armes und der rechten Hand.

Die verwendete Videosequenz wurde mit einer multiokularen Farbkamera aufgenommen. Zur Analyse der Bewegungen wird jedoch nur eine einzelne Kamera verwendet, woraus sich eine besondere Herausforderung ergibt: Die Entfernung eines Objektes oder einer Person kann nicht mittels Triangulation bestimmt werden, was der übliche Ansatz bei multiokularen Verfahren, z. B. bei der Tiefenbestimmung über Punktkorrespondenzen ist. Vielmehr stellt diese Arbeit ein Verfahren vor, welches auch ohne explizite Distanzmessungen in der Lage ist, die Position eines Menschen und einzelner Körperteile im 3D Raum zu bestimmen. Die Entfernung ergibt sich dabei implizit durch die Hinzunahme von Modellwissen.

2   Verwandte Arbeiten zur Erkennung von Körperposturen

Die Grundidee der modellbasierten monokularen Posturschätzung besteht darin, ein Modell der zu beobachtenden Person zu nutzen, welches für ein aufgenommenes Bild Rückschlüsse auf die Postur der Person zulässt. Das Modell bildet dabei sowohl die Bewegungsmöglichkeiten der Person als auch ihr Erscheinungsbild nach. Indem nun das Modell in eine

Position gebracht wird, welche mit dem aktuellen Bildeindruck möglichst exakt überein-stimmt, kann die Postur des Menschen ermittelt werden.

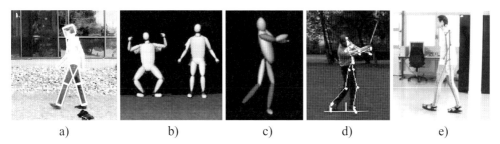

a)   b)   c)   d)   e)

Abb. 1:   Erkennungsergebnisse verwandter Verfahren zur Verfolgung von
Körperposturen aus monokularen Bildfolgen. Bilder entnommen aus:
a) SIDENBLADH (2001), b) SMINCHISESCU (2001), c-d) URTASON (2005),
e) LU (2008)

Ein solcher Ansatz zur Verfolgung eines 3D Modells des menschlichen Körpers auf der Basis eines Partikelfilters wurde von SIDENBLADH (2001) präsentiert (siehe Abb. 1a). SMINCHISESCU (2001) verwendet ein detaillierteres Modell und ein komplexeres Verfahren zur Exploration des hochdimensionalen Suchraumes (vgl. Abb. 1b). Falls Wissen über die beobachtete Handlung vorhanden ist, so kann dies gewinnbringend genutzt werden, um die Erkennungsleistung zu verbessern. Dies zeigen u. a. die Arbeiten von URTASON (2005), siehe Abbildung 1c bis 1d, der den Abschlag eines Golfspielers untersucht, und auch LU (2008), siehe Abbildung 1e, welcher eine Möglichkeit zur Dimensionsreduktion des Rekonstruktionsproblems aufzeigt, indem die Schätzung zugunsten bekannter Posen und Bewegungen beeinflusst wird.

3   Modellbasierte monokulare Posturschätzung

Dieses Papier stellt einen Ansatz zur Schätzung der Körperpostur eines Menschen aus einer monokularen Bildfolge vor. Der Ansatz basiert auf der Verwendung eines beweglichen Modells zur Repräsentation des Erscheinungsbildes einer Person und dem Abgleich einzel-ner Stellungen dieses Modells – auch Posturen genannt – mit Hilfe von verschiedenen Bildmerkmalen. Die effiziente zielgerichtete Suche nach der besten Postur wird mit einem Kernel-Partikelfilter erreicht, vgl. SCHMIDT (2006), der mit Hilfe von Bewegungsmodellen die wahrscheinliche nächste Position des Modells vorhersagt. Die verschiedenen Schritte des Verfahrens zur modellbasierten monokularen Posturschätzung werden im Folgenden erläutert.

3.1   Aufbau des Algorithmus

Ausgehend von einer initialen Modellpostur oder dem letzten Erkennungsergebnis wird durch den Kernel-Partikelfilter eine neue Menge von Körperposturhypothesen erzeugt. Dies kann unter Zuhilfenahme eines Bewegungsmodells geschehen, welches die nächste Postur anhand der bereits beobachteten Bewegung vorhersagt. Alle Hypothesen werden mittels des Meanshift Verfahrens optimiert. Dazu wird zunächst für jede Hypothese die Wahrscheinlichkeit $p(y_t|x_t)$ der Übereinstimmung zwischen Bildeindruck und gegebener Modellpostur anhand verschiedener Bildmerkmale berechnet. Ist die gesamte Menge der Körperposturen bewertet, so werden sie jeweils in Bereiche mit hoher Übereinstimmung verschoben, um diese Regionen des Parameterraumes in den nachfolgenden Iterationen noch genauer abtasten zu können. Dieser Prozess des Bewertens und Verschiebens wird so lange fortgesetzt, bis keine Verbesserung bei der Bewertung mehr erkennbar ist oder eine Maximale Anzahl an Iterationen erreicht wurde. Aus der Menge aller verbesserten Modellposturen kann nun eine einzelne Postur ermittelt werden, die die Stellung des Oberkörpers der Person für das aktuelle Bild am besten beschreibt. Diese Postur wird als Ergebnis für den aktuellen Zeitpunkt ausgegeben und das gesamte Verfahren für das nächste Bild fortgesetzt.

3.2   Körpermodell

Durch die Verwendung eines 3D Modells ist man in der Lage, sogar aus einem 2D Bild Entfernungen zu bestimmen. Die Position der Person im Raum und auch die Entfernung einzelner Körperteile ergibt sich dabei nicht direkt durch Messung, sondern implizit aus mehreren Faktoren, wie der Größe im Bild in Kombination mit der Körperhaltung. So kann z. B. bei einem angewinkelten Arm mit der Hand vor dem Bauch die Hand nur in einer gewissen Entfernung vom Körper sein, was man an der Durchstreckung des Ellenbogengelenkes erkennen kann. Solche Informationen sind auch im 2D Bild gut erkennbar, jedoch lassen sie sich nur unter Zuhilfenahme eines 3D Körpermodells auswerten. Ebenso können unmögliche Stellungen – z. B. Hand im Bauch – und sehr unwahrscheinliche Stellungen – z. B. Hand hinter dem Rücken – ausgeschlossen werden, wodurch der Suchraum eingeschränkt wird. Zusätzlich können eventuelle Mehrdeutigkeiten mit Hilfe des Modells aufgelöst werden.

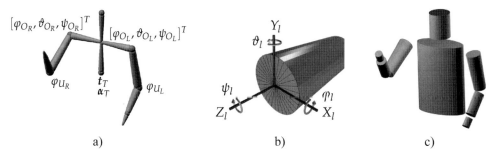

Abb. 2:   Bewegliches Körpermodell mit 14 Freiheitsgraden. a) Kinematisches Modell, b) Körperteil repräsentiert als Zylinder, c) resultierendes Modell

Die Voraussetzung dafür ist ein Modell des zu beobachtenden Menschen, welches sowohl die Körpermaße möglichst exakt nachbildet, als auch gleichzeitig möglichst gut generalisiert, um unvorhersagbare Änderungen des Bildeindruckes, z. B. durch wechselnde Beleuchtungsbedingungen oder Falten in der Kleidung zu tolerieren. Der Aufbau des hier verwendeten Modells ist in Abbildung 2 dargestellt. Eine Postur des Modells lässt sich vollständig durch den Parametervektor x_t beschreiben der sich aus der Position des Modells im Raum und der Stellung der einzelnen Gelenke zusammensetzt:

$$x_t = [\varphi_T, \vartheta_T, \psi_T, x_T, y_T, z_T, \varphi_{U_R}, \vartheta_{U_R}, \psi_{U_R}, \varphi_{L_R}, \varphi_{U_L}, \vartheta_{U_L}, \psi_{U_L}, \varphi_{L_L}]^T \qquad (1)$$

3.3 Bewertung einer Postur durch Fusion von Bildmerkmalen

Mittels verschiedener Intensitäts- und Farbmerkmale kann das aktuelle Bild mit der Postur des Modells verglichen werden. Die Bildmerkmale bilden die Schnittstelle zwischen der abstrakten Repräsentation des Körpermodells und dem tatsächlichen Bildeindruck. Sie geben somit eine Art Erwartungshaltung vor, die beschreibt, welcher Bildeindruck bei der aktuellen Postur des Modells erwartet wird.

Die Bildmerkmale – im Folgenden auch Filter genannt – werden dazu auf verschiedenen Bereichen des Körpermodells berechnet, je nachdem ob sie eine erwartete Kante oder Fläche modellieren. Nicht jedes Merkmal wird daher für jedes einzelne Körperteil berechnet. Vielmehr kann eine geschickte Auswahl der Art und Anzahl der zu berechnenden Merkmale für ein einzelnes Körperteil entscheidend zur Robustheit der Bewertungsfunktion beitragen. Für diese Arbeit kommen unterschiedliche Merkmale zum Einsatz, deren Eigenschaften im Folgenden kurz zusammengefasst werden. Für eine detailliertere Betrachtung der Merkmale und des Algorithmus sei auf SCHMIDT (2006) verwiesen.

3.3.1 Eigenschaften der Filter

Farbe ist ein sehr aussagekräftiges Merkmal, insbesondere wenn sich die Kleidung der Person deutlich von der Farbe der Umgebung unterscheidet. Das regionenbasierte Farbmittelwert-Merkmal modelliert das Aussehen der Körperteile zum Zeitpunkt **t**, indem der Farbmittelwert C_t für mehrere Regionen **b** auf jedem Körperteil **l** mit einem gelernten Farbmodell $\bar{C}_{t-1}$ verglichen wird, siehe auch Abbildung 3c.

$$f_C^{(b,l)} = \left\| C_t(z^{(b,l)}) - \bar{C}_{t-1}^{(b,l)} \right\| \qquad (2)$$

Auch Hautfarbe ist ein sehr spezifisches Merkmal, da es in der Umgebung nur selten vorkommt. Somit kann eine Segmentierung des Eingabebildes nach Hautfarbe einen guten Hinweis liefern, wo sich die Hände und das Gesicht des Menschen befinden. Der hier verwendete Algorithmus zur Hautfarbensegmentierung nach FRITSCH (2002) klassifiziert jedes Pixel nach Hautfarbe oder Hintergrund mit Hilfe eines Mischverteilungs-Klassifikators im RG-Farbraum. Der verwendete RG-Farbraum hat den Vorteil, dass er helligkeitsinvariant ist, d. h. Pixel werden ausschließlich nach ihrer spezifischen Farbe segmentiert und nicht nach ihrer absoluten Helligkeit. Ähnlich zu dem vorherigen Merkmal werden auch hier mehrere Regionen **b** pro Körperteil **l** genutzt, um die Filterantwort zu generieren, siehe Abbildung 3c. Die Filterantwort berechnet sich aus dem Verhältnis von hautfarbenen und nicht hautfarbenen Pixeln z_m innerhalb einer Region, wobei $\psi(z_m)=1$ liefert, wenn das Pixel hautfarben ist und **0**, falls nicht.

$$\bar{f}_S^{(l)} = \frac{1}{M_S} \sum_{m=1}^{M_S} \psi(z_m^{(b,l)}) \qquad (3)$$

Nachdem die beiden vorherigen Merkmale die Oberfläche einzelner Körperteile beschreiben, wird mit dem folgenden Merkmal nach der Kante eines Körperteils gesucht. Wir erwarten, dass hier ein Wechsel zwischen Vordergrund und Hintergrund sichtbar wird, was sich üblicherweise durch einen abrupten Intensitätsunterschied bemerkbar macht. Dazu wird nicht nur das alleinige Vorhandensein einer Kante, sondern auch deren Ausrichtung berücksichtigt. Über den Gradienten $\nabla f(x,y) = \left(\frac{\partial f}{\partial x}, \frac{\partial f}{\partial y}\right)$ wird die Kantenrichtung im Bild mit dem Winkel α der Kante des Körperteiles verglichen. Dies geschieht für mehrere Punkte, die äquidistant auf der Kante des Modells angeordnet sind, siehe Abbildung 3c. Die Filterantwort des Kantenmerkmals für einen Merkmalspunkt berechnet sich durch:

$$f_E^{(l)}(z^{(m)}, \alpha) = \partial_y(z^{(m)}) \cos(\alpha) - \partial_x(z^{(m)}) \sin(\alpha) \tag{4}$$

Das Profilmerkmal wird benutzt, um längliche Strukturen eines bestimmten Durchmessers – ein sogenanntes Profil – im Bild zu finden, wie z. B. einen Arm. Da das Merkmal abhängig von der Größe des jeweiligen Körperteiles im Bild ist, kann es eigentlich nur dann korrekte Ergebnisse liefern, wenn das beobachtete Körperteil den richtigen Abstand zur Kamera hat. Um bei beliebigen Entfernungen zu funktionieren, wird das Merkmal nicht auf dem Ursprungsbild angewendet, sondern auf einer Gaußpyramide. Dabei wird abhängig von der Entfernung des Modells die passende Verkleinerungsstufe der Pyramide ausgewählt, so dass das Körperteil im Bild in der richtigen Größe erscheint. Das Profilmerkmal unterdrückt punktförmige Intensitätssprünge, die z. B. durch Kamerarauschen entstehen können, indem es parallel zum Körperteil verlaufende Gradienten positiv bewertet. Gleichzeitig werden Gradienten, die senkrecht zur Ausrichtung des Körperteils verlaufen schlecht bewertet. Dazu werden wie schon beim Kantenmerkmal mehrere Merkmalspunkte ausgewertet, die hier jedoch in der Mitte des jeweiligen Körperteiles liegen, siehe Abbildung 3c.

$$f_R^{(l)}(z, \alpha) = \left| \sin(\alpha)^2 \partial_{xx}^{(\mu)}(z) + \cos(\alpha)^2 \partial_{yy}^{(\mu)}(z) - 2\sin(\alpha)\cos(\alpha) \partial_{xy}^{(\mu)}(z) \right| - \left| \cos(\alpha)^2 \partial_{xx}^{(\mu)}(z) + \sin(\alpha)^2 \partial_{yy}^{(\mu)}(z) + 2\sin(\alpha)\cos(\alpha) \partial_{xy}^{(\mu)}(z) \right| \tag{5}$$

3.3.2 Merkmalsfusion

Je nach Situation in der eine Person beobachtet wird, entstehen mitunter sehr verschiedene Bildeindrücke des gleichen Menschen. Auch die zur Berechnung herangezogenen Merkmale reagieren dann sehr unterschiedlich. Ein einzelnes Merkmal kann in einer Situation noch sehr aussagekräftig sein, bei einer anderen Ansicht aber kaum noch sinntragende Informationen liefern. Die Auswertung mehrerer Bildmerkmale und deren anschließende Fusion ist der Versuch, die Vorteile der verschiedenen Merkmale zu kombinieren. Selbst wenn einige wenige Merkmale unzureichende oder gar falsche Informationen liefern, so ist durch eine geschickte Kombination aller Merkmale trotzdem ein stabiler Vergleichswert berechenbar.

Jedes Merkmal (abgekürzt mit c={M,S,E,R}) liefert zunächst lediglich eine Filterantwort $f_c^{(l)}$ zurück, die mittels einer Gaußfunktion in eine Wahrscheinlichkeit überführt wird. Diese sogenannte Transferfunktion bildet mittels einer Exponentialfunktion aus dem Wertebereich des jeweiligen Merkmals in den einheitlichen Wertebereich [0,1] ab:

$$p(c, l) = \exp\left(-\frac{(\bar{f}_c^{(l)})^2}{2\sigma_c^2}\right) \tag{6}$$

Der Wert von $p(c, l)$ gibt somit die Wahrscheinlichkeit an, dass sich das Körperteil l des Modells an der korrekten Position im Bild befindet. Je höher die Wahrscheinlichkeit, desto besser die Übereinstimmung. Die Standardabweichung σ_c wird für jedes Merkmal empirisch ermittelt.

Für die Bewertung einer Gesamtpostur werden die Einzelwahrscheinlichkeiten in einer Verbundwahrscheinlichkeit zusammengefasst:

$$p(\boldsymbol{y}_t|\boldsymbol{x}_t) = \prod_{c\in\{E,R,M,S\}} \prod_{l=1}^{L} p(c,l)^{\frac{1}{\lambda_c N_c^{(l)}}} \tag{7}$$

Diese gibt die Wahrscheinlichkeit an, dass bei einer gegebenen Modellpostur $\boldsymbol{x}_t$ die Observation $\boldsymbol{y}_t$ vorliegt. Da die Anzahl der verwendeten Merkmale $N_c^{(l)}$ für jedes Körperteil unterschiedlich sein kann, wird diese als Normierungsfaktor berücksichtigt. Der Faktor λ_c ist eine merkmalsspezifische Gewichtungskonstante. Diese kann dazu verwendet werden, die Merkmale untereinander zu gewichten, da manche Merkmale in gewissen Situationen besser für die Schätzung einer Postur geeignet sind als andere. Dieser Parameter ermöglicht somit bei Bedarf eine Anpassung an verschiedene Beobachtungssituationen, z. B. kann bei einem stark strukturierten Hintergrund das Kantenmerkmal weniger stark gewichtet werden oder bei einer besonders hervorstechenden Kleidung das Farbmerkmal entsprechend höher.

3.4   Posturschätzung als Optimierungsproblem

Mit der Definition des Körpermodells und der dazugehörigen Bildmerkmale kann die Aufgabe der Bestimmung der Postur des Menschen nun zurückgeführt werden auf die Suche nach der besten Übereinstimmung von Modellzustand und Bild. Das Ergebnis dieser Suche ist eine Schätzung der Körperpostur für das aktuelle Bild. Für die gesamte Videosequenz ergibt sich somit eine Folge von Einzelposturen, die als Bewegung interpretiert werden kann.

Das vorgestellte System verwendet zur Verfolgung einer Postur über die Zeit einen Kernel-Partikelfilter, siehe SCHMIDT (2006). Der Kernel-Partikelfilter ist ein probabilistisches Suchverfahren und nutzt die in Gleichung 7 dargestellte Gesamtbewertung zur Bewertung der Übereinstimmung zwischen Modell und Person in der Szene. Die Suche nach der besten Postur geschieht über Variation des Parametervektors. Das Verfahren versucht nun das Maximum der bedingten Wahrscheinlichkeitsdichte $p(\mathbf{x}_{t-1}|\mathbf{Y}_{t-1})$ aller Modellposturen zum Zeitpunkt t zu ermitteln. Eine vollständige Suche im 14-dimensionalen Parameterraum gestaltet sich jedoch als schwierig, da dazu eine sehr große Anzahl von Hypothesen getestet werden müsste, die Berechnung der Filterantworten $f_c^{(l)}$ aller Merkmale jedoch mit einem hohen Rechenaufwand verbunden ist. Weiterhin kann nicht sichergestellt werden, dass das globale Optimum auch der tatsächlichen Postur im Bild entspricht, da durch Mehrdeutigkeiten oft falsche lokale Optima entstehen.

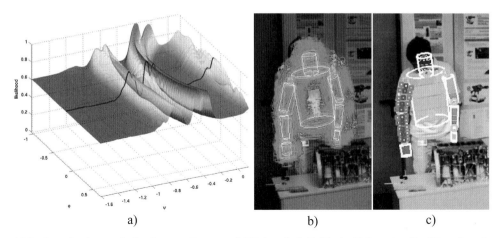

a)   b)   c)

Abb. 3: Suche nach der besten Postur. a) Wahrscheinlichkeitsdichte des Profilmerkmals für zwei Freiheitsgrade im Parameterraum, b) Rückprojektion der Partikelverteilung als Posturhypothesen, eingefärbt nach ihrer Wahrscheinlichkeit der Übereinstimmung, c) beste Postur mit Regionen des Farbmittelwertmerkmals, sowie die Positionen des Kanten- (rot = außen) und Profilmerkmals (blau = innen).

Aus diesem Grund wird die Wahrscheinlichkeitsdichte durch eine Menge von Partikeln $\mathbf{S}_t = \{\mathbf{s}_t^{(1)}, \ldots, \mathbf{s}_t^{(N)}\}$ approximiert. Jedes Partikel $\mathbf{s}_t^{(n)}$ entspricht dabei einer möglichen Modellpostur und erhält entsprechend Gleichung 7 eine Bewertung, auch Gewicht genannt. Die resultierende Wahrscheinlichkeitsdichte ist in Abbildung 3a exemplarisch für zwei Freiheitsgrade des Parameterraumes für das Profilmerkmal dargestellt. Abbildung 3b zeigt die Partikelverteilung als Menge von Körperposturen, die entsprechend ihrer jeweiligen Bewertung eingefärbt wurden.

Mit Hilfe der Observationen $\mathbf{Y}_{t-1} = \{\mathbf{y}_0, \ldots, \mathbf{y}_{t-1}\}$ aus den vorangegangenen Zeitschritten propagiert der Partikelfilter die bedingten Wahrscheinlichkeiten $p(\mathbf{x}_{t-1}|\mathbf{Y}_{t-1})$ in den aktuellen Zeitschritt. Hierzu werden die Partikel $\mathbf{S}_{t-1}$ aus dem vorherigen Zeitschritt aufgrund ihrer Gewichte $\{w_{t-1}^{(n)}\}_{n=1}^{N}$ probabilistisch ausgewählt, anhand eines Bewegungsmodells in den aktuellen Zeitschritt gestreut und die Gewichte $\{w_t^{(n)}\}_{n=1}^{N}$ von $\mathbf{S}_t$ neu bestimmt.

Die hohe Dimensionalität des Problems bedingt eine sehr geringe Abdeckung des Suchraums durch die Partikel. Dadurch kann es passieren, dass gute Lösungen in der unmittelbaren Umgebung des gesuchten Maximums nicht beachtet werden. Ein Ausweg wäre die Anzahl der Partikel zu erhöhen, was jedoch aufgrund des resultierenden hohen Rechenaufwands möglichst vermieden werden sollte und weiterhin aufgrund des hochdimensionalen Merkmalsraums auch nur bedingt sinnvoll ist. Daher wendet der Kernel-Partikelfilter ein Meanshift-Verfahren zur iterativen Verdichtung der Partikelverteilung an, um die lokale Dichte um die Maxima zu erhöhen.

Der Meanshift-Algorithmus, wie von COMANICIU (2002) ist ein kernelbasiertes Verfahren, das die Dichteverteilung der Partikel mit Hilfe einer Fensterfunktion $H_h(\cdot)$ approximiert. Das vorgestellte System verwendet den radialsymmetrischen Epanechnikov-Kernel. Das Meanshift-Verfahren berechnet einen gewichteten Mittelwert

$$\mathbf{m}(\mathbf{s}_t^{(n)}) = \frac{\sum_{i=1}^{N} H_h(\mathbf{s}_t^{(n)} - \mathbf{s}_t^{(i)}) w_t^{(i)} \mathbf{s}_t^{(i)}}{\sum_{i=1}^{N} H_h(\mathbf{s}_t^{(n)} - \mathbf{s}_t^{(i)}) w_t^{(i)}} \qquad (8)$$

für jeden Partikel $\mathbf{s}_t^{(n)}$ und verschiebt diesen dann mittels des sogenannten Meanshift-Vektors $\mathbf{s}_{t,neu}^{(n)} = \mathbf{m}(\mathbf{s}_t^{(n)}) - \mathbf{s}_t^{(n)}$ in einen Bereich mit höherer Dichte. Die Gewichte $\{w_t^{(n)}\}_{n=1}^{N}$ müssen dazu nach jeder Iteration neu berechnet werden. Von jeder beliebigen Position im Merkmalsraum wird das nächstliegende lokale Maximum gefunden. Das Meanshift-Verfahren wird so lange fortgesetzt, bis entweder eine feste Anzahl von Iterationen erreicht ist oder keine merkliche Verschiebung mehr auftritt. Aus den resultierenden Maxima können nun Modellposturen mit einer guten Bewertung ermittelt werden. Über die Zeit ergibt sich somit eine Folge von Einzelposturen, die als Bewegung des Menschen interpretiert werden kann.

4   Ergebnisse

Das Verfahren zur Posturschätzung wurde für die erwähnte Videosequenz evaluiert. Daimler hat zusätzlich zu den eigentlichen Bildern 3D Markerdaten mitgeliefert, die als Ground Truth verwendet werden können. Dadurch ist ein direkter Vergleich zwischen der getrackten Modellposition und der tatsächlichen Position der Person im Bild möglich.

Für die im Folgenden Vorgestellte Evaluierung wird der Marker, der auf dem Rücken der rechten Hand angebracht ist, mit der Position der rechten Hand des Körpermodells verglichen, siehe auch Abbildung 4a. Dabei treten systematische Fehler auf. Diese entstehen durch den Versatz der zu vergleichenden Punkte, da sich der Marker auf der Hautoberfläche befindet und der Vergleichspunkt auf dem Modell an der „Fingerspitze" der Hand. Der dadurch zu erwartende Fehler liegt bei wenigen cm. Weiterhin ist das monokulare Verfahren nicht in der Lage, die Position vom Punkten im Raum direkt zu messen, vielmehr ergibt sich diese indirekt aus der Skalierung des Körpermodells und unter Ausnutzung der bekannten Kamerageometrie. Da die Maße der zu beobachtenden Person im Vorfeld nicht bekannt waren, wurde hier ein generisches Körpermodell genutzt und dessen initiale Postur und Skalierung entsprechend des Startbildes gewählt. Die anfängliche Abweichung der Marke der Hand liegt bei ca. 10 bis 15 cm. Die Verfolgung des Oberkörpers der Person und der rechten Hand erfolgt im Allgemeinen recht gut. Abbildung 4b zeigt die Entwicklung des Fehlers über die Zeit. Der mittlere Fehler über die gesamte Sequenz liegt bei ca. 21 cm, also nicht sehr viel über der initialen Abweichung. Bei einer Entfernung der Person von ca. 3,5 m ist diese Genauigkeit ausreichend für die Erkennung der ausgeführten Handlung mit weiteren Verfahren zur Gestenerkennung, wie bereits in SCHMIDT (2008) gezeigt wurde.

Deutlich ist zu erkennen, dass während der ersten 80 Bilder und zwischen Bild 160 und 250 die Genauigkeit deutlich nachlässt, sich gegen Ende der Sequenz aber wieder verbessert. Tatsächlich hat zwischen Bild 160 und 250 das Körpermodell die Bewegung der Person nicht mehr korrekt verfolgt, da diese am Anfang der Handlung eine schnelle Körperdrehung durchgeführt hat, das Bewegungsmodell dieser aber nicht folgen konnte. Die Position der Hand wurde trotzdem weiter verfolgt, so dass am Ende der Handlung das Körpermodell die Postur wieder korrekt verfolgen konnte.

Bei genauerer Betrachtung wird deutlich, dass der Fehler bei der Posturschätzung nicht in allen Raumrichtungen gleich verteilt ist, siehe auch Abbildung 4c. Der Fehler in x- und y-Richtung, also parallel zur Bildebene, bleibt während der gesamten Sequenz um 5 bis 10 cm, mit einigen kurzen Ausreißern bis zu 20 cm. Der Fehler in der z-Achse, also in der Tiefe, macht jedoch den größten Anteil am Gesamtfehler aus. Er liegt im Mittel bei 16 cm und bleibt auch über längere Zeiträume über 20 bis zu 40 cm.

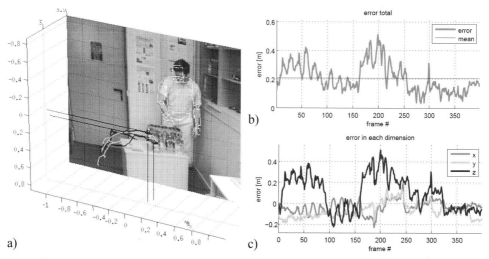

Abb. 4:   Positionsfehler der rechten Hand; a) Vergleich der Trajektorien: Ground Truth aus photogrammetrischen Marken (hell) und Position der Hand des Modells (dunkel), b) absoluter Fehler, c) Abweichungen einzeln für jede Raumachse

Problematisch ist die Erkennung von kleinen Bewegungen der Hand, wie zum Beispiel während des Festziehens einer Schraube. Das verwendete Körpermodell kann diesen Bewegungen nur bedingt folgen, da die Hand als starre Fortsetzung des Unterarmes modelliert wurde. Dies ist auch an den wellenförmigen Ausschlägen der Fehlerfunktion erkennbar, die dadurch entstehen, dass das Modell näherungsweise still steht während die Person die Hand in Wirklichkeit hin und her bewegt.

5   Zusammenfassung und Ausblick

Auch wenn das monokulare Verfahren im Allgemeinen in der Lage ist, die Postur einer Person in der gegebenen Videosequenz zu Verfolgen, so schwankt die Erkennungsgenauigkeit je nach beobachteter Handlung. Generell ist die Frage, wie viel Vorwissen man in das System integrieren kann. Es ist leicht ersichtlich, dass die Genauigkeit des Modells einen großen Einfluss auf die Ergebnisse der Posturschätzung hat. Hier wurde lediglich ein generisches Körpermodell verwendet, da die genauen Proportionen der Person nicht bekannt waren. Eine Vermessung der Person im Vorfeld oder eine gleichzeitige Schätzung von Postur und Körpermaßen könnten zu genaueren Ergebnissen beitragen. Abschließend bleibt zu erwähnen, dass bei dem Design und der Parametrisierung des Systems auch die Aufgabenstellung berücksichtigt werden sollte. Ist z. B. die Aufgabe die Position der Person zu erkennen, so können andere Merkmale, genutzt werden, als wenn das Ziel die Erkennung der durchgeführten Handlung aufgrund der Trajektorie der Hand ist. In diesem Fall ist die Bewegung der ausführenden Hand relevant, der andere Arm muss aber möglicherweise gar nicht berücksichtigt werden. Auch Wissen über die durchgeführte Handlung kann hilfreich sein, um den Parameterraum gezielter abzusuchen.

Multiokulare Systeme haben bei der hier gestellte Aufgabe einen prinzipiellen Vorteil, da sie Entfernungen direkt messen können oder diese indirekt über einen mehrfachen Modellvergleich für alle Blickwinkel bestimmen können. Steht jedoch nur eine einzelne Kamera zur Verfügung, z. B. weil nur beschränkter Raum zum Einbau vorhanden ist oder weil keine spezialisierten und somit kostspieligen und wartungsintensiven Tiefensensoren verwendet werden sollen, so kann das präsentierte System auch mit nur einer Kamera Tiefeninformationen indirekt durch Ausnutzung des Körpermodells bestimmen. Die erzielte Genauigkeit der Posturerkennung reicht aus, um Rückschlüsse auf die Handlung der Person ziehen zu können.

Literatur

Comaniciu, D. & P. Meer (2002): *Mean shift: a robust approach toward feature space analysis.* IEEE Pattern Analysis and Machine Intelligence, 24 (5), S. 603-619.

Lu, Z., Carreira-Perpinan, M. & C. Sminchisescu (2008): *People tracking with the laplacian eigenmaps latent variable model.* Advances in Neural Information Processing Systems, 20, S. 1705-1712.

Schmidt, J., Hofemann, N., Haasch, A., Fritsch, J. & G. Sagerer (2008): *Interacting with a mobile robot: Evaluating gestural object references.* Int. Conference on Intelligent Robots and Systems (IROS), Nice, France.

Schmidt, J., Kwolek, B. & J. Fritsch (2006): *Kernel Particle Filter for Real-Time 3D Body Tracking in Monocular Color Images.* IEEE Automatic Face and Gesture Recognition, S. 567-572.

Sidenbladh, H. (2001): *Probabilistic Tracking and Reconstruction of 3D Human Motion inMonocular Video Sequences.* PhD thesis, KTH Sweden.

Sminchisescu, C. & B. Triggs (2001): *Covariance scaled sampling for monocular 3d body tracking.* IEEE Conference on Computer Vision and Pattern Recognition (CVPR), S. 447-454.

Urtasun, R., Fleet, D. & P. Fua (2005): *Monocular 3d tracking of the golf swing.* IEEE Conference on Computer Vision and Pattern Recognition (CVPR), San Diego.

4 Sensoren und Systeme

Kalibrierung elektromagnetischer Positionsmesssysteme für die navigierte Medizin

Timo KRÜGER, Horacio MARTINEZ und Dirk MUCHA

Zusammenfassung

Navigation in der Medizin bedeutet die intraoperative Darstellung eines Instrumentes zum Patienten. Im vorgestellten Fall erfolgt diese Darstellung zu präoperativ aufgenommenen Schichtbildern. Ergänzt durch Planungsdaten wird die Position und Ausrichtung eines Pointerinstrumentes zum Kopf des Patienten in Schichtbildern dargestellt. Medizinische Navigationssysteme arbeiten in den mit Abstand meisten Fällen mit optischen Sensoren. Diese sind hinsichtlich Genauigkeit und Arbeitsbereich den Anforderungen in der Medizin entsprechend designt. Die Verwendung optische Systeme führt zu einem Sichtproblem, das die intraoperative Einsetzbarkeit einschränkt. Dieses Problem kann durch den Einsatz elektromagnetischer Sensoren überwunden werden.

Es wird eine Kalibriermethode vorgestellt, die den Einsatz des kommerziell erhältlichen elektromagnetischen Positionsmesssystems Aurora (NDI, Waterloo, Kanada) für die navigierte Medizin erlaubt. Aktuell verfügbare elektromagnetische Positionsmesssysteme verfügen nicht über eine ausreichend hohe Genauigkeit für den Einsatz in der navigierten Medizin. Hinzu kommt eine Störanfälligkeit gegenüber Metallen und elektromagnetischen Feldern, welche die Verfügbarkeit verlässlicher Positionsdaten erheblich einschränkt. Das hier vorgestellte Verfahren erlaubt durch die Trennung von statischen und dynamischen Fehlereinflüssen eine Homogenisierung der Genauigkeit auf einem den Anforderungen entsprechenden Niveau sowie die Verbesserung der Verfügbarkeit der Navigationsinformationen.

1 Stand der Technik

1.1 Vermessungssensoren in der medizinischen Navigation

Medizinische Navigationssysteme werden in einigen medizinischen Fachrichtungen seit Beginn der 80er-Jahre eingesetzt. Seit dieser Zeit wird die Verwendung dieser Systeme für eine Vielzahl von klinischen Indikationen, z. B. Neurochirurgie angestrebt und umgesetzt (HEJAZI 2006, KURTSOY et al. 2005). In den letzten Jahren werden diese Systeme immer stärker für fachübergreifende Operationen, wie z. B. Hals-, Nasen- und Ohrenheilkunde und Mund-, Kiefer- und Gesichtschirurgie genutzt (KLIMEK et al. 1991, TIESENHAUSEN & KLEIN 2007). Dadurch steigen die Anforderungen hinsichtlich der Ergonomie dieser Systeme erheblich.

Bei der medizinischen Navigation wird durch den Einsatz von Vermessungssensoren die Position und Ausrichtung eines Instrumentes während der Operation angezeigt. Die Visualisierung erfolgt in drei- und zweidimensionalen Abbildungen des menschlichen Körpers. Durch die Verwendung dieser Darstellungen kann der Arzt Strukturen genau lokalisieren.

Die für navigierte Operationen eingesetzten Vermessungssensoren sind in allen praxisrelevanten Systemen optisch oder elektromagnetisch.

Bei der Verwendung von optischen Navigationssystemen erfasst ein Kamerasystem (2 Flächen oder mindestens 3 Zeilenkameras) die dreidimensionale Transformation von Lokalisatoren. Die Lokalisatoren sind am Patienten und am navigierten Instrument befestigt und mit Marken bestückt. Durch die geeignete Visualisierung der Transformation werden dem Arzt Positions- und Ausrichtungsinformationen des Instrumentes zu operationsrelevanten Strukturen. Die optischen Systeme sind in vielen medizinischen Fachrichtungen etabliert und hinsichtlich ihrer Genauigkeit und ihres Arbeitsbereiches gut anwendbar (KAHDEM et al. 2000). Allerdings entstehen durch die notwendige Sichtbarkeit zwischen den Lokalisatoren und dem Messsystem intraoperativ ergonomische Nachteile, welche die Verwendung von Navigationssystemen oft erheblich einschränken oder sogar ausschließen.

 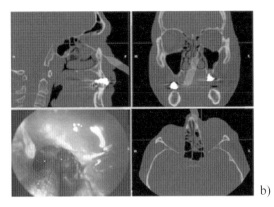

a)   b)

Abb. 1: Navigierte Medizin: a) Einsatz eines navigierten Pointerinstrumentes in der Hals-, Nasen- und Ohrenheilkunde, b) Darstellung der Navigationsinformationen in den Schichtbildern des Patienten. Unten links ist das Original Endoskopbild dargestellt.

Zur Kompensation dieses Nachteils werden seit einigen Jahren elektromagnetische Positionsmesssysteme in klinischen Navigationssystemen eingesetzt, wie z. B. in der Neurochirurgie (SUESS et al. 2006). Diese Systeme arbeiten mit körperdurchdringenden elektromagnetischen Messfeldern und stehen in verschiedenen Ausführungen zur Verfügung. NAFIS et al. (2006) liefern eine Übersicht über die für den medizinischen Einsatz relevanten Messsysteme. Das Wirkprinzip soll hier vereinfacht beschrieben werden. Ein Feldgenerator, der aus mehreren Spulen besteht erzeugt mehrere unterschiedlich gerichtete elektromagnetische Felder. Durch diese Felder wird das Messvolumen definiert. Als Lokalisatoren dienen Spulen. In den sich ändernden Messfeldern wird den Spulen eine Spannung induziert. Vereinfacht veranschaulicht wird bei einer Ausrichtung der Spule parallel zu einem Feld eine hohe Spannung induziert. Bei der Ausrichtung der Spule normal zum Feld wird keine Spannung induziert. Die Felder werden in einer zeitlich bekannten Abfolge hintereinander geschaltet. Aufgrund des Wissens, welche Felder bei welcher Induktion in der Spule geschaltet waren, kann die Position und Ausrichtung der Sensorspule berechnet und geeignet visualisiert werden. Die Probleme bei der Verwendung dieser Sensoren liegen in der Störanfälligkeit gegenüber metallischen Objekten oder anderen elektromagnetischen Feldern, wodurch die

Genauigkeit und auch die Verfügbarkeit der Messinformationen erheblich eingeschränkt werden. Neuere Ansätze zur Kalibrierung dieser Systeme liefern MUCHA et al. (2005) und MARTINEZ et al. (2008).

1.2   Ein elektromagnetischer Sensor für die navigierte Kopfchirurgie

Das für diese Arbeit verwendete elektromagnetische Messsystem ist der Aurora Field Generator der Northern Digital Inc. (Waterloo, Kanada). Das Messsystem verfügt über folgende Spezifikationen (Herstellerangaben):

- Messvolumen: Kubus mit 500 mm Kantenlänge
- Dimensionen Feldgenerator: $200 \times 200 \times 70$ mm
- Dimensionen Sensorspule: $9 \times 1,8$ mm
- Messfrequenz: 40 Hz
- Genauigkeit: von 0,9 bis 1,6 mm Standardabweichung

Alle Angaben außer der Genauigkeit sind für ein klinisches Navigationssystem geeignet. Die angegebene Genauigkeit ist für die klinische Anwendung zu gering. Die Genauigkeitsforderung beträgt hier 1 mm. In der folgenden Abbildung sind die Komponenten des beschriebenen Systems dargestellt, die für die Integration in ein klinisches Navigationssystem benötigt werden (Abb. 2).

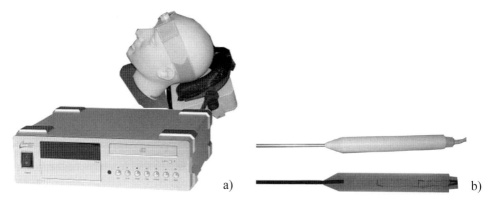

Abb. 2:   a) Integration eines elektromagnetischen Positionsmesssystems in ein klinisches Navigationssystem, b) Elektromagnetisch navigiertes Pointerinstrument mit fest im Griff integrierten Sensorspulen

Die Sensorspulen sind in dieser Lösung in den Griff des in Abbildung 2b dargestellten Pointerinstrumentes integriert. Das im Zentrum des Bildes dargestellte Modul beinhaltet die Recheneinheit des Systems. Der Feldgenerator ist unter dem Kopf des Patienten platziert. Somit wird eine einfach realisierbare, grob reproduzierbare Position des Kopfes zum Feldgenerator gewährleistet. Die Sensorspule zur Detektion der Position und Ausrichtung des Kopfes befindest sich in einem Stirnband, das dem Patienten umgelegt wird. Mit dieser Anordnung kann intraoperativ die relative Position und Ausrichtung des Pointerinstrumentes zum Patientenkopf gemessen werden.

2 Motivation

Wie im vorhergehenden Abschnitt dargestellt, entspricht die vom Hersteller angegebene Genauigkeit des in dieser Arbeit verwendeten Sensors nicht der klinischen Forderung. Hinzu kommt, dass die Genauigkeit über das Messvolumen nicht als konstant angesehen werden kann, sondern mit zunehmendem Abstand vom Feldgenerator sinkt. Zusätzlich sind erhebliche Fehlereinflüsse bekannt, die durch metallische Objekte oder andere elektromagnetische Felder entstehen. Die Motivation dieser Arbeit ist also zu einem großen Teil darin begründet ein elektromagnetisches Messsystem so zu kalibrieren, dass die Genauigkeitsforderung im gesamten Messvolumen erfüllt wird.

Es stellt sich allerdings die Frage, warum überhaupt ein elektromagnetisches Messsystem verwendet werden soll, wenn doch optische Systeme problemlos die geforderten Genauigkeiten und Arbeitsvolumina erreichen. Der Grund liegt in der Sichtproblematik optischer Messsysteme.

Klinische Navigationssysteme sollen nicht die gewohnten Arbeitsabläufe im Operationssaal behindern, sondern die existierenden Abläufe unterstützen und verbessern. Durch die erforderliche Sicht zwischen den Lokalisatoren und dem Messsystem bei optischen Systemen entsteht jedoch bei vielen Operationsarten Einschränkungen bezüglich der Positionierung und Ausrichtung der Lokalisatoren, der Instrumente, der Assistenz etc., so dass Spezialsysteme bzw. Adapter für verschiedene Operationen notwendig werden. Dies verursacht hohe Kosten und verringert die Einsatzfrequenz dieser Systeme.

Ein Ansatz zur Minimierung dieser Problematik durch die Optimierung ergonomischer Parameter wurde von KRÜGER (2008) vorgestellt (Abb. 3a und b). Allerdings ist durch diesen Ansatz das grundsätzliche Problem der Verdeckung eben nur minimiert und nicht vollständig gelöst.

Die Überwindung dieser Sichtproblematik kann durch die Verwendung von elektromagnetischen Messsystemen erfolgen (Abb. 3c und d). Aufgrund der körperdurchdringenden Eigenschaften der für die Positionsmessung verwendeten elektromagnetischen Felder besteht hier keine Notwendigkeit der direkten Sicht zwischen dem Feldgenerator und den Sensorspulen. Allerdings sind für die Sicherstellung einer ausreichenden Genauigkeit der Positionsinformationen die homogene Genauigkeit im gesamten Messvolumen und die Reduzierung der Störanfälligkeit des Systems gegenüber metallischen Objekten und anderen elektromagnetischen Feldern erforderlich.

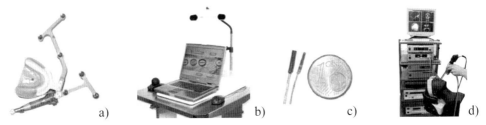

Abb. 3: Navigationssysteme und Lokalisatoren: a) optische Lokalisatoren in der dentalen Implantologie, b) optisches Navigationssystem mit Stereokamera als Positionsmesssensor, c) Sensorspule für ein elektromagnetisches System, d) in einen Endoskopieturm integriertes elektromagnetisches System

3   Material und Methoden

3.1   Eigener Ansatz

Es wird ein Verfahren vorgestellt, das für alle existierenden elektromagnetischen Sensoren die im vorangegangenen Abschnitt genannten Forderungen erfüllen kann. Die Homogenisierung und Verbesserung der Genauigkeit können erreicht werden durch die:

- Trennung von statischen und dynamischen Fehlereinflüssen,

- Erfassung und Korrektur von statischen Einflüssen durch Kalibrierung,

- dynamische Filterung mit redundanten Lokalisatoren.

Durch die Anwendung dieser Maßnahmen folgt eine höhere Genauigkeit und Verfügbarkeit der Navigationsinformationen.

3.2   Statische Fehlerkompensation

Als statische Fehler werden im Folgenden Fehler bezeichnet, die aufgrund einer reproduzierbaren Messanordnung entstehen.

Die Problematik bei dieser Kalibrierung besteht darin, dass das navigierte Instrument selbst Störungen verursacht. Diese Störungen sind abhängig von der Ausrichtung des Instruments, und von der Zeit nahezu unabhängig und können demzufolge als statische Fehler modelliert werden. Die Korrektur dieser statischen Fehler erfolgt also durch die Erfassung und den Aufbau einer Korrekturtabelle. Aufgrund der Richtungsabhängigkeit der Fehlereinflüsse, muss die Tabelle für jede Position verschiedene Richtungsinformationen enthalten. Für das Erreichen einer maximalen Genauigkeit wurden für die Kalibrierung folgende Parameter eingehalten:

- Die Kalibrierung erfolgt in der Operationsumgebung um statische Fehlereinflüsse des Gesamtsystems ebenfalls zu modellieren. Dies können z. B. Fehlereinflüsse durch den Operationstisch sein.

- Die Kalibrierung erfolgt mit einer einfach und intuitiv zu bedienenden mechanischen Vorrichtung (Abb. 4b). Dies ist für die Akzeptanz des Systems und für die Reproduzierbarkeit der Ergebnisse nötig. Das Werkzeug verfügt über eine spezielle Instrumentenaufnahme für jedes Instrument und erlaubt die Rotation in drei Richtungen (Roll-, Gier- und Nickwinkel). Die Instrumentenspitze bleibt während der Rotationen stabil. Dass Werkzeug ist flexibel auf einem Referenzraster befestigt und kann so innerhalb einer Ebene bewegt werden. Durch die Verwendung von Zwischenstücken wird die Positionierung in der dritten Dimension erreicht.

- Durch die Definition von operationsabhängigen Arbeitsgebieten wird die Auflösung des Kalibriergebietes bei einer konstanten Punktzahl erhöht. So ist das Arbeitsgebiet für die Neurochirurgie ein anderes als das für die Hals-, Nasen und Ohrenheilkunde (Abb. 4a).

- Zur Gewährleistung homogener und ausreichender Genauigkeiten erfolgt eine experimentelle Rasterdefinition. Hier wird davon ausgegangen, dass mit der Erhöhung der Auflösung des Rasters eine bessere Genauigkeit erreicht werden kann. Ein Richtungsraster für einen Kalibrierpunkt ist beispielhaft in Abbildung 4c dargestellt.

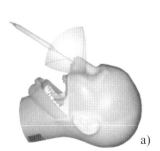 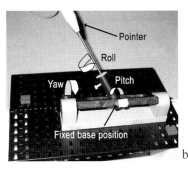 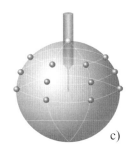

a)   b)   c)

Abb. 4:   Statische Kalibrierung: a) Definition des Arbeitsbereiches für die Hals-, Nasen-
und Ohrenheilkunde, b) Kalibrierwerkzeug zur Erfassung von drei Ausrichtungen für jede Position, c) Darstellung der kalibrierten Richtungen für eine Position

3.3   Dynamische Fehlerkompensation

Als dynamische Fehlereinflüsse werden im folgenden Fehler bezeichnet, die während der
Operation nicht konstant sind und sich innerhalb des Messvolumens unterschiedlich stark
auswirken. Einflüsse die zwar dynamisch, aber auf das ganze Messvolumen konstante
Auswirkungen haben, sind nicht relevant, da für die klinische Navigation nur relative Positionsinformationen innerhalb des Messvolumens genutzt werden.

Die Erfassung von dynamischen Fehlereinflüssen erfolgt durch den Aufbau eines redundanten Lokalisators (MUCHA et al. 2006). Als Beispiel wird hier ein einfaches Pointerinstrument für die Verwendung in der Hals-, Nasen- und Ohrenheilkunde vorgestellt (Abb. 5).

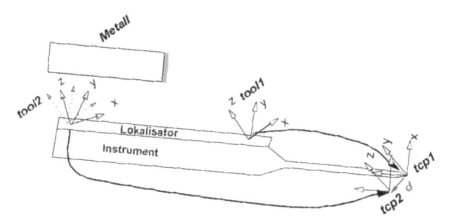

Abb. 5:   Aufbau eines redundanten Pointerinstrumentes

In den Griff des Instrumentes werden zwei Sensorspulen fest integriert. Jede Sensorspule
definiert ein eigenes Koordinatensystem. Diese Systeme sind in der Abbildung mit **tool1**
und **tool2** bezeichnet. Die Transformation der beiden Systeme zur Spitze des Instrumentes
tcp ist bekannt. Durch eine Störung, z. B. ein metallisches Objekt innerhalb des Messvolu-

mens, erfolgt eine Änderung der Position und Ausrichtung der beiden *tool* Systeme. Das Resultat ist eine Differenz *d* in der Darstellung der Instrumentenspitze. Liegt diese Differenz über einem definierten Schwellwert, wird die aktuelle Messepoche herausgefiltert.

Aufgrund der ständigen Bewegung des Instrumentes oder des Störobjektes ist die verursachte Störung nicht konstant, deshalb kann schon bei der Verwendung von zwei Koordinatensystemen von einer ausreichenden Redundanz über die Zeit zur sicheren Detektion der Störungen ausgegangen werden. Durch die Verwendung des vorgestellten Ansatzes ist von einer Erhöhung der Verfügbarkeit der Navigationsinformation innerhalb der geforderten Genauigkeit im gesamten Messvolumen auszugehen.

4   Experimente und Ergebnisse

4.1   Statische Fehlerkompensation

Zur experimentellen Nachweis der Qualität der statischen Fehlerkompensation wurde das schon beschriebene Pointerinstrument für die Hals-, Nasen- und Ohrenheilkunde genutzt. Folgende Parameter wurden verwendet:

- Das Instrument wird für jeden Rasterpunkt in 156 diskreten Ausrichtungen erfasst (13 Breiten- und 12 Längengrade).

- Für jede der 156 Ausrichtungen für jeden Rasterpunkt werden 12 Rollwinkeln erfasst. Dies ergibt 1872 Tabellenzeilen für jeden Rasterpunkt.

- Für jede Tabellenzeile werden die drei resultierenden Koordinatenunterschiede als Korrekturwerte abgespeichert.

- Die Bestimmung der Korrekturwerte während der Operation erfolgt durch ein zweistufiges Verfahren, das hier *Find Best Supporting Point* genannt wird.

Das Ergebnis der Datenerfassung sind stark unterschiedliche Fehlervektoren für verschiedene Ausrichtungen an den Rasterpunkten. Die Problematik die sich hier stellt ist das Finden des besten Korrekturwertes für einen intraoperativen Wert. Wie werden die Korrekturwerte optimal angebracht? Aufgrund der starken Sprünge liefern Interpolationsverfahren keine befriedigenden Ergebnisse. Ein befriedigendes Ergebnis liefert ein zweistufiges *Find Best Supporting Point* Verfahren. Hier wird zuerst der nächste Rollwinkel im Sektor gesucht und die dazugehörigen Gier- und Nickwinkel bewertet. In einem zweiten Schritt werden die Nachbarn geprüft. Das Wertetripel, das der aktuellen Ausrichtung am nächsten kommt, liefert die Korrekturwerte.

Dieses Verfahren wurde auf einen Punkt angewandt, der 15 mm von einem aufgezeichneten Rasterpunkt entfernt lag. Auf diesem Punkt wurde das Instrument bewegt. Die Fehler, die aus dieser Bewegung resultierten wurden aufgezeichnet. Das Experiment wurde zweimal durchgeführt. Einmal mit den vom Hersteller gelieferten Werten und ein zweites Mal unter Anwendung des *Find Best Supporting Point Verfahrens* mit vorheriger Kalibrierung.

Die Ergebnisse lassen den Schluss zu, dass durch die statische Fehlerkorrektur sowohl die mittleren Abweichungen zum Sollmaß als auch die Standardabweichung dieser Abweichung erheblich reduziert werden können. Im vorliegenden Fall liefert das Verfahren für das angewandte Instrument und den kalibrierten Arbeitsbereich mit einem Raster von 30 mm eine Genauigkeit, welche die Forderung für den klinischen Einsatz erfüllt.

Tabelle 1: Fehlerangaben für einen 15 mm vom Kalibrierraster entfernten Punkt. Das Instrument wurde auf diesem Punkt verschieden bewegt und die daraus entstehenden Differenzen und Standardabweichungen zum Sollmaß aufgezeichnet.

	Experiment 1 Pivotieren		**Experiment 2 Rotieren**		**Experiment 3 Pivotieren/Rotieren**	
Kalibrierung	Herst.	Charité	Herst.	Charité	Herst.	Charité
Mittlere Abw. [mm]	1,3	0,8	1,5	0,8	1,2	0,9
Standardabw. [mm]	0,7	0,4	0,7	0,3	0,6	0,2

4.2 Dynamische Fehlerkompensation

Zum Nachweis der klinischen Effizienz der dynamischen Fehlerkompensation wurde unter der Verwendung des bekannten Pointerinstrumentes eine zyklische Störung mit einer in der Hals-, Nasen- und Ohrenheilkunden üblicherweise genutzten Zange herbeigeführt.

Die Forderung der Genauigkeit lag bei diesem Experiment bei einem Millimeter. Aufgrund der hohen Messfrequenz und der stark ansteigenden Flanken des Messsignals bei einem auftretenden Fehlereinfluss wurde der Schwellwert auf 1,7 mm gesetzt. So konnte die Verfügbarkeit des Messsignals bei Erfüllung der Genauigkeitsforderung erhöht werden. Alle Störungen wurden bei der Verwendung dieses Schwellwertes sicher und zeitlich ausreichend schnell detektiert. Bei der Verwendung des Systems in der Konfiguration des Herstellers würden alle in der folgenden Abbildung dargestellten Messwerte für die Positionsinformation berücksichtigt werden. Durch die Filterung werden die in der folgenden Abbildung weiß dargestellten Bereiche ausgeschlossen.

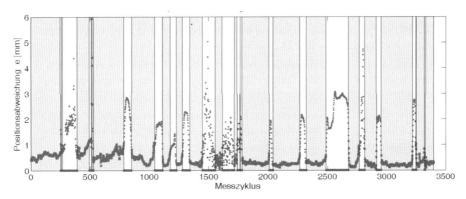

Abb. 6: Dynamische Schwellwertfilterung. In den weißen Bereichen wurde das Signal aufgrund der hohen Fehler herausgefiltert.

Die mittlere Abweichung bei diesem Versuchsaufbau lag bei 0,4 mm bei eier Standardabweichung von 0,3 mm. Die dynamische Filterung erfüllt also die an sie gestellten Forderungen.

5 Diskussion

Das vorgestellte Verfahren zur Kalibrierung von elektromagnetischen Positionsmesssystemen für die navigierte Medizin lässt die Ausweitung des Einsatzes dieser Sensoren durch die Erhöhung der Genauigkeit und Signalverfügbarkeit zu. So konnte der hier verwendete Sensor durch den Einsatz des Verfahrens bereits mehrfach für Operationen in der Hals-, Nasen- und Ohrenheilkunde an der Charité – Universitätsmedizin Berlin für navigierte Operationen eingesetzt werden (KHAN et al. 2008).

Durch die statische Kalibrierung steigt die Genauigkeit der zur Verfügung gestellten Positionsinformationen. Durch die zusätzliche dynamische Filterung können Störsignale identifiziert und die Verfügbarkeit der Navigationsinformationen wird erhöht. Die Verfasser gehen davon aus, dass die Anwendung dieses Verfahrens auf andere Sensoren auch deren Parameter erheblich verbessern kann.

Danksagungen

Die Arbeiten wurden am BZMM, dem Berliner Zentrum für mechatronische Medizintechnik und am ECRC, dem Experimental and Clinical Research Center durchgeführt. Das BZMM ist eine Kooperation zwischen dem Fraunhofer IPK und der Charité – Universitätsmedizin Berlin. Das ECRC ist eine Kooperation zwischen dem Max Delbrück Zentrum für molekulare Medizin und der Charité – Universitätsmedizin Berlin. Die Arbeiten wurden durch Mittel des Europäischen Fonds für Regionale Entwicklung EFRE gefördert.

Literatur

Hejazi, N. (2006): *Frameless image-guided neuronavigation in orbital surgery: practical applications.* Neurosurg Rev, 29 (2), S. 118-122.

Kahdem, R., Yeh, C. C., Sadeghi-Tehrani, M., Bax, M. R., Johnson, J. A., Welch, J. N., Wilkinson, E. P. & R. Shadidi (2000): *Comparative Tracking Error Analysis of Five Different Optical Tracking Systems.* Computer Aided Surgery, 5, S. 98-107.

Khan, M., Mucha, D., Krüger, T. & Olze, H. (2008): *Use of electromagnetic navigation in endoscopic sinus surgery.* International Journal of Computer Assisted Radiology and Surgery, 3 (Suppl. 1), S. 80.

Klimek, L., Mösges, R. & M. Bartsch (1991): *Indications for cas (computer-assisted surgery) systems as navigation aids in ent-surgery.* In: Computer Assisted Radiology, Proc. of the International Symposium (CAR'91). Berlin: Springer, S. 358-361.

Krüger, T. (2008): *Optische 3D-Messtechnik in der dentalen Implantologie.* In: Luhmann, T. & C. Müller (Hrsg.): Photogrammetrie – Laserscanning – Optische 3D Messtechnik. Beiträge der Oldenburger 3D-Tage 2008. Heidelberg: Wichmann, S. 31-42.

Kurtsoy, A., Menku, A., Tucer, B., Oktem I. S. & H. Akdemir (2005): *Neuronavigation in skull base tumors.* Minim Invasive Neurosurg, 48 (1), S. 7-12.

Martinez, H., Mucha, D., Kosmecki, B. & T. Krüger (2008): *Calibration method for electromagnetic tracked instruments in clinical applications.* International Journal of Computer Assisted Radiology and Surgery, 3 (Suppl. 1), S. 111-113.

Mucha, D., Kosmecki, B. & J. Bier, (2006): *Plausibility check for error compensation in electromagnetic navigation in endoscopic sinus surgery.* International Journal of Computer Assisted Radiology and Surgery, 1 (Suppl. 1), S. 317-318.

Mucha, D., Kosmecki, B. & T. Lueth (2005): *Error compensation for electromagnetic navigation in dental implantology.* In: CARS 2005 – Computer Assisted Radiology and Surgery, Proc. of the 19th International Congress.

Nafis, C., Jensenm V. & L. B. P. Anderson (2006): *Method for estimating dynamic EM tracking accuracy of surgical navigation tools.* In: Medical Imaging 2006: Visualization, Image- Guided Procedures, and Display, Proc. of the SPIE 6141, S. 152-167.

Suess, O., Suess, S., Mularski, S., Kühn, B., Picht, T., Hammersen, S., Stendel, R., Brock M. & T. Kombos (2006): *Study on the clinical application of pulsed DC magnetic technology for tracking of intraoperative head motion during frameless stereotaxy.* Head & Face Med, 2, 10.

Tiesenhausen, C. & M. Klein (2007): *Intraoperative bone modelling for autologous bone grafting, experimental evaluation and first clinical application.* International Journal of Computer Assisted Radiology and Surgery, 2 (Suppl. 1), S 286-287.

Ermittlung der Längenmessabweichung eines elektromagnetischen 3D-Tracking-Systems

Miriam WEYHE und Holger BROERS

Zusammenfassung

In diesem Beitrag wird die Umsetzung eines reproduzierbaren Prüfverfahrens zur Ermittlung der Längenmessabweichung eines elektromagnetischen 3D-Tracking-Systems (EMTS) erläutert. Im Folgenden soll zunächst auf die Funktionsweise eines EMTS und anschließend auf die spezifischen Eigenschaften des verwendeten Messsystems Aurora$^®$ von Northern Digital Inc. (NDI) eingegangen werden. Daraufhin wird das Prüfverfahren erläutert und die Untersuchungsergebnisse vorgestellt.

1   Einleitung

EMTS bestehen aus drei Komponenten: einem Feldgenerator, in dem sich mind. drei Spulen befinden, Sensoren mit einer oder mehreren Spulen und einem Steuerrechner, der für die Auswertung und eine koordinierte Schaltung der Spulen im Feldgenerator zuständig ist. Die Spulen im Feldgenerator werden mittels Wechselstrom angesteuert. Alternierende Magnetfelder induzieren in den Spulen der Sensoren eine Spannung. Mittels einer abwechselnden Ansteuerung der einzelnen Feldgeneratorspulen werden unterschiedliche ausgerichtete Magnetfelder erzeugt, welche vom Sensor erfasst werden. Die Messwerte der Sensorspulen werden anschließend in XYZ-Koordinaten für den Sensor relativ zum Feldgenerator umgerechnet. Vergleiche zu diesem Abschnitt (STEGER 2004).

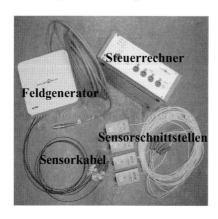

Abb. 1: Systemkomponenten des Aurora$^®$

Zusätzlich zu den drei Grundkomponenten verwendet das EMTS Aurora$^®$ (Abb. 1) Sensorschnittstellen, welche die Signale der Sensoren an den Steuerrechner weiterleiten. Der Feldgenerator arbeitet mit mehr als drei Spulen, deren Ausrichtung und Lage für ein bestimmtes Messvolumen optimiert sind. Das zu prüfende Messvolumen ist kubisch und hat eine Seitenlänge von 500 mm. Laut Hersteller wird darin ein RMS-Wert von 0,9 mm (67 % Sicherheitsniveau) erreicht (NDI 2009).

Für diese Untersuchung kamen 5DOF-Sensoren zum Einsatz, bei denen fünf Parameter bestimmt werden (drei Translationen und zwei Rotationen). Die Rotation um die Längsachse der Spule bleibt unbestimmt.

Die Auswertung der Signale der Sensorspulen und die koordinierte Schaltung der Spulen im Feldgenerator werden durch den Steuerrechner ermöglicht. Anschließend werden die XYZ-Koordinaten der Sensoren mit einer Frequenz von 40 Hz ausgegeben. (AURORA®️ 2008)

Für dieses Messsystem soll die Längenmessabweichung ermittelt werden, da sie einen Vergleich der Messgenauigkeit verschiedener Messsysteme ermöglicht. Sie nähert sich den praktischen Applikationen im OP, in dem fortwährend dreidimensionale relative Orientierungen bestimmt werden. Für die Ermittlung der Längenmessabweichung soll daher ein Prüfverfahren gewählt und umgesetzt werden.

Eine Herausforderung bestand in auftretenden Störfaktoren und diversen Herstellervorgaben. Zu den Störfaktoren zählen in leitenden Metallen auftretende Wirbelströme, elektrische Leitungen bzw. Geräte, Magnete und magnetisierbare Metalle. Durch jeden dieser Störfaktoren entstehen zusätzliche Magnetfelder, welche die Messergebnisse verfälschen können. Diese Aspekte mussten bei der Wahl des geeigneten Prüfverfahrens und Materials für den Prüfkörper beachtet werden, um unnötige Störeinflüsse zu vermeiden.

2   Prüfverfahren

Zur Ermittlung der Längenmessabweichung wurde ein Vorgehen nach der Richtlinie VDI/VDE 2634:2002 Blatt 1 gewählt. Folgende Punkte waren dafür ausschlaggebend:

- EMTS messen wie photogrammetrische Messsysteme mit elektromagnetischer Strahlung
- Prüfung des kompletten Messvolumens über vorgegebene Messlinien
- Mobiler, schneller Einsatz vor Ort möglich
- Überschaubare Massen und Volumen
- Kein aktives Gerät notwendig (keine zusätzliche elektromagnetische Strahlung)
- usw.

Der Einsatz des Prüfverfahrens vor Ort (z. B. im OP) ist notwendig, da die Kalibrierhaltigkeit eines EMTS jederzeit durch äußere Einflüsse (z. B. neue Störquellen in einem Nachbarraum oder Transport) beeinflusst werden kann.

Für die Bestimmung der Längenmessabweichung werden kalibrierte Prüfmaßstäbe eingesetzt und innerhalb des vorgegebenen Messvolumens auf sogenannten Messlinien positioniert. Diese Messlinien werden im Prüfablauf in ihrer räumlichen Lage und Ausrichtung vorgegeben. Nach VDI/VDE 2634 Blatt 1 müssen die Prüfmaßstäbe eine fünffach höhere Genauigkeit gegenüber den zu prüfenden Messsystemen erfüllen.

Die Längenmessabweichung bezeichnet die Differenz zwischen einer gemessenen Strecke und einer kalibrierten Sollstrecke. Die größte Abweichung gibt die Messgenauigkeit eines Messsystems an.

Für diese Untersuchung wurde eine zu erwartende maximale Längenmessabweichung berechnet. Dazu wurde der vom Hersteller angegebene RMS-Wert auf ein Sicherheitsniveau von 99 % umgerechnet. Hieraus ergibt sich eine Positionsgenauigkeit von 2,7 mm.

Die zu erwartende maximale Längenmessabweichung wurde wie folgt berechnet:

$$2{,}7 \text{ mm} \times \sqrt{2} = 3{,}8 \text{ mm} \tag{1}$$

Die zulässige Längenmessabweichung des Prüfmittels beträgt

$$3{,}8 \text{ mm} \div 5 = 0{,}76 \text{ mm} \tag{2}$$

Für diese Untersuchung wurde neben dem vorgegebenen Messvolumen (Seitenlänge 500 mm) ein kleineres Messvolumen mit einer Seitenlänge von 400 mm definiert, da für den Randbereich des Messvolumens eine schlechtere Genauigkeit vermutet wurde. Beide Messvolumen befinden sich direkt vor dem Aurora®.

Für die Überprüfung des EMTS Aurora® wurde die Software EM-Check verwendet, welche auf CamCheck von AXIOS 3D® Services GmbH (AXIOS 3D®) basiert. CamCheck wird bereits erfolgreich zur Prüfung photogrammetrischer Messsysteme nach der Richtlinie VDI/VDE 2634:2002 eingesetzt. Somit konnte das Aurora® reproduzierbar auf seine Längenmessabweichung geprüft werden.

Da laut Hersteller Edelstahl als Material verwendet werden kann, war es notwendig, einen möglichen Einfluss eines Edelstahlprüfmaßstabs auf die Messergebnisse zu überprüfen. Als zusätzliche Referenz wurde ein Prüfmaßstab aus Kunststoff verwendet. Über fünf Bohrungen im Prüfmaßstab konnten insgesamt zehn Strecken für eine Messlinie realisiert werden. Zur Befestigung der Sensorkabel wurden Hülsen verwendet, in denen die Kabel passgenau geführt und ca. 1 cm hinter der Spule geklemmt werden (eine Beschädigung der Spulen wird somit vermieden).

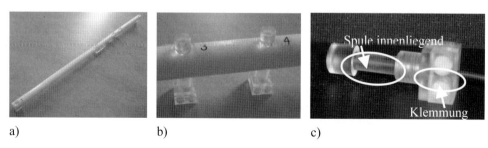

a)   b)   c)

Abb. 2: Aufbau des Prüfmaßstabs: a) Prüfmaßstab aus Kunststoff, b) eingesetzte Kunststoffhülsen, c) Sensorkabel in einer Hülse geklemmt

Die für das Sensorkabel vorgesehene Bohrungstiefe (Abb. 2c) dient als Anschlag zur einheitlichen Positionierung der Sensorkabel im Maßstab. Die Lage der Spule ist nicht eindeutig definiert und eine Verschiebung der Spule innerhalb des Sensorkabels ist möglich. Dabei ist eine Abweichung der Spulenlage von 5 mm innerhalb des Sensorkabels für diese Untersuchung unbedenklich.

Mittels der Passbohrungen im Prüfmaßstab (Abb. 3) und geeigneter Signalisierung (Abb. 3c) wird eine Messung mit photogrammetrischen Verfahren und damit eine Kalibrierung der Prüfmaßstäbe ermöglicht.

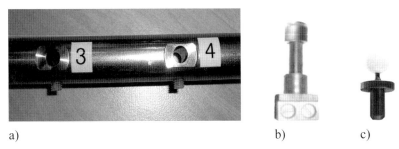

a)   b)   c)

Abb. 3:   a) Passbohrungen im Prüfmaßstab ermöglichen den Einsatz von
               b) Sensorhülsen und c) Retrokugeln

Für die Kalibrierung der Prüfmaßstäbe wurde eine Redundanz >10.000 und eine Standardabweichung aller Strecken von 0,045 mm erreicht. Basierend auf Erfahrungswerten (AXIOS 3D® 2008) entspricht dies einer ordnungsgemäßen Kalibrierung. Für die Strecken der Prüfmaßstäbe wurden maximale Abweichungen von <0,1 mm erzielt. Bei einer Wiederholungskalibrierung zur Überprüfung der Kalibrierhaltigkeit der Prüfmaßstäbe veränderte sich lediglich der Kunststoffmaßstab geringfügig, Die maximale Abweichung betrug 0,13 mm.

Für die zulässige Längenmessabweichung (2) des Prüfmaßstabes wurde eine Genauigkeitsbetrachtung durchgeführt. Folgende Werte gingen mit ein:

- Genauigkeit der kalibrierten Sollstrecken: <0,15 mm
- Fertigungsgenauigkeit der Sensorhülse: <0,20 mm
- Abweichung durch eine fehlerhafte Spulenlage im Sensorkabel: <0,25 mm

Nach Anwendung einer Fehlerfortpflanzung ergibt sich eine statistisch aufsummierte Abweichung von **0,35 mm**. Somit wird die geforderte Genauigkeit von 0,76 mm des Prüfkörpers deutlich eingehalten. Reserven kompensieren evtl. Änderungen aufgrund Alterung und Nutzung.

3   Untersuchungsergebnisse

Die Untersuchungen wurden in einem Messraum und in einer „störungsfreien" Umgebung durchgeführt. Im Messraum wurde zu möglichen Störquellen ein Abstand von 1 m eingehalten, während in der „störungsfreien" Umgebung ein Abstand von mind. 2 m realisiert wurde. Das Aurora® befand sich bei den Untersuchungen auf einem störungsfreien Aufbau. Die wichtigsten Untersuchungsergebnisse sind im Folgenden aufgeführt.

3.1 Validierung der Prüfsoftware

Zur Erfassung der Messwerte wurden die Software NDI Tool Tracker von NDI und EM-Check von AXIOS 3D® verwendet. Um die ordnungsgemäße Funktion zu sichern, wurde eine definierte Messlinie in unveränderter Ausrichtung und Lage zum Aurora® im Messraum gemessen und die Messwerte über die jeweilige Software erfasst. Diese Messlinie befand sich im hinteren Teil des Messvolumens (500 mm Seitenlänge), um die Ergebnisse im Randbereich des Messvolumens zu prüfen. Das Aurora® wurde bei den jeweiligen Messungen in seiner Ausrichtung und Lage im Raum nicht verändert. Für diese Untersuchung wurde außerdem der Kunststoffmaßstab verwendet.

Beim Vergleich der Ergebnisse für RMS-Wert und Längenmessabweichung ergaben sich zwischen den Programmen Unterschiede in den Abweichungen von 0,1 mm (RMS-Wert: 1 mm – 4 mm) und bis 0,9 mm (Längenmessabweichung: 3,5 mm – 10,5 mm). Diese Abweichungen sind auf ein hohes Messwertrauschen zurückzuführen. Somit lieferten beide Programme vergleichbare Ergebnisse, und ein zulässiger Einsatz der Software EM-Check war gewährleistet.

3.2 Vergleich der Prüfmaßstäbe aus Kunststoff und Edelstahl

Für die beiden folgenden Untersuchungen wurde das Aurora® während der Untersuchung in seiner Ausrichtung und Lage im Raum nicht verändert. Für beide Messvolumen wurde ein identischer Prüfablauf mit neun Messlinien durchgeführt.

Diese Untersuchung erfolgte im großen Messvolumen (Seitenlänge 500 mm) im störungsfreien Raum. Ein Prüfmaßstab aus Kunststoff wurde mit einem Prüfmaßstab aus Edelstahl (1.4301) in einem vollständigen Prüfablauf nach der Richtlinie VDI/VDE 2634:2002 Blatt 1 verglichen. Ergebnisse (Tabelle 1)

Tabelle 1:   Ergebnisse des Vergleichs der Prüfmaßstäbe

	Kunststoff	Edelstahl
Standardabweichung	2,29 mm	3,06 mm
Max. Längenmessabweichung	-9,46 mm	-14,46 mm

Die Ergebnisse aus Tabelle 1 wurden durch mehrere Untersuchungen bestätigt. Aus diesen geht hervor, dass die Standardabweichung für den Edelstahlmaßstab durchschnittlich 1 mm höher liegt als die des Kunststoffmaßstabes. Zu große Längenmessabweichungen gegenüber der Standardabweichung sind auf Fremdstörquellen (hier z. B. der Edelstahl selbst) zurückzuführen. Für folgende Untersuchungen wurde hauptsächlich der Kunststoffmaßstab verwendet. Die Längenmessabweichung von 3,8 mm konnte mit beiden Prüfmaßstäben im großen Messvolumen (500 mm Seitenlänge) nicht eingehalten werden.

3.3 Vergleich der Messvolumen mit 400 mm und 500 mm Seitenlänge

Die Untersuchung der beiden Messvolumen wurde in störungsfreier Umgebung mit dem Kunststoffmaßstab aufgrund der Ergebnisse aus Kapitel 3.2 durchgeführt. Im Folgenden sind die Ergebnisse dargestellt (Tab. 2):

Tabelle 2:   Ergebnisse des Vergleichs der Messvolumen

	400 mm	**500 mm**
Standardabweichung	1,03 mm	2,09 mm
Max. Längenmessabweichung	-2,69 mm	-6,75 mm

Die Ergebnisse aus der Tabelle 2 wurden durch weitere Untersuchungen bestätigt. Die Standardabweichung liegt im kleiner definierten Messvolumen (Seitenlänge 400 mm) bei 1 mm und im großen Messvolumen bei 2 mm. Außerdem fällt die maximale Längenmessabweichung im letzteren deutlich höher, aber statistisch noch plausibel aus. Die Längenmessabweichung kann nur in einem verkleinerten Messvolumen mit einer Seitenlänge von 400 mm direkt vor dem Aurora® eingehalten werden. Bei Timermessungen (Messung einer Strecke an fester Position über einen längeren Zeitraum) konnte für beide Messvolumen außerdem ein hohes Messwertrauschen nachgewiesen werden.

3.4   Exemplarisches Ergebnis von Umgebungseinflüssen

Laut NDI sollten sich weder Metallequipment noch Stromquellen in einem Radius von 1 m zum Feldgenerator (Aurora) befinden. Daher sollte bei dieser Untersuchung der Einfluss eines Röhrenbildschirms festgestellt werden. Dazu wurde das Aurora® zuerst in 1 m Abstand positioniert, sodass das Messvolumen zum Bildschirm ausgerichtet war. Damit hatte lediglich der Feldgenerator (Aurora®) einen Abstand von 1 m zum Bildschirm. Die Untersuchung wurde im Messraum mit dem Kunststoffmaßstab in einem vollständigen Prüfablauf nach der Richtlinie VDI/VDE 2634:2002 Blatt 1 durchgeführt. Lage und Ausrichtung des Aurora® wurden im Abstand zum Bildschirm lediglich entlang einer Achse geändert. Die Ergebnisse der Untersuchung finden sich in Tabelle 3.

Tabelle 3:   Ergebnisse des Vergleichs der Messvolumen

Abstand zwischen Feldgenerator und Bildschirm	**Max. Längenmessabweichung**
1 m	bis -25 mm
1,5 m	bis -21 mm
2 m	bis -16,5 mm

Anhand der Ergebnisse ist der Einfluss des Bildschirms deutlich zu erkennen. Selbst bei einer Entfernung von 2 m ergeben sich verfälschte Messwerte (vergl. mit Tab. 1).

Aufgrund dieser Untersuchung und der Herstellerangabe wird ebenfalls ein Einfluss auf das Messvolumen und die Sensoren vermutet. Daher sollte sich neben dem Aurora® auch das Messvolumen mit den Sensoren mind. 1 m entfernt solcher Einflüsse befinden.

3.5   Weitere Untersuchungen

Nachfolgend beschriebene Untersuchungen wurden mit dem Kunststoffmaßstab im großen Messvolumen (Seitenlänge 500 mm) durchgeführt.

Eine Empfindlichkeit des Aurora®-Messsystems gegenüber leitenden Metallen wie Aluminium und magnetisierbaren Metallen wie unlegierter Stahl konnte bei verschiedenen Versuchen nachgewiesen werden. Zur Ermittlung der Einflüsse wurden Materialproben in einem Bereich direkt vor und hinter dem Aurora® platziert Dabei traten für leitende Metalle Abweichungen bis ca. 9 mm und für magnetisierbare Metalle bis ca. 20 mm auf. Metalle wie Titan, Edelstahl und Kobalt-Chrom-Legierungen zeigten in der Regel Abweichungen zwischen 0,5 mm bis 1 mm. Für die Titanlegierung Ti6Al7Nb konnte kein Einfluss festgestellt werden.

Untersuchungsergebnisse zu Temperatureinfluss und Aufwärmverhalten:
Die auftretenden Abweichungen sind mit <1 mm für die Ermittlung der Längenmessabweichung im vorgegebenen Messvolumen (Seitenlänge 500 mm) nicht relevant. Die zu erwartende Längenmessabweichung von 3,8 mm wird für dieses Messvolumen nicht erreicht und die Abweichungen gehen im hohen Messwertrauschen unter.

4   Fazit

Die berechnete zu erwartende maximale Längenmessabweichung von 3,8mm konnte nur in einem verkleinerten Messvolumen mit einer Seitenlänge von 400 mm eingehalten werden. Das Messvolumen befand sich dabei direkt vor dem Aurora®. Weiterhin konnte ein hohes Messwertrauschen für das vorgegebene Messvolumen (500 mm Seitenlänge) nachgewiesen werden.

Der verwendete Edelstahl ist trotz positiver Bemerkung im Handbuch des Herstellers nicht als Material für den Prüfmaßstab geeignet. In diesem Bereich sollen weitere Untersuchungen zu geeigneten, alternativen Materialien folgen.

Literatur

Aurora® (2008): *Aurora User Guide Revision 3, 01.2008.* Northern Digital Inc.

AXIOS 3D® (2008): AXIOS 3D® Services GmbH. www.axios3d.de

NDI (2009): Northern Digital Inc. www.ndigital.com (Zugriff am 06.01.2009).

Steger, D. (2004): *Motion Capture mit optisch-magnetischen Trackingsystemen in VR-Applikationen.* Diplomarbeit 2004 an der TU Chemnitz.
    http://archiv.tu-chemnitz.de/pub/2004/0109/data/mocap.pdf (Zugriff am 19.09.2008).

VDI/VDE 2634 (2002): *Optische 3D-Messsysteme – Bildgebende Systeme mit punktförmiger Antastung.* VDI/VDE 2634:2002-05 Blatt 1. Düsseldorf: VDI.

Hochauflösendes Inline-Messsystem auf Basis des Zeilenkameraschnitts

Berend DENKENA und Philipp HUKE

Zusammenfassung

Eine 100%-Qualitätskontrolle von großflächigen Karosseriebauteilen (>3,2 m^2) im Fertigungstakt (7 Bauteile/min) stellt eine Herausforderung für optische Messsysteme dar. Im Rahmen des Transferforschungsbereichs (TFB) 362 wurde ein hochauflösendes Messsystem auf Basis des Zeilenkameraschnitts (stationäre Musterprojektion mit einer Zeilenkamera) entwickelt. Die Erkennung und Detektion von kleinen (Pickel $\varnothing$>0,8 mm, Höhe >80 µm) und großflächigen Gestaltabweichungen (Beulen $\varnothing$>5 mm, Höhe>30 µm) ist mit diesem System möglich. Das System ist so konzipiert, dass im Fertigungsablauf in Bewegung befindliche Bauteile gemessen werden können.

Das System besteht aus einem zentralen Auswerte-PC und zwei identischen Teilsystemen, die sich jeweils aus einem Streifenprojektor, einer Zeilenkamera, einer steifen Rahmenkonstruktion und einem Mess-PC zusammensetzen. Die Rekonstruktion der Höheninformation einer Zeile wird mittels Fourierprofilometrie erreicht. Die Mess-PCs senden die gemessenen Höhenprofile an den Auswerte-PC, der aus den Zeilen eine Fläche rekonstruiert.

1   Einleitung

Die Auswahl eines Messverfahrens beziehungsweise Messsystems wird von einem Anwender im Allgemeinen unter Gesichtspunkten wie Wirtschaftlichkeit, technischer Eignung und der Einrichtungszeit, die notwendig ist um das System für die Anwendung tauglich zu machen, getroffen. Die heutige Vielfalt an Messverfahren erlaubt es in den meisten Fällen, ein System am Markt zu erwerben das technisch prinzipiell geeignet ist. Damit ist eine 100%-Qualitätssicherung von komplexen Messobjekten bei ausreichender Messzeit möglich.

Eine besondere Herausforderung liegt allerdings darin, eine 100%-Qualitätskontrolle im Fertigungstakt zu realisieren. Eine Entwicklung innovativer Systeme unter Berücksichtigung bestehender Messprinzipien ist in diesen Anwendungsfällen oft notwendig. Bei der industriellen Fertigung von großflächigen Karosseriebauteilen entstehen diese Herausforderungen durch immer kürzer werdende Fertigungszeiten und eine stetig wachsende Variation der komplexen Bauteile, die eine Entwicklung eines innovativen Messsystems notwendig machten. Daher wurde im Rahmen des Sonderforschungsbereiches (SFB) 362 ein Messsystem von WOLF (2003) erforscht, das für eine Qualitätskontrolle prinzipiell geeignet ist. Die im nachfolgenden Transferforschungsbereich (TFB) erfolgten weiteren Entwicklungen und Verbesserungen werden in dieser Veröffentlichung vorgestellt.

1.1 Definition der Anforderungen

Die Anforderungen an das Messsystem aus Sicht eines Kunden können in folgende Kategorien gegliedert werden:

- Eigenschaften der Messobjekte
  In dieser Kategorie werden zunächst die Messobjekte und die eventuell auftretenden
  baulichen Variationen (z. B.: Karosseriebauteil mit/ohne Fenster) definiert.

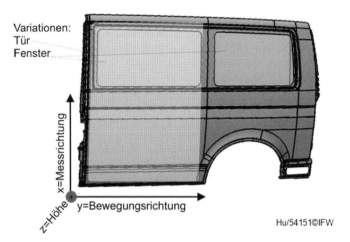

Abb. 1: Messobjekt: Karosseriebauteil eines Nutzfahrzeugs

Für das in Abbildung 1 gezeigte Messobjekt sind insbesondere die geometrischen Eigenschaften (Länge y = 2,1 m × Breite x = 1,6 m × Tiefe z = 0,16 m) und die Ferti-
gungstoleranzen von Bedeutung. Die Tiefe bezieht sich dabei auf den Abstand vom
höchsten bis zum niedrigsten Punkt. Die Karosseriebauteile werden aus 0,6 – 0,8 mm
dickem Stahlblech gefertigt und hängen bei seitlicher Auflage durch. Das Material ist
diffus reflektierend.

- Abweichungen von der Sollgeometrie
  Die Bauteile besitzen im Allgemeinen kleine Abweichungen und es ist eine weitere
  Aufgabe der Qualitätssicherung zu prüfen, ob diese Abweichungen innerhalb der vorgegebenen Toleranzen liegen. In dieser Kategorie werden daher zwei Punkte zusammengefasst. Zum einen werden die auftretenden Geometrieabweichungen von der
  Sollgeometrie, siehe Abbildung 2, und ihr jeweiliger Auftrittsort berücksichtigt. Zum
  anderen die Fehlererkennung, die durch einen Soll-Ist-, einen CAD-Abgleich oder einer geometriefreien Methode erreicht werden kann.

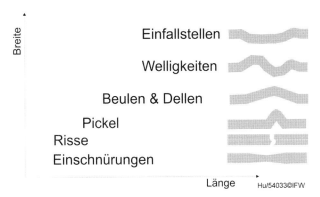

Abb. 2:   Übersicht auf mögliche Gestaltabweichungen

Die Aufstellung der möglichen Gestaltabweichungen in Abbildung 2 zeigt, dass Risse und Einschnürungen die größten Herausforderungen darstellen. Dies liegt im Wesentlichen in ihren sehr geringen Ausdehnungen in einer Richtung begründet. Pickel mit einem Durchmesser <1 mm und ab einer Höhe von ca. 50 µm treten in der Fertigung häufiger auf und gehören zu den wichtigsten Fehlerbildern.

- Umgebungsparameter
  Zu den Umgebungsparametern werden die Eigenschaften der Fertigungslinie gezählt. Zunächst ist die Geschwindigkeit, mit der Messobjekte in einer Fertigung bewegt werden, durch den Fertigungstakt mit 7 Bauteilen/Minute vorgegeben. Daraus kann die Zeit (<10 s), die für eine Qualitätsprüfung zur Verfügung steht, abgeleitet werden. Weiterhin wird zu den Umgebungsparametern der Aufstellungsort gezählt. Insbesondere der Platzbedarf und die „industriellen" Parameter die eine Messung negativ beeinflussen können, müssen berücksichtigt werden. Dazu zählen die auftretende Vibrationen, Ölnebel und die Lichtverhältnisse am Aufstellungsort.

- Anwenderfreundlichkeit
  Im Allgemeinen möchte der Kunde ein System das wartungsfrei und zertifiziert funktioniert, damit möglichst keine Unterbrechung der Fertigung passiert. Zusätzlich soll die Information, die ein Messsystem an den Anwender zurückgibt, so einfach und übersichtlich wie möglich gestaltet sein. Trotzdem müssen die Messdaten behandelt werden, um eine spätere Rückführung von Fehlern zu ermöglichen.

1.2   Ableitung eines Messverfahrens

Der Zeilenkameraschnitt ist ein aktives trigonometrisches Verfahren, bei dem ein stationäres Muster auf die Objektoberfläche projiziert wird. Die verwendete Zeilenkamera erfordert für die Messung einer Oberfläche eine externe Achse und ist von der dimensionalen Ordnung dem Lichtschnittverfahren ähnlich, siehe Abbildung 3. In der Folge ist die Auflösung in Messrichtung und Bewegungsrichtung unterschiedlich und wesentlich von der Genauigkeit der externen Achse abhängig.

Da bei dem Verfahren ein Sinusmuster verwendet werden kann, ist die Projektionstechnik und Auswertung den Musterprojektionsverfahren und insbesondere dem Phasenschiebever-

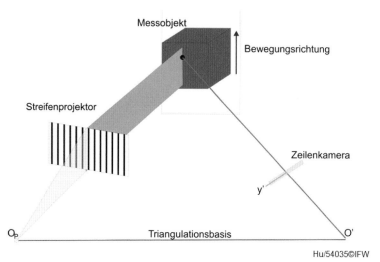

Abb. 3:   Zeilenkameraschnitt

fahren zuzuordnen. Das Korrespondenzproblem kann dabei über zwei Ansätze gelöst werden. Dazu zählen die Verwendung eines breiteren Streifens im projizierten Muster und die Auswertung der kontinuierlichen Frequenzverschiebung. Die Auswertung des Streifenmusters kann entweder lokal in einer Periode erfolgen oder global durch Betrachtung der gesamten Zeile, bzw. des gesamten gemessenen Musters. Beide Auswertemethoden ermöglichen eine hochgenaue Messung der Objektphase vergleichbar mit dem Phaseschiebeverfahren. Zusätzlich bietet die Zeilenkamera eine sehr hohe Auflösung mit bis zu 8192 px und eine vergleichsweise kurze Belichtungszeit, die durch die Verwendung eines Projektors mit hoher Lichtdichte weiter reduziert werden kann. Im Gegensatz zum Lichtschnitt ist das Verfahren deutlich ökonomischer, da alle aufgenommenen Datenpunkte verwendet werden. Da es sich im Vergleich zu flächig messenden Kameras um relativ wenig Datenpunkte handelt, kann die Auswertung einer Zeile sehr schnell geschehen. Die Auswertung und Rekonstruktion des Messobjektes erfordert zusätzliche Schritte. Der Vorwärtsschnitt und die Bestimmung der Objektphase finden zeilenweise statt und für die Rekonstruktion des Messobjektes müssen die Schnitte aneinander gereiht werden.

2   Übersichtsdarstellung des Messsystems

Im Rahmen des hier vorgestellten Projektes wurde ein geometrisches Modell in Matlab entworfen, das die Grundlage für die spätere Simulation und den Laboraufbau darstellt.

2.1   Geometrisches Modell

Dafür wurden die CAD-Daten des Messobjekts in Matlab eingelesen und an mehreren Stellen geschnitten. Kamera und Projektor wurden mithilfe einer Raytracing-Simulation auf Basis des Matrizen-Formalismus nach HECHT (2005) simuliert. Dadurch konnten unterschiedliche Konfigurationen von Kamera und Projektor getestet und optimiert werden, siehe Abbildung 4.

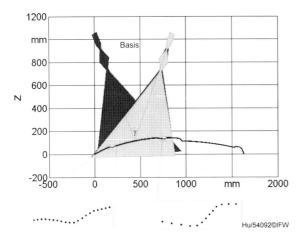

Abb. 4:   Geometrisches Modell in Matlab

Von einem simulierten Streifenmuster in der Schärfeebene des virtuellen Projektors links oben gehen Objektstrahlen aus und werden durch zwei Linsen transformiert. Die Strahlen treffen an einem beliebigen Punkt auf das geschnittene Bauteil. Die entstehende Reihe von Messpunkten ist dabei vollständig und ohne Abschattung, siehe Abbildung 4 unten. Anschließend wird aus dieser Reihe eine neue Kontur generiert, die von der Kamera unter einem anderen Winkel aufgenommen wird. Damit eine möglichst hohe Auflösung in der Höhe erreicht werden kann, muss der Triangulationswinkel γ möglichst groß sein. Zu jedem der 200 simulierten Objektstrahlen von Projektor und Kamera gehört jeweils auch ein Zentrumsstrahl. Die Schnittpunkte der Zentrums- und Objektstrahlen in der Abbildung definieren die Schärfeebenen relativ zu ihren jeweiligen optischen Achsen. Obwohl in dieser Simulation nur 2 Linsen verwendet wurden um die Objektive darzustellen, lässt sich der Einfluss von Unschärfe und Positionsrauschen auf das Messsignal gut untersuchen.

In der weiterführenden Simulation, die die Auswertemethode mit berücksichtigt, wird zusätzlich zum Matrizenformalismus der Formalismus der homogenen Koordinaten nach LUHMANN (2006) verwendet. Aus dieser Simulation wird auch die äußere und innere Kalibrierung für das gesamte Messsystem abgeleitet.

2.2   Laboraufbau

Das Messsystem setzt sich im Wesentlichen aus zwei Teilsystemen zusammen, die jeweils aus einem Projektor, einer Zeilenkamera, einer starren Rahmenkonstruktion und einem Rechner bestehen. Die Teilsysteme werden entsprechend dem geometrischen Modell ausgerichtet. In Abbildung 5 ist nur ein Teilsystem dargestellt, das zweite wird spiegelsymmetrisch und versetzt angeordnet. In dem Laboraufbau werden innovative Projektoren eingesetzt, die eine hohe Aspektrate besitzen und somit bei gleicher Leistung auf eine kleinere Fläche strahlen. Die hohe Lichtleistungsdichte ermöglichte eine Reduzierung der Belichtungszeit der Zeilenkamera auf wenige ms.

Abdeckung Projektor Elektronik   Kamerabox Messbalken II

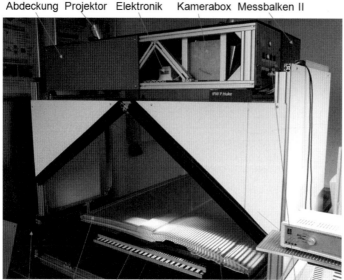

Schienen Bauteil Kalibriernormal   projiziertes Muster Steuerkonsole
                                                              Hu/54099©IFW

Abb. 5:   Laboraufbau

Die beiden Teilsysteme befinden sich spiegelsymmetrisch auf einer „Messbrücke" angeordnet die unterhalb des Bauteils mit einer Linearachse verbunden ist. So kann das Messsystem über das Bauteil mit steuerbarer Geschwindigkeit hinweg gezogen werden. Die
Kamera wird dabei über den Drehgeber des Antriebs getriggert.

In dem Messsystem werden zwei Messrechner und ein zentraler Rechner eingesetzt, der die
gemessenen Höhenlinien miteinander verbindet und aus mehreren Höhenzügen eine Oberfläche generiert.

2.3   Auswertemethode

Eine selbst entwickelte Software, die für beide Teilsysteme identisch ist, benötigt für eine
phasengenaue Auswertung der aufgenommenen Linie zurzeit ca. 4 ms. In dieser Zeit wird
eine Bildvorverarbeitung, in Form einer Medianfilterung und Identifikation „ungültiger"
Messbereiche, und eine Bildverarbeitung basierend auf dem Ansatz der Fourierprofilometrie nach TAKEDA & MUTOH (1983) und von ZIMMERMANN et al. (2000) durchgeführt.

In Abbildung 6 ist der Ablauf der Signalverarbeitung für einzelne Höhenlinien dargestellt.
Zu der Fourierprofilometrie gehören insbesondere die Schritte FFT, Butterworth-Filterung,
IFFT und die Entfaltung des Phasenwinkels. Im Auswerterechner werden die einzelnen
Höhenlinien dann zu einer Oberfläche zusammengesetzt.

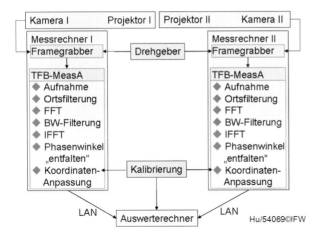

Abb. 6:
Ablauf der Auswertung

3   Messergebnisse

Das Messsystem ermöglicht die Erfassung dreidimensionaler Bauteile mit hoher Geschwindigkeit. Der in Abbildung 7 gezeigte aufgenommene Ausschnitt aus dem Messobjekt besitzt eine Auflösung von 1 Linie/2,5 mm. Die Messung konnte in wenigen Sekunden realisiert werden. Die Bauteilcharakteristika, wie z. B. der Holm in der Mitte, sind zu erkennen.

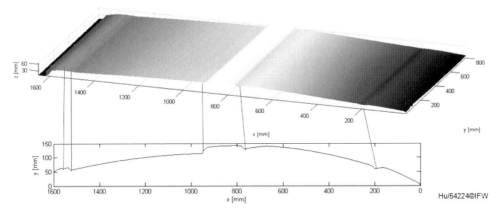

Abb. 7:   Messung eines Sollpickels. Links: Referenzmessung mit einem µScan-Messgerät. Rechts: Messung mit dem TFB-Messsystem, Darstellung in Matlab.

In Abbildung 8 ist die Messung eines Musterpickels zu sehen. Die Messung mit dem entwickelten System hat eine Auflösung von 3 Linien/mm und ermöglicht damit die Detektion von sehr kleinen und flachen Pickeln.

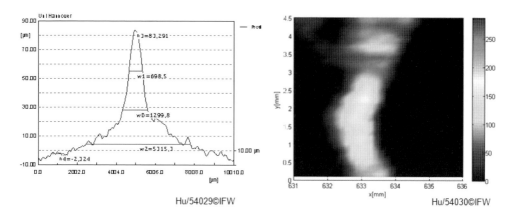

Hu/54029©IFW   Hu/54030©IFW

Abb. 8:   Messung eines Sollpickels. Links: Referenzmessung mit einem µScan-Messgerät. Rechts: Messung mit dem TFB-Messsystem, Darstellung in Matlab

4   Ausblick

Damit das Potenzial des Inline-Messsystem weiter erforscht und eine industrielle Anwend-
barkeit erreicht werden kann ist ein fortführendes Industrieprojekt geplant. In diesem Projekt soll das Messsystem um einen Gurtförderer der das Bauteil bewegt erweitert werden,
siehe Abbildung 9. Damit können Effekte wie Schlupf und Ruckeln, die in der Fertigungslinie des Industriepartners entstehen, mit abgebildet und untersucht werden.

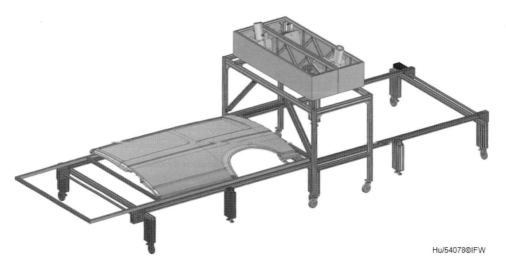

Hu/54078©IFW

Abb. 9:   Systemerweiterung um einen Gurtförderer

Wir danken der Deutschen Forschungsgesellschaft für die Förderung des Transferfor-
schungsbereiches 362, in dem diese Arbeiten durchgeführt wurden.

Literatur

Hecht, E. (2005): *Optik*. 4. Aufl. München: Oldenbourg.

Luhmann, T. (2006): *Nahbereichsphotogrammetrie*. 2. Aufl. Heidelberg: Wichmann.

Takeda, M. & K. Mutoh (1983): *Fourier Transform Profilometry for the Automatic Measurement of 3D Object Shapes*. Applied Optics, 22 (24).

Wiora, G. (2000): *Optische 3D-Messtechnik: Präzise Gestaltvermessung mit einem erweiterten Streifenprojektionsverfahren*. Dissertation, Universität Heidelberg.

Wolf, T. (2003): *Streifenprojektion zur Inspektion großflächiger Bauteile in der Formteil-Serienproduktion*. Dissertation, Universität Hannover.

Zimmermann, A. C., Goncales Jr., A. A. & J. M. Barreto (2000): *General Non-Invasive Shape Reconstruction and recognition method Applied to 3-D External Biological Morphologies*. {IEEE} International Conference on Bioinformatics and Biomedical Engineering, S. 316-321.

Rauheitsmessung mittels des Autofokusprinzips in einer Anordnung zur Laserpolitur

Nico VOGLER, Gerhard KEHRBERG und Christian STARK

1   Motivation

An der Fachhochschule Brandenburg wird derzeit ein vom BMBF gefördertes Projekt realisiert, bei dem die Problematik des Herstellens von qualitativ< hochwertigen Mikrospritz-
gussformen untersucht wird. In diesem Zusammenhang ist im vergangenen Jahr eine Anlage zur Laserbearbeitung entwickelt worden. Mit Hilfe dieser Anlage sollen einerseits Mikrostrukturen für den Spritzguss erzeugt und andererseits oberflächenvergütet werden. Zur
Untersuchung der bearbeiteten Oberflächen ist ein Messsystem in den Aufbau zu integrieren.

2   Aufgaben und Anforderungen an das System

Die Aufgaben des zu entwickelnden Messsystems sind vielfältig. Neben der Bestimmung
der Oberflächengüte soll es möglich sein, die zu bearbeitenden Proben genau in ihrer Höhe
zu justieren. Um die in der Anlage erzeugten Mikrostrukturen genauer untersuchen zu können, sollen mit Hilfe des Systems zusätzlich Oberflächenprofile mit einer sehr guten Auflösung erstellt werden. Zur Untersuchung der Oberflächenrauheit ist eine Auflösung von etwa
20 nm erforderlich. Die Wiederholgenauigkeit des Systems sollte in der gleichen Größenordnung liegen. Das Erstellen von Oberflächenprofilen erfordert einen Messbereich von
einigen hundert Mikrometern. Zuletzt soll das System sehr kurze Messzeiten liefern um den
Fertigungsprozess nicht unnötig zu verlangsamen. Bedingt durch diese Aufgabenstellungen
und den damit verbundenen Anforderungen kommt ein kommerzielles Messsystem nicht in
Frage.

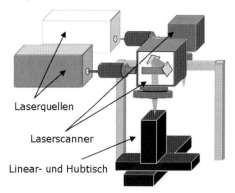

Laserquellen

Laserscanner

Linear- und Hubtisch

Abb. 1:
Skizze des zur Mikrospritzgussformherstel-
lung realisierten Aufbaus

Die Anordnung der Bearbeitungsköpfe schränkt den für das Messsystem zur Verfügung
stehenden Platz auf lediglich 70 mm in der Breite ein. Die Bearbeitung macht es zudem
erforderlich die Probe einerseits zwischen den Bearbeitungspositionen und andererseits in

ihrer Höhe zu verfahren. Die in Abbildung 1 dargestellte Skizze zeigt den Versuchsaufbau mit den Bearbeitungsköpfen und den zur Positionierung der Proben erforderlichen Verfahreinheiten.

3 Umsetzung

Um die gestellten Anforderungen erfüllen zu können, wurde entschieden ein Messsystem zu realisieren, das nach dem Laser-Autofokusprinzip arbeitet. Mit diesen Systemen können sehr hohe Auflösungen erreicht und zudem sehr schnelle Messungen realisiert werden. Das Prinzip dieses Verfahrens kann der Abbildung 2 entnommen werden.

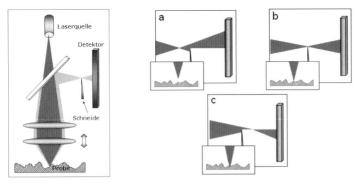

Abb. 2: Prinzip des Foucault`schen Schneidenverfahrens. Die Abbildungen a bis c zeigen die Signaländerung auf dem Detektor bei einer Änderung der Fokuslage auf der Probe.

Bei dieser Anordnung handelt es sich um das so genannte „Foucault`sche Schneidenverfahren", das auch als „knife-edge-Verfahren" bezeichnet wird. Dabei wird ein Laserstrahl mit Hilfe einer entsprechenden Optik auf der Probenoberfläche fokussiert. Die verwendete Fokussieroptik wird meist in einer Tauchspule verankert, wodurch der Fokus in seiner Höhe variiert werden kann (PFEIFER 2001). Der von der Werkstückoberfläche reflektierte Strahl gelangt durch die Fokussieroptik und über einen Strahlteiler auf eine Quadrantendiode bzw. einen positionsempfindlichen Detektor. Im Strahlengang befindet sich eine Schneide, die bei einer Defokussierung auf der Probe einen Teil des Messstrahls abschneidet.

Wie in Abbildung 2a bis c skizziert, führt das Abschneiden des Signals zu einer Änderung der Spotposition auf dem Detektor. Ziel dieser Methode ist es nun die Fokussieroptik in ihrer Position solange zu variieren, bis der Spot auf dem Detektor eine zuvor definierte Position erreicht hat. Da die Fokuslänge des Messobjektivs bekannt ist, kann aus der Positionsänderung der Optik auf das Oberflächenprofil geschlossen werden. Bei der Verwendung von Laserquellen mit einer sehr guten Strahlqualität ist es möglich mit einem Spotdurchmesser von weniger als drei Mikrometer zu arbeiten. Damit liegt die laterale Auflösung dieser Systeme oberhalb derer von kommerziellen taktilen Systemen zur Messung von Oberflächenrauheiten.

Das in unserer Anordnung erstellte System unterscheidet sich von den in der Literatur beschriebenen Systemen in der Nachführung des Fokus auf der Probenoberfläche. Aus fertigungstechnischen Gründen ist in der Anlage ein hochgenauer Hubtisch integriert. Mit diesem ist man in der Lage die Proben über einen Verfahrweg von 7 mm mit einer Auflösung von 2 nm zu positionieren. Bei dem hier realisierten Messverfahren wird zur Bestimmung des Oberflächenprofils das Werkstück verfahren, während die Fokussieroptik ihre Position beibehält.

Als Laserquelle wird in dieser Anordnung eine Laserdiode mit einer Wellenlänge von 635 nm verwendet. Der Laser ist kollimiert und besitzt laut Hersteller ein M^2 von etwa 1,2. Dieser Wert konnte bei eigenen Untersuchungen bestätigt werden. Die Ausgangsleistung liegt bei 12 mW. Fokussiert wird der Strahl durch ein Mikroskopobjektiv. Dieses besitzt einen Arbeitsabstand von 13 mm und ermöglicht es den Strahldurchmesser auf 2,5 µm zu fokussieren. Der relativ große Arbeitsabstand erlaubt es die Optik problemlos in den Aufbau zu integrieren. Zur Auswertung des von der Probe reflektierten Strahls wird ein positionsempfindlicher Detektor (PSD) verwendet. Der PSD besitzt ein Detektorfeld von 10×10 mm und reagiert bei einer Änderung der Spotposition von einem Mikrometer mit einer Änderung des Spannungssignals um 2 mV.

Um eine sehr schnelles Messsystem zu generieren, wird auf jeder Probe nach der Höhenjustage eine Referenzkurve erzeugt und das Oberflächenprofil mit Hilfe dieser Kurve ermittelt. Zur Erstellung der Referenzkurve wird der Hubtisch mit der Probe verfahren und die Änderung des Spannungssignals auf dem Detektor festgehalten. Die ermittelten Spannungswerte mit den dazugehörenden Tischpositionen ergeben die für dieses Verfahren benötigte Kurve. Im Anschluss wird die Probe wieder in die Fokusposition bewegt. Während der Messung wird an den Messpunkten nur noch der Spannungswert des Detektors ausgelesen und mit Hilfe der Referenzkurve auf die Probenhöhe bzw. Tischposition geschlossen. Bedingt durch die Variation des Oberflächeprofils auf Grund von Rauheiten kommt es bei diesem Messprinzip jedoch zu einer Änderung der Größe des Fokusdurchmessers. Wie stark die Abweichungen durch diesen Effekt sind, müssen die ersten Untersuchungen zeigen.

4   Erste Ergebnisse

Mit Hilfe des zuvor beschriebenen Systems sind wir in der Lage, die zu bearbeitenden Proben in ihrer Höhe zu justieren. Des Weiteren konnten erste Rauheitskenngrößen ermittelt werden.

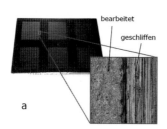

Abb. 3:   Messproben; a: Werkzeugstahlprobe mit geschliffener und bearbeiteter Oberfläche; b: Oberfläche des polierten Endmaßes aus Stahl

Zur Untersuchung der Funktionsfähigkeit des Messsystems wurden drei verschiedene Oberflächen mit unterschiedlichen Oberflächenstrukturen untersucht. Bei der Ersten der drei Oberflächen handelt es sich um eine mechanisch geschliffene Werkzeugstahloberfläche. Diese wurde in der hauseigenen Werkstatt vorbereitet. Zur Erzeugung der zweiten Oberfläche wurde diese Probe im Anschluss in der Versuchsanlage mittels Lasertechnologie bearbeitet. Hierzu wurden 10×10 mm große Flächen mittels einer Laserquelle aufgeschmolzen. Das Ergebnis dieser Bearbeitung kann der Abbildung 3 entnommen werden. Bei der dritten Oberfläche handelt es sich um ein poliertes Endmaß aus Stahl. Dieses wurde untersucht, um festzustellen, in wieweit das System mit sehr kleinen Rauheitswerten zurechtkommt.

Zur Ermittlung der Rauheitskenngrößen muss eine Strecke definierter Länge abgetastet werden. Vorangegangene Untersuchungen haben gezeigt, dass für die hier untersuchten Rauheiten eine Messstrecke von zwei Millimetern ausreichend ist. Aus den erzeugten Oberflächenprofilen können die erforderlichen Kenngrößen direkt abgeleitet werden. Zur Auswertung wird die Messstrecke in fünf Einzelmessstrecken geteilt. Die maximale Einzelrautiefe aus den fünf Einzelmessstrecken wird als R_{max} bezeichnet. Die Größe R_z gibt den Mittelwert der Einzelrautiefen aus den fünf Einzelmessstrecken an. Zur Bestimmung der Größe R_a wird der arithmetische Mittelwert aller Profilwerte bestimmt (PFEIFER 2001).

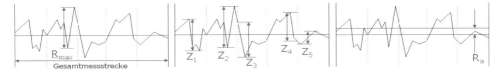

Abb. 4: Bestimmung der Rauheitskenngrößen R_{max}, R_z und R_a

Bei der Untersuchung der drei Oberflächen wurden die in der Tabelle 1 angegebenen Werte ermittelt. Parallel zu den Messungen am optischen Messsystem (2,5 µm Fokusdurchmesser) sind die Oberflächen durch ein taktiles System (Tastschnittverfahren) untersucht worden. Dazu wurde das System T2000 der Firma Hommel verwendet. Dieses besitzt eine Tastspitze mit einem Durchmesser von 10 µm.

Tabelle 1: Ergebnisse der Rauheitsmessung

		Rmax [µm]	Rz [µm]	Ra [µm]
geschliffen	T	2,15	2,15	0,44
	A	5,552	4,162	1,194
bearbeitet	T	1,08	1,08	0,26
	A	3,03	2,446	0,796
poliert	T	0,04	0,03	0,01
	A	0,182	0,145	0,035

Wie der Tabelle 1 entnommen werden kann, weichen die Ergebnisse sehr stark voneinander ab. Bei den geschliffenen und bearbeiteten Oberflächen liegen die Rauheitswerte des optischen Systems um das etwa 2- bis 3fache über den Ergebnissen des taktilen Systems. Bei der polierten Oberfläche weichen die Ergebnisse mit dem 4- bis 5fachen noch stärker voneinander ab.

Eine der Hauptursachen für diese starke Abweichung ist in der lateralen Ausdehnung der Tastspitze des taktilen Messverfahrens zu suchen. Das taktile System ist nicht in der Lage alle Feinheiten der Oberfläche darzustellen.

Während der fokussierte Strahl des optischen Systems tiefer in die Oberflächenstruktur eindringen kann, verhindert die große laterale Ausdehnung der Tastspitze das exakte Abtasten der Oberfläche und führt zu geringeren Rauheitswerten.

Die Oberfläche der untersuchten Proben führt jedoch auch bei der optischen Abtastung zur Abweichung der Ergebnisse. Bedingt durch die Rauheit wird der Messstrahl an der Oberfläche gestreut. Diese Streueffekte sind abhängig von der Oberflächestruktur und führen zu einer Verfälschung der Ergebnisse. Durch diese beiden Effekte ist es nicht möglich die Ergebnisse einer taktilen Messung mit denen einer optischen Messung zu vergleichen. Ein Kalibrieren des optischen Systems ist nur mit Hilfe spezieller Kalibrierproben für diese Anwendung möglich.

Um industrievergleichbare Bedingungen zu schaffen, ist die Anlage in einer Maschinenhalle realisiert worden. Die Umgebungsbedingungen entsprechen daher nicht den Bedingungen in einem Labor oder Reinraum. Aus diesem Grund können sowohl Erschütterungen, als auch Verunreinigungen zu Abweichungen der Ergebnisse führen. Bei der optischen Bestimmung der Rauheitswerte von polierten Oberflächen ist zwingend auf eine gute Probenpräparation zu achten. Reste von Fetten, Ölen oder Partikeln aus der Raumluft können zu einer Verfälschung bei sehr kleinen Rauheitswerten führen.

Erschütterungen bei der Ermittlung der Oberflächenprofile können bei der anschließenden Bestimmung der Rauheitskenngrößen ebenfalls zu Abweichungen in den Ergebnissen führen. Aus diesem Grund ist die Versuchsanlage auf optischen Tischen errichtet worden. Diese verfügen über eine passive Dämpfung und verhindern so die Übertragung von Schwingungen auf die Versuchsanordnung. Dennoch musste festgestellt werden, dass sich Schwingungen mit sehr kleinen Frequenzen auf die Versuchsanlage übertragen und zu Abweichungen in den Oberflächenprofilen führen. Abbildung 5 zeigt das Oberflächenprofil des Polierten Endmaßes. Während der Aufnahme des Oberflächenprofils wurden Schwingungen auf den Messaufbau übertragen indem größere Massen durch die Maschinenhalle bewegt worden sind.

Abb. 5:   Ermitteltes Oberflächenprofil mit Abweichungen
der Werte durch Schwingungen im Aufbau

Die Erschütterungen führen zu Sprüngen im erzeugten Oberflächenprofil von bis zu 400 nm. Werden diese Oberflächenprofile ausgewertet, führt das zu einer Abweichung der Rauheitswerte in der Größenordnung von 100 nm.

Eine weitere nicht zu vernachlässigende Ursache für die Abweichung stellt das Messprinzip selbst dar. Erste Untersuchungen zur Wiederholgenauigkeit haben gezeigt, dass die Abweichung der Ergebnisse nicht auf eine starke Streuung der Ergebnisse zurückgeführt werden kann. Die Standartabweichung liegt lediglich zwischen 250 und 50 nm und ist damit erheblich kleiner, als die Abweichung in den Messergebnissen von taktiler und optischer Messung. Es konnte weiterhin festgestellt werden, dass die Höhe der Standartabweichung von der Rauheit der untersuchten Oberfläche abhängig ist.

Die zur Ermittlung der Höhenposition verwendete Referenzkurve kann ebenfalls zu diesen Abweichungen beigetragen haben. Um die Qualität des Messprinzips bestimmen zu können, ist die Reproduzierbarkeit der Referenzkurve untersucht worden. Dazu wurde diese mehrfach an einer definierten Stelle der Probe erzeugt und die Standartabweichung ermittelt.

Diese Untersuchungen ergaben eine Standartabweichung von 2,7 mV. Wird dieser Wert in eine Positionsänderung des Spots auf dem Detektor umgerechnet, so stellt man fest, dass dieser um etwa 1,35 µm variiert. Eine Änderung in dieser Größenordnung ist mit einer Variation der Probenhöhe von 126 nm gleichzusetzen. Die Vermessung von Oberflächen mit Rauheitswerten von kleiner gleich 100 nm erweist sich mit dem bestehenden System dementsprechend als sehr schwierig. Bei der Vermessung von Oberflächen mit Rauheitswerten von einigen Mikrometern führt diese Tatsache lediglich zu einer Abweichung in der Größenordnung kleiner zehn Prozent.

Um kurze Messzeiten zu erhalten, wird die Referenzkurve auf jeder zu untersuchenden Probe einmal erzeugt. An allen Messpunkten wird lediglich der Spannungswert des Detektors ermittelt und mit Hilfe der Referenzkurve die Höhenposition der Probe errechnet. Dies setzt jedoch voraus, dass die Referenzkurve auf jeden Punkt der Probe anwendbar ist. Bedingt durch die bereits erwähnte optische Streuung an der Oberfläche kann es ebenfalls zu Abweichungen kommen. Diese sind derzeit noch nicht untersucht worden, müssen zukünftig aber noch genauer betrachtet werden.

Erste Versuche zur Erstellung von Oberflächenprofilen haben gezeigt, dass die Standartabweichung für diese Anwendung ausreichend ist. Dazu wurden von der Versuchsanlage erstellte Teststrukturen untersucht.

Bei der in Abbildung 6a dargestellten Struktur handelt es sich um einen Graben der mit Hilfe eines Mikrobearbeitungslasers auf der geschliffenen Werkzeugstahloberfläche realisiert worden ist. Dieser hat eine Breite von ca. 400 µm und besitzt eine maximale Tiefe von etwa 120 µm. Sehr deutlich ist die typische Randwulst zu erkennen, die bei der Bearbeitung mit dem Mikrobearbeitungslaser entsteht. Abbildung 6b zeigt das Ergebnis erster Versuche zur Verbesserung der Oberflächenqualität der Werkzeugstahlproben. Die sehr rauen Bereiche des Profils sind bedingt durch den mechanischen Schleifprozess. Zur Verbesserung der Oberflächenstruktur ist die Oberfläche mittels eines Schweißlasers aufgeschmolzen worden. Das hat zu einer erheblich geringeren Rauheit der Oberfläche geführt. Zudem führte die Bearbeitung zu einer erhöhten Randstruktur.

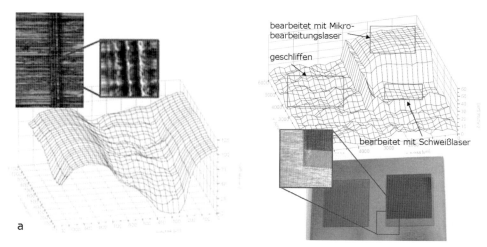

Abb. 6:   Mit Hilfe des Messsystems erstellte Oberflächenprofile

In einem zweiten Schritt ist die zuvor mit dem Schweißlaser bearbeitete Oberfläche mit einem Mikrobearbeitungslaser nachbearbeitet worden. Als Ergebnis dieser Bearbeitung ergab sich eine Höhenzunahme um etwa 50 µm. Zusammenfassend kann gesagt werden, dass es möglich ist Oberflächenprofile mit Hilfe des Systems zu erstellen. Zu diesem Zeitpunkt können jedoch nur Proben mit Strukturhöhen von maximal 130 µm untersucht werden. Der Grund dafür ist der noch sehr geringe Messbereich des Systems. Bei der Abtastung von Strukturen mit größeren Strukturhöhen kommt es zu einer Verfälschung der Ergebnisse.

5   Zusammenfassung

Derzeit erweist es sich noch als sehr schwierig, ein System zu realisieren, mit dem es möglich ist, sowohl Rauheitsmessung als auch Oberflächenprofilometrie mit sehr kurzen Messzeiten zu betreiben. Für die Profilometrie ist ein Messbereich von mehreren hundert Mikrometern erforderlich, während die Rauheitsmessung eine Auflösung von wenigen Nanometern erfordert. Die Verknüpfung dieser beiden Anforderungen in einem System unter der Maßgabe einer kurzen Messzeit ist zu diesem Zeitpunkt leider erst in einem noch nicht zufrieden stellenden Maß gelungen.

Dennoch sind wir in der Lage, die drei gestellten Aufgaben zu bearbeiten. Die Höhenjustage der zu bearbeitenden Proben ist in einem ausreichenden Maß möglich.

Erste Untersuchungen zur Rauheitsmessung ergaben Rauheitswerte, die zum Teil als realistisch angesehen werden können. Die Untersuchung sehr kleiner Rauheitskenngrößen erweist sich dagegen momentan noch als sehr schwierig und unzureichend. Eine mögliche Ursache für diese Abweichungen stellt nach ersten Untersuchungen das hier verwendete Messprinzip da.

Das Erstellen von Oberflächenprofilen ist derzeitig bei Strukturen mit einer Größe von etwa 1 µm bis etwa 130 µm möglich. Diese Grenzwerte ergeben sich zum Einen aus den Unsicherheiten bei der Vermessung von Strukturen die kleiner als 1 µm sind, und zum Anderen aus dem derzeit noch relativ kleinen Messbereich des Systems. Die ersten Untersuchungen haben außerdem gezeigt, dass sich sowohl die Eigenschaften der untersuchten Proben, als auch die Umgebungseinflüsse auf die Messergebnisse auswirken. So ergaben sich bei der Untersuchung von sehr rauen Oberflächen größere Standardabweichungen und damit größere Unsicherheiten als es bei sehr glatten Oberflächen der Fall war.

Ein weiteres Problem, das festgestellt werden musste, waren Schwingungen, die sich aus der Umgebung auf dem Messaufbau übertragen. Die Amplituden dieser Schwingungen liegen zwar maximal in der Größenordnung von wenigen 100 nm, sind bei der Vermessung von sehr glatten Oberflächen jedoch schwerwiegend. Die Verschmutzung der zu untersuchenden Proben durch Partikel bzw. Fette oder Öle stellt ebenfalls ein Problem dar. Bei Untersuchungen von verschmutzten und nachträglich gereinigten Oberflächen mit sehr geringen Rauheitswerten ergaben sich Abweichungen in den Ergebnissen.

6 Ausblick

Ein erster Lösungsansatz zur Verbesserung des bestehenden Systems ist eine Änderung des Messprinzips. Indem man auf die Verwendung der Referenzkurve verzichtet und die Probe in ihrer Höhe an jedem Messpunkt verfährt, können Abweichungen durch die Referenzkurve ausgeschlossen werden. Dies bringt jedoch den Nachteil einer sehr zeitintensiven Messung mit sich. Weitere Untersuchungen müssen zeigen, wie stark die Abweichungen durch die Referenzkurve sind und ob man die Abweichungen zugunsten eines schnellen Messsystems in Kauf nehmen kann.

Um den Einfluss der optischen Streuung und der damit verbundenen Verfälschung der Ergebnisse besser untersuchen zu können, wird vorgeschlagen ein weiteres Messverfahren in den Aufbau zu integrieren. Ein Prinzip, das sich sehr leicht in den vorhandenen Aufbau integrieren lässt, ist der aus der Literatur bekannte Konfokalsensor. Dieser basiert ebenfalls auf dem Autofokusprinzip detektiert jedoch eine Leistung als Parameter und nicht wie beim knife-edge-Verfahren eine Positionsänderung. Abbildung 7 zeigt einen Lösungsansatz zur Realisierung des zusätzlichen Messsystems in der Anordnung.

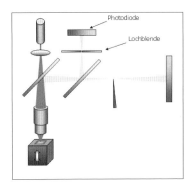 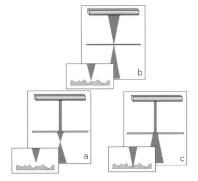

Abb. 7: Skizze des Versuchsaufbaus mit zusätzlichemMesssystem (Konfokalsensor) und Funktionsprinzip des Konfokalsensors (a-c)

Durch den zusätzlichen Strahlteiler in der Anordnung wird ein Teil des von der Probe reflektierten Strahls durch die Lochblende auf eine Photodiode gelenkt. Bei einer Änderung der Fokusposition auf der Probe kommt es zu einer Änderung der Intensität die durch die Lochblende auf die Photodiode gelangen kann. In den Abbildungen 7a bis 7c ist das Funktionsprinzip des Konfokalsensors dargestellt. Werden die Ergebnisse der beiden Messungen mit einander verglichen sollte es möglich sein den Einfluss der Streuung zu ermitteln.

Die sich auf die Messanordnung übertragenden Schwingungen stellen ebenfalls ein noch zu lösendes Problem da. Möglicherweise führen zusätzliche Versteifungen in der Anordnung bereits zu einer Verbesserung.

Literatur

Hoffmann, J. (1998): *Taschenbuch der Messtechnik.* Leipzig: Fachbuchverlag, S. 245-246.

Pfeifer, T. (2001): *Fertigungsmesstechnik.* 2. Aufl. München: Oldenbourg, S. 210-217 und S. 287-296.

Schöne, A. (1997): *Messtechnik.* 2. Aufl. Berlin: Springer, S. 232-233.

Warnecke, H. J. & W. Dutschke (1984): *Fertigungsmeßtechnik-Handbuch für Industrie und Wissenschaft.* Berlin: Springer, S. 127-134.

Technische Präzisionsmessungen und kinematisches Tracking mit motorisierten Digitalkameratheodoliten

Stefan HAUTH und Martin SCHLÜTER

Zusammenfassung

In diesem Beitrag wird eine Realisierung motorisierter Digitalkameratheodolite für Präzisionsmessungen und kinematisches Tracking vorgestellt. Als Grundlage dient ein vom i3mainz entwickelter Digitalkameratheodolit auf der Grundlage des Leica TM5100 bzw. TM5100A. Hiermit sind hochgenaue Kollimationszielungen innerhalb des kalibrierten Bereichs des Fernrohrblickfeldes möglich. Dies ermöglicht einfachere Präzisionsmessungen auf statische Ziele und hochgenaue Zielungen auf sich moderat bewegende Ziele (Tracking). Des Weiteren wird ein kurzer Einblick in aktuelle und zukünftige Entwicklungen getätigt.

1   Hintergrund

Die am i3mainz realisierten Digitalkameratheodolite erlauben die hochgenaue Registrierung von Kollimationszielungen, diese werden zur Justierung und Kalibrierung von Laserterminals während der Fertigung und der Verifikation genutzt. Laserterminals (Abb. 1) dienen der Datenübertragung zwischen zwei Satelliten oder zwischen Satellit und Bodenstation mit Hilfe von Laserlicht.

Abb. 1:   Laserterminal auf einem Satelliten montiert

Bei terrestrischen Tests seitens der Firma Tesat-Spacecom GmbH & Co. KG wird im Jahr 2005 eine Datenrate von 5,625 Gigabit pro Sekunde erzielt. Seit Herbst 2007 arbeiten zwei Laserterminals auf den Satelliten TerraSAR-X (Deutschland) und NFIRE (USA) erfolgreich im Orbit. Im Frühjahr 2008 werden erfolgreich Daten zwischen diesen beiden Satelliten über eine Entfernung von etwa 5000 km hin und zurück übertragen, erneut wird die oben angegebenen Datenrate fehlerfrei realisiert.

2   i3mainz Digitalkameratheodolite

2.1   Hardwareseitiger Aufbau

Auf der Hardwareseite wurden bislang zwei motorisierte Präzisionstheodolite Leica TM5100™ und TM5100A™ mit koaxial angeordneten digitalen Industriekameras kombiniert (Abb. 2). Das baukastenartige Design erlaubt einen zügigen Kamerawechsel und den Einsatz von Spezialobjektiven für Messungen in Spektralbereichen außerhalb des sichtbaren Lichts. Bei der Konstruktion der Kamerahalterung wurde auf eine möglichst starre Verbindung zwischen Kamera und Fernrohr geachtet und auf die Beibehaltung des Schwerpunktes nahe der Kippachse durch geeignete Gegengewichte. Die Fixierung der Halterung geschieht ausschließlich nur an den für Aufsatz-EDMs vorgesehenen Punkten und das Gesamtgewicht der Konstruktion liegt unter dem Maximalgewicht eines EDMs. Des Weiteren wurde auf möglichst einfachen Rückbau für manuelle Messungen geachtet.

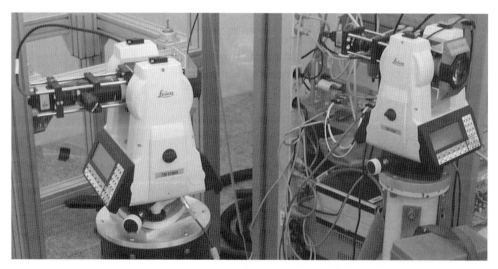

Abb. 2:   Digitalkameratheodolite auf Basis Leica TM5100™ bzw. TM5100A™

2.2   Blickfeldkalibrierung

Die am i3mainz realisierten Digitalkameratheodolite erlauben die hochgenaue Registrierung von Kollimationszielungen, sobald ein Ziel innerhalb des kalibrierten Bereichs des Fernrohrblickfelds des Theodoliten sichtbar ist. Das konkrete Anfahren des Zieles mit dem Fadenkreuz des Theodoliten ist nicht erforderlich. Der kalibrierte Sichtfeldbereich wird kreisförmig um den Fadenkreuzmittelpunkt herum festgelegt (Abb. 3).

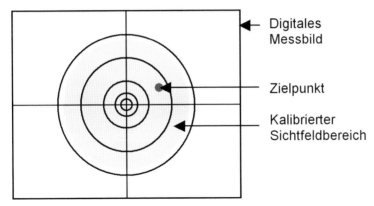

Abb. 3:   Zielpunkt im kalibrierten Sichtfeldbereich (schematisch)

Die Selbstkalibrierung des Gesamtsystems und somit auch die Blickfeldkalibrierung erfolgen durch automatisch durchgeführte Zielungen auf statische Ziele (in ca. fünf Minuten) und automatisierter Auswertung mittels subpixelgenauer digitaler Bildverarbeitung und Best-Fit-Algorithmen. Die statischen Ziele liegen gut verteilt über den zu kalibrierenden Bereich der Fadenkreuzebene (Abb. 4). Durch Überprüfungen zeigte sich, dass das Kalibrierschema ausreicht, um die Winkelmessgenauigkeit des TM5100 auszuschöpfen, siehe SCHLÜTER, HAUTH & HEß 2009.

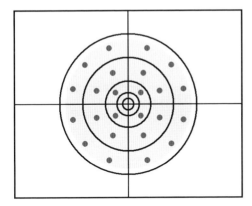

Abb. 4:   Beispiel für die Verteilung der statischen Zielungen für die Selbstkalibrierung

2.3 Tracking

Messungen erfolgen nur bei ruhendem Theodolit, während ein bewegtes Ziel die Fadenkreuzebene quert. Bei ruhendem Theodolit kann die Richtung zum Ziel hochgenau ermittelt werden, sofern sich das Ziel innerhalb des kalibrierten Sichtfeldbereichs befindet. Zur großräumigen Verfolgung eines Ziels kann der Theodolit softwareunterstützt schrittweise nachgeführt werden. In den Bewegungsphasen sind allerdings keine hochpräzisen Messungen möglich. Die Trackinggeschwindigkeit eines moderat bewegenden Kollimationsziel (z. B. Laserdot) entspricht der Aufnahmegeschwindigkeit der verwendeten Kamera.

2.4 Berücksichtigung kleiner Kamerabewegungen

Die Schaffung einer starren Verbindung zwischen externer Kamera und Fernrohr gelingt aus mechanischen Gründen nur in gewissen Grenzen. Insbesondere nach dem Wechsel der Fernrohrlage treten Kamerabewegungen auf, die teilweise wohl schwerkraftbedingt sind, teilweise aber auch auf thermische oder andere Ursachen zurückgehen. Um die Auswirkungen der Kamerabewegungen zu eliminieren, wird nach einer Kameramontage zunächst ein Referenzbild der Fadenkreuzebene mit Blick auf einen diffusen Hintergrund aufgezeichnet. Die Schnittpunkte der Fadenkreuzlinien dienen als Grundlage für eine zweidimensionale Transformation (Abb. 5). Jedes weitere Messbild wird also zunächst über eine einfache Koordinatentransformation zum Referenzbild in Bezug gesetzt, um die Auswirkungen eventueller Kamerabewegungen zu eliminieren. Die Punktverschiebungen zwischen Referenzbild und Messbild werden über ein klassisches subpixelgenaues Kreuzkorrelationsverfahren ermittelt.

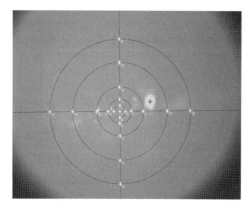

Abb. 5:   Messbild – hervorgehoben sind die Schnittpunkte der Fadenkreuzlinien für den Bezug zu dem Referenzbild und der Zielpunkt (Mitte Laserfleck)

2.5 Softwareseitige Umsetzung

Die softwareseitige Umsetzung erfolgt durch die Entwicklung einer Benutzeroberfläche (Abb. 6), die dem Benutzer die Steuerung des Digitalkameratheodolits ermöglicht, darunter auch die Durchführung der automatischen Selbstkalibrierung. Die Bildverarbeitung geschieht weitgehend in dem Open Source Programm ImageJ. Dafür sind entsprechende Plugins und Makros in der Programmiersprache Java entwickelt wurden.

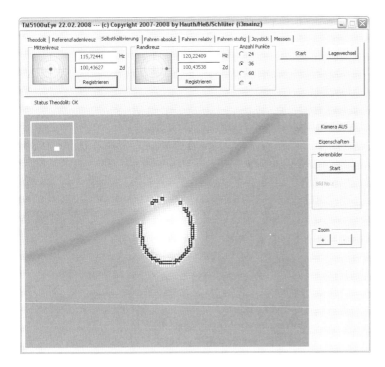

Abb. 6:
Benutzeroberfläche

3   Ausblick und Fazit

Zu Videotheodoliten und Videotachymetern liegen eine Reihe ausführlicher Arbeiten vor. Wesentliche Vor- und Nachteile unterschiedlicher Kombinationen von Theodoliten und CCD-Kameras werden von SCHIRMER 1994 diskutiert. Einen breiten Überblick liefert JURETZKO 2005. Die derzeit seitens des Anbieters Topcon verfügbare kommerzielle Lösung, vgl. SAKUMURA 2007, zielt vornehmlich auf klassische tachymetrische Anwendungen und ist unserem ersten Eindruck nach für die hier vorzunehmenden Kollimationsmessungen ungeeignet.

Während vorliegende Veröffentlichungen zu Videotachymetern meist eine Kameraintegration propagieren, sind im Umfeld unserer Arbeiten zahlreiche Ideen hinsichtlich einer stark modularen Anordnung von Digitalkamera, Optik und Fokussteuerung entstanden. Je nach Verteilung der Aufgabenfelder eines Geräteanwenders bzw. Messdienstleisters mag der optionale Einsatz eines modularen Digitalkameratheodolits oder -tachymeters wirtschaftlicher sein als der Umstieg auf ein vergleichbares vollständig gekapseltes System. Insgesamt sehen wir hier einen interessanten Impuls für zukünftige Arbeiten.

Literatur

Juretzko, M. (2005): *Reflektorlose Video-Tachymetrie – ein integrales Verfahren zur Erfassung geometrischer und visueller Informationen.* Deutsche Geodätische Kommission, Reihe C, Heft Nr. 588, München.

Sakumura, R. & K. Maruyama (2007): *Development of a New Generation Imaging Total Station System.* Journal of Surveying Engineering, 133 (1), S. 14-22.

Schirmer, W. (1994): *Universaltheodolit und CCD-Kamera – ein unpersönliches Meßsystem für astronomisch-geodätische Beobachtungen.* Deutsche Geodätische Kommission, Reihe C, Heft Nr. 427, München.

Schlüter, M., Hauth, S. & H. Heß (2009): *Selbstkalibrierung motorisierter Digitalkameratheodolite für technische Präzisionsmessungen.* Zeitschrift für Vermessungswesen, 134 (1), S. 22-28.

Versuche zur Verwendung von PMD-Kamerasensoren in industrieller Umgebung

Bernd STEYER

Zusammenfassung

In diesem Beitrag wird der Einsatz der noch jungen PMD-Technologie zur Umgebungser-fassung in industrieller Umgebung beschrieben. Mit industrieller Umgebung ist in diesem Fall der Einsatz im Braunkohletagebau gemeint. Die besondere Herausforderung an die Sensoren in diesem industriellen Umfeld ergeben sich aus den Umgebungsbedingungen, die im Braunkohletagebau vorherrschen. Ein großer Teil der Umgebungsbedingungen lässt sich in diesem Umfeld nicht beeinflussen. So sind die wechselnden Lichtverhältnisse, die sich ändernde Temperatur sowie die unterschiedlichen Niederschlagsarten eine große Her-ausforderung für optisch messende Systeme. Weitere Herausforderungen, die aus den Pro-zessbedingungen entstehen, sind die geringe Reflektivität der Braunkohle, der entstehende Kohlestaub und die Vibrationen des Abbauvorgangs sowie die Bedüsung der Braunkohle um in Fällen der besonders starken Staubentwicklung diesen zu binden und damit die Um-gebung des Tagebaugeländes vor den Emissionen zu schützen. Die Einleitung enthält die Beschreibung der Anwendung. Im zweiten Abschnitt werden die Eigenschaften des ver-wendeten Sensors und das Messprinzip sowie die Datenauswertung beschrieben. Im dritten Abschnitt werden der Prototyp, der für die Messungen verwendet wird sowie Messungen in der Laborumgebung und im Tagebau beschrieben. Abschließend folgen die Zusammenfas-sung und ein Ausblick.

1   Einleitung

1.1   Beschreibung der Anwendung

Zukünftige Entwicklungen im Braunkohletagebau machen völlig neue Konzepte für die Datenerfassung und Verarbeitung von Geoinformationen notwendig. Die Kenntnis der Beschaffenheit und Oberfläche der gesamten Lagerstätte ist hierbei von großer Bedeutung. Die Beschaffenheit (OVERMEYER 2007) der Lagerstätte, also das anstehende Material steht hier nicht im Vordergrund, sondern die Erfassung der Tagebauoberfläche. Die Erstellung des 3D-Modells des Braunkohletagebaus basiert auf Daten, die durch Befliegung des Tage-baugeländes aufgenommen werden. Mit den bekannten Methoden der Photogrammetrie werden aus diesen Daten Raumkoordinaten ermittelt. Diese sind die Basis für die weitere Detaillierung des Modells.

Damit das Modell auch in den Zeiträumen zwischen den Befliegungen aktuell ist, werden die Positionen der Schaufelradbagger und die räumliche Lage der Schaufelradachse be-stimmt. Da grundsätzlich davon ausgegangen werden kann, dass dort wo sich das Schaufel-rad einmal befunden hat kein Material mehr ist, lässt sich durch diese Gesetzmäßigkeit die Oberfläche des Tagebaus modellieren. Das Schaufelrad ist jedoch nicht der einzige Ein-fluss, der die Oberfläche bearbeitet. Es werden Hilfsgeräte (Dozer etc.) eingesetzt und durch Witterungserscheinungen kann Material von der Oberfläche abgetragen werden.

Somit verliert das Modell mit wachsendem zeitlichem Abstand zur letzten Befliegung seine
Aktualität. Dieser Umstand macht es notwendig, die Geländeoberfläche während des Bag-
gerprozesses zu erfassen.

2 Sensor

2.1 Auswahl

Die Umgebungsbedingungen im Tagebau führen zu der Entscheidung den PMD-Sensor für
diese Untersuchung auszuwählen. Im Folgenden werden die Umgebungsbedingungen aufgeführt und die unterschiedlichen Sensoren hinsichtlich ihrer Anfälligkeit für die Umgebungsbedingungen bewertet.

Aus der Literatur (KRAUS 2004) sind vielfältige Verfahren zur Erzeugung von dreidimensionaler Messinformation bekannt. Eine Möglichkeit besteht darin, das zu messende Objekt
aus unterschiedlichen Perspektiven photographisch aufzunehmen und aus der bekannten
Basis und der Parallaxenverschiebung der homologen Punkte im Bild die Tiefeninformation zu erhalten. Im vorliegenden Einsatzfall ist die Photogrammetrie jedoch nicht geeignet,
da homologe Punkte nur gut in kontrastreichen Szenen gefunden werden können, diese
liegen jedoch beim Abbau von gleichartigem Material (Braunkohle, Sand etc.) nicht oder
nur selten vor. Zusätzlich ist dieses Verfahren sehr stark abhängig von den herrschenden
Lichtverhältnissen. Diese Gründe sprechen dafür andere Messmethoden als die Triangulation zu verwenden.

Ein weit verbreiteter Ansatz besteht darin, die bekannte Ausbreitungsgeschwindigkeit einer
Welle zu verwenden um aus der Laufzeit die Distanz zwischen dem der Welle aussenden-
den und der Welle reflektierenden Objektes zu bestimmen. Diese Verfahren unterscheiden
sich einzig in der Art der verwendeten Welle, deren Wellenlänge und Ausbreitungsgeschwindigkeit. Gängige Wellenarten sind Schallwellen und elektromagnetische Wellen.
Schallwellen sind für den vorliegenden Fall ungeeignet, da sie periodische Schwankungen
in der Luft darstellen und demzufolge durch Wind abgelenkt werden können. Für die Distanzmessung von bewegten Objekten aus ist es ebenfalls wichtig, Wellen zu verwenden
deren Ausbreitungsgeschwindigkeit gegenüber der Geschwindigkeit des bewegten Objektes
möglichst hoch ist. Der Vergleich zwischen der Ausbreitungsgeschwindigkeit von Schall
im Vakuum mit der von elektromagnetischen Wellen macht deutlich, dass elektromagnetische Wellen für die Aufgabe der mobilen Umgebungserfassung von bewegten Plattformen
aus zu bevorzugen sind:

$$\frac{c_0}{v_0} = \frac{3 \cdot 10^8 \, \text{m/s}}{300 \, \text{m/s}} = 1 \cdot 10^6 \tag{1}$$

Die Sensoren, die für diese Anwendung näher betrachtet werden, haben demzufolge folgende Eigenschaften gemeinsam:

- Berührungsloses Messsystem
- Laufzeitmessung
- Aktives Messsystem
- Emission von elektromagnetischen Wellen

Übliche Verfahren für die Bestimmung von Oberflächeninformationen mittels Laufzeit-messung sind scannende Systeme. So wurde bereits in (RIEGL 2007) ein System vorgestellt, das auf Basis von Laserscannermessungen, die mit Hilfe von einem Inertialmesssystem registriert bzw. georeferenziert werden, von einer bewegten Plattform aus die Umgebung vermisst. Ein hiermit vergleichbares System, jedoch ohne Stützung durch eine IMU wird bereits im Tagebau eingesetzt, dessen Einsatz beschränkt sich jedoch bisher auf den Einsatz auf der Absetzerseite des Tagebaus. Folgende Bedingungen prädestinieren den Laserscan-ner für den Einsatz auf der Absetzerseite:

- Geringe Staubbelastung im Anbringungsort des Scanners
- Mechanische Belastung, Vibrationen und Stöße fallen in ihrer Frequenz geringer aus, da keine direkte Interaktion zwischen dem Stahlbau und der Geländeoberfläche besteht.
- Große Entfernungen (>100 m) erfordern eine geringe Strahlaufweitung, um einen mög-lichst kleinen Messspot zu erhalten, und damit hohe Detailtreue.

Auf der Baggerseite herrschen jedoch andere Umgebungsbedingungen, die den Einsatz der Laserscanner dort in Frage stellen.

- Belastung des Anbringungsortes durch Staubentwicklung
- Belastung des Anbringungsortes durch Bedüsung mit Wasser zur Staubbindung
- Mechanische Belastung durch direkte Interaktion von Stahlbau und Geländeoberfläche
- Vergleichsweise niedrige Entfernungen (<40 m)

Im Rahmen der Voruntersuchungen wurde in einer Studie die Beeinflussung der Laser-scanner durch diese Umgebungsbedingungen untersucht. Das Ergebnis dieser Studie zeigt, dass Laserscanner hochpräzise Messdaten liefern, solange die Umgebungsbedingungen günstig sind. Tritt jedoch vermehrt Staubentwicklung auf und wird dieser zusätzlich von ungünstig fließenden Luftströmen in den Bereich zwischen Sensor und Oberfläche getra-gen, dann treten vermehrt Fehlmessungen auf.

Diese Punkte haben dazu geführt, dass für den genannten Einsatzzweck eine weitere Tech-nologie hinsichtlich ihres Nutzens für eine Oberflächenvermessung untersucht wird. In (WIGGENHAGEN 2007) wurde bereits die PMD-Technologie vorgestellt. Die Applikationen, die in diesem Beitrag genannt wurden, bezogen sich hauptsächlich auf kurze Messdistanzen (<7,5 m). Durch die Verwendung von mehreren Modulationsfrequenzen wurde dieser Messbereich jedoch auf einen Eindeutigkeitsbereich von 150 m erweitert, wodurch diese Technologie auch für die Messung von großen Messdistanzen Verwendung finden kann. Die Eigenschaften der PMD-Technologie, die dazu geführt haben, dass dieses Messverfah-ren für den genannten Einsatzzweck verwendet wird, sind folgende:

- Aktives Messverfahren
- Verwendung elektromagnetischer Wellen
- Eindeutigkeitsbereich 150 m
- Flächenhafte Oberflächenerfassung
- Keine rotierenden Komponenten
- Mögliche Anpassung des Erfassungsbereichs durch kompakte Optiken

2.2 Funktionsprinzip

Eine detaillierte Beschreibung der Technologie kann in (LANGE 2000) und (ZHANG 2003) gefunden werden. Die Kamera beruht auf dem Prinzip der Lichtlaufzeitmessung. Anders jedoch als bei Laserscannern kann auf eine aufwendige Signalverarbeitung verzichtet werden. Das Funktionsprinzip soll hier kurz anhand von Abbildung 1 erläutert werden.

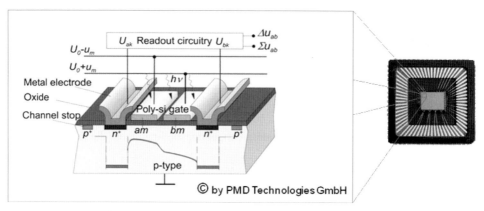

Abb. 1:   Struktureller Aufbau eines PMD-Pixels

Das Bild zeigt ein PMD-Pixel in dreidimensionaler Darstellung. Im Unterschied zu normalen CMOS-Bildsensoren sind hier zusätzliche Bauteile, die im Bild mit *Poly-si gate* bezeichnet sind, vorhanden. Diese ermöglichen, das Potentialfeld unterhalb der Oxidschicht zu beeinflussen. Diese vergleichsweise geringe Modifikation ist der Schlüssel für die Abstandsmessung. Die PMD-Kamera ist kein passiver Sensor, sie besteht abgesehen vom CMOS-Sensor aus einer speziellen Lichtquelle, die im NIR[1]-Bereich arbeitet. Diese sendet rechteckförmige Lichtimpulse an die zu beobachtende Szene aus. Trifft dieses Licht auf den CMOS-Sensor, werden gemäß dem Photoelektrischen Effekt Elektronen aus dem Halbleitermaterial ausgelöst. Bei einem Standardsensor werden diese freigewordenen Elektronen in Kondensatoren gesammelt und ausgelesen. Im Photonenmischdetektor hingegen werden die Elektronen an den im Bild mit *Metal electrode* bezeichneten Elektroden ausgelesen, von denen je Pixel zwei vorhanden sind. Die transparenten *Poly-si gates am* und *bm* werden im Gegentakt mit einer Modulationsspannung angesteuert. Das führt zu einer Ladungsschaukel, die je nach angelegter Modulationsspannung die ausgelösten Elektronen unterhalb der linken oder rechten Metallelektrode sammelt. Die Gegentaktmodulation der *Poly-si gates* findet in der gleichen Frequenz mit welcher die Lichtquelle moduliert ist statt. Die ausgelösten Elektronen werden somit unterhalb einer Metallelektrode in Phase und unterhalb der anderen in Gegenphase gesammelt. Aus der Differenz der gesammelten Elektronen in einem Abtastzyklus kann auf die Phasenverschiebung zwischen ausgesendetem und empfangenem Licht geschlossen werden. In Abbildung 2 sind für zwei unterschiedliche Phasenverschiebungen die Generierung von Ladungsträgern und deren Transfer zu den jeweiligen Pixelhälften dargestellt.

---

[1]   Nahes Infrarot.

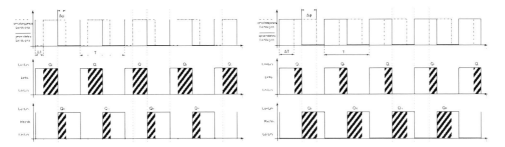

Abb. 2:   Generierung und Trennung von Ladungsträgern

Bei bekannter Modulationsfrequenz ist, unter Verwendung der Lichtgeschwindigkeit, die Berechnung der Abstandsinformation möglich:

$$d = \frac{c_0 \, \Delta\varphi}{4\,\pi\,f_{mod}} \tag{2}$$

Aus der Summe der beiden Auslesekanäle hingegen bleibt die Information des Grauwertes erhalten, womit die Funktionalität einer 2D-Kamera weiterhin zur Verfügung steht.

2.3 Datenauswertung

Für jedes Pixel im Sensorarray liegen nach der Anwendung des Prinzips der Ladungs-schaukel Entfernungswerte vor, die zur Rekonstruktion der aufgenommenen Szene heran-gezogen werden. Für die Rekonstruktion der Szene wird ein Bezugskoordinatensystem benötigt, auf welches sich die Entfernungsdaten beziehen. Der Ursprung des Koordinaten-systems liegt in der Linsenebene. In erster Näherung wird davon ausgegangen, dass der Mittelpunkt der Bildebene mit der optischen Hauptachse der Linse übereinstimmt. Die Bildebene und die Linsenebene liegen komplanar zueinander. Unter der Verwendung der zentralperspektivischen Abbildungsvorschrift ist der einzig noch verbleibende Parameter für die innere Orientierung die Kammerkonstante f.

Für die Rekonstruktion der aufgenommenen Szene werden für jedes Sensorelement in der Bildebene dessen Mittelpunkt berechnet und ein Vektor, der aus dem Koordinatenursprung des Bezugskoordinatensystems auf den Mittelpunkt weist. Dieser Vektor wird in seiner Richtung umgekehrt und auf die Länge 1 normiert. Das Ergebnis nach der Durchführung für jedes Sensorelement ist eine Matrix von Richtungsvektoren, die mit dem entsprechen-den Messwert des jeweiligen Sensorelementes multipliziert und um den Euklidischen Ab-stand des Sensorelements zum Koordinatenursprung den Raumpunkt der zu rekonstruie-renden Szene liefert (s. Abb. 3).

Sollen aus diesen gemessenen 3D-Informationen Oberflächen von einer mobilen Beobach-tungsposition rekonstruiert werden, muss die Georeferenzierung der einzelnen Bilder vor-genommen werden. Hierzu werden die Parameter der äußeren Orientierung, in diesem Fall die Pose[2] des Bezugskoordinatensystems der PMD-Kamera, benötigt.

---

[2]   Als Pose wird hier die Kombination aus Position und Richtung bezeichnet.

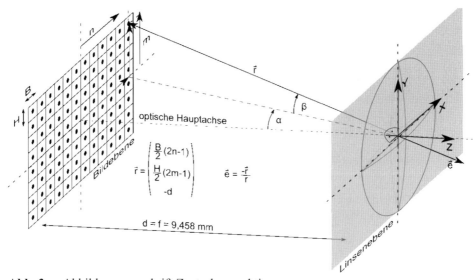

Abb. 3:   Abbildungsvorschrift Zentralperspektive

Grundlage hierfür ist ein während des Stillstandes des Baggers durch Messungen am Stahlbau des Baggers gebildetes Modell. Die Lage des Modells wird während des Baggerbe-
triebs kontinuierlich via GPS und Neigungsmesserdaten gemessen, sodass die Orientierung
der PMD-Kamera zu jedem Zeitpunkt bekannt ist.

3   Versuchsanlage

3.1   Aufbau

In Abbildung 4 ist der Prototyp der PMD-Kamera eingebaut in ein tagebautaugliches Gehäuse zu sehen.

In der Mitte befindet sich die Kamera und jeweils rechts und links davon die modulierten
Lichtquellen, um die zu beobachtende Szene ausleuchten zu können.

Abb. 4:   Prototyp PMD-Kamera für Tagebaueinsatz

3.2   Laborversuche

Da die erwartete Reichweite im Tagebau auf der Baggerseite zwischen üblicherweise 25 m bis zu 40 m liegt, wurde im Laborbetrieb die PMD-Kamera daraufhin untersucht, ob diese Entfernungen grundsätzlich gemessen werden können. In Abbildung 5 ist die Szene im Labor dargestellt. Die Tür befindet sich 25 m entfernt vom Aufnahmestandort der Kamera.

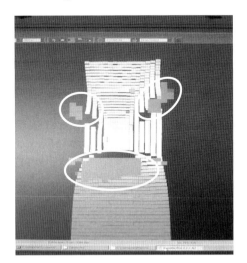 

Abb. 5:   Links: Messdaten PMD-Kamera, rechts: Photographie der Szene

In Abbildung 5 links ist zu erkennen, dass die Tür am Ende des Ganges sicher gemessen wird. Betrachtet man beide Bilder, so fällt auf, dass die Stellen an denen Fehlmessungen aufgetreten sind (in Abb. 5 links mit Ellipsen umrandet), mit den Regionen in der Photographie übereinstimmt, in denen eine Spiegelung beobachtet werden kann. Im angedachten Einsatzfall sind solche Spiegelungen jedoch nicht zu erwarten, da auf matte Materialien gemessen wird.

3.3   Versuche im Tagebau

Bei den bisherigen Versuchen im Tagebau konnten keine verwertbaren Daten aufgenommen werden, da die Intensität des von der Oberfläche reflektierten Lichts nicht für eine stabile Messung ausreicht.

Des Weiteren wurden parasitäre Effekte beobachtet. Es wurden Messpunkte ermittelt, welche nicht mit der beobachteten Szene übereinstimmten. Die Ursache hierfür lag in dem Streulicht das von den Lichtquellen auf konstruktive Elemente des Messaufbaus getroffen ist. Da diese Elemente gut reflektieren und sehr nahe am Einbauort vorhanden waren hat das rückgestreute Licht eine deutlich höhere Intensität aufgewiesen als das von der Oberfläche reflektierte Licht. Das Resultat ist dann, dass die Oberfläche nicht bestimmt werden kann.

4   Zusammenfassung

Die bisherigen Versuche machen deutlich, dass die PMD-Sensoren zwar einen Eindeutigkeitsbereich liefern, der für die Anwendung ausreicht, jedoch werden Lichtquellen benötigt,
die eine deutlich höhere Lichtintensität aufweisen, als diejenigen, die in den ersten Versuchen mit dem Prototypen verwendet wurden. Das liegt im Wesentlichen an der geringen
Reflektivität, welche die Braunkohle aufweist.

Des Weiteren sind konstruktive Anpassungen notwendig, die verhindern, dass Licht, welches von Teilen des Stahlbaus zurückreflektiert wird, den Messbetrieb stört.

Wenn diese Verbesserungen durchgeführt wurden, sind Vergleichsmessungen zwischen
Laserscanner und PMD-Kamera möglich und damit auch Aussagen über die Nutzbarkeit
der PMD-Technologie für die hier beschriebene Applikation.

Bezüglich der geringen Auflösung und den daraus resultierenden großen Messspots auf der
Geländeoberfläche werden in Zukunft Sensoren verfügbar sein, die 200 × 200-Sensor-
elemente aufweisen und somit bei gleicher Optik eine deutlich höhere laterale Auflösung
liefern.

Literatur

Kraus K. (2004): *Photogrammetrie.* Band I-III. Berlin: Walter de Gruyter.

Lange, R. (2000): *3D time-of-flight distance measurement with custom solid-state image
sensors in CMOS/CCD-technology.* Schrift zur Erlangung der Doktorwürde, Universität
Siegen.

Overmeyer L., Kesting, M. & K. Jansen (2007): *SIMT Technology.* Bulk Solid Handling.

Rieger, P., Studnicka, N. & A. Ullrich (2007): *„Mobile Laser Scanning" Anwendungen.*
In: Luhmann, T. & C. Müller (Hrsg.): Photogrammetrie – Laserscanning – Optische
3D-Messtechnik. Beiträge der Oldenburger 3D-Tage 2007. Heidelberg: Wichmann,
S. 340-350.

Wiggenhagen, M. (2007): *Erste Erfahrungen mit dem 3D-Sensor PMD[Vision] 19K.*
In: Luhmann, T. & C. Müller (Hrsg.): Photogrammetrie – Laserscanning – Optische
3D-Messtechnik. Beiträge der Oldenburger 3D-Tage 2007. Heidelberg: Wichmann,
S. 131-136.

Zhang, Z. (2003): *Untersuchung und Charakterisierung von PMD (Photomischdetektor)-
Strukturen und ihren Grundschaltungen.* Schrift zur Erlangung der Doktorwürde, Universität Siegen.

5 Photogrammetrie und Bildverarbeitung

Geschlossene Lösung für den räumlichen Rückwärtsschnitt mit minimalen Objektinformationen

Klaus ROHRBERG

Zusammenfassung

Zum Berechnen von Orthophotos muss der Aufnahmestandort bekannt sein. Mindestvoraussetzung für eine exakte Bestimmung dieses Ortes sind neben den Kalibrierwerten der Kamera die Koordinaten von drei Passpunkten. In der Literatur sind Lösungsansätze (LUHMANN 2003), (WROBEL 1999), (KYLE 1990) beschrieben. Keiner dieser Algorithmen wurde für eine effektive Umsetzung in ein Programm entwickelt.

Die drei Passpunkte und das Projektionszentrum bilden ein Tetraeder. Einen für die Programmierung geeigneten Algorithmus erhält man, wenn einer der Passpunkte auf der Tetraederkante gleitet. Die Entfernung zwischen den beiden anderen Passpunkten kann dann als Funktion der Lage des ersten Punktes angegeben werden. Eine Lösung ist gefunden, wenn dieser Abstand genau dem vorgegebenen Wert der dritten Kante der Grundfläche entspricht.

Dieser Ansatz führt mit wenigen Rechenoperationen zu einer exakten Lösung. Statt Gleichungen höherer Ordnung zu lösen, wird in einfacher Weise zwischen den möglichen Fällen unterschieden.

1   Einführung

Aus mathematischer Sicht ist beim räumlichen Rückwärtsschnitt mit drei Passpunkten die Lage der Spitze eines Tetraeders zu bestimmen. Vom Tetraeder sind die Winkel an der Spitze und die Lage der drei Eckpunkte seiner Grundfläche bekannt. Die Winkel lassen sich aus der Lage der Abbildung der Passpunkte auf dem Foto und der inneren Orientierung der Kamera berechnen. Die unteren Eckpunkte des Tetraeders fallen mit den Passpunkten des Objekts zusammen, das Projektionszentrum bildet die Spitze des Tetraeders (Abb. 1).

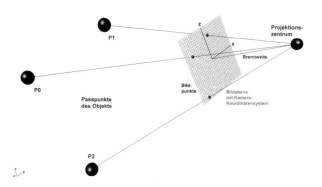

Abb. 1:
Räumlicher Rückwärtsschnitt

Wendet man den Kosinussatz auf die drei Seitenflächen des Tetraeders an, so erhält man drei Gleichungen zweiten Grades. GRUNERT (1841) zeigte, dass sich diese drei Gleichungen auf eine Polynomgleichung vierten Grades reduzieren lassen. MÜLLER (1925) deutete die Gleichung geometrisch, FINSTERWALDER (1937) und andere machten Vorschläge zu numerischen Lösungen. Eine Übersicht über die verschiedenen Lösungsansätze findet sich bei HARALICK & LEE (1991). Sie haben die Stabilität der verschiedenen Ansätze untersucht und die Ergebnisse 1991 veröffentlicht. Der Algorithmus von Finsterwalder gilt als der stabilste und wird in neuesten Anwendungen, z. B. KÖSER & KOCH (2008), bevorzugt eingesetzt.

2 Aufgabenstellung und Anforderungen

Gesucht ist ein für die Programmierung geeignetes Verfahren, welches mit wenigen Rechenschritten alle möglichen Lösungen der Aufgabenstellung auffindet. Sie müssen sich beliebig genau berechnen lassen. Es soll geschlossen arbeiten und auf Schätzwerte verzichten. Kritische Anordnungen wie z. B. die Lage des Projektionszentrums in der von den drei Passpunkten aufgespannten Ebene oder auf anderen „gefährlichen Flächen" dürfen weder Instabilitäten verursachen noch die Genauigkeit der Berechnung beeinflussen.

3 Lösungsansatz

Zur Lösung wird das Problem konsequent in voneinander unabhängige Teilschritte zerlegt. Hier wird von einer idealen Kamera mit bekannter Brennweite ausgegangen. Die bei Kameras vorhandenen Verzeichnungen werden in einem vorangehenden Schritt auf bekannte Weise mithilfe der Kalibrierwerte der Kamera korrigiert. Dieser Schritt wird hier nicht behandelt. Wir konzentrieren uns auf die Lösung des Tetraederproblems und die anschließende Transformation der Lösung in das Objektkoordinatensystem.

Die Berechnung des Tetraeders erfolgt im Kamerakoordinatensystem. In die Berechnung gehen zunächst nur die Bildpunktkoordinaten und die Abstände der Passpunkte ein. Sie lassen sich aus deren Koordinaten berechnen und sind invariant gegenüber Rotation und Translation. Die Lösung erfolgt in den Schritten:

- Zerlegung der Lösungsfunktionen in vier Zweige
- Bestimmung der Zweige mit gültigen Lösungen
- Berechnung der Lösungswerte
- Lage der Passpunkte im Kamerakoordinatensystem
- Transformation der Kamerakoordinaten in das Objektkoordinatensystem

4 Mathematischer Ansatz

Der Ursprung des Kamerakoordinatensystems wird in das Projektionszentrum gelegt, die y-Richtung zeigt in Aufnahmerichtung, die Bildebene liegt bei $y = c$ (Brennweite). Diese Wahl wurde bewusst so getroffen, damit die Achsenwerte nach rechts, nach oben und in

Aufnahmerichtung wachsen. Die Wahl ist im Prinzip beliebig, jedoch sollte auf die Drehrichtung geachtet werden (üblicherweise rechtshändiges Achsensystem).

Gegeben sind im Objektkoordinatensystem die Koordinaten P_0, P_1 und P_2 der drei Passpunkte sowie die den Punkten zugeordneten Bildkoordinaten F_0, F_1 und F_2. Die räumliche Lage der Bildpunkte p_i ergibt sich aus den Pixelwerten und den Werten der inneren Orientierung. Daraus lassen sich die Winkel $\alpha(i,j)$ an der Tetraederspitze, die drei Richtungsvektoren q_i der Kanten und aus den drei Passpunkten die Seitenlängen $T(i,j)$ der Grundfläche berechnen:

$$\alpha(i,j) = a\cos\left[\frac{\left(|p_i|\right)^2 + \left(|p_j|\right)^2 - \left(|p_j - p_i|\right)^2}{2\cdot|p_i|\cdot|p_j|}\right] \qquad qi = pi/|pi| \qquad T(i,j) = |Pi-Pj| \qquad (1)$$

Wir führen hier folgende Bezeichnungen als Abkürzungen ein:

$$\begin{aligned}
\alpha_0 &= \alpha(1,2) & \alpha_1 &= \alpha(0,1) & \alpha_2 &= \alpha(0,2) \\
T_0 &= T(1,2) & T_1 &= T(0,1) & T_2 &= T(0,2)
\end{aligned} \qquad (2)$$

Lassen wir nun den Passpunkt P0 auf der Tetraederkante vom Projektionszentrum aus gleiten und bezeichnen den Abstand P0 zum Projektionszentrum als x, so folgt aus dem Kosinussatz durch Auflösung nach m11(x):

$$m11(x) = x\cdot\cos\left(\alpha_1\right) + \sqrt{\left(T_1\right)^2 - \left(x\cdot\sin\left(\alpha_1\right)\right)^2} \qquad (3)$$

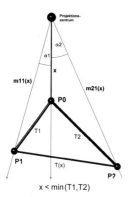

Abb. 2:
Abhängigkeit der Tetraederkanten

Analog gilt für die andere Tetraederseite:

$$m21(x) = x\cdot\cos\left(\alpha_2\right) + \sqrt{\left(T_2\right)^2 - \left(x\cdot\sin\left(\alpha_2\right)\right)^2} \qquad (4)$$

Mit den Seiten m11(x) und m21(x) lässt sich der Abstand T11 als Funktion von x angeben:

$$T11(x) = \sqrt{m11(x)^2 + m21(x)^2 - 2\cdot m11(x)\cdot m21(x)\cdot\cos\left(\alpha_0\right)} \qquad (5)$$

Wird x größer als T_1 oder T_2, so treten zusätzliche Schnittpunkte P* auf:

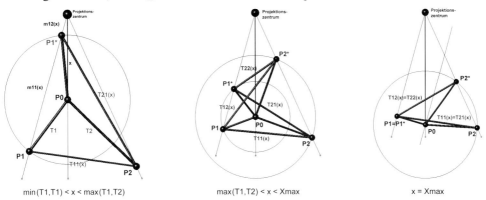

$$\min(T1,T1) < x < \max(T1,T2) \qquad\qquad \max(T1,T2) < x < Xmax \qquad\qquad x = Xmax$$

Abb. 3:   Fälle mit mehreren Lösungen

Für diese Fälle gilt dann:

$$m12(x) = x\cdot\cos(\alpha_1) - \sqrt{\left(T_1\right)^2 - \left(x\cdot\sin(\alpha_1)\right)^2}$$

auf der Kante P1   (6)

$$m22(x) = x\cdot\cos(\alpha_2) - \sqrt{\left(T_2\right)^2 - \left(x\cdot\sin(\alpha_2)\right)^2}$$

auf der Kante P2 mit drei weiteren Abständen:

$$T12(x) = \sqrt{m11(x)^2 + m22(x)^2 - 2\cdot m11(x)\cdot m22(x)\cdot\cos(\alpha_0)}$$

$$T21(x) = \sqrt{m12(x)^2 + m21(x)^2 - 2\cdot m12(x)\cdot m21(x)\cdot\cos(\alpha_0)} \qquad (7)$$

$$T22(x) = \sqrt{m12(x)^2 + m22(x)^2 - 2\cdot m12(x)\cdot m22(x)\cdot\cos(\alpha_0)}$$

Im Fall x = Xmax fallen zwei Punkte auf einer der Kanten zusammen und eine der beiden Wurzeln wird Null. Daraus folgt der Wert Xmax:

$$Xmax = \min(T_1/\sin(\alpha_1),\ T_2/\sin(\alpha_2)) \qquad\qquad (8)$$

Da alle Passpunkte vor der Kamera liegen, lassen wir für die Kantenlängen $m_{ij}(x)$ und x nur positive und rein reelle Werte zu. Wir erhalten so vier Funktionen $T_{ij}(x)$ mit eingeschränkten Gültigkeitsbereichen:

$$
\begin{aligned}
&T11(x): \quad 0 * x * Xmax \qquad\qquad &&T12(x): \qquad\quad T_2 * x * Xmax \\
&T21(x): \quad T_1 * x * Xmax \qquad\qquad &&T22(x): \ \max(T_1, T_2) * x * Xmax
\end{aligned} \qquad (9)
$$

und den eindeutigen Funktionswerten am Anfang und Ende des Gültigkeitsbereiches:

$$
\begin{array}{lll}
\text{T11(x):} & \text{Anfangswert} = \text{T11(0)} & \text{Endwert} = \text{T11(Xmax)} \\
\text{T12(x):} & \text{Anfangswert} = \text{T12}(T_2) & \text{Endwert} = \text{T12(Xmax)} \\
\text{T21(x):} & \text{Anfangswert} = \text{T21}(T_1) & \text{Endwert} = \text{T21(Xmax)} \\
\text{T22(x):} & \text{Anfangswert} = \text{T22}(\max(T_1, T_2)) & \text{Endwert} = \text{T22(Xmax)}
\end{array}
\tag{10}
$$

Den Verlauf der Kurven an einem willkürlich herausgegriffenen Beispiels (T_0 = 24596 mm, T_1 = 17966 mm, T_2 = 23321 mm, α_0 = 38.3 ^{0}, α_1 = 24.1 ^{0} und α_2 = 24.6 ^{0}) zeigt das folgende Diagramm:

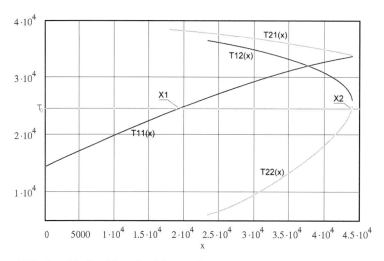

Abb. 4: Verlauf der vier Lösungsäste

Lösungen sind die Punkte, bei denen die Zweige den Wert T_0 annehmen, hier X1 und X2. Nach GRUNERT (1841) sind jedoch vier Wurzeln vorhanden, die alle reell sein können. Untersucht man den Verlauf der Kurven, so lassen sich Kombinationen von α_i und T_i finden, bei denen die Ableitungen der Zweige an bestimmten Stellen verschwinden. Das bedeutet, dass einzelne Kurvenzweige ein Maximum oder Minimum durchlaufen.

Die zugehörigen Ableitungen lassen sich explizit als Funktion von x angegeben. Mit den Abkürzungen:

$$
g1(x,i) := \cos(\alpha_i) - \frac{x \cdot \sin(\alpha_i)^2}{\sqrt{(T_i)^2 - (x \cdot \sin(\alpha_i))^2}} \qquad
g2(x,i) := \cos(\alpha_i) + \frac{x \cdot \sin(\alpha_i)^2}{\sqrt{(T_i)^2 - (x \cdot \sin(\alpha_i))^2}}
\tag{11}
$$

lauten diese:

$$
s11(x) := \left[\left(m11(x) - m21(x) \cdot \cos(\alpha_0)\right) \cdot g1(x,1) + \left(m21(x) - m11(x) \cdot \cos(\alpha_0)\right) \cdot g1(x,2) \right] \cdot T11(x)^{-1}
$$

$$
s12(x) := \left[\left(m11(x) - m22(x) \cdot \cos(\alpha_0)\right) \cdot g1(x,1) + \left(m22(x) - m11(x) \cdot \cos(\alpha_0)\right) \cdot g2(x,2) \right] \cdot T12(x)^{-1}
$$

$$
s21(x) := \left[\left(m12(x) - m21(x) \cdot \cos(\alpha_0)\right) \cdot g2(x,1) + \left(m21(x) - m12(x) \cdot \cos(\alpha_0)\right) \cdot g1(x,2) \right] \cdot T21(x)^{-1}
$$

$$
s22(x) := \left[\left(m12(x) - m22(x) \cdot \cos(\alpha_0)\right) \cdot g2(x,1) + \left(m22(x) - m12(x) \cdot \cos(\alpha_0)\right) \cdot g2(x,2) \right] \cdot T22(x)^{-1}
\tag{12}
$$

Ein anderes Beispiel, bei dem alle nach Grunert zu erwartenden Wurzeln reell sind, erhält man mit den Werten T_0 = 15500 mm, T_1 = 10000 mm, T_2 = 10000 mm, α_0 = 38.3 ^{0}, α_1 = 24.1 ^{0} und α_2 = 24.6 ^{0}. Bei zwei Zweigen tritt dann im Gültigkeitsbereich je ein Extremwert auf. Den Verlauf zeigt das folgende Diagramm:

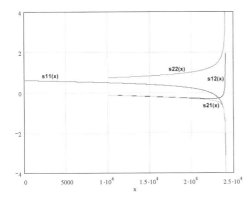
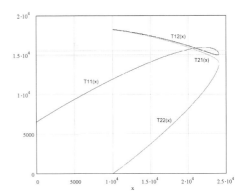

Abb. 5:   Kurvenverlauf mit Extrema   **Abb. 6:**   Ableitungen der Zweige

Man hat also zu berücksichtigen, dass Zweige mit einem Maximum oder Minimum im Gültigkeitsbereich zu zwei Lösungen führen. Ein solcher Zweig muss sowohl unterhalb als auch oberhalb des Extremwertes nach einer Lösung abgesucht werden. Die Lage der Extrema ergibt sich aus den Nullstellen der Ableitung.

Da jedem Zweig eindeutig zwei Werte aus der Menge m11(x), m12(x), m21(x) oder m22(x) zugeordnet sind, sind die Tetraederabmessungen durch die Lösungen X und den Zweig, auf dem sie auftreten, eindeutig bestimmt. Damit sind die Koordinaten der Passpunkte im Kamerakoordinatensystem für jede der Lösungen berechnet.

5   Aufsuchen der Lösungen

Lösungen können auf den aufsteigenden und den abfallenden Teilen der Zweige auftreten. Ob ein Zweig aufzuteilen ist, erkennt man leicht daran, dass die Ableitungen dieses Zweiges an den Gültigkeitsgrenzen unterschiedliche Vorzeichen haben. Ist dies nicht der Fall, so ist der betreffende Zweig stetig steigend oder stetig fallend und muss nicht unterteilt werden. Im anderen Fall ist die Nullstelle der Ableitung zu bestimmen und der Zweig an dieser Stelle aufzuteilen und jeder Teil wie ein eigener Zweig zu behandeln.

Ob ein Zweig bzw. ein Teilstück eine Lösung enthält, lässt sich sofort angegeben. Jeder Zweig bzw. Teilzweig enthält nur dann eine Lösung, wenn seine Funktionswerte an den Grenzen auf gegenüberliegenden Seiten des gesuchten Wertes T_0 liegen.

Zum Aufsuchen der Lösung x beginnt man in der Mitte des Gültigkeitsbereiches. Aus der Differenz zwischen Funktionswert an dieser Stelle und dem Sollwert T_0 wird mit der Ableitung ein Korrekturwert berechnet (Newton-Verfahren). Falls diese Korrektur zu einem Wert x außerhalb des Gültigkeitsbereiches führt, wird die Berechnung wiederholt, jedoch statt der Ableitung die Steigung der Geraden zwischen dem aktuellen Funktionswert und dem Wert an der Gültigkeitsgrenze eingesetzt. Da die Teilstücke alle stetig steigend oder stetig fallend sind, garantiert dieses Vorgehen eine gute Konvergenz und ein sicheres Auffinden der Lösung. Mit 6 Iterationen liegt das Ergebnis in fast allen Fällen auf mehr als 12 Stellen genau vor.

6   Bestimmung der Nullstellen der Ableitungen

Die Nullstellen der Ableitungen müssen eventuell berechnet werden, um einen Zweig aufzuteilen. Da hier jedoch an der oberen Grenze des Gültigkeitsbereiches Pole auftreten, muss der Lösungsbereich zuvor eingegrenzt werden. Man erreicht das, indem man in der Mitte des Gültigkeitsbereiches prüft, ob sich das Vorzeichen der Ableitung an dieser Stelle gegenüber dem Wert an der unteren Grenze unterscheidet. Ist das nicht der Fall, so wird der aktuelle Wert als neue untere Bereichsgrenze eingesetzt. Dieser Vorgang wird mit dem neuen Bereich bis zu einem Vorzeichenwechsel wiederholt. Der dann festgestellte Wert ist die neue obere Grenze. Auf dieses Teilstück wird das oben beschriebene, modifizierte Newton-Verfahren angewandt. Eine andere Möglichkeit besteht darin, von der oberen Grenze ausgehend den Bereich einzuengen.

7   Umrechnung des Kamerastandortes in Objektkoordinaten

Die Lage der Passpunkte ist im Objektsystem gegeben, im Kamerasystem sind sie durch die Richtungsvektoren der Tetraederkanten und die Kantenlängen bestimmt. Damit lässt sich nach bekannten Verfahren (siehe z. B. LUHMANN 2003, Seite 43, Räumliche Ähnlichkeitstransformation) eine eindeutige Transformationsmatrix berechnen. Wird diese Transformation auf das Kamerakoordinatensystem angewandt, so erhält man den Kamerastandort {0, 0, 0} bzw. die Lage der Tetraederspitze wie gefordert in Objektkoordinaten.

8   Abschließende Bemerkungen

Einzig bei kollinearer Anordnung der drei Passpunkte lässt sich wegen der dann vorliegenden Rotationssymmetrie der Kamerastandort nicht mehr eindeutig bestimmen. In allen anderen Fällen ergeben sich in der Mehrzahl der Fälle zwei, in Sonderfällen eine, drei oder vier Lösungen. Mehrdeutigkeiten können nur mit zusätzlichen Informationen gelöst werden. Am einfachsten erreicht man das, indem die Berechnung mit einem vierten Passpunkt wiederholt wird. Nur die gesuchte Position bleibt bei beiden Berechnungen gleich, alle anderen weichen mehr oder weniger voneinander ab.

Obwohl alle Lösungen mathematisch beliebig genau berechnet werden können, hängt die Genauigkeit des ermittelten Kamerastandortes von der Anordnung ab. Man darf nie vergessen, dass bei ungünstigen Konstellationen geringe Abweichungen in den Bildkoordinaten zu großen Fehlern beim berechneten Kamerastandort führen können. Die erreichte Genauigkeit ergibt sich für eine bestimmte Anordnung leicht aus der Berechnung der Fehlerfortpflanzung.

Die Winkel an der Tetraederspitze können Werte zwischen 0 und <180 Grad annehmen. Hier wurden nur Fälle mit Winkeln unter 90 Grad betrachtet. Wie man den Abbildungen im Abschnitt 4 entnehmen kann, vereinfacht sich die Situation bei Winkeln über 90 Grad. In diesem Fall ist auf der zugehörigen Kante nur ein Schnittpunkt möglich, außerdem kann der Variationsbereich von x eingeengt sein. Alles andere bleibt wie gehabt.

Aus Gründen der Anschaulichkeit wurden in den Diagrammen absolute Längen dargestellt. Für generelle Untersuchungen und für die Programmierung ist eine Normierung der Grundkanten des Tetraeders auf $Xmax = min(T_1/sin(\alpha_1), T_2/sin(\alpha_2))$ sinnvoll. Alle Lösungswerte liegen dann im Bereich $x = 0...1$ und die Diskussion über die unterschiedlichen Anordnungen wird wesentlich übersichtlicher. Durch Multiplikation mit Xmax werden alle normierten Abmessungen vor der Berechnung der Passpunktkoordinaten wieder in den wirklichen Maßstab überführt.

Literatur

Finsterwalder & Scheufele (1937): *Das Rückwärtseinschneiden im Raum.* Sebastian Finsterwalder zum 75. Geburtstage. Berlin: Wichmann, S. 86 ff.

Grunert (1841): *Das Pothenotische Problem in erweiterter Gestalt nebst Bemerkungen über seine Anwendungen in der Geodäsie.* Grunerts Archiv für Mathematik und Physik, Band 1, S. 238 ff.

Haralick & Lee (1991): *Analysis and Solutions of the Three Point Perspective Pose Estimation Problem.* Proc. IEEE Conf. on Computer Vision and Pattern Recognition, Lahaina, Maui, Hawaii, 3/6. Juni 1991, S. 592 ff.

Köser & Koch (2008): *Differential Spatial Resection – Pose Estimation Using a Single Local Image Feature*, European Conference on Computer Vision (ECCV 2008), Marseille, France. www.mip.informatik.uni-kiel.de/tiki-download_file.php?fileId=1010.

Kyle (1990): *A Modification to the Space Resection.* Allgemeine Vermessungs-Nachrichten, International Edition, 7/1990, S. 17-25.

Luhmann (2003): *Nahbereichsphotogrammetrie. Grundlagen, Methoden und Anwendungen.* 2. Aufl. Heidelberg: Wichmann, S. 243 ff.

Müller (1925): *Direkte (exakte) Lösung des einfachen Rückwärtseinschneidens im Raume.* Allgemeine Vermessungs-Nachrichten.

Wrobel (1999): *Minimum Solutions for Orientation.* In: Huang & Gruen (Eds.): Calibration and Orientation of Cameras in Computer Vision. Berlin: Springer, S. 29 ff.

Zur Bestimmung des Bildhauptpunktes durch Simultankalibrierung

Jürgen PEIPE und Werner TECKLENBURG

Zusammenfassung

Üblicherweise werden bei der Simultankalibrierung im Rahmen der Bündelausgleichung in der Nahbereichsphotogrammetrie einige, um die Aufnahmerichtung der Kamera gewälzte Aufnahmen mitgeführt, die vor allem der Bestimmung der Lage des Bildhauptpunktes dienen. Allerdings kann das Wälzen der Kamera zu Stabilitätsproblemen führen, d. h. die innere Orientierung wird verändert. In diesem Bericht wird daher zum einen untersucht, inwieweit gewälzte Aufnahmen in einem Bildverband enthalten sein müssen, damit die Simultankalibrierung gelingt. Zum anderen wird auf den Einfluss zusätzlich eingebrachter Aufnahmen nach Art der Einzelstandpunkt-Selbstkalibrierung hingewiesen.

1   Motivation

Voraussetzung für die unverzerrte Wiederherstellung photogrammetrischer Aufnahmestrahlenbündel ist bekanntlich die Kenntnis der inneren Orientierung der eingesetzten Kamera, also der Kamerakonstante c, der Lage des Bildhauptpunktes x_0, y_0 im Bildkoordinatensystem sowie der Objektivverzeichnung. Aktuelle, d. h. für den Moment der Aufnahme geltende Werte kann man durch Simultankalibrierung mit Hilfe der Bilder erhalten, die sowieso für die Objektbestimmung verwendet werden. Die Kamera wird zunächst einmal als stabil angenommen, zumindest während einer Serie aufeinander folgender Bilder. Bei geeigneter Aufnahmeanordnung sind für die Kalibrierung keine Messwerte im Objektraum wie zum Beispiel Passpunkte oder Passstrecken erforderlich. Die Kalibrierung gelingt mit rein photogrammetrischer Information. Neben konvergent auf das Objekt gerichteten Bildern ermöglichen um die Aufnahmerichtung gewälzte Bilder in mindestens einem Standpunkt die Bestimmung der Koordinaten des Bildhauptpunktes.

Strategie und Methodik der Simultankalibrierung (auch als Selbstkalibrierung bezeichnet, parallel zum englischen self-calibration) sind seit längerer Zeit bekannt (z. B. BROWN 1971, KÖLBL 1972, KUPFER & WESTER-EBBINGHAUS 1985, GODDING 1993; zusammenfassend bzw. vergleichend: CLARK & FRYER 1998, FRASER 2001, LUHMANN 2003, REMONDINO & FRASER 2006). Sie fand seit Mitte der 1980er-Jahre zunehmend und erfolgreich Anwendung beim Einsatz nicht-metrischer analoger und schließlich digitaler Kameras in der Nahbereichsphotogrammetrie. Systematische Untersuchungen zu geeigneten Aufnahmeanordnungen für die Simultankalibrierung im Rahmen einer Bündelausgleichung stammen in erster Linie von WESTER-EBBINGHAUS (1986, 1989).

Ein kritischer Punkt bei der Bestimmung der inneren Orientierung ist die Stabilität der verwendeten Kamera, die sich unter Umständen von Bild zu Bild ändert. Als mögliche Ursache hierfür sind nicht ausreichend feste Verbindungen zwischen Kamera und Sensor bzw. Kamera und Objektiv zu nennen. Auch das Gewicht des Objektivs und eines Ringblitzes wirken via Schwerkraft auf die Lage des Projektionszentrums ein. Insbesondere bei gewälzten Aufnahmen kann dies zu deutlichen Veränderungen führen (z. B. JANTOS et al. 2002, RIEKE-ZAPP et al. 2008). Als Lösung bietet es sich an, den Schwerkrafteinfluss durch zusätzliche Parameter in der Bündelausgleichung zu modellieren (HAIG et al. 2007). Eine andere Möglichkeit ist die bildvariante Kalibrierung, d. h. in der Bündelausgleichung wird für jedes Bild eine eigene Kamera bestimmt (z. B. JANTOS et al. 2002).

In diesem Bericht wird anhand von Testmessungen untersucht, wie es sich auswirkt, wenn aus einem für die Bündelausgleichung mit Simultankalibrierung vorgesehenen Bildverband die gewälzten Aufnahmen entfernt werden. Hierbei werden zum einen ein Rundum-Bildverband eines 3D-Testkörpers betrachtet und zum anderen Aufnahmen, die nur eine Seite des Testkörpers abdecken. In beiden Fällen werden dem Bildverband auch Aufnahmen „nach ESK-Art" hinzugefügt. Die Vorgehensweise bezieht sich auf das von WESTER-EBBINGHAUS (1982, 1983) angegebene Kalibrierverfahren der Einzelstandpunkt-Selbstkalibrierung (ESK). Dabei werden in einem Standpunkt gegeneinander geneigte Aufnahmen benutzt, während die Kamera „in Gebrauchslage" verbleibt (Kap. 2).

2   Einzelstandpunkt-Selbstkalibrierung

Die Methode der Einzelstandpunkt-Selbstkalibrierung (ESK) als Sonderfall der Selbstkalibrierung mit rein photogrammetrischer Information wurde von WESTER-EBBINGHAUS entwickelt und vorgestellt (WESTER-EBBINGHAUS 1982, 1983). Das Verfahren nützt den Gedanken, „dass zwischen Aufnahmen unterschiedlicher Orientierungswinkel bei gleichem Aufnahmeort geometrische, eine Kammerkalibrierung ermöglichende Beziehungen formuliert werden können" und verwendet „einen Bildverband aus einer zentralen, das Objekt vollständig abbildenden Aufnahme und weiteren, in verschiedenen Richtungen gegen die Zentralaufnahme geneigten Aufnahmen" (WESTER-EBBINGHAUS 1983). Kenntnis der Position der erfassten Objektpunkte ist nicht notwendig; sie dienen lediglich als Anzielpunkte.

Als „ESK-Verband" bzw. „nach ESK-Art" wird also im Folgenden ein Bildverband bezeichnet, der auf einem Standpunkt aus einer zentralen Aufnahme und je einer nach oben und unten sowie nach links und rechts geneigten Aufnahme besteht. Dreh- und Projektionszentren der Kamera können sich dabei unterscheiden (Näheres hierzu in WESTER-EBBINGHAUS 1983).

Die Genauigkeit der Bestimmung des Projektionszentrums im Bildraum hängt von der Größe der Bildneigungen ab. Die größte sinnvolle Neigung ist erreicht, wenn ein (geneigtes) Bild noch die Mitte des in der Zentralaufnahme erfassten Objektbereichs zeigt – eine weitgehend gleichmäßige Verteilung der Zielpunkte im Objektraum vorausgesetzt. Ein ESK-Verband kann allein für die Kamerakalibrierung verwendet werden, lässt sich aber auch innerhalb einer Bündelausgleichung nützen – sei es, um die Simultankalibrierung zu unterstützen, sei es „ganz allgemein zur Steigerung der Zuverlässigkeit und zur Stärkung des Gesamtbildverbandes" (WESTER-EBBINGHAUS 1983).

Im vorliegenden Bericht werden u. a. Aufnahmen nach ESK-Art in Bündelausgleichungen eingeführt. Die Kamera bleibt dabei in Gebrauchslage, d. h. sie muss nicht gewälzt, sondern lediglich geneigt werden. (Anwendungen bzw. Untersuchungen zur ESK finden sich z. B. in PEIPE 1985, DOLD 1994, FRYER 1996).

3   Testdaten und Ergebnisse

Als Ausgangsmaterial für die Untersuchungen stand ein Bildverband zur Verfügung, der mit einer NIKON D2X mit 24 mm NIKKOR Objektiv bei Testmessungen einer Reihe von Digitalkameras am IAPG Oldenburg erzeugt wurde (RIEKE-ZAPP et al. 2008). 3D-Testfeld (Prüfkörper) und Aufnahmeanordnung wurden in Übereinstimmung mit den Empfehlungen der VDI/VDE-Richtlinie 2634/1 konfiguriert (VDI/VDE 2002). Der Bildverband umfasste 120 Aufnahmen rund um den Prüfkörper und aus unterschiedlichen Höhen (vom Boden aus, stehend und von einer Leiter herab), ergänzt durch einige Nahaufnahmen (Abb. 1). Auf den je 12 Standpunkten „stehend" und „von der Leiter" wurden vier Bilder aufgenommen, d. h. eines normal auf das Objekt gerichtet und drei weitere, jeweils um 100 gon gewälzt. Ein kalibrierter Maßstab in der Mitte des Prüfkörpers diente der Skalierung.

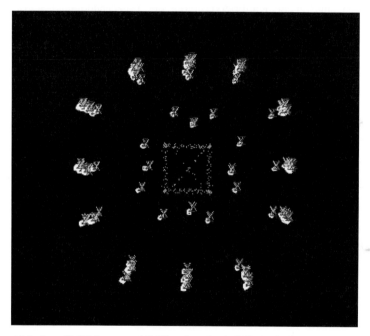

Abb. 1:   Prüfkörper und Dildverband mit 120 Aufnahmen

Zusätzlich entstanden auf einer Seite des Prüfkörpers ESK-Verbände in drei Standpunkten, d. h. jeweils eine zentrale Aufnahme und je zwei nach links/rechts bzw. oben/unten geneigte Aufnahmen, insgesamt also 15 Bilder.

Bildmessung, Objektrekonstruktion und Simultankalibrierung (bildinvariant) wurden mit der AICON 3D Studio Bündelausgleichssoftware durchgeführt. Die Ergebnisse des Verbandes mit allen 120 Bildern wurden als Referenzdatensatz für die weiteren Untersuchungen betrachtet.

3.1 Aufnahmeanordnung „Rundum-Bildverband"

Die Fragestellung ist, was in einem Rundum-Bildverband geschieht, wenn zum einen die gewälzten Aufnahmen wegfallen, dies dann zum zweiten durch eine starke Verminderung der Bildanzahl verschärft wird und drittens Aufnahmen nach ESK-Art hinzutreten. Die Ergebnisse dieser Vorgehensweise sind in Tabelle 1 dargestellt. Als relevante Werte sind Kamerakonstante und Hauptpunktlage samt ihren Standardabweichungen sowie die Standardabweichungen der Objektpunkte aufgeführt.

Tabelle 1: Ergebnisse Rundum-Bildverband

BV Nr.	Bild-zahl	c & s_c	x_0 & sx_0	y_0 & sy_0	s_X	s_Y	s_Z	Werte in mm
1	120	24.1908 0.0002	0.0641 0.0003	-0.2212 0.0003	0.0155	0.0160	0.0126	Referenzdaten
2	48	24.1892 0.0003	0.0654 0.0008	-0.2290 0.0008	0.0236	0.0244	0.0187	wie BV 1 ohne gewälzte
3	63	24.1898 0.0003	0.0647 0.0007	-0.2297 0.0007	0.0231	0.0238	0.0186	wie BV 2 mit ESK
4	20	24.1919 0.0008	0.0723 0.0024	-0.2276 0.0021	0.0370	0.0371	0.0250	nur stehend
5	56	24.1905 0.0003	0.0637 0.0004	-0.2219 0.0003	0.0221	0.0223	0.0149	wie BV 4 mit gewälzten
6	35	24.1910 0.0005	0.0683 0.0013	-0.2301 0.0012	0.0279	0.0264	0.0185	wie BV 4 mit ESK

Ausgehend vom Referenzdatensatz (Bildverband 1) wird Bildverband 2 durch Entfernen aller gewälzten Aufnahmen (2 × 12 × 3 Bilder) erzeugt. Dies hat kaum eine Auswirkung auf die innere Orientierung, außer dass die Bestimmungsgenauigkeit der Parameter wegen der wesentlich geringeren Zahl der Bilder abnimmt. Ähnliches gilt für die Standardabweichung der Objektkoordinaten. Stellt man die drei ESK-Verbände hinzu (Bildverband 3), so ergibt sich keine Verbesserung, d. h. in diesem gut konfigurierten Rundum-Bildverband kann auf spezielle Aufnahmen zur Hauptpunktsbestimmung verzichtet werden.

Verringert man die Zahl der Bilder, vor allem der konvergenten Bilder, weiter, indem man nur noch die Aufnahmen im Stehen verwendet (Bildverband 4), zeigt sich eine deutliche Verschlechterung, v.a. in der Hauptpunktlage und der Standardabweichung der Objektkoordinaten. Dies lässt sich einerseits heilen, wenn man einige gewälzte Aufnahmen wieder einführt (nämlich die 36 Aufnahmen im Stehen; Bildverband 5) – nun liegen die Standardabweichungen der Kamerakonstante und Hauptpunktlage nahezu gleichauf mit denen des Referenzdatensatzes mit 120 Bildern. Auch die Standardabweichungen der Objektkoordinaten verändern sich positiv. Andererseits kann man einen ähnlichen, wenn auch nicht so starken Effekt durch Hinzufügen der drei ESK-Verbände (15 Bilder) erreichen (Bildverband 6). Man beachte allerdings hier die geringere Bildanzahl gegenüber Bildverband 5.

3.2　Aufnahmeanordnung „Eine Objektseite"

Der zweite untersuchte Bildverband deckt nur eine Seite des Prüfkörpers ab, umfasst also drei Standpunkte, von denen aus die Aufnahmen im Stehen hergestellt wurden (Abb. 2). Tabelle 2 zeigt zunächst das Ergebnis für den Bildverband 7 mit 3 × 4 gewälzten Aufnahmen. Die Genauigkeit ist gegenüber dem Referenzdatensatz (Rundum-Bildverband) etwas geringer, was bei der kleineren Zahl und Konvergenz der Aufnahmen nicht verwundert.

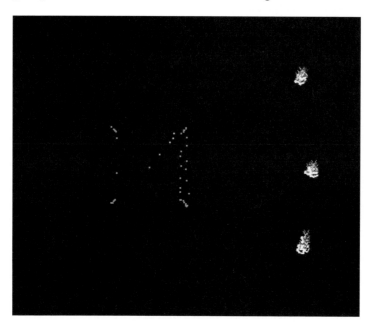

Abb. 2:　Bildverband für eine Objektseite

Tabelle 2:　Ergebnisse der Bildverbände für eine Objektseite

BV Nr.	Bild-zahl	c & s_c	x_0 & sx_0	y_0 & sy_0	s_X	s_Y	s_Z	Werte in mm
7	12	24.1872 0.0007	0.0628 0.0005	-0.2215 0.0005	0.0237	0.0128	0.0126	Gewälzt 12 Bilder
8	6	24.1851 0.0012	0.0622 0.0008	-0.2215 0.0007	0.0433	0.0197	0.0208	Gewälzt 6 Bilder
9	15	24.1925 0.0008	0.0743 0.0019	-0.2352 0.0012	0.0263	0.0149	0.0143	ESK 15 Bilder
10	7	24.1927 0.0009	0.0729 0.0022	-0.2300 0.0016	0.0323	0.0157	0.0157	ESK 7 Bilder

Die Simultankalibrierung gelingt erwartungsgemäß ohne Probleme. Zum Vergleich mit Bildverband 7 ist die ESK-Anordnung aus Kap. 3.1 als Bildverband 9 aufgeführt, mit 15 Bildern und einer geringeren Genauigkeit für die innere Orientierung und die Objektkoordinaten. Dennoch ist die Differenz, vor allem bei s_X, s_Y und s_Z nicht sehr groß.

Verringert man die Bildzahl noch einmal, d. h. es wird nur im mittleren Standpunkt gewälzt (4 Bilder; Bildverband 8) bzw. nach ESK aufgenommen (5 Bilder; Bildverband 10) und von den beiden seitlichen Standpunkten jeweils die normale/zentrale Aufnahme hinzugenommen, so zeigt sich bei den Parametern der inneren Orientierung ein ähnlicher Effekt. Die Standardabweichungen der Objektkoordinaten sind bei dem ESK-Verband sogar besser als bei dem Verband mit gewälzten Bildern.

4   Fazit

Will man eine Kamera „in Gebrauchslage" kalibrieren, weil es die Bedingungen vor Ort so erfordern oder weil man die Kamera aus Stabilitätsgründen nicht um die Aufnahmerichtung wälzen möchte, bietet sich die Einzelstandpunkt-Selbstkalibrierung nach WESTER-EBBINGHAUS (Abb. 3) als Hilfsmittel an. Geneigte Aufnahmen in einem Standpunkt liefern die Information zur sicheren Bestimmung der Position des Projektionszentrums im Bildraum (Kamerakonstante, Bildhauptpunkt). Hinzutretende Aufnahmen bzw. die Einbeziehung der ESK-Aufnahmen in einen Bildverband gestatten die Bestimmung von Objektkoordinaten im Rahmen einer Bündelausgleichung mit Simultankalibrierung. Zudem erhöhen ESK-Aufnahmen generell die Stabilität und Zuverlässigkeit eines Bildverbandes.

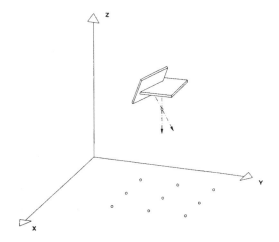

Abb. 6   Einzelstandpunkt-Selbstkalibrierung.

Abb. 3:   Kopie aus der Original-Veröffentlichung „Einzelstandpunkt-Selbstkalibrierung – ein Beitrag zur Feldkalibrierung von Aufnahmekammern" (WESTER-EBBINGHAUS 1983)

Die in diesem Beitrag erzielten Ergebnisse lassen sich wie folgt zusammenfassen:

- Simultankalibrierung im Bildverband ist ohne gewälzte Aufnahmen grundsätzlich möglich.

- Im Rundum-Bildverband mit konvergenter Schnittgeometrie kann die Kalibrierung ohne gewälzte Aufnahmen mit guter Genauigkeit erfolgen. Zusätzliche Bilder nach ESK-Art verbessern die Lösung nicht.

- Im ausgedünnten Rundum-Bildverband gelingt die Kalibrierung, aber mit geringerer Genauigkeit.

- Fügt man einige gewälzte Aufnahmen hinzu, so wird die hohe Genauigkeit des Referenzbildverbandes nahezu erreicht.

- Fügt man ESK-Aufnahmen hinzu, so wird immerhin mehr als die Hälfte dieses Effekts erzielt.

- Beim Bildverband, der eine Seite des 3D-Testfeldes abdeckt, kommt es zu ähnlichen Ergebnissen, v. a. erkennbar an den Standardabweichungen der Objektpunkte.

Literatur

Brown, D. C. (1971): *Close-Range Camera Calibration.* Photogrammetric Engineering & Remote Sensing, 37 (8), S. 855-866.

Clarke, T. A. & J.G. Fryer (1998): *The Development of Camera Calibration Methods and Models.* Photogrammetric Record, 16 (91), S. 51-66.

Dold, J. (1994): *A Strategy for Photogrammetric Multiple Camera Calibration without Additional Object Information.* IAPRS, Vol. 30/5, Melbourne, S. 61-64.

Fraser, C. (2001): *Photogrammetric Camera Component Calibration.* In: Gruen & Huang (Eds.): Calibration and Orientation of Cameras in Computer Vision. Berlin: Springer, S. 95-121.

Fryer, J.G. (1996): *Single Station Self-Calibration Techniques.* IAPRS, Vol. 31/B5, Wien, S. 178-181.

Godding, R. (1993): *Ein photogrammetrisches Verfahren zur Überprüfung und Kalibrierung digitaler Bildaufnahmesysteme.* Zeitschrift für Photogrammetrie und Fernerkundung, 2/1993, S. 82-90.

Haig, C., Heipke, C. & M. Wiggenhagen (2007): *Ein neuer gravitationsrichtungsabhängiger Parameter für die innere Orientierung zur Kompensierung von Neigungen am Objektivanschluss.* In: Luhmann, T. & C. Müller (Hrsg.): Photogrammetrie – Laserscanning – Optische 3D-Messtechnik. Beiträge der Oldenburger 3D-Tage 2007. Heidelberg: Wichmann, S. 44-51.

Jantos, R., Luhmann, T., Peipe, J. & C.-T. Schneider (2002): *Photogrammetric Performance Evaluation of the Kodak DCS Pro Back.* IAPRS, Vol. 34/5, Korfu, S. 42-47.

Kölbl, O. (1972): *Selbstkalibrierung von Aufnahmekammern.* Bildmessung und Luftbildwesen (BuL), 1/1972, S. 31-37.

Kupfer, G. & W. Wester-Ebbinghaus (1985): *Kammerkalibrierung in der photogrammetrischen Praxis.* Tagungsbeiträge, DGK Reihe B/275, München.

Luhmann, T. (2003): *Nahbereichsphotogrammetrie*. 2. Aufl., Heidelberg: Wichmann.

Peipe, J. (1985): *Simultankalibrierung einer Teil-Messkammer – Ein Anwendungsbeispiel aus dem Fahrzeugbau*. In: Kammerkalibrierung in der photogrammetrischen Praxis (Hrsg. Kupfer & Wester-Ebbinghaus), DGK Reihe B/275, München, S. 152-158.

Remondino, F. & C. Fraser (2006): *Digital Camera Calibration Methods: Considerations and Comparisons*. IAPRS, Vol. 36/5, Dresden, S. 266-272.

Rieke-Zapp, D. H., Tecklenburg, W., Peipe, J., Hastedt, H. & T. Luhmann (2008): *Performance Evaluation of Several High-Quality Digital Cameras*. IAPRS, Vol. 37/B5, Peking, S. 7-12.

VDI/VDE (2002): VDI/VDE Richtlinie 2634 Blatt 1 *„Optische 3D-Messsysteme – Bildgebende Systeme mit punktförmiger Antastung“*. Berlin: Beuth, 10 S.

Wester-Ebbinghaus, W. (1982): *Single Station Self-Calibration: Mathematical Formulation and First Experiences*. IAPRS, Vol. 24/5,2, York, S. 533-550 (in Deutsch).

Wester-Ebbinghaus, W. (1983): *Einzelstandpunkt-Selbstkalibrierung – ein Beitrag zur Feldkalibrierung von Aufnahmekammern*. DGK Reihe C/289, München.

Wester-Ebbinghaus, W. (1986): *Analytische Kammerkalibrierung*. IAPRS, Vol. 26/5, Ottawa, S. 77-84.

Wester-Ebbinghaus, W. (1989): *Trends in Non-Topographic Photogrammetry Systems*. In: Non-Topographic Photogrammetry (Hrsg. H. M. Karara), 2. Aufl., Amer. Soc. for Photogrammetry and Remote Sensing, S. 377-387.

Makrophotogrammetrie zur Bestimmung des Mikrogefüges von Marmor

Dirk RIEKE-ZAPP, Andreas EBERT, Marco HERWEGH, Karl RAMSEYER,
Edwin GNOS und Danielle DECROUEZ

Zusammenfassung

Die Bestimmung der Herkunft von Marmoren ist für eine Reihe verschiedener Anwendungen von Interesse. In diesem Beitrag stellen wir eine photogrammetrische Methode zur Bestimmung der Korngrößenverteilung von Marmoren vor und vergleichen die Ergebnisse mit Auswertungen, die mit etablierten Methoden gewonnen wurden. Die neue Methode wurde an polierten Mamorhandstücken von der Kykladeninsel Naxos getestet. Der größte Korngrenzkontrast wurde erreicht, indem die Kamera schräg zur Probe ausgerichtet, und die Probe von der gegenüberliegenden Seite beleuchtet wurde. Die Schrägstellung der Kamera bei den Makroaufnahmen erforderte eine Optimierung der Tiefenschärfe nach der Scheimpflugbedingung. Dabei erlaubt die photogrammetrische Methode im Vergleich zu herkömmlichen Analyseverfahren sehr große Flächen und somit auch größere Korngrößen zu erfassen. Zudem ist die Methode auch mobil anwendbar.

1   Einleitung

Die Gefügebestimmung von Marmoren ist für ganz unterschiedliche Fragestellungen von Bedeutung. In der Archäologie möchte man zum Beispiel wissen, woher das Material von einem bestimmten Bauwerk stammt, und wie es an seinen Ort gekommen ist. In der Archäologie können Rückschlüsse auf die räumliche und zeitliche Herkunft von Marmoren insbesondere aus Verarbeitungsart und Darstellungsstil der Steine, aber auch aus ihren Gefügen gewonnen werden. Für die Denkmalpflege und Restauratoren, ist es auch wichtig, zu wissen, mit welchen Teilen man am besten Schäden an Bauwerken beheben kann, da die Materialeigenschaften je nach Herkunft des Marmor sehr unterschiedlich sein können (Abb. 1). Im Bereich der Geo- und Materialwissenschaften versucht man, mit naturwissenschaftlichen Methoden nachzuweisen, woher ein Marmor stammt, bei welchen Temperatur- und Druckbedingungen er entstanden ist und welche Eigenschaften für eine bestimmte Lokalität charakteristisch sind.

1.1 Marmor

Die technische Definition von Marmor beschränkt sich auf einen schleif- und polierfähigen Kalkstein. Nach geologischer Definition handelt es sich bei Marmor um einen metamorphen Kalkstein, welcher im Untergrund durch Hitze und Druck umgewandelt wurde. Die verschiedenen Prozesse, welche bei der Umwandlung ablaufen, sowie die chemische Zusammensetzung des Gesteins, führen zu unterschiedlichen Eigenschaften des Marmors. Korngefüge, wie Korngröße, Kornform, und Kornorientierung, aber auch Farbe und chemische Eigenschaften unterscheiden sich je nach Herkunftsregion deutlich oder sind gar charakteristisch für eine Region oder einen Steinbruch. Ziel der Herkunftsbestimmung oder Provenanzanalyse ist eine möglichst eindeutige Zuordnung der Herkunft von Marmoren, die in Kunstwerken (z. B. Statuen) oder Bauwerken verwendet wurden, mit Hilfe naturwissenschaftlicher Untersuchungsmethoden. Diese Methoden sollten möglichst zerstörungsfrei ablaufen, damit wertvolle Gegenstände, die meist aus der Antike stammen, nicht beschädigt werden.

Abb. 1: Schäden an Baudenkmälern werden mit neuen Teilen behoben. Diese Teile sollten möglichst die gleichen Materialeigenschaften haben wie die vorhandenen Steine. Bildhöhe ungefähr 1 m, Akropolis Athen.

1.2 Methoden der Mikrostrukturanalyse

Für die Herkunftsbestimmung von Marmoren werden ganz verschiedene physikalische und chemische Methoden angewendet. Korngröße und Kornform sind wesentliche Merkmale, die Rückschlüsse auf die Herkunft von Marmoren geben können. Solche Mikrostrukturanalysen basieren auf der Erfassung der Korngrenzen. Je nach Korngröße verwendet man unterschiedliche Aufnahmetechniken. So kommen das Rasterelektronenmikroskop bei μm-großen Strukturen, die optische Durchlicht-/Auflicht-Mikroskopie bei mm-großen Körnern und im Fall von mm- und cm-großen Gefügen, die im Folgenden beschriebene Methode zum Einsatz.

Verwendet man ein Mikroskop für die Aufnahmen, dann werden in der Regel Gesteinsdünnschliffe mit einer Größe von 48×28 mm^2 untersucht. Von diesen Dünnschliffen, die in der Regel 20 bis 30 μm dick sind, passt immer nur ein geringer Ausschnitt in das Bildfeld des Mikroskops. Möchte man größere Flächen erfassen, müssen mehrere Einzelaufnahmen zusammengefügt werden. Dabei ist es schwierig und zeitaufwendig, ein entzerrtes Bildmosaik herzustellen. Müssen zudem relativ große Korngrößen im cm-Maßstab erfasst werden, können diese kaum noch mit statistisch ausreichender Anzahl mit Mikroskopen erfasst werden.

Im Folgenden wird eine photogrammetrische Methode vorgestellt, die es erlaubt, die Mikrostruktur von Marmoren der griechischen Kykladeninsel Naxos mit cm-großen Korngrößen besser zu erfassen, als dies mit den üblichen mikroskopischen Methoden möglich ist. Marmore der Insel Naxos wurden in der Antike für viele Bauwerke verwendet.

2   Photogrammetrische Methode

Der mittlere Korngrößendurchmesser von Marmoren im Zentralbereich von Naxos (Probenlokalitäten 4 und 5, Abb. 2) beträgt 1 mm und mehr. Bedingt durch unterschiedliche Temperaturen während der Metamorphose, welche kontinuierlich von der Lokalität 1 zur Lokalität 5 zunimmt, ändern sich die Marmorgefüge. Mit zunehmender Temperatur vergröbern sich die Marmore und werden weißer (EBERT et al., 2009).

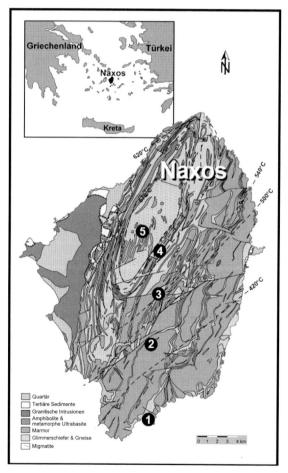

Abb. 2:   Naxos besitzt große Marmorvorkommen, schon in der Antike abgebaut wurden. Die Umwandlung von Kalkstein im Untergrund erfolgte bei Temperaturen zwischen 400 und 700 °C.

Handstücke, die in den fünf verschiedenen Regionen (Abb. 2) auf Naxos gesammelt wurden, besitzen eine Größe von ungefähr $20 \times 20 \times 20$ cm^3. Die Proben wurden in Scheiben gesägt, geschliffen und poliert, um die Korngrenzen im Gestein optimal sichtbar zu machen. Die Fläche, die es zu digitalisieren galt, war eben und betrug bis zu 20×20 cm^2. Der größte Korngrenzkontrast wurde erreicht, wenn die Probe schräg mit einer Lampe beschienen wurde. Je nach Richtung der Beleuchtung reflektierten unterschiedliche Körner das Licht. Jede Probe wurde in vier Bildern erfasst. Dabei waren Kamera und Licht fest installiert und die Probe wurde jeweils um 90° rotiert. Mit Hilfe der Rotation konnte der Kontrast des reflektierten Lichts von nebeneinander liegenden Körnern erhöht werden, denn die Lichtreflexion hängt von der kristallographischen Orientierung des jeweiligen Kalzitkorns ab. Somit ist die maximale Lichtreflexion jedes Korns nur unter bestimmten Lichtein- und ausfallwinkeln gegeben.

Die Aufnahmen wurden mit einem Leaf Aptus 75 digitalen Kamerarückteil an einer Cambo Ultima 23 D Kamera gemacht. Die Kamera erlaubt einen stufenlosen Auszug bis in den Makrobereich. Mit einem 120 mm Schneider Apo-Digitar Objektiv wurden Aufnahmen im Maßstab 1:5 erstellt. Die Pixelweite am Objekt beträgt bei diesem Maßstab 0,036 mm. Bei den Aufnahmen stellte sich schnell heraus, dass die Proben nicht nur aus mehreren Richtungen aufgenommen wurden mussten, sondern auch, dass die Kamera schräg zur Probe ausgerichtet sein musste, um die Korngrenzen optimal ins Bild setzen zu können. Für diesen Fall reichte die Tiefenschärfe des Kamerasystems nicht aus. Eine Dehnung der Tiefenschärfe nach Scheimpflug (KRAUS, 1993) war deshalb notwendig (Abb. 3).

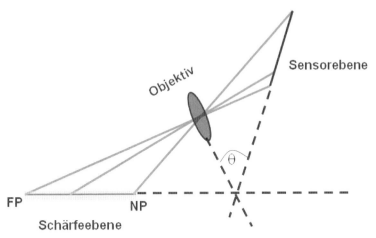

Abb. 3:   Verlagerung der Schärfenebene nach Scheimpflug. Sensorebene, Objektivebene und Schärfeebene müssen sich im Raum in einer Linie schneiden, damit die resultierende Schärfeebene vom Nahpunkt (NP) bis zum Fernpunkt (FP) auf der Probe zu liegen kommt.

Bei diesem Versuchsaufbau betrug der Winkel zwischen Sensor- und Objektivebene 20° (θ). Die Kamera war um 40° zur Probe geneigt. Fokus und Tiltwinkel (θ) mussten für jede Aufnahme nachgestellt werden.

Auf der Probe wurden mindestens fünf Punkte markiert (Abb. 4). Die Strecken zwischen den Punkten wurden mit einer Schieblehre gemessen und zu einem ebenen Koordinatensystem ausgeglichen. Die Koordinaten der Punkte wurden mit einer Genauigkeit von 0,05 mm ausgeglichen. Die aufgenommenen Bilder wurden mit Rollei Metric Single Rectification (MSR) Software projektiv entzerrt. Die Verzeichnung des Objektivs wurde dabei nicht berücksichtigt. Die Kalibrierung eines Kamerasystems unter Berücksichtigung der radial symmetrischen Verzeichnung für Scheimpflugwinkel (θ) bis ungefähr 3° findet sich bei LOUHICHI et al. (2007). Das Herstellerdatenblatt zeigt für das Schneider Objektiv eine maximale Verzeichnung von umgerechnet zwei bis vier Pixeln auf. Diese minimale Verzeichnung war vernachlässigbar gering, da jedes Korn immer nur einen kleinen Teil der gesamten Bildfläche einnahm. Die entzerrten Bilder besitzen eine Genauigkeit (RMSE), ermittelt für die Passpunktkoordinaten, von 0,05 mm.

Im Anschluss wurden die Korngrenzen in den vier Bildern von Hand digitalisiert und physikalische Parameter aus den Daten abgeleitet.

Abb. 4:   Projektiv entzerrte Aufnahmen eines Handstücks. Auf der Probe wurden fünf Kontrollpunkte markiert. Je nach Beleuchtungsrichtung (linkes Bild von oben rechts; rechtes Bild von oben links), treten unterschiedliche Körner hervor.

3   Diskussion

Der mittlere Korngrößendurchmesser der Proben wurde mit Hilfe der Photogrammetrie, eines Lichtmikroskops und mit einem Rasterelektronenmikroskop (SEM) bestimmt (Abb. 5, siehe auch EBERT et al. 2009). Mit Hilfe der Photogrammetrie konnte eine viel größere Fläche erfasst werden. Somit ist die Anzahl der abgebildeten Körner deutlich größer, eine wichtige Voraussetzung für eine statistisch ausgewogene Korngrößenanalyse.

Außerdem lassen sich mit dieser Methode auch Körner mit einem mittleren Durchmesser im cm-Maßstab erfassen. Lässt man diese Makrokörner außer Acht, erkennt man, dass die unterschiedlichen Methoden sehr ähnliche Korngrößenverteilungen zeigen. Berücksichtigt man die natürliche Variabilität in den Proben, passen die Werte sehr gut zusammen.

Ähnliche Ergebnisse wurden auch für andere Parameter erzielt, die sich aus den digitalisierten Korngrenzen ableiten lassen. Photogrammetrie, Lichtmikroskopie und SEM erzielten sehr ähnliche Ergebnisse für Kornform sowie die Schiefe der Korngrößenverteilung (EBERT et al., 2009).

Da die photogrammetrische Methode Ergebnisse liefert, welche den Ergebnissen der klassischen Methoden entsprechen, können diese Methoden durch die Photogrammetrie ersetzt werden, wenn die Korngrößen nicht wesentlich kleiner als 0,1 mm sind. In diesem Bereich bietet die photogrammetrische Methode den Vorteil, dass größere Flächen erfasst werden können und, dass die Aufnahmegeräte mobil sind. Untersuchungen auf ebenen und verwitterten Gesteinsoberflächen direkt im Steinbruch oder auf bearbeiteten Kunstwerken oder Bausteinen sind mit dieser Methode denkbar.

Die Parameter Korngröße und Kornform reichen im Allgemeinen nicht aus, um einen Marmor eindeutig einer Region zuzuordnen, es sind jedoch wichtige Parameter in einer Mehrkomponentenanalyse.

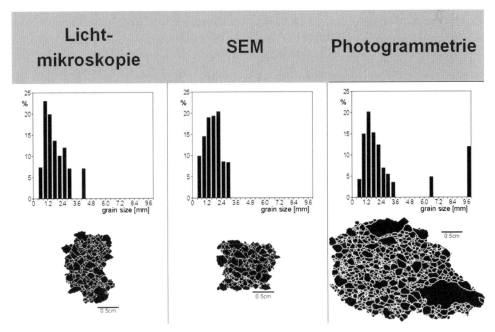

Abb. 5: Exemplarische Darstellung der Korngrößenverteilung für eine Probe, die mit dem Lichtmikroskop, Rasterelektronenmikroskop (SEM) und mit Hilfe der Photogrammetrie aufgenommen wurde. Es gilt zu beachten, dass die zwei übergroßen Körner, zwar mit der Photogrammetrie, nicht jedoch mit der Lichtmikroskopie und dem SEM erfasst werden konnten, da in den beiden letzten Fällen Probengröße und Aufnahmebedingungen für diese Methoden nicht geeignet waren.

4 Zusammenfassung

Es wurde eine photogrammetrische Methode zur Erfassung der Mikrostruktur von Marmoren vorgestellt. Die Resultate dieser Methode entsprechen denen, die mit klassischen Methoden erreicht werden können. Die photogrammetrische Methode bietet dabei den Vorteil, dass sie einfacher anzuwenden ist, und größere Flächen erfassen kann. Angewendet wurde die photogrammetrische Methode zunächst an polierten Marmorhandstücken, die von unterschiedlichen Richtungen aus beleuchtet wurden. Deshalb war ein Aufbau nach Scheimpflug notwendig. Die Methode arbeitet noch nicht zerstörungsfrei. Die Möglichkeit, photogrammetrische Aufnahmen vor Ort im Steinbruch oder an Statuen durchzuführen, wird zurzeit getestet (Abb. 6).

Für die Geländearbeit wurde auf eine stabilere Kameraausrüstung zurückgegriffen, da die Fachkamera, die in diesen Versuchen benutzt wurde, im Gelände nur schwer zu kontrollieren ist.

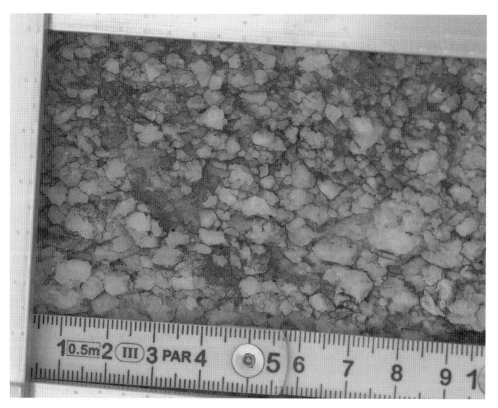

Abb. 6: Aufnahme einer Probe auf Naxos. In der verwitterten Probe lassen sich Korngrenzen auch ohne spezielle Beleuchtungstechnik erkennen: Das Bild entstand ohne Scheimpflug Korrektur.

Danksagungen

Diese Arbeit wurde unterstützt durch den Schweizerischen Nationalfonds Projekt Nr. 200021-109231/1.

Graphicart, Ittigen, danken wir für die Leihe der Cambo Kamera.

Literatur

Ebert, A., Rieke-Zapp, D., Herwegh, M., Ramseyer, K., Gnos, E. & D. Decrouez (2009): *Microstructures of coarse grained marbles, analyzed using a new technique based on the bireflectance of calcite*. Tectonophysics, 463, S. 175-184.

Kraus, K. (1993): *Photogrammetry. Vol. 1: Fundamentals and Standard Processes*. Bonn: Ferd. Dümmler, 397 S.

Louhichi, H., Fournel, T., Lavest, J. M. & H. Ben Aissia (2007): *Self-calibration of Scheimpflug cameras: an easy protocol*. Measurement Science and Technology, 18, S. 2616-2622.

Photogrammetrische Messprozesse im bautechnischen Versuchswesen

Uwe HAMPEL

Zusammenfassung

Die digitale Nahbereichsphotogrammetrie ermöglicht eine effiziente Erfassung drei-dimensionaler Objektoberflächen bei experimentellen Untersuchungen. Der Beitrag stellt aktuelle Untersuchungen vor und geht auf Besonderheiten und das erreichbare Genauig-keitspotenzial im Zusammenhang mit der hochgenauen kontinuierlichen Erfassung der Ver-formungs-, Riss- und Schädigungsentwicklung bei baumechanischen Untersuchungen tex-tilverstärkter Beton- und Holzkonstruktionen ein. In Bezug auf die Realisierung von Mas-senexperimenten werden Möglichkeiten zur hard- und softwarebasierten Optimierung pho-togrammetrischer Aufnahme- und Auswerteprozesse im Kontext bauspezifischer Messpro-zesse vorgestellt.

1 Einleitung

Die digitale Photogrammetrie hat sich im Verlauf der letzten Jahre für eine Vielzahl von Messaufgaben als ein effizientes Messverfahren bestätigt. Für definierte Anwendungen werden Systeme angeboten, die Bilddatensätze vollautomatisch auswerten und Resultate in Echtzeit bzw. Quasi-Echtzeit zur Verfügung stellen. Einschränkend ist festzustellen, dass es unmöglich ist, alle prinzipiell und sinnvoll photogrammetrisch lösbaren Messaufgaben mit einem System abzudecken. Dies führte dazu, dass kommerzielle Systeme nur für häufig auftretende und klar definierte Aufgabenstellungen angeboten werden. Daneben wurde von Firmen und Hochschulen eine große Zahl von Systemen für Spezialanwendungen entwi-ckelt. Ein Beispiel dafür sind die in diesem Beitrag vorgestellten Untersuchungen an textil-bewehrten Beton- und Holzproben.

2 Digitale Nahbereichsphotogrammetrie im bautechnischen Versuchswesen

Voraussetzung für den erfolgreichen und effizienten Einsatz photogrammetrischer Ver-fahren für diskrete bzw. flächenhafte Verformungs-, Riss- und Schädigungsmessungen bei baumechanischen Untersuchungen textilbewehrter Probekörper bzw. Baukonstruktionen ist die Kenntnis relevanter material- und verfahrensbezogener Einflussgrößen. Systematische Untersuchungen entsprechender Stör- und Einflussgrößen wurden im Rahmen zahlreicher photo-grammetrischer Messungen vorgenommen. Grundlage für eine systematische Unter-suchung im bautechnischen Versuchswesen bietet eine entwickelte Konzeption, die den gesamten Messprozess in eine Vorbereitungs-, Ausführungs- und Nachbereitungsphase aufteilt (OPITZ et al. 2001). Die Motivation für die vorgenannten Untersuchungen begründet sich in den z. T. sehr hohen Anforderungen bei baumechanischen Untersuchungen hinsicht-lich Messauflösung bzw. Messgenauigkeit bei möglichst großen Messbereichen bzw. Messvolumina. Oftmals führt erst eine Adaption bzw. Entwicklung/Weiterentwicklung entsprechender Verfahren im photogram-metrischen Messprozess bzw. in den sich an-schließenden Auswerteprozeduren zu einem Messergebnis. Insbesondere für die kontinuier-liche, flächenhafte Erfassung der Verformungs-, Riss- und Schädigungsentwicklung bei textilverstärkten Beton- und Holzproben ergeben sich sehr unterschiedliche Anforderungen an die einzusetzenden photogrammetrischen Verfahren (OPITZ et al. 2001, HAMPEL & MAAS 2001, HAMPEL 2003, ORTLEPP et al. 2006, HAMPEL 2008).

2.1   Photogrammetrisches Messsystem

Für die Realisierung photogrammetrischer Messungen bei baumechanischen Untersuchun-gen textilverstärkter Probekörper und Baukonstruktionen entsprechend der vorgenannten Konzeption wurde ein modular aufgebautes Messsystem entwickelt (Abb. 1).

Das Steuermodul stellt das Kernstück für die zeitliche Synchronisierung der nachfolgend beschriebenen Module des photogrammetrischen Messsystems dar. Das Bilderfassungsmo-dul beinhaltet neben den digitalen Kameras die Software zur synchronen Erfassung ver-schiedener Bildquellen und der Serialisierung. Die in die Untersuchungen einbezogenen digitalen Kameras sind in Tabelle 1 zusammengefasst. Die z. T. sehr unterschiedlichen Eigenschaften bzgl. der geometrischen und zeitlichen Auflösung ermöglichen einen flexib-len Einsatz bei baumechanischen Untersuchungen von hochauflösenden Verformungsmes-sungen bis hin zur Erfassung von Bruchvorgängen mit einer Hochgeschwindigkeitskamera (s. Abschn. 2.3). Die Auswertemodule (Abb. 1) beinhalten neben den für allgemeine und spezielle Messaufgaben entwickelten bzw. weiterentwickelten Softwaremodulen auch kommerzielle Programme. Aufgrund des hohen Datenaufkommens und im Zusammenhang komplexer Auswertungen (z. B. der flächenhaften Messung von Verformungen und Rissen) wurde die Implementierung optimierter Algorithmen erforderlich, da Standardimplementie-rungen bzw. Softwarekomponenten oftmals die praktische Umsetzung in Frage stellen.

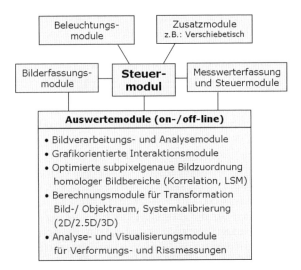

Abb. 1:
Modular aufgebautes Messsystem

Tabelle 1:   Digitale Bilderfassungssysteme

	Geometrische Auflösung [Pixel]	Zeitliche Auflösung [fps]	Radiometrische Auflösung [bit]
Kodak Megaplus 4.2i/10	2024 × 2016	< 1,5	10
Stemmer ST2	2048 × 2048	< 1,0	8
FastCam Ultima 1024	1024 × 1024 ... 32 × 256	500 ... 16.000	8

Neben einer optimalen Implementierung von Algorithmen können in Abhängigkeit der jeweiligen Messaufgaben besonders durch bekannte Randbedingungen oftmals sehr wirkungsvoll Optimierungen vorgenommen werden, die den zeitlichen Durchsatz drastisch erhöhen. Beispiele dafür sind entwickelte optimierte Korrelationsalgorithmen (OPITZ et al. 2001, HAMPEL & MAAS 2001).

Das Messwerterfassungs- und Steuermodul stellt für u. a. die Datensynchronisierung mit anderen Messkomponenten einen wichtigen Punkt dar. Dazu sind verschiedene Strategien möglich (OPITZ et al. 2001). Das entwickelte Datensynchronisierungs- und Steuermodul – auf Steuersignalen basierend – hat sich bei einer Vielzahl von Versuchen bewährt.

2.2   Photogrammetrische Objekterfassung

Im Verlauf der photogrammetrischen Messung müssen die einzumessenden Objektbereiche definiert werden. In Abhängigkeit der verwendeten Verfahren ist eine diskrete oder/ und eine kontinuierliche Oberflächenerfassung möglich. Für den Einsatz von Verfahren, die ausschließlich den Einsatz von Messmarken erfordern, müssen die einzumessenden diskreten Objektbereiche durch die Anbringung von Messmarken in der Vorbereitungsphase festgelegt werden. Bei Verwendung von Verfahren, die prinzipiell eine kontinuierliche Erfassung von Objektoberflächen ermöglichen, können die gewünschten Objektbereiche beliebig und damit auch nachträglich frei festgelegt werden. Die Bedeutung wird dann sichtbar, wenn z. B. der Versuchsverlauf eine veränderte Anordnung der diskreten Objektpunkte erfordert bzw. wenn nachträglich z. B. ein FEM-Netz für die photogrammetrische Messung übernommen bzw. angepasst werden soll. Voraussetzung für eine kontinuierliche Erfassung von Objektoberflächen ist eine entsprechende Oberflächenstruktur des zu erfassenden Objektes, die einen maßgeblichen Einfluss auf die resultierende Messgenauigkeit darstellt. Bei einer nicht ausreichenden natürlichen Oberflächenstrukturierung können verschiedene diskrete und flächenhafte künstliche Objektsignalisierungen eingesetzt werden. Für die Erfassung bzw. die Verschiebungsanalyse diskreter und flächenhafter Bereiche wurden verschiedene Algorithmen und Softwaremodule untersucht und entwickelt (z. B. Schwerpunktoperator, parametrische Merkmalsextraktion, Kreuzkorrelation und Least-Squares-Matching). Die erzielten Genauigkeiten für die diskrete Punktbestimmung unter Einbeziehung von merkmalsbasierten Messmarken liegen überwiegend im Bereich von 0,02–0,05 Pixel. Unter Verwendung von intensitätsbasierten Marken konnte eine Genauig-

keit von 0,01 Pixel erzielt werden. Die Verschiebungsanalyse für natürliche Oberflächenstrukturen kann im Normalfall mit einer Genauigkeit bis 0,02 Pixel erfolgen. In einigen
Anwendungsbeispielen bestätigten sich Genauigkeiten bis 0,01 Pixel. Im Zusammenhang
mit der Transformation Bild-/Objektraum wird die Kalibrierung des verwendeten Kamerasystems bzw. der einzelnen Kameras erforderlich. Hierfür werden in Abhängigkeit der
verwendeten Verfahren (2D/2.5D/3D) unterschiedliche Ansätze verfolgt. Für die Systemkalibrierung bei einer 3D-Messung hat sich das Aicon-System bewährt (OPITZ et al. 2001,
HAMPEL & MAAS 2001, HAMPEL 2003, ORTLEPP et al. 2006, HAMPEL 2008).

2.3 Verformungs- und Rissmessungen bei Zug- und Schubversuchen textilbewehrter Betonproben

Im SFB 528 werden u. a. Zug- (Teilprojekt B1) und Schubversuche (Teilprojekt C1) an
textilverstärkten Betonproben vorgenommen. In diesem Zusammenhang ist die qualitative
und quantitative Verformungs- und Rissentwicklung im Verlauf des Belastungsversuches
von besonderem Interesse. In OPITZ et al. 2001, HAMPEL & MAAS 2001 und HAMPEL 2003
wurde ausführlich über die entwickelten Verfahren und erzielten Ergebnisse bei Ver-
formungs- und Rissmessungen berichtet. So wurde u. a. gezeigt, dass Objektverformungen
mit einer Genauigkeit bis 1 μm und Risse mit einer Genauigkeit von ca. 3 bis 5 μm kontinuierlich erfasst werden können.

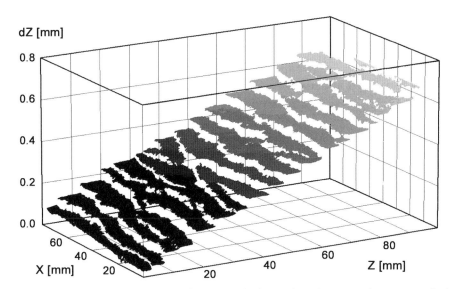

Abb. 2:   Flächenhafte Verschiebungs- und Rissanalyse (ca. 1.8 Mio. Messpunkte)

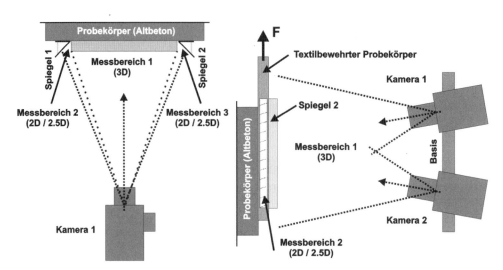

Abb. 3: Photogrammetrische Verformungs- und Rissmessung bei Schubversuchen textilverstärkter Betonproben (SFB 528, C1)

Im Zuge der Untersuchungen wurde deutlich, dass eine Erweiterung der Profilmessung hin zur Flächenmessung auch bei der Erfassung kleiner Risse und Rissverzweigungen die Qualität bzw. Sicherheit der Rissdetektion verbessert (Abb. 2). Problematisch ist der damit verbundene Aufwand, der für den betrachteten Messbereich quadratisch ansteigt. Typische Sequenzen bis 200 Lastbilder pro Kamera erfordern optimierte Auswerteroutinen.

Am Beispiel der Schubversuche im Teilprojekt C1 des SFB 528 wird nachfolgend auf Besonderheiten bei der Versuchsdurchführung und Auswertung eingegangen. Abbildung 3 zeigt den gewählten Versuchsaufbau zur effizienten Erfassung textilverstärkter Probekörper bei Schubversuchen mit photogrammetrischen Verfahren.

Ausgehend von der ursprünglichen Messaufgabe, die eine Erfassung von Verformungen bzw. Dehnungen in Intervallen konstanter Länge vorsah, ergab die Auswertung keine brauchbaren Ergebnisse und führte zu einer neuen Messkonzeption mit dynamischen Intervallen in Abhängigkeit der jeweiligen Risssituation (ORTLEPP et al. 2006). Am Beispiel der Schubversuche im Teilprojekt C1 des SFB 528 wird nachfolgend auf Besonderheiten bei der Versuchsdurchführung und Auswertung eingegangen. Abbildung 3 zeigt den gewählten Versuchsaufbau zur effizienten Erfassung textilverstärkter Probekörper bei Schubversuchen mit photogrammetrischen Verfahren.

Verformungs-/Dehnungsmessung mit dynamischer Intervallanpassung

Die neue Konzeption sieht eine Auswertung beliebig vorgegebener Profile (innerhalb des Verbundbereiches) vor, die nach der Messung auf der Grundlage des berechneten Rissbildes festgelegt werden (Abb. 4). Momentan erfolgt die Profilfestlegung interaktiv (eine Automatisierung bzgl. einer sicheren Profilerfassung bzw. eine Ausweitung auf den gesamten Messbereich ist vorgesehen). Ziel ist dabei, Profile zu finden, die außerhalb gestörter Bereiche und Rissverzweigungen liegen. Für die nachträglich vorgegebenen Profile werden nun auf Basis einer Verformungsmessung Risse detektiert, die sich als Sprünge in den Relativverschiebungen zeigen. Die jeweiligen Risspositionen definieren lastabhängig Intervallgrenzen. Abbildung 5 zeigt das Zwischenergebnis einer Messung bzgl. der lastabhängigen Rissdetektion. Auf Grund von Schwierigkeiten bei der Rissdetektion, die unterschiedliche Ursachen haben, wurden robuste Algorithmen für die dynamische Intervallerkennung auf Basis der Rissentstehung entwickelt. Ursachen für die z. T. erschwerte Rissdetektion liegt einerseits in der Rissentstehung selbst (da sich in einigen Fällen Risse im Verlauf des Belastungsversuches öffnen und durch Lastumlagerung z. T. wieder schließen) und andererseits ergeben sich in einigen Fällen bei ungünstigen lokalen/globalen Messbedingungen Störungen, die Fehler bei der Verschiebungsanalyse und damit auch bei der Rissdetektion verursachen. Auf Grund dieser Randbedingungen wurde eine Vorgehensweise gewählt, die ausgehend vom Risszustand nahe des Bruchzustandes den Beginn des Risses detektiert.

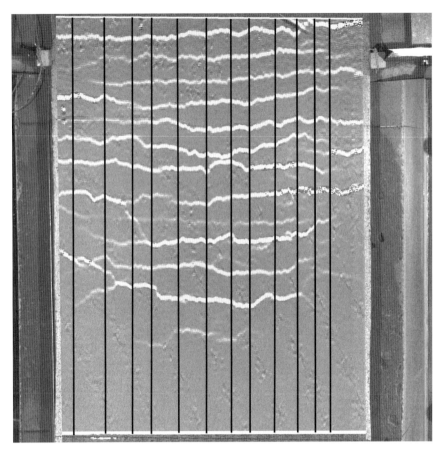

Abb. 4:   Berechnetes Rissbild für einen Lastzustand mit markierten Messprofilen für die dynamische Intervallmessung/Risserfassung (SFB 528, C1, T24-5)

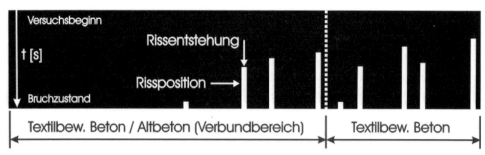

Abb. 5:   Rissanalyse in einem Profil für den gesamten Versuch (SFB 528, C1, T14-1)

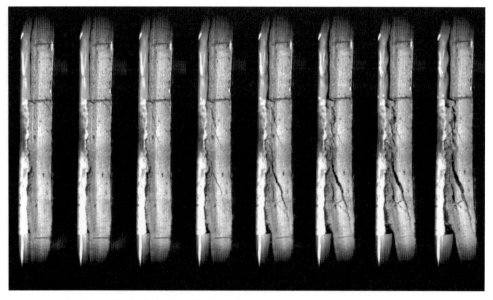

Abb. 6:   Hochgeschwindigkeitsaufnahme für Brucherfassung (2 ms, 4000 Bilder/s)

Im Rahmen der Schubversuche im Teilprojekt C1 wurde eine Auswahl von Versuchen zusätzlich mit einer Hochgeschwindigkeitskamera aufgenommen. Die Sequenzen umfassen bis 8000 Bilder und wurden zur Erfassung des Bruchzustandes eingesetzt. Abbildung 6 zeigt einen Ausschnitt von 2 ms (8 Bilder) aus einer aufgezeichneten Sequenz.

2.4   Photogrammetrische Verformungsmessungen bei baumechanischen Untersuchungen textilverstärkter Holzkonstruktionen

Die durchgeführten photogrammetrischen Messungen im Rahmen verschiedener Belastungsversuche an textilverstärkten Probekörpern wurden mit dem Ziel vorgenommen, FEM-Berechnungen zu verifizieren (SFB 528, Teilprojekt C3). Ein erstes Ziel bestand in der photogrammetrischen Bestimmung der Objektgeometrie durch die am Objekt angebrachten Messmarken für eine realitätsnahe FEM-Netz-Generierung. Während des Belastungsversuches wurden entsprechend Abbildung 7a für einen ausgewählten Bereich des Probekörpers eine photogrammetrische 3D-Erfassung unter Einsatz von 2 Kodak Megaplus 4.2i / 10 vorgenommen. Abbildung 7b zeigt Trajektorien ausgewählter Objektpunkte. Die Objektpunkte konnten bei einer separaten, unabhängigen Auswertung der einzelnen Laststufen mit einer Genauigkeit von 0,1–0,01 mm bestimmt werden. Eine Genauigkeitssteigerung kann erwartet werden, wenn eine Sequenzauswertung entsprechend Abschnitt 2.3 erfolgt.

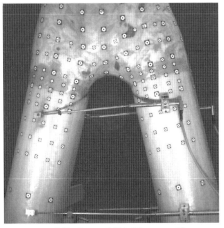

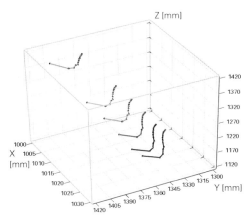

a) Referenzbild (Kamera 1)   b) Trajektorien ausgewählter Objektpunkte

Abb. 7:   Belastungsversuch an einer textilverstärkten Holzkonstruktion

3   Möglichkeiten der hard- und softwarebasierten Optimierung photogrammetrischer Aufnahme- und Auswerteprozesse

Der Umfang und die Komplexität photogrammetrischer Messprozesse erfordern im bautechnischen Versuchswesen, z. B. bei der Durchführung von Massenexperimenten, oftmals eine Optimierung des jeweiligen Aufnahme- und Auswerteprozesses. Die z. T. sehr hohen Anforderungen bzgl. der resultierenden Messauflösung – bezogen auf die zu erfassenden Messbereiche (2D) bzw. Messvolumen (3D-Objektoberflächen) – und die z. T. sehr große Anzahl von Messbildern (Bildsequenzen bis 750 Bildern/Bildpaaren pro Versuch) führten zu verschiedenen Entwicklungen, die eine effiziente Realisierung ermöglichen. In Bezug auf den photogrammetrischen Aufnahmeprozess führten diese z. B. zur 2.5D-Objekterfassung mittels dynamischer projektiver Transformation, die Entwicklung intensitätsbasierter Messmarken und den Einsatz der Spiegelphotogrammetrie. (HAMPEL 2008)

Bezüglich der Optimierung photogrammetrischer Auswerteprozesse ergeben sich vielschichtige Möglichkeiten, die sich vorwiegend auf die Algorithmenentwicklung/-optimierung und deren Implementierung beziehen. Bei der Algorithmenentwicklung (z. B. für die Rissdetektion) und bei der Einbeziehung bekannter Algorithmen hat sich gezeigt, dass in Bezug auf die Implementierung oftmals weit reichende Optimierungen vorgenommen werden können. Ein Beispiel dafür ist die Kreuzkorrelation (3.1), die bei der Bildzuordnung homologer Bildbereiche in vielen Fällen Verwendung findet. Das Ziel der Optimierung besteht beispielsweise darin, sich wiederholende Berechnungen zu minimieren.

$$
\text{COR}(A,B,A_m,B_m) = \frac{\displaystyle\sum_{y=y_1}^{y_2}\sum_{x=x_1}^{x_2}(A_{x,y}-A_m)\cdot(B_{x,y}-B_m)}{\sqrt{\displaystyle\sum_{y=y_1}^{y_2}\sum_{x=x_1}^{x_2}(A_{x,y}-A_m)^2\cdot\sum_{y=y_1}^{y_2}\sum_{x=x_1}^{x_2}(B_{x,y}-B_m)^2}}
\tag{3.1}
$$

Für die folgende Darstellung der prinzipiellen Optimierungsschritte erfolgt die Berechnung des Korrelationskoeffizienten unter Verwendung zweier Vektoren $\mathbf{A}$ und $\mathbf{B}$. A_m und B_m stellen für Gleichung (3.1) und (3.2) jeweils die Mittelwerte dar.

$$
\text{COR}(A,B,A_m,B_m) = \frac{\displaystyle\sum_{i=1}^{n}(A_i-A_m)\cdot(B_i-B_m)}{\sqrt{\displaystyle\sum_{i=1}^{n}(A_i-A_m)^2\cdot\sum_{i=1}^{n}(B_i-B_m)^2}}
\tag{3.2}
$$

In einem ersten Optimierungsschritt kann entsprechend Gleichung (3.3) eine Vereinfachung vorgenommen werden, die zu Gleichung (3.4) führt.

$$
\begin{aligned}
\sum_{i=1}^{n}(A_i-A_m)\cdot(B_i-B_m) &= \sum_{i=1}^{n}A_i\cdot B_i - \sum_{i=1}^{n}A_i\cdot B_m - \sum_{i=1}^{n}B_i\cdot A_m + \sum_{i=1}^{n}A_m\cdot B_m \\
&= \sum_{i=1}^{n}A_i\cdot B_i - B_m\cdot\sum_{i=1}^{n}A_i - A_m\cdot\sum_{i=1}^{n}B_i + n\cdot A_m\cdot B_m \\
&= \sum_{i=1}^{n}A_i\cdot B_i - B_m\cdot n\cdot A_m - A_m\cdot n\cdot B_m + n\cdot A_m\cdot B_m \\
&= \sum_{i=1}^{n}A_i\cdot B_i - \frac{1}{n}\cdot\sum_{i=1}^{n}A_i\cdot\sum_{i=1}^{n}B_i
\end{aligned}
\tag{3.3}
$$

$$
\text{COR}(A,B) = \frac{\displaystyle\sum_{i=1}^{n}A_i\cdot B_i - \frac{1}{n}\cdot\sum_{i=1}^{n}A_i\cdot\sum_{i=1}^{n}B_i}{\left[\left[\sum_{i=1}^{n}(A_i)^2 - \frac{1}{n}\cdot\left(\sum_{i=1}^{n}A_i\right)^2\right]\cdot\left[\sum_{i=1}^{n}(B_i)^2 - \frac{1}{n}\cdot\left(\sum_{i=1}^{n}B_i\right)^2\right]\right]^{\frac{1}{2}}}
\tag{3.4}
$$

Der zweite Optimierungsschritt bezieht sich auf die Vorausberechnung der Summen bzw. Quadratsummen entsprechend Gleichung (3.5) und verhindert eine Wiederholung von Berechnungsschritten bei fortlaufender Bestimmung des Korrelationskoeffizienten, die z. B. bei der Bildzuordnung homologer Bildbereiche i. d. R. erforderlich sind (OPITZ et al. 2001).

Bei der gewählten Darstellung ist zu beachten, dass die Berechnung des Korrelationskoeffizienten in Gleichung (3.2) – (3.4) für n Werte ab dem Index = 1 und in Gleichung (3.5) für n Werte ab dem Startindex a_o bzw. b_o erfolgt.

$$COR(A,B,ao,bo,n) = \frac{\sum\limits_{i=0}^{n-1} A_{ao+i} \cdot B_{bo+i} - \frac{1}{n} \cdot \sum\limits_{i=0}^{n-1} A_{ao+i} \cdot \sum\limits_{i=0}^{n-1} B_{bo+i}}{\left[\left[\sum\limits_{i=0}^{n-1} (A_{ao+i})^2 - \frac{1}{n} \cdot \left(\sum\limits_{i=0}^{n-1} A_{ao+i}\right)^2\right] \cdot \left[\sum\limits_{i=0}^{n-1} (B_{bo+i})^2 - \frac{1}{n} \cdot \left(\sum\limits_{i=0}^{n-1} B_{bo+i}\right)^2\right]\right]^{\frac{1}{2}}}$$

Vorausberechnung (Vektor):

$$\sum\limits_{i=0}^{n-1} (A_{ao+i}) = SA_{ao-n} - SA_{ao} \qquad\qquad \sum\limits_{i=0}^{n-1} (A_{ao+i})^2 = SA2_{ao-n} - SA2_{ao} \quad (3.5)$$

$$SA := \begin{pmatrix} 0 \\ A_1 \\ SA_1 + A_2 \\ .... \\ SA_{p-1} + A_p \end{pmatrix} \qquad\qquad SA2 := \begin{bmatrix} 0 \\ (A_1)^2 \\ SA2_1 + (A_2)^2 \\ .... \\ SA2_{p-1} + (A_p)^2 \end{bmatrix}$$

Weitere Optimierungsmöglichkeiten ergeben sich bei der Implementierung. Aufgrund der großen Auswahl von Systemen (Hardware, Betriebssystem, Entwicklungsumgebung), die für photogrammetrische Auswerteprozesse zum Einsatz kommen können, wird nachfolgend auf eine Auswahl prinzipieller Optimierungsmöglichkeiten eingegangen. Der aktuelle Trend bei der Entwicklung der Rechentechnik deutet auf eine starke Parallelisierung der Hardware hin. Dies wird z. B. durch die Entwicklung und dem Einsatz verschiedener Multicore-Prozessoren und leistungsfähiger Grafikkarten (GPU's) deutlich. Hochleistungsrechner beinhalten oftmals mehrere dieser Multicore-Prozessoren und verfügen dadurch über ein großes Leistungspotential. Um dieses Potential erschließen zu können, gibt es verschiedene Strategien bei der Implementierung. In einem ersten Schritt müssen die Einzelprozesse, die auf mehrere Cores aufgeteilt werden können, optimiert werden. Dies wird z. B. durch eine hardwarenahe Programmierung (Assembler, In-Line-Assembler) ermöglicht und gestattet die zur Verfügung stehenden CPU-Ressourcen (MMX, SSE, ..) optimal auszuschöpfen (PODSCHUM 2008). In einem zweiten Schritt können die für eine CPU optimierten Implementierungen auf mehrere CPU's verteilt werden. Hierfür stehen verschiedene Entwicklungsumgebungen und Bibliotheken zur Verfügung (z. B.: Intel, OpenMP (HOFFMANN et al. 2008)), die eine effiziente Parallelisierung ermöglichen. Eine weitere Optimierungsmöglichkeit besteht in der Nutzung der GPU(s) leistungsfähiger Grafikkarten, die beispielsweise eine direkte Programmierung der GPU (z. B.: NVIDIA CUDA 2008) ermöglichen und in allgemeine Berechnungsprozeduren einbezogen werden können. Durch die konsequente Bündelung der jeweiligen Berechnungsressourcen können für komplexe Auswerteprozesse effiziente Auswertemodule entwickelt werden, die durch eine geeignete Skalierung der Hardware (CPU's, GPU's) den Erfordernissen der jeweiligen Applikationen angepasst werden können.

4   Zusammenfassung

Die in diesem Beitrag vorgestellten Untersuchungsergebnisse zeigen, dass mit den entwickelten Lösungen vielschichtige Messaufgaben prinzipiell realisiert werden können. Besonders im bautechnischen Versuchswesen sind die Anforderungen an ein photogrammetrisches Messsystem sehr unterschiedlich und erfordern eine genaue Kenntnis der Einfluss- und Störgrößen im Zusammenhang mit hochgenauen Oberflächenmessungen (z. B. bei baumechanischen Untersuchungen von Betonprobekörpern). Für die flächenhafte Objekterfassung wurden im Zusammenhang mit speziellen Messaufgaben Algorithmen bzw. Verfahren entwickelt, weiterentwickelt und adaptiert, die eine effiziente Erfassung der Verformungs-, Riss- und Schädigungsentwicklung bei baumechanischen Untersuchungen ermöglichen und das derzeit praktisch erreichbare Genauigkeitspotenzial unter Verwendung der vorgestellten Verfahren wiederspiegeln. Kritisch muss angemerkt werden, dass bei den vorgestellten Verfahren der flächenhaften Bildzuordnung homologer Bildbereiche z. T. empirisch ermittelte Parameter Verwendung finden und keine allgemeine Gültigkeit besitzen. Dem Wunsch vieler Anwender nach einem universell einsetzbaren photogrammetrischen Messsystem, das möglichst vollautomatisiert alle Messaufgaben einer diskreten und kontinuierlichen Objekterfassung bei experimentellen Untersuchungen mit höchster Präzision abdeckt, kann derzeit nicht bzw. nur bedingt nachgekommen werden. Spezielle Messaufgaben erfordern auch zukünftig eine Adaption, Weiter- bzw. Neuentwicklung von Algorithmen bzw. Verfahren, um das jeweils mögliche Genauigkeitspotenzial voll ausschöpfen zu können.

Literatur

Hampel, U. (2003): *Photogrammetrische Verformungs- und Rissmessungen bei kurz- und langzeitigen Belastungsversuchen im bautechnischen Versuchswesen* (GESA-Symposium 2003, „Sicherheit und Wirtschaftlichkeit durch Messtechnik, Monitoring und Beanspruchungsanalyse", Braunschweig, 12.–13.6.2003). Düsseldorf: VDI, VDI-Bericht 1757, S. 59-66.

Hampel, U. (2008): *Photogrammetrische Erfassung der Verformungs- und Rissentwicklung bei baumechanischen Untersuchungen.* Dissertation, TU Dresden.

Hampel, U. & H.-G Maas (2003): *Application of digital photogrammetry for measuring deformation and cracks during load tests in civil engineering material testing.* In: Grün, A. & H. Kahmen (Eds.): Optical 3-D Measurement Techniques, Vol. II. Institut für Geodäsie und Photogrammetrie, ETH Zürich, S. 80-88.

Hoffmann, S. & R. Lienhart (2008): *OpenMP.* Informatik im Fokus. Berlin: Springer.

NVIDIA Corporation: *CUDA (2008): Reference Manual (Version 2.0); Programming Guide (Version 2.0).* http://www.nvidia.de/object/cuda_what_is_de.html.

Opitz, H., Maas, H.-G., Fuchs, S., Hampel, U., Schreiber, F., Flach, B. & E. Kask (2001): *Erfassung der Verformungs-, Riss- und Schädigungsentwicklung von Baukonstruktionen bei baumechanischen Untersuchungen mit Hilfe digitaler photogrammetrischer Verfahren.* In: Curbach, M. (Ed.): Arbeits- und Ergebnisbericht für Periode II/1999-I/2002 des Sonderforschungsbereiches 528. Technische Universität Dresden, S. 449-496.

Ortlepp, R., Hampel, U. & M. Curbach (2006): *A new Approach for Evaluating Bond Capacity of TRC Strengthening.* In: Cement and Concrete Composites.

Podschum, T. E. (2002): Das Assembler-Buch. Bonn: Addison-Wesley.

Lagebestimmung von Glasfasern im Beton

Johannes LANGE, Inga FOCKE und Wilhelm BENNING

1 Einleitung

Im Sonderforschungsbereich (SFB) 532 „Textilbewehrter Beton – Grundlagen für die Entwicklung einer neuartigen Technologie" [SFB 532] werden Glasfasern als Betonbewehrung alternativ zu Stahl untersucht.

Der Vorteil einer Glasfaserbewehrung besteht darin, dass Bauteile dünner gestaltet werden können, da Glas nicht korrodiert. Dies ermöglicht die Herstellung leichter Bauteile und eine neuartige architektonische Gestaltungsfreiheit.

Bei einer Glasfaserbewehrung liegen Rovings[1] als Textil im Beton. Ziel des Projekts ist die Untersuchung der Einbettung, so genannter Verbund der Filamente mit dem Beton. Dies ist für das Verständnis und die Modellierung des Bauteilverhaltens grundlegend notwendig. Eine detailliertere Beschreibung vor allem des zweidimensionalen Ansatzes findet sich in LANGE (2009).

1.1 Faseruntersuchung

Durch ein dreidimensionales Modell des Betonkörpers wird der Verlauf der Filamente mit der Fragestellung über die Welligkeit und Auslenkung untersucht. Des Weiteren wird der Porenverlauf im Beton bestimmt, um das Verbundverhalten von Filamenten und Beton zu erforschen.

Das Modell wird aus Querschnittaufnahmen eines Rasterelektronenmikroskops (REM) aufgestellt, die mit 50-facher Vergrößerung aufgenommen werden. Dabei ist zu berücksichtigen, dass ein REM bei so kleinen Vergrößerungen die Aufnahmen verzerrt (siehe 3.3).

Für die Modellierung des Betonkörpers sind zunächst einige Arbeitsschritte der digitalen Bildverarbeitung am zweidimensionalen Querschnitt durchzuführen, um die globalen Lagekoordinaten der Filamente im Betonkörper zu ermitteln. Des Weiteren werden dann diese zweidimensionalen Informationen dreidimensional modelliert.

---

[1] Einzelne Glasfasern werden als Filamente bezeichnet, Glasfaserbündel bestehen aus (hier ca. 1600) Filamenten als Rovings und bewirken eine vollständige zwei- bzw. dreidimensionale Netzbewehrung als Textil.

2   Zweidimensionale Auswertung

2.1   Kreisdetektion aus REM-Aufnahme

Zunächst wird das REM-Bild durch eine Maske auf den Roving reduziert, um die Rechenzeit zu verkürzen und störende Einflüsse aus Randbereichen zu vermeiden. Für eine Lagebestimmung der Filamente wird ein Schwellwertverfahren eingesetzt, das ein Binärbild mit extrahierten hellen Filamenten erzeugt. Die hellen Filamentflächen werden durch ein Filter (mathematische Morphologie SOILLE) voneinander getrennt, zusammenhängende Pixel ermittelt und über eine Mindestgröße die Filamentbereiche extrahiert. Um die weißen Felder werden ausgleichende Umkreise gelegt. Durch eine Skelettierung (mittels Euclidean Distance Map) werden Umkreise verbessert, die um mehrere Filamentflächen liegen. Die Umkreise stellen die Bildkoordinaten und Radien der Filamente im Querschnitt dar.

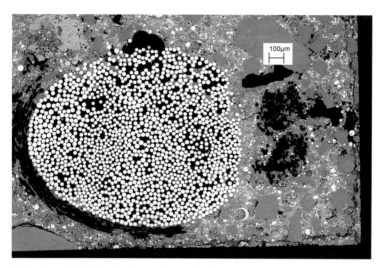

Abb. 1:   REM-Aufnahme eines Glasfaser-Rovings in einer Betonmatrix
(Quelle: Institut für Textiltechnik/ibac der RWTH Aachen)

2.2   Nachbarschaftsuntersuchung

Für ein dreidimensionales Modell des gesamten Körpers ist neben den Glasfaserpositionen und -radien auch deren Verbund mit der Betonmatrix zu untersuchen. Verbund mit der Betonmatrix liegt vor, wenn Filamente Teile der Betonmatrix berühren. Für die Untersuchung der Filamentumgebungen wird ein „Kuchenoperator" (Abb. 2) genutzt, der einen in gleichmäßige Stücke aufgeteilten Kreisring um die Fasern legt. Für jedes Ringsegment wird ein mittlerer Grauwert bestimmt, über den mit Hilfe eines Schwellwertverfahrens entschieden wird, ob es sich um eine Pore handelt oder um einen Teil der Betonmatrix (Abb. 3). Darüber hinaus werden über die bekannten Lage- und Radiusinformationen Nachbarfilamente bestimmt.

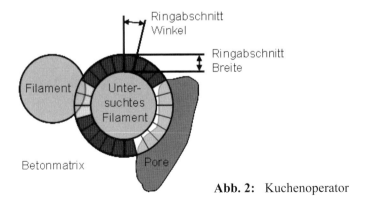

Abb. 2: Kuchenoperator

Zwischen den untersuchten Nachbarschaften werden die nicht bestimmten Flächen interpoliert. Auf diese Weise wird das gesamte Grauwertbild klassifiziert.

Abb. 3: Links: Originalaufnahme. Mitte: Porendetektion über Schwellwertbildung. Rechts: Nachbarschaftsuntersuchung der Filamente.

2.3 Globale Orientierung

Die REM-Bilder von einem Körper werden zu verschiedenen Zeitpunkten unabhängig voneinander aufgenommen und ausgewertet. Die Koordinatensysteme der einzelnen Messungen müssen untereinander global orientiert werden, dazu sind bei den REM-Aufnahmen zwei Kanten des Probekörpers sichtbar, auf denen jeweils zwei Punkte manuell ausgewählt werden. Aus diesen Punkten werden zwei Geraden berechnet, über die die globale Translation und Rotation bestimmt werden.

3 Dreidimensionale Auswertung

Nach der Auswertung jeder einzelnen Querschnittsaufnahme, werden die gewonnen Informationen zu einem dreidimensionalen Modell zusammengefügt. Für die Modellierung ist es wichtig, dass die Filamente, die senkrecht zu den Querschnitten durch den gesamten Probekörper verlaufen, einander zugeordnet werden. Hierbei sind die verschiedenen Radien hilfreich, weil sie zwischen 9 und 27 µm streuen. Aufgrund der hohen Filamentanzahl (ca. 1600 Stück pro Roving) wird die Radiusübereinstimmung lediglich als Zusatzkriterium bei den Zuordnungen verwendet, was im Folgenden nicht weiter erwähnt wird.

Die Zuordnung der Filamente zwischen den ersten beiden Schnitten ist am unsichersten, weil keine Vorinformationen vorliegen. Lediglich die globale Translation und Rotation können auf alle Lagekoordinaten angewendet werden.

Um die Unsicherheiten einer globalen Transformation für die Filamentbewegungen zwischen den ersten beiden Aufnahmen zu verteilen, wird der erste Querschnitt in vier gleichgroße Teile geteilt. Zunächst werden einzelne Filamente manuell zugeordnet und für jeden Bildteil die Parameter einer Affintransformation geschätzt. Diese Parameter werden dann im zweiten Schritt durch das ICP-Verfahren über alle Filamente verbessert.

3.1 ICP-Verfahren

Beim ICP-Verfahren nach BESL & MCKAY werden die Affintransformationsparameter auf alle Filamente angewendet und die nächsten Nachbarn von der jeweils berechneten Stelle eines jeden Filaments im zweiten Querschnitt gesucht. Die Abstände zu diesen nächsten Nachbarn werden aufsummiert. Aus den gefundenen Filamentpaaren wird eine neue Transformation bestimmt, die auf die Punktmenge angewendet wird. Auch hierfür werden die Abstände zu den nächsten Nachbarn aufsummiert. Ist diese Summe kleiner als die zuvor berechnete, wird dieser Iterationsschritt angenommen. Andernfalls werden neue Transformationsparameter bestimmt.

3.2 Lineares Kalmanfilter

Zuordnungen in mehr als zwei Querschnitten werden über ein lineares Kalmanfilter bestimmt. Abbildung 4 veranschaulicht maßstäblich die durchschnittlichen Verhältnisse von einem durchschnittlichen Filamentradius zum Querschnittsabstand vom ersten und zweiten Querschnittsübergang. Da die dargestellten Filamente aus massivem Glas sind, ist eine Biegung nur geringfügig möglich, so dass ein lineares Kalmanfilter eine erste Näherung darstellt.

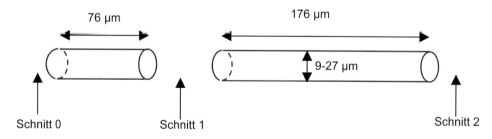

Abb. 4:   Maßstäbliche Darstellung Abstand-Radius-Verhältnis erster Übergang (links) und zweiter Übergang (rechts)

Mit einem Kalmanfilter wird jedes Filament einzeln durch alle Querschnitte verfolgt. Dadurch werden Filamentbewegungen durch den Körper nicht abhängig von seinen Nachbarfilamenten modelliert.

Aus bekannter Lageinformation und Querschnittsabstand der bisherigen Zuordnungen wird die Position im nächsten Querschnitt berechnet. Außerdem wird ein Rauschen in Form einer „Beschleunigung" modelliert, um Ungenauigkeiten zu berücksichtigen. Nach STEFFEN & BEDER (2007) wird eine prognostizierte Position $\hat{x}_t^-$ aus bisherigen Zuordnungen bestimmt und mit einer tatsächlich vorgefunden Position z_t aktualisiert.

Der Modellansatz für die Filamentbewegung wird nach dem klassischen Bewegungsmodell der Physik aufgestellt:

$$x_t = \begin{pmatrix} x_t \\ y_t \\ v_{x;t} \\ v_{y;t} \end{pmatrix} = \begin{pmatrix} x_{t-1} + v_{x;t-1}\Delta t + \frac{1}{2}a_x\Delta t^2 \\ y_{t-1} + v_{y;t-1}\Delta t + \frac{1}{2}a_y\Delta t^2 \\ v_{x;t-1} + a_x\Delta t \\ v_{y;t-1} + a_y\Delta t \end{pmatrix}$$

$$= \begin{pmatrix} 1 & 0 & \Delta t & 0 \\ 0 & 1 & 0 & \Delta t \\ 0 & 0 & 1 & 0 \\ 0 & 0 & 0 & 1 \end{pmatrix} x_{t-1} + \begin{pmatrix} \frac{1}{2}\Delta t^2 & 0 \\ 0 & \frac{1}{2}\Delta t^2 \\ \Delta t & 0 \\ 0 & \Delta t \end{pmatrix} \begin{pmatrix} a_x \\ a_y \end{pmatrix} = Ax_{t-1} + w_t \tag{1}$$

mit

x_t, y_t : Filamentposition im aktuellen Querschnitt, $v_{x;t}, v_{y;t}$: aktuelle Geschwindigkeit

Δt : aktueller Querschnittsabstand, a_x, a_y : Beschleunigung (Messrauschen)

Die zugehörigen Kovarianzmatrizen lauten:

$$\Sigma_{aa} = \begin{pmatrix} \sigma_{a_x}^2 & 0 \\ 0 & \sigma_{a_y}^2 \end{pmatrix}, \quad \Sigma_{xx,a} = \begin{pmatrix} \frac{1}{4}\Delta t^4\sigma_{a_x}^2 & 0 & \frac{1}{3}\Delta t^3\sigma_{a_x}^2 & 0 \\ 0 & \frac{1}{4}\Delta t^4\sigma_{a_y}^2 & 0 & \frac{1}{3}\Delta t^3\sigma_{a_y}^2 \\ \frac{1}{3}\Delta t^3\sigma_{a_x}^2 & 0 & \Delta t^2\sigma_{a_x}^2 & 0 \\ 0 & \frac{1}{3}\Delta t^3\sigma_{a_y}^2 & 0 & \Delta t^2\sigma_{a_y}^2 \end{pmatrix} \tag{2}$$

Im Bild wird die Position jedes Filaments

$$z_t = \begin{pmatrix} 1 & 0 & 0 & 0 \\ 0 & 1 & 0 & 0 \end{pmatrix} x_t + v_t = Hx_t + v_t \quad \text{mit} \quad \Sigma_{zz} = \begin{pmatrix} \sigma_{z_x}^2 & 0 \\ 0 & \sigma_{z_y}^2 \end{pmatrix} \tag{3}$$

gemessen. Die Vorhersage, an welcher Position diese Filament im nächsten Bild liegen wird, wird über

$$\hat{x}_t^- = A\hat{x}_{t-1} \quad \text{mit} \quad \Sigma_{xx,t}^- = A\Sigma_{xx,t-1}A^T + \Sigma_{xx,a} \tag{4}$$

berechnet. Diese vorhergesagte Koordinate wird mit der tatsächlich vorgefundenen verglichen und aktualisiert:

$$K_t = \Sigma_{xx,t}^- H^T \left(H\Sigma_{xx,t}^- H^T + \Sigma_{zz} \right) \tag{5}$$

$$\hat{x}_t = \hat{x}_t^- + K_t(z_t - H x_t^-) \quad \text{mit} \quad \Sigma_{xx,t} = (I - K_t H)\Sigma_{xx,t}^- \tag{6}$$

3.3 Entzerrung

Bei kleinen Vergrößerungen, wie zum Beispiel der hier angewandten 50-fachen Vergrößerung, werden REM-Aufnahmen sehr stark verzerrt. Abbildung 5 zeigt die prognostizierten und die tatsächlich vorgefunden Filamentpositionen.

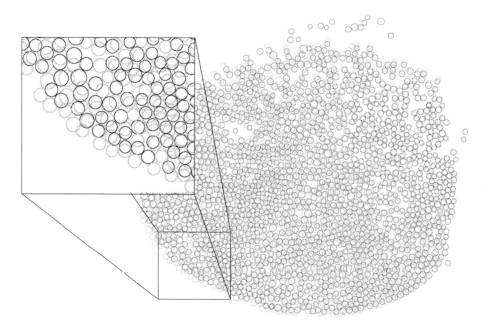

Abb. 5:   Helle Kreise: Prognostizierte Filamenteposition durch Richtungsinformation, dunkle Kreise: Filamentpositionen im Bild

Ohne affine Entzerrung für diese beiden Abbildungen würden insbesondere in der linken Bildhälfte falsche Filamente zugeordnet. Abbildung 6 zeigt dieselben Filamente nach der affinen Entzerrung der Bildkoordinaten vom Querschnitt. Da sich die Verzerrung affin modellieren lässt, wird die Ursache der Verzerrung im REM oder einer schiefen Schliffebene vermutet. Weil die Vorsagen mit den entzerrten Filamenten in der Gesamtstruktur zueinander passen, wird der Grund dieser Verzeichnung entweder mit der Verzerrung des

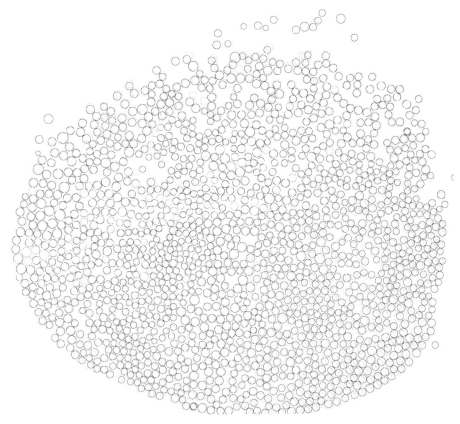

Abb. 6:   Helle Kreise: Vorhergesagte Filamenteposition durch Richtungsinformation,
dunkle Kreise: Filamentpositionen im Bild nach Entzerrung

REM oder einer schiefen Abbildung begründet. Wenn die Prognose des Kalmanfilters nicht
passen würde, würden die Filamente in der Gesamtstruktur stark von der des Querschnitts
abweichen, weil jede Filamentposition unabhängig von den anderen prognostiziert wurde.

4   Ausblick

Das vorgestellte Verfahren untersucht den dreidimensionalen Verlauf von Glasfaserbewehrung im Beton. Dies ist der erste Schritt zu einem dreidimensionalen Modell des gesamten
Betonkörpers, um zum Beispiel das Verbundverhalten von Glasfaserbewehrung und Betonmatrix beurteilen zu können. Neben der Detektion der Filamente und ihres Verlaufs ist
die dreidimensionale Untersuchung der Porenbereiche notwendig um eine vollständige
Analyse über den Verbund machen zu können. Die Herausforderung liegt darin, die zufälli-
ge, also nicht lineare Verteilung in der dritten Dimension darzustellen.

Dank

Das vorgestellte Projekt wurde am Geodätischen Institut der RWTH Aachen im Rahmen des Sonderforschungsbereichs SFB 532 „Textilbewehrter Beton – Grundlagen für die Entwicklung einer neuartigen Technologie" entwickelt. Die Autoren danken der Deutschen Forschungsgemeinschaft (DFG) für die Förderung des Projekts.

Literatur

Besl, P. J. & N. D. McKay (1992): *A Method for Registration of 3-D Shapes*. IEEE Transactions on Pattern Analysis and Machine Intelligence, 14 (2), S. 239-256.

DFG – Sonderforschungsbereichs SFB 532: „*Textilbewehrter Beton – Grundlagen für die Entwicklung einer neuartigen Technologie*". Homepage: http://sfb532.rwth-aachen.de

Lange, J. (2009): *Zum Thema Riss- und Faserdetektion im Beton*. Dissertation am Geodätischen Institut der RWTH Aachen in Vorbereitung, Nr. 64.

Soille P. (1998): *Morphologische Bildverarbeitung – Grundlagen, Methoden, Anwendungen*. Berlin: Springer.

Steffen, R. & C. Beder (2007): *Recursive Estimation with Implicit Constraints*. LNCS Proceedings of the DAGM 2007 (ed. by Hamprecht, F. A., Schnörr C. & B. Jähne), Volume 4713, S. 194-203.

Unmanned Aerial Vehicles (UAV)

6

Unmanned Aerial Vehicles (UAV) – historische Entwicklung, rechtliche Rahmenbedingungen und Betriebskonzepte

Sebastian SIEBERT, Jörg KLONOWSKI und Frank NEITZEL

Zusammenfassung

Dem Einsatz und Betrieb von unbemannten autonomen Luftfahrzeugen als Träger bildgebender Sensoren kommt in der Datenerfassung aus der Luft eine immer größere Bedeutung zu. Dieser Beitrag gibt einen Überblick über die Entstehungsgeschichte von unbemannten Flugobjekten und beschreibt die rechtlichen Grundlagen für deren Betrieb. Aufbau, Betriebsart und Vielfalt der UAVs werden erläutert. Darüber hinaus wird das in einer Bachelor-Arbeit am i3mainz untersuchte Tachymetertracking von UAVs als alternative Navigationsmethode zu der herkömmlichen Satellitennavigation für den Indoor-Einsatz vorgestellt.

1 Einführung

Die Entwicklung von unbemannten Luftfahrzeugen hat in den letzten Jahren rasante Fortschritte erzielt und das Bild der modernen Luftfahrt stark verändert. Die so genannten Drohnen oder Unmanned Aerial Vehicles (UAV) finden vermehrt Anwendung in militärischen, polizeilichen, aber auch zivilen Bereichen. Exemplarische Einsatzbereiche sind:

- militärische Aufklärungsflüge, Gefechtsfeldbeobachtungen,
- polizeiliche Fahndungsaktionen, Verkehrsüberwachung, Vermisstensuche,
- Katastrophenschutz und -management,
- Erfassung von Geoinformationen, Bauwerksinspektionen,

wobei die Datenerfassung mit digitalen Kameras erfolgt. Die stetige Weiterentwicklung von UAVs wird unter anderem geprägt durch die Konstruktion immer kleinerer, leichterer und kostengünstigerer Sensoren zur Überwachung der Position und Lage des Luftfahrzeugs. Hierdurch ist bereits heute ein effizienter und kostengünstiger Einsatz dieser Technologie im Bereich der Erfassung von Geoinformationen in kleinräumigen Gebieten möglich.

Besonders in der Fernerkundung und Photogrammetrie bieten diese leicht zu steuernden und vergleichsweise kostengünstigen Plattformen eine Alternative zu den bisher verwendeten Mitteln, da sie an nahezu jedem Ort der Welt eingesetzt werden können. Zahlreiche Publikationen zeigen sinnvolle Nutzungsmöglichkeiten, z. B. photogrammetrische Anwendungen in der Archäologie (EISENBEISS et al. 2005) und der Forstwirtschaft (JÜTTE 2008).

Nach dem deutschen Luftverkehrsgesetz (LuftVG) sind UAV-Systeme allgemein als Modellflugzeuge anzusehen und müssen daher nach Sichtflugregeln betrieben werden. National wie international mangelt es an rechtlichen Bestimmungen, die den voll autonomen Einsatz von UAVs ermöglichen, was zu wesentlich vereinfachten Betriebsabläufen und erweiterten Einsatzgebieten führen würde.

2   Historische Entwicklung unbemannter Flugobjekte

Die motorisierte Luftfahrt erlebte im frühen 20. Jahrhundert, zur Zeit des ersten Weltkriegs, eine rasche Entwicklung. Fast alle Kriegsparteien setzten verstärkt auf den Einsatz von Flugzeugen. Die Konstruktionen der Flugzeughersteller erreichten immer neue Rekorde in Bezug auf die Geschwindigkeit, die Flugzeit, die Flughöhe, die Größe, die Nutzlast sowie die Zuverlässigkeit. Die steigende Reichweite und die daraus resultierende längere Flugzeit von mehreren Stunden, veranlasste erstmals die Entwicklung von Autopiloten, um eine Entlastung des Flugzeugführers zu erreichen. Die Weiterentwicklung der Funktechnologie und die ersten Kreiselsysteme führten in den 40er- und 50er-Jahren des vergangenen Jahrhunderts dazu, dass man Luftfahrzeuge nun auch ohne Personen an Bord völlig autonom fliegen lassen konnte. Die treibende Kraft für diese Entwicklungen war das Militär. Ferngelenkte Luftfahrzeuge kamen damals ebenfalls in der Weltraumfahrt zum Einsatz. Alle bemannten und unbemannten Weltraumflüge werden heute autonom durchgeführt. Nur in seltenen Fällen ist dabei ein manueller Eingriff nötig.

Mit der Einführung von Satellitennavigationssystemen wurden neue Möglichkeiten für die automatisierte Luftfahrt eröffnet. Unabhängig von anderen Navigationssensoren, wie sie in der Funknavigation nötig sind, können seitdem mit einer für die Luftfahrt ausreichenden Genauigkeit die Position, gegebenenfalls die Geschwindigkeit und (theoretisch) bei Einsatz von drei Antennen auf dem Flugobjekt auch die Orientierung an nahezu jedem Ort der Welt bestimmt werden. Hierdurch wurde unter anderem die Entwicklung von Drohnen für militärische Einsätze in der Fernerkundung beschleunigt. Allerdings waren die eingesetzten Technologien und Plattformen viel zu kostenintensiv und kompliziert, um sie wirtschaftlich für zivile Anwendungen zu nutzen.

3   Rechtliche Rahmenbedingungen für den Betrieb von UAVs

Die Grundlage für das Luftrecht der Bundesrepublik Deutschland bildet das Luftverkehrsgesetz (LuftVG). Grundsätzlich ist die Nutzung des Luftraums über der BRD für alle Luftfahrzeuge und jede Person frei, sofern sie nicht durch andere Gesetze oder Rechtsvorschriften eingeschränkt wird. Gegenstände, die nicht als Luftfahrzeuge identifiziert werden (zum Beispiel ein Papierflugzeug), unterliegen nicht dem Luftverkehrsgesetz. Somit ist für eine Beurteilung der Gesetzeslage zunächst erforderlich, ein Flugobjekt eindeutig als Luftfahrzeug zu identifizieren.

§ 1 Absatz 2 des LuftVG legt fest, bei welchen Objekten es sich um ein Luftfahrzeug handelt. Unter anderem gelten auch „*Flugmodelle*" und „*sonstige für die Benutzung des Luftraums bestimmte Geräte, sofern sie in Höhen von mehr als dreißig Metern über Grund oder Wasser betrieben werden können*", als Luftfahrzeuge.

Da ein UAV somit grundsätzlich als Luftfahrzeug eingestuft werden muss, unterliegt es den Luftfahrtgesetzen. Derzeit gibt es weder national noch international ein gesondertes Regelwerk, welches sich auf die Eigenarten von autonom fliegenden, führerlosen Luftfahrzeugen bezieht. Somit sind auch hierfür die Regeln der allgemeinen Luftfahrt anzuwenden, was jedoch teilweise zu Einschränkungen im angestrebten Betriebsablauf führen kann.

UAVs sind unter dem aktuellen Recht allgemein als Modellflugzeuge anzusehen und müssen daher nach Sichtflugregeln betrieben werden. Demnach muss der verantwortliche Benutzer jederzeit die Lage und Richtung mit Hilfe von Anhaltspunkten in der Umwelt steuern können. Sichtflüge werden meistens in unkontrollierten, das heißt nicht überwachten Lufträumen durchgeführt. Die Luftfahrzeuge werden somit nicht durch Fluglotsen überwacht und geleitet. Für den sicheren Flugbetrieb gelten daher ähnliche Regeln wie im Straßenverkehr; es gilt das Prinzip „sehen und ausweichen" (engl. „see and avoid"). Eine Sichtverbindung vom Luftfahrzeugführer zu dem Luftfahrzeug ist daher unabdingbar und deshalb vorgeschrieben. Ein völlig autonomer Flug eines solchen Modellflugzeugs außerhalb des Sichtbereiches ist daher ohne Ausnahmeregelungen nicht zulässig.

Der Betrieb von Modellflugzeugen unterliegt noch vielen weiteren Einschränkungen, die sich beispielsweise am Gewicht oder der Antriebsart des Flugobjekts orientieren. Zu beachten sind hierbei unter anderem:

- Beschränkungen in der Flughöhe,
- Beschränkungen des Flugortes,
- Beschränkungen des Gewichts,
- Beschränkungen der Geräuschentwicklung bei Flugbetrieb,
- Notwendigkeit einer Haftpflichtversicherung.

Das Luftfahrtgesetz ist bindend und gilt für jeden Teilnehmer im Luftverkehr. Allerdings ist die zuständige Landesluftfahrtbehörde oder eine andere speziell betraute Stelle dazu berechtigt, in begründeten Fällen Ausnahmeregelungen zu treffen. Dazu darf allerdings keine Gefahr für die Sicherheit des Luftverkehrs und die öffentliche Ordnung ausgehen.

Es gibt viele Bemühungen in enger Zusammenarbeit zwischen den Herstellern und Betreibern von UAVs einerseits und den Behörden andererseits, möglichst zeitnah allgemeine Regelungen und Einzelfallerlaubnisse für den autonomen Betrieb von Luftfahrzeugen zu erreichen. Es ist allerdings zu erwarten, dass weiterhin strenge Auflagen an den Betrieb gebunden werden. Dies könnte unter Umständen sogar dazu führen, dass die Kosten für den Betrieb von UAVs in Zukunft steigen.

Stand der vorgestellten Rechtslage ist der 4. Februar 2009. Es kann keine Gewähr für die Vollständigkeit und Richtigkeit der rechtlichen Rahmenbedingungen für den Betrieb von unbemannten Flugobjekten in der BRD gegeben werden. Das aktuelle Luftrecht ist z. B. unter http://www.luftrecht-online.de einzusehen.

4   Gegenwärtiger Entwicklungstand unbemannter Flugobjekte

4.1   Einsatz und Kombination von Sensoren

Maßgeblich zu dem Erfolg der modernen autonomen Luftfahrt, auch im zivilen Bereich, haben die fortwährenden technologischen Neu- und Weiterentwicklungen im Informationszeitalter beigetragen. Durch die stetige Miniaturisierung von Sensoren wurde die Möglichkeit geschaffen, auch aus kleinen, ferngelenkten Luftfahrzeugen selbstständig agierende UAVs zu entwickeln.

Des Weiteren können die für die Navigation erforderlichen Sensoren heutzutage zu einem erschwinglichen Preis angeboten werden. So befinden sich zum Beispiel in vielen modernen Mobiltelefonen und anderen elektronischen Geräten GPS-Empfänger, Orientierungs- oder Beschleunigungssensoren, die auch für einen autonomen Betrieb eines Luftfahrzeugs verwendet werden.

Für die gezielte Navigation ist es erforderlich, die Position, die Orientierung und Orientierungsänderungen sowie die translatorische Bewegung des UAVs im Raum in Echtzeit zu erfassen. Hierzu kann eine Vielzahl von Sensoren verwendet werden. Die dreidimensionale Position wird mit Hilfe der Satellitennavigation ermittelt, zur Bestimmung der translatorischen Bewegung, Orientierung und Orientierungsänderungen kann beispielsweise eine IMU (Inertial Measurement Unit) Verwendung finden. Sie vereint den Einsatz von Gyroskopen und Beschleunigungssensoren in drei zueinander orthogonalen Richtungen. Zusätzlich ist die horizontale Lage auch über Magnetfeldstärkesensoren ermittelbar. Mit Hilfe eines Barometers lässt sich die vertikale Position des UAVs über der Erdoberfläche ableiten. Eine Herausforderung in der Navigation stellt die zeitliche Synchronisierung dieser Sensoren und die Integration der unterschiedlichen Sensorsignale dar. Die Zusammenführung der anfallenden Signale erfolgt über eine Kalman-Filterung. Ein Blockschaltbild, das die Sensorintegration am Beispiel des Modells MD4-200 der microdrones GmbH veranschaulicht, wird in (ROTOR 2006) gezeigt.

Für die Datenerfassung aus der Luft werden UAVs zumeist mit einer digitalen Kamera, z. B. Fotokamera, Infrarotkamera, Tageslicht- oder Nachtsicht-Videokamera, ausgestattet. Diese Sensoren können aufgrund ihres geringen Gewichts von kleinen, mit Akkus betriebenen UAVs, wie z. B. dem Modell MD4-200 der microdrones GmbH mit einer Nutzlast von 200 Gramm, getragen werden, siehe (MICRODRONES 2009). UAV-Systeme mit Verbrennungsmotoren, wie z. B. das Modell Scout B2-120 der Aeroscout GmbH mit einer Nutzlast von 20 kg können auch mit einem Laserscanner bestückt werden, siehe (AEROSCOUT 2009).

4.2   Erste Untersuchungen zur Tachymetersteuerung

Soll ein UAV eine zuvor durch Koordinaten festgelegte Trajektorie autonom abfliegen, ist ein störungsfreier Empfang von GPS-Signalen zwingend erforderlich. Partielle oder komplette Abschattungen der Satellitensignale führen zu erheblichen Genauigkeitseinbußen in der Positionsbestimmung oder sogar zu einem vollständigen Verlust der Positionsinformation. Aus diesem Grund gibt es am i3mainz Bestrebungen, den Betrieb von UAV-Systemen im Nahbereich unabhängig von der Satellitennavigation und damit auch für Indoor-Einsätze zu ermöglichen. Die Steuerung des Flugobjektes soll dabei mit Hilfe eines zielverfolgenden Tachymeters erfolgen. Um diese *Tachymetersteuerung* zu realisieren, sind folgende Teilaufgaben zu lösen:

1. *Tachymetertracking*: Bestimmung der 3D-Positionsdaten des UAVs in Echtzeit mit Hilfe eines zielverfolgenden Tachymeters.

2. *Datenkommunikation*: Senden der 3D-Positionsdaten des UAVs vom Tachymeter an einen mobilen Steuerungsrechner, Datenkonvertierung, Berechnung von Steuerungsbefehlen, Senden der Steuerungsbefehle vom Rechner an das Flugobjekt.

Eine Prinzipskizze der angestrebten Tachymetersteuerung zeigt Abbildung 1.

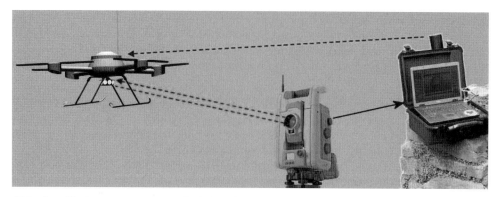

Abb. 1:   Tachymetersteuerung für UAV-Systeme (Prinzipskizze)

Die Teilaufgabe „Tachymetertracking" wurde am i3mainz im Rahmen einer Bachelor-Arbeit mit freundlicher Unterstützung der microdrones GmbH und der Firma Geosysteme GmbH untersucht. An dem für die Untersuchung bereitgestellten UAV MD4-200 wurde ein Minirundprisma befestigt, siehe Abbildung 2, das nach dem Abheben des UAV mit einem zielverfolgenden Tachymeter der Baureihe Trimble S6 im „Tracking-Modus" angezielt wurde, siehe Abbildung 3. In diesem Modus wird das Prisma in der Bewegung verfolgt und es werden fortwährend dessen 3D-Koordinaten im Instrumentensystem berechnet. Der Abdruck der Abbildung 2 und 3 erfolgte mit freundlicher Genehmigung der microdrones GmbH.

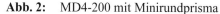

Abb. 2:   MD4-200 mit Minirundprisma   **Abb. 3:**   MD4-200 und Trimble S6

Um die Zuverlässigkeit des Tachymetertrackings beurteilen zu können, wurde ein umfangreicher Testflug durchgeführt, der auch schnelle Änderungen der Flugrichtung und kurzzeitige Unterbrechungen der Sichtverbindung zwischen Tachymeter und UAV enthielt. Als Ergebnis dieser Untersuchung konnte festgestellt werden, dass bei üblichen Flugmanövern und nur kurzzeitiger Unterbrechung der Sichtverbindung ein zuverlässiges Tachymetertracking des Flugobjektes möglich ist. Wenn nun noch die Teilaufgabe „Datenkommunikation" gelöst wird, kann eine Präzisionsnavigation mittels Tachymetersteuerung realisiert werden, wobei eine Positionsgenauigkeit im Bereich weniger Millimeter zu erwarten ist. Diese Steuerung würde einen autonomen Einsatz von UAVs im Indoor-Bereich (z. B. in Werkshallen) ermöglichen und somit einen weiteren Anwendungsbereich erschließen.

4.3   Betriebskonzepte

Alle UAV-Systeme besitzen, letztlich bedingt durch rechtliche Vorgaben, nach wie vor die Möglichkeit einer manuellen Steuerung. Diese findet in besonders kritischen Phasen, wie bei Starts und Landungen, Anwendung. Für die Steuerung werden üblicherweise Fernbedienungen aus dem Modellbau verwendet. Teilweise werden auch Steuerungen mit einem Joystick angeboten.

Viele UAVs zeichnen sich allerdings dadurch aus, dass sie auch ohne die direkte Steuerung durch den Benutzer gezielt navigieren können. Durch diese Möglichkeit werden der Betrieb und die Handhabung stark vereinfacht und die nötigen Flugkenntnisse bis auf ein Minimum reduziert. Die Realisierung des autonomen Flugbetriebs wird von den meisten Herstellern ähnlich umgesetzt und beginnt mit der Flugplanung am PC. Dabei werden die erforderlichen Parameter zur Umsetzung eines Flugplans, also Koordinaten der Wegpunkte, Flughöhe und sonstige Anweisungen, interaktiv auf einer digitalen Karte gesetzt. Die Route kann dann bei bestehendem Satellitenempfang völlig autonom abgeflogen werden.

Den meisten Systemen mangelt es allerdings noch an der Fähigkeit, auf unerwartet auftretende Hindernisse und Änderungen der Ausgangssituation intelligent reagieren zu können.

4.4   Verschiedene Realisierungen von UAV-Systemen

In den vergangenen Jahren sind viele neue UAV-Systeme auf dem Markt erschienen. Ihnen ist gemein, dass sie auf bestehende Modellflugzeugplattformen aufgebaut wurden. Eine Ausnahme stellen die zumeist vor militärischem Hintergrund entwickelten Drohnen dar. Das derzeit größte eingesetzte UAV, der Global Hawk, ist mit einer Spannweite von 39 Metern und einem Gewicht von bis zu 14 Tonnen eine Fernerkundungsplattform von den Ausmaßen eines kleinen Passagierflugzeuges. Durch den enormen Preis und Betriebsaufwand sind derartige UAVs jedoch kaum für einen wirtschaftlichen zivilen Einsatz geeignet.

Die für zivile Zwecke entwickelten UAV-Systeme bieten allerdings erstmals eine völlig neue Alternative zu den herkömmlich in der Luft eingesetzten Fernerkundungsplattformen. Ihr Anschaffungspreis ist in den letzten Jahren rapide gefallen, wobei preisbestimmender Faktor der UAVs primär deren Größe ist. Aus ihr resultieren weitere spezifische Kenngrößen, wie Tragfähigkeit, Reichweite und Betriebsart.

Grundsätzlich kann man UAV-Systeme, wie auch andere Luftfahrzeuge, nach deren Aufbau und der daraus resultierenden Startart unterscheiden. Horizontal startende Systeme, (siehe Abb. 4), die nach dem Prinzip eines Flächenflugzeugs arbeiten, erzeugen ihren Auftrieb durch eine gewisse Mindestgeschwindigkeit relativ zur Umgebungsluft. Daher müssen sie Vortrieb über einen Motor entwickeln. Hierdurch erreichen sie einen hohen Wirkungsgrad, einen großen Einsatzradius, einfache Bedienbarkeit und vergleichsweise geringe Kosten. Allerdings wird eine Start- und Landestrecke benötigt. Als Fernerkundungsplattformen eignen sich diese Systeme besonders für die Befliegung größerer Gebiete.

Senkrecht startende Systeme (siehe Abb. 5) erzeugen ihren Auftrieb über die Drehung von Rotorblättern, die als Tragflächen dienen. Ein Heckrotor kommt dann zum Einsatz, wenn das Drehmoment des Hauptrotors ausgeglichen werden muss. Dadurch verschlechtert sich der Wirkungsgrad. Diese Systeme sind technisch anspruchsvolle Konstruktionen, deren Energieverbrauch vergleichsweise hoch ist.

Werden Verbrennungsmotoren eingesetzt, erreichen diese Systeme ebenfalls lange Flugzeiten und hohe Tragfähigkeiten, wodurch sie sich auch für den Einsatz mit schwereren Nutzlasten, wie beispielsweise Laserscannern, eignen. Charakteristisch für diese Systeme sind die große Flexibilität und die Möglichkeit, nahezu überall starten und landen zu können.

Eine spezielle Form der Drehflügler ist der Quadrocopter mit vier quadratisch angeordneten Rotoren (siehe Abb. 6). Das entstehende Drehmoment wird ohne Energieverlust dadurch aufgefangen, dass jeweils zwei Rotoren in die entgegen gerichtete Richtung drehen. Der Wirkungsgrad eines Hubschraubers konnte zurzeit allerdings noch nicht erreicht werden. Ein Grund dafür ist die Tatsache, dass bisherige Systeme technisch bedingt nur mit Elektromotoren betrieben werden können und dadurch auf Akkus angewiesen sind. Allerdings bestechen sie durch eine sehr hohe Stabilität sowie Beweglichkeit und sind sehr einfach zu steuern. Aktuelle Systeme erreichen eine Nutzlast von bis zu 2 kg und bieten dadurch ausreichend Nutzlast, um z. B. eine digitale Spiegelreflexkamera tragen zu können. Des Weiteren gibt es auch Drehflügler mit drei (Tricopter) oder auch mehr als vier Rotoren (Hexacopter, Oktocopter, usw.). Diese arbeiten nach demselben Prinzip wie die Quadrocopter, haben aber durch den Einsatz von mehr Rotoren einen zusätzlichen Sicherheitsgewinn.

Schon seit längerem sind für die Fernerkundung ferngelenkte Luftfahrzeuge im Einsatz, die leichter als Luft sind, ähnlich einem Zeppelin (siehe Abb. 7). Mit den gegenwärtigen Möglichkeiten zur Überwachung der Lage und der Position lassen sich diese nun auch völlig autonom fliegen. Mit ihnen können sehr lange Flugzeiten und große Flughöhen erreicht werden. Entscheidende Nachteile sind die geringe Flexibilität und die Windanfälligkeit.

Abb. 4: MicroBug, Cyberdefence
(www.cyberdefensesystems.com)

Abb. 5: SR20, Rotomotion
(www.rotomotion.com)

Abb. 6: MD4-200, Microdrones
(www.microdrones.com)

Abb. 7: AEC1000, SkyshipsRemote
(www.skyshipsremote.com)

5   Schlussbetrachtung und Ausblick

Unbemannte Flugobjekte, so genannte Unmanned Aerial Vehicles (UAV) haben sich in den letzen Jahren ein breites Anwendungsspektrum in militärischen, polizeilichen und zivilen Einsatzbereichen erobert. Ausgestattet mit einer digitalen Kamera können diese Systeme im Bereich des Vermessungswesens z. B. für die Erfassung kleinräumiger Gebiete in der Archäologie und die Erstellung von 3D-Gebäudemodellen eingesetzt werden. Größere UAVs mit Verbrennungsmotoren können sogar mit einem Laserscanner bestückt werden.

Eine große Hilfestellung bei der Datenerfassung aus der Luft stellt die Möglichkeit dar, dass viele UAVs eine vorab geplante Trajektorie autonom abfliegen können. Es ist jedoch zu beachten, dass UAVs dem Luftverkehrsgesetz (LuftVG) unterliegen und somit nach Sichtflugregeln zu betreiben sind. Zukünftig kann erwartet werden, dass spezielle rechtliche Rahmenbedingungen für den Einsatz unbemannter Flugobjekte geschaffen werden.

Um das autonome Abfliegen einer Trajektorie ohne die Verfügbarkeit von GPS-Signalen z. B. in Werkshallen zu ermöglichen, bietet sich eine Tachymetersteuerung von UAVs an. Erste Untersuchungen zum Tachymetertracking haben gezeigt, dass das Flugobjekt mit einem zielverfolgenden Tachymeter sicher erfasst und verfolgt werden kann.

Im Bereich der bildgebenden Sensoren bietet sich zukünftig der Einsatz von PMD-Kameras (PMD = Photonic Mixer Device) an. Diese Sensoren ermöglichen die simultane Erfassung von Intensitäts- und Entfernungsbildern. Beträgt die Reichweite dieser Sensoren aktuell ca. 5 bis 7 Meter, so ist bereits eine neue Sensorgeneration angekündigt, die eine Reichweite von mindestens 40 Metern aufweist. Dadurch werden diese Kameras auch für die Bilddatenerfassung mit Hilfe von UAVs interessant.

References

Aeroscout (2009): *Scout B2-120, Autonomous Industrial Unmanned Helicopter.* URL: http://www.aeroscout.ch/downloads/Aeroscout_Scout_B2-120_Brochure.pdf (Abruf am 04.02.2009)

Eisenbeiss, H., Sauerbier, M., Zhang, L. & A. Grün (2005): *Mit dem Modellhelikopter über Pinchango Alto.* Geomatik, Schweiz, 09/2005. S. 510-514.

Jütte, K. (2008): *Vergleich verschiedener low-cost Luftbildaufnahmesysteme sowie Einsatz von Drohnen.* URL: http://www.lwf.bayern.de/imperia/md/content/lwf-internet/ueber_die_lwf/fernerkundung/vortrag_juette_mv_250108.pdf (Abruf am 17.03.2008).

LuftVG: *Luftverkehrsgesetz in der Fassung der Bekanntmachung vom 10. Mai 2007* (BGBl. I S. 698), zuletzt geändert durch Artikel 9 des Gesetzes vom 11. Dezember 2008 (BGBl. I S. 2418). URL: http://www.bundesrecht.juris.de/bundesrecht/luftvg/gesamt.pdf (Abruf am 04.02.2009).

Microdrones (2009): *microdrone md4-200.*
URL: http://www.microdrones.com/documents/flyer_md4-200.pdf (Abruf am 4.2.2009)

Rotor (2006): *md4-200, Hightec-Microdrohne mit aufwändigem Flugsteuerungssystem und Livebild-Übertragung.* Rotor 7/2006, S. 42-48. Baden-Baden: Modellsport Verlag.

Autonomer UAV Helikopter für Vermessung und industrielle Anwendungen

Benedikt IMBACH und Christoph ECK

Zusammenfassung

Der folgende Beitrag beschreibt den UAV Helikopter Scout B1-100. Als vollständig autonom fliegende Plattform ist es möglich, Lasten bis zu 18 kg und zusätzlich 10 Liter Sprit für ca. 1.5 Stunden zu transportieren. Die industrielle Fertigung des Helikopters und die resultierende hohe Sicherheit ermöglichen es, mit hochwertigen Messsensoren wie dem LMS-Q160 Lasersensor von der Firma RIEGL autonom zu fliegen. Das Ziel dieser Entwicklungsarbeit ist es, das 3D-luftgestützte Laser Scanning mit unbemannten Flugobjekten voranzutreiben.

1 Aeroscout Scout B1-100

1.1 Technische Daten im Überblick

Der Scout B1-100 UAV Helikopter ist eine vollständig autonom fliegende VTOL (vertical take-off and landing)-Plattform. Mit Hilfe seines sehr robusten GPS-gestützten Autopiloten ist es möglich, auch bei starken Störeinflüssen wie durch Wind sehr sicher zu fliegen. Die Konstruktion besteht hauptsächlich aus Aluminium und Verbundwerksstoffen. Sie ist ausgelegt auf eine lange Lebensdauer und größtmögliche Zuverlässigkeit. Ein wesentliches Merkmal dieses Helikopters ist die enorme Nutzlast von ca. 18-20 kg und zusätzliche 10 Liter Sprit. Dabei kann die Nutzlast frei verwendet werden. Mit dieser Zuladung sind Flugzeiten von etwa 90 min je nach Flugprofil problemlos erreichbar.

Abb. 1:
Scout B1-100

Die wesentlichen technischen Daten sind in der folgenden Übersicht zusammengestellt:

Technische Daten

Hauptrotordurchmesser	3.2 m
Heckrotordurchmesser	0.65 m
Leergewicht (ohne Benzin, ohne Zuladung)	44 kg
Verbrennungsmotor (2-Takt)	100 ccm
Motorleistung	18 PS
Anlasser (elektrisch, integriert)	12V
Tankvolumen (Standard)	2×5.0 l
Länge	3.3 m
Breite	0.5 m
Höhe (ca.)	1.0 m
Flugdauer (ca.)	min. 90 min

Nutzlast Daten

Autopilot und Sensoren (inkl. Akkus)	3.0 kg
Treibstoff (Benzingemisch 2-3%)	10.0 kg
Verfügbare Nutzlast (ca.)	18.0 kg

Besondere Merkmale

Luftgekühlter 2-Takt Verbrennungsmotor

Einfacher Transport durch modularen Aufbau

Hochwertiger mechanischer Aufbau

Integrierter, autonom operierender Autopilot

GPS/INS integriertes Navigationssystem

Flexible Nutzlastzuladung

Hohe Manövrierbarkeit

Optimierte mechanische Entkopplung der Nutzlast

2 Integration des RIEGL LMS-Q160 Laser Scanners

2.1 RIEGL LMS-Q160 Laser Scanner

Abb. 2:   LMS-Q160 Laser Scanner von RIEGL

Der LMS-Q160 ist mit seinen 4.5 kg ein sehr leichter Scanner. Er wurde speziell für den Einsatz in der luftgestützten Vermessung konzipiert. Seine Geschwindigkeit und Messgenauigkeit erlauben es, einerseits größere Flächen mit hoher Auflösung einzuscannen aber auch den Laser zur Kollisionsdetektion einzusetzen. Es ist möglich, Objekte mit sehr geringen Ausmaßen zu erkennen, wie zum Beispiel Stromkabel oder Äste. Diese Eigenschaften machen dieses Modell zu einem idealen Kandidaten, um auf dem UAV Helikopter eingesetzt zu werden. Für die Integration am Helikopter werden einerseits hohe Anforderungen an die Lage- und Positionsinformation durch den Autopiloten gestellt, und andererseits müssen beachtliche Datenmengen in Echtzeit an Bord gespeichert werden. Eine besondere Bedeutung kommt der Zeitsynchronisation der Daten zu, welche hier über den GPS-Zeitpuls erfolgt.

2.2 Montage am Helikopter

Der Helikopter verfügt über eine Elektronikbox die zwischen den Kufen montiert ist. Darin finden alle Komponenten Platz, die vor den Vibrationen auf dem Chassis geschützt werden müssen. Auch eine hochwertige inertiale Messeinheit IMU (inertial measurement unit) mit optischen Kreiseln ist darin verbaut. Die Box ist über Schwingungsdämpfer mit dem Rumpf verbunden. Der Laser wird an der Unterseite der Box montiert. Durch die Steifigkeit der Box ist gewährleistet, dass der Laser sehr starr mit der IMU verbunden ist. Dies ist

Abb. 3:   Elektronikbox für Navigation und Regelung

unbedingt notwendig, um die genaue Ausrichtung des Lasers während des Fluges zu kennen. Dieselbe Navigationseinheit (INS/GPS) wird auch für die Flugregelung verwendet. In diesem System wird zudem mit den differentiellen GPS-Korrektursignalen gearbeitet (DGPS) mit einer resultierenden Positionsgenauigkeit von ca. 5 cm.

3   Missionsplanung und Kontrolle

3.1   Prinzip des Scan-Vorgangs

Beim Laser Scanning ist es notwendig, die Mission von vornherein genau zu planen. Höhe und Geschwindigkeit müssen so bestimmt werden, damit schlussendlich die Messpunkte in genügend hoher Auflösung vorhanden sind. Auch soll ein Raster vorliegen, das sowohl in der x- wie auch in der y-Achse ungefähr die gleiche Auflösung besitzt. Es ist ferner zu beachten, dass dreidimensionale Objekte mit genügender Seitensicht aufgenommen werden, um auf vertikalen Flächen eine ausreichende Auflösung zu erzielen. Der Scanner LMS-Q160 scannt Linien, die quer zur Flugrichtung verlaufen. Es sind maximal 60 Linien pro Sekunde möglich. Mit der Geschwindigkeit des Helikopters werden diese Linien in der Längsrichtung versetzt und es entsteht ein flächendeckendes Raster. Wird eine größere Fläche gescannt, wird in mehreren parallelen Streifen geflogen.

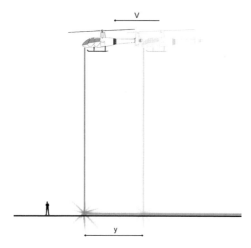

Abb. 4:
Scannvorgang während dem Reiseflug

3.2 Bodenstation und Missionsplanung

Auf der Bodenstation wird die geplante Mission vorbereitet und mit GPS-Wegpunkten (waypoints) entsprechend programmiert. Auf einer Karte des Fluggeländes legt der Planer (mission operator) den Startpunkt, die Wegmarken und den Landepunkt fest. Dabei sind beliebige Kombinationen möglich. Für jeden Teilabschnitt werden auch die Höhe und die Geschwindigkeit vorgegeben. Während des Fluges kann die Mission jederzeit gestoppt oder abgebrochen werden und z. B. eine „Heimkehr" (homing) eingeleitet werden. Die weiteren Statusanzeigen geben Auskunft über den aktuellen Status an Bord des Helikopters.

Abb. 5:
Bodenstation für Bedienung und Kontrolle

4   Datenauswertung

Die durchgeführten Flugtests zeigen bereits, dass eine hochpräzise Inertialeinheit IMU und ein Differential-GPS notwendig sind, um die Flugtrajektorie genügend genau berechnen zu können. Auch die genaue Zeitsynchronisation ist wesentlich, um die Messdaten einander genau zuordnen zu können. Stand der Arbeit ist nun einen Datensatz zu erstellen, mit dem die Genauigkeit des Verfahrens geprüft werden kann. Es wird sich dabei auch zeigen, welche Verbesserungen sich bei der Nachbearbeitung der Daten ergeben. Es werden auch neue Erkenntnisse erwartet, z. B. wie der Flugpfad für das UAV System ideal gewählt werden kann und welche äußeren Voraussetzungen (GPS-Empfang, Windeinfluss, Topographie) gegeben sein müssen.

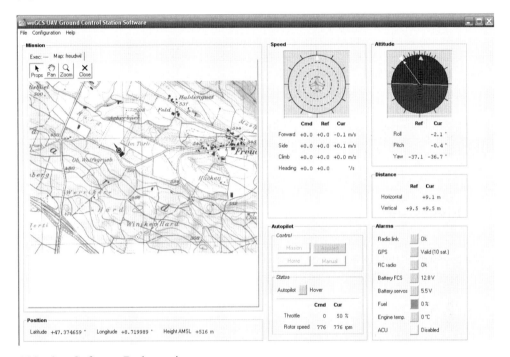

Abb. 6:   Software Bodenstation

Danksagung

Diese Entwicklungsarbeit wurde durchgeführt von der Firma Aeroscout GmbH in Zusammenarbeit mit der Hochschule Luzern Technik und Architektur. Das Projekt wurde gefördert durch die europäische Kommission unter der Nummer FP6-IST-027140-BACS unter der Leitung von Prof. R. Siegwart an der ETH Zürich.

Einsatz einer autonomen Plattform und der Irrlicht Engine für die 3D-Echtzeitvisualisierung am Beispiel von Schloss Landenberg

Henri EISENBEISS, David NOVÁK, Martin SAUERBIER,
Jacques CHAPUIS und Hannes PÜSCHEL

Zusammenfassung

Unbemannte Flugobjekte (UAVs) erfreuen sich in letzter Zeit regem Interesse. Die große Vielfalt an unterschiedlichen UAVs erlaubt es, für jedes Budget ein passendes UAV-System zu verwenden. Allerdings sind bisher wenige photogrammetrische Anwendungen durchgeführt worden, da für größere Projekte entsprechend auch ein leistungsfähiges UAV angeschafft werden muss, was sich auch im Systempreis niederschlägt.

Hier beschreiben wir zum einen die Aufnahme des Schlosses Landenberg in Sarnen (CH), das mit Hilfe von Luftbildern eines UAVs und terrestrischen Bildern modelliert und texturiert wurde. Zum anderen wurde mit Hilfe der Echtzeitvisualisierungs-Engine Irrlicht erforscht, ob die heutigen 3D-Engines in der Lage sind, photogrammetrische Modelle in Echtzeit darzustellen und welche Vor- bzw. Nachteile sie gegenüber Geodaten-spezifischen Visualisierungssoftwares aufweisen.

1   Einleitung

Das Schützenhaus des Schlosses Landenberg ist ein Wahrzeichen der Stadt Sarnen und liegt auf einem Hügel im Westen der Obwaldener Kantonshauptstadt. Das Gebäude ist von historischer Bedeutung für die Stadt Sarnen, aber auch für den gesamten Kanton Obwalden. Das Schützenhaus ist eines von zwei Gebäuden, welche vom mittelalterlichen Schloss bis heute erhalten geblieben sind. Im 13. Jahrhundert wurde das Schloss von Rudolf von Habsburg erbaut und war bis zu seiner Zerstörung um 1291 das größte Schloss in der Zentralschweiz. Von 1646 bis 1998 wurde das Schützenhaus als Versammlungsplatz der Landsgemeinde genutzt und wird heutzutage noch für kulturelle Anlässe verwendet.

Aufgrund der Höhe und Lage des Gebäudes und der umliegenden Topographie war es nicht möglich, das Objekt zum Zweck einer kompletten 3D-Modellierung allein mit terrestrischen Bildern zu erfassen. Daher wurden zusätzlich Bilder von einer Mini-UAV (Unmanned Aerial Vehicle)-Plattform mit montierter Digitalkamera aufgenommen. Im Folgenden werden das verwendete UAV-System, der Arbeitsablauf der photogrammetrischen Auswertung mit den einzelnen Teilschritten sowie das letztendlich generierte und texturierte 3D-Modell beschrieben.

2   Projektziele

Im Rahmen einer Bachelorarbeit sollte mit Hilfe photogrammetrischer Bildauswertung ein vollständiges und texturiertes 3D-Modell des Schlosses Landenberg generiert werden. Die

Textur sollte dabei eine Auflösung von ca. 1 cm aufweisen. Um eine optimale Anordnung der Photos zu erzielen sowie die Auflösung zu erhalten, wurde entschieden, ein Mini-UAV-System für dieses Projekt einzusetzen.

3   Mini-UAV-System

Das Schützenhaus wurde mit einem Mini-UAV-System aufgenommen. Das Mini-UAV-Copter 1B (siehe Tab. 1 und Abb. 1) ist ein autonom fliegender, benzinbetriebener Modellhelikopter (SURVEYCOPTER 2009), der mit einem Navigationssystem wePilot1000 der Firma weControl ausgestattet ist (WECONTROL 2009). Der wePilot1000 ist ein GPS/INS-basierendes Navigationssystem, welches über eine Bodenstation (weGCS) den Modellhelikopter im „assisted" und im autonomen Flugmodus stabilisiert und steuert (EISENBEISS 2004, EISENBEISS et. al 2005).

Tabelle 1:   Wichtigste Parameter des Copter 1B

UAV Kategorie	Länge	Motortyp	Rotorlänge	Max. Gewicht	Zuladung	Einsatzdauer	Flughöhe abs. (getestet)	Flughöhe rel.	Geschwindigkeit (max)
Mini-UAV	2 m	Benzin 26 ccm	1.80 m	15 kg	5 kg	30 min	2300 m (ü.NN)	300 m	11 m/s

Abb. 1:   Copter 1B während des Take-offs in Landenberg

Das Mini-UAV-System kann mit einer oder zwei Personen operiert werden. Jedoch wird in der Praxis aus Sicherheitsgründen und durch Auflagen der Versicherungen für Mini-UAVs mit Backup-Piloten und einem Operateur geflogen. Der Copter 1B mit dem Navigationssystem und der Bodenstation erlaubt einen stabilisierten autonomen Flug für die Bildakquisition. Die Route kann mittels Bodenstation von Hand in der Software eingezeichnet oder mittels eigener Flugplanung definiert werden. Hierfür wurde ein Tool für die Flugplanung von UAVs am IGP entwickelt und in verschieden Projekten erfolgreich eingesetzt (EISENBEISS 2008a, 2008b).

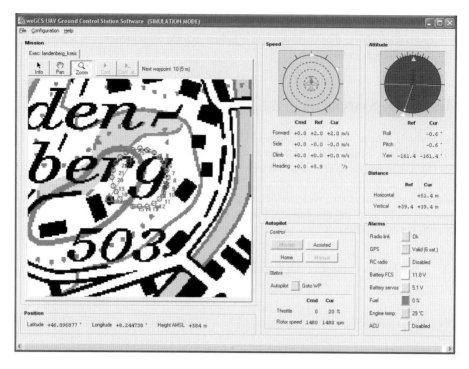

Abb. 2:   Anzeige der Bodenstation mit einem simulierten Flug
über dem Schloss Landenberg

Das Navigationssystem besteht aus den folgenden Komponenten: Höhenstabilisierung, Kontrolle der Geschwindigkeiten, Positionen und Orientierungswinkel der Plattform basierend auf dem integrierten GPS/INS-System (10 g Beschleunigungsmesser (Colibrys), 100 °/s Kreisel (Silicon Sensing)), Höhenmesser, Kompass (Honeywell HMR2300). Zusätzlich erlaubt das System mittels integrierten Computers das „Payload", in unserem Fall die Kamera, zu steuern und die Telemetriedaten aufzuzeichnen. Die Firma weControl gibt für das System eine absolute Genauigkeit für die Position von 1.8 m/2 m (Lage/Höhe) und für die Winkelmessung von 0.1°/1° (Roll- und Nick-/Gierwinkel) an.

Die Bodenstation gestattet neben der Steuerung des Systems auch eine Überwachung der wichtigsten Flugdaten (Benzinanzeige, Motortemperatur, Funkverbindung und Kontrolle der angegebenen und ausgeführten Flugkommandos) des UAVs sowie eine visuelle Überprüfung der Position und Bildabdeckung (Videolink). Um die definierte Flugbahn und verschiedene Parameter vorab überprüfen zu können, kann mittels der Bodenstation der Flug simuliert werden (Abb. 2).

Die wesentlichen Vorteile von Mini-UAV-Systemen sind die hohe Flexibilität, schnelle und damit effiziente Erfassung kleiner bis mittlerer Aufnahmegebiete, sowie ein genaues Abfliegen der geplanten Flugrouten mittels des integrierten GPS/INS-Navigationssystems. Im Fall des Schützenhauses Landenberg wurden ein Streifen parallel zur Gebäudefront sowie eine kreisförmige Flugbahn um das Gebäude mit Aufnahmebasen von etwa 25 m sowie terrestrische Bilder aufgenommen (Abb. 2 und PÜSCHEL et. al 2008).

4 Photogrammetrische Auswertung

Als erster Schritt der Bildauswertung war eine Vorprozessierung der Bilder erforderlich. Um Ungenauigkeiten, die durch chromatische Aberration verursacht werden können, zu minimieren wurde nur der grüne Farbkanal prozessiert. Dieser hat zwei Vorteile: Zum einen ist der Betrag der chromatischen Aberration in diesem Kanal am geringsten, zum anderen besitzt der grüne Farbkanal in der Regel den höchsten Informationsgehalt.

Aus den 71 terrestrischen und 72 UAV-Bildern wurden 19 terrestrische, 15 aus der kreisförmigen Aufnahmekonstellation und 3 Frontalbilder für die folgende Orientierung und Modellierung ausgewählt. Bildorientierung und 3D-Modellierung wurden in der photogrammetrischen Nahbereichs-Software Photomodeler 6 durchgeführt (EOS-SYSTEMS 2009). Alle 37 ausgewählten Bilder wurden mittels manuell gemessener Verknüpfungspunkte in einem Block mittels Bündelblockausgleichung im Schweizer Landeskoordinatensystem orientiert. Es ergaben sich als Genauigkeiten ein mittlerer RMS-Fehler von 1 Pixel und ein maximaler RMS-Fehler von 3.8 Pixel im Bildraum.

Zur Erstellung eines 3D-Modells des Schützenhauses wurden dann Punkte, Kurven und Flächen auf den Gebäudefassaden gemessen bzw. definiert. Zur Modellierung der gekrümmten Dachflächen der beiden Seitentürme wurden NURBS (Non Uniform Rational B-Spline) verwendet, die eine realistische und glatte Modellierung der Oberflächen erlaubten. Das abschließend generierte 3D-Modell wurde in das 3ds-Format exportiert.

Die Texturierung des generierten Geometrie-Modells wurde dann in der Open Source Software Blender (BLENDER 2009) manuell durchgeführt, da die automatische Zuweisung von Texturen in Photomodeler keine zufrieden stellenden Resultate ergab. Hierzu wurden zunächst störende Objekte, z. B. Vegetation, in den Bildern retuschiert und die Bilder dann auf die jeweiligen Dreiecke entzerrt.

5 Visualisierung mit Irrlicht

Während Videos von photogrammetrisch aufgenommenen 3D-Modellen heutzutage üblich sind, ist die Echtzeitvisualisierung besonders großer Modelle mit Textur immer noch problematisch. Da Schloss Landenberg ein relativ kleines Modell darstellt, wenn die Anzahl der Dreiecke berücksichtigt wird, konnte davon ausgegangen werden, dass es möglich ist, dies in Echtzeit zu visualisieren. Es wurde der Entschluss gefasst, das Modell mit einer 3D-Engine zu visualisieren, wie sie üblicherweise für Computerspiele verwendet wird.

Da die Lizenzen der kommerziellen Engines (UNREAL ENGINE 2009, ID TECH 2009, X-RAY ENGINE 2009, CRYENGINE 2009) relativ teuer sind, wurde die Open Source Engine Irrlicht gewählt. Es existieren neben Irrlicht (IRRLICHT 2009) auch viele andere Open Source Engines (OGRE 2009, OPENSCENEGRAPH 2009, DELTA3D 2009). Irrlicht wurde v. a. deshalb gewählt, weil es relativ einfach zu handhaben ist, auf mehreren Plattformen läuft und zudem sehr einsteigerfreundlich ist, da es über eine ausführliche Dokumentation verfügt. Zusätzlich gibt es noch ein gut gegliedertes Internet-Forum, wo Probleme gelöst werden und Verbesserungsvorschläge an die Entwickler weitergereicht werden können.

Irrlicht ist eine 3D-Engine, die bereits Funktionen aufweist, so dass nicht alles selbst pro-grammiert werden muss. So gibt es Importfilter für einige gängige 3D-Formate, Vertex- und Pixelshadersupport, erweiterbare Materialbibliothek und weitere Funktionen. Wenn etwas nicht vorhanden ist, besteht die Möglichkeit, die Funktion selbst zu programmieren und somit die Engine an die jeweiligen Anforderungen anzupassen.

Um ein Modell mit Irrlicht darzustellen, muss ein so genanntes „Irrlicht Device" erstellt werden. Zusätzlich wird noch ein Video-Treiber, ein „Scene Manager" und eine grafische Benutzerumgebung geladen. Anschließend kann das Modell geladen, eine Kamera hinzuge-fügt und die ganze Szene gerendert werden (Abb. 3).

Aufgrund der Flexibilität der Engine lassen sich Effekte und Funktionen realisieren, die über die Fähigkeiten herkömmlicher 3D-Geodaten-Visualisierungssoftware hinausgehen. So ist es möglich, die Vertex Buffer Object Erweiterung (NVIDIA 2009) zu aktivieren, die es erlaubt, Teile des Modells in den schnellen Grafikkartenspeicher zu laden, was zu einer erheblichen Beschleunigung der Echtzeitdarstellung führt, insbesondere bei sehr großen Modellen. Des Weiteren ist es möglich, Bump & Parallax Mapping zu benutzen, um Teile der Geometrie in der Textur zu speichern und somit die Visualisierung weiter zu beschleu-nigen.

Neben der reinen Visualisierungsanwendung eignet sich Irrlicht auch für die Verwendung in der Lehre. So können die Grundlagen der Computergraphik interaktiv veranschaulicht werden (Abb. 4). Eine am Institut für Geodäsie und Photogrammetrie entwickelte Software auf Basis der Irrlicht Engine, die zusätzlich zur Vorlesung angeboten wird, kann helfen, den Studenten Prinzipien wie Backface Culling, Bump Mapping, Level of Detail usw. näher zu bringen. Da sich viele dieser Prinzipien interaktiv ändern lassen (z. B. der Unterschied zwischen Ambient, Bump und Parallax Mapping), werden die Zusammenhänge via „lear-ning by doing" veranschaulicht. Alternativ ist es auch möglich, Programmierübungen an-zubieten, in denen die Studierenden selbst entscheiden können, welche Effekte sie imple-mentieren möchten.

Abb. 3:   Schloss Landenberg visualisiert in Irrlicht, inklusive
eines künstlich generierten DTM

Abb. 4:   Schloss Landenberg visualisiert als Drahtgittermodell.
Hierzu wurden die Materialeigenschaften der Oberflächen-
segmente transparent gesetzt.

Eine weitere Möglichkeit der Visualisierung ist, Flugpfade von UAVs darzustellen. So kann z. B. ein Digitales Geländemodell der Flugregion geladen und die geplanten Weg-punkte des UAVs importiert werden. Mittels einer farbigen Linie können die Punkte ver-bunden und somit der Flugpfad visuell dargestellt werden. Zusätzlich kann noch ein dyna-misches 3D-Objekt, z. B. das Modell eines Modellhelikopters, den Flugpfad virtuell abflie-gen. Zusätzlich ist denkbar, dass der wahre Flugpfad ebenfalls dargestellt und mit dem geplanten verglichen werden kann.

6   Fazit

Mit dem vorgestellten Projekt wurde das große Potential von Mini-UAV basierten Bilddda-ten für die Architekturphotogrammetrie verdeutlicht. Ein detailliertes, genaues und photo-realistisch texturiertes 3D-Modell inklusive verschiedener Visualisierungen konnte mittels der Kombination terrestrischer Bilder mit Mini-UAV-Bildern erstellt werden, wobei die UAV-Bilder insbesondere für die genaue Modellierung der Dachstrukturen und für die hochauflösende Texturierung der oberen Gebäudeteile von Vorteil waren. Im Hinblick auf zukünftige Anwendungen von Mini-UAVs kann davon ausgegangen werden, dass sie für die Erfassung und Modellierung von Objekten kleiner und mittlerer Größe vermehrt zum Einsatz kommen werden (GONZO et. al 2007, ZISCHINSKY 2009, SCHULZE-HORSEL 2007). Auch die Integration von digitaler Kamera und Laserscanner auf Mini-UAVs ist derzeit in der Erprobung und wird künftig die Flexibilität dieser Systeme weiter steigern.

Literatur

Blender (2009): *Blender Homepage*. http://www.blender.org (30. Januar 2009).

CryENGINE (2009): *CryENGINE – Crytek*. http://www.crytek.de (30. Januar 2009).

Delta3D (2009): De*lta3D.* http://www.delta3d.org (30. Januar 2009).

Eisenbeiss, H. (2004): *A mini unmanned aerial vehicle (UAV): System overview and image acquisition.* International Workshop on Processing and Visualization using High Resolution Imagery, 18-20 November, Pitsanulok, Thailand. International Archives of Photogrammetry, Remote Sensing and Spatial Information Sciences, Vol. XXXVI-5/W1.

Eisenbeiss, H. (2008a): *A model helicopter over Pinchango Alto – comparison of terrestrial Laser scanning and aerial Photogrammetry.* In: Reindel, M. & G. Wagner (Ed.): New Technologies for Archaeology: Multidisciplinary Investigations in Palpa and Nasca, Peru. (Reihe „Natural Science in Archaeology", ed. by Herrmann, B. & G. Wagner). Berlin: Springer, S. 339-358.

Eisenbeiss, H. (2008b): *The Autonomous Mini Helicopter: A powerful Platform for Mobile Mapping.* The International Archives of the Photogrammetry, Remote Sensing and Spatial Information Sciences. Vol. XXXVII. Part B1, Beijing, China, S. 977-983.

Eisenbeiss, H., Sauerbier, M., Zhang, L. & A. Gruen (2005): *Mit dem Modellhelikopter über Pinchango Alto.* Geomatik Schweiz, 9, S. 510-515.

Eos-Systems (2009): *Photomodeler.* http://www.photomodeler.com. (30. Januar 2009).

Gonzo, L., Voltolini, F., Girardi, S., Rizzi, A., Remondino, F. & S. F. El-Hakim (2007): *Multiple Techniques Approach to the 3D Virtual Reconstruction of Cultural Heritage.* Eurographics Italian Chapter Conference.

id Tech (2009): *id Tech – ID Software.* http://www.idsoftware.com (30. Januar 2009).

Irrlicht (2009): *Irrlicht Engine.* http://irrlicht.sourceforge.net/ (30. Januar 2009).

NVidia (2009): *Using Vertex Buffer Objects.* nVidia Whitepaper, http://developer.nvidia.com/object/using_VBOs.html (30. Januar 2009).

Ogre (2009): Ogre. http://www.ogre3d.org/ (30. Januar 2009).

OpenSceneGraph (2009). *OpenSceneGraph.* http://www.openscenegraph.org (30. Januar 2009).

Püschel, H., Sauerbier, M. & H. Eisenbeiss (2008): *A 3D Model of Castle Landenberg (CH) from combined photogrammetric processing of terrestrial and UAV-based images.* The International Archives of the Photogrammetry, Remote Sensing and Spatial Information Sciences, Vol. XXXVII, Part B6b, S. 93-98.

Schulze-Horsel, M (2007): *3D Landmarks – Generation, Characteristics and applications.* Urdorf, Switzerland. http://www.commission5.isprs.org/3darch07/pdf/schulze-horsel.pdf (11. April 2008).

Survey-Copter (2009) *Survey-Copter* http://pagesperso-orange.fr/surveycopter/eindex.htm (30. Januar 2009).

Unreal Engine (2009): Unreal Engine – EPIC Games. http://www.unrealtechnology.com (30. Januar 2009).

WeControl (2009): *weControl Homepage.* www.wecontrol.ch. (30. Januar 2009).

X-Ray Engine (2009): *X-Ray Engine – GSC Game World.* http://www.stalker-game.com/en/?page=engine (30. Januar 2009).

Zischinsky, T., Dorffner, L. & F. Rottensteiner (2000): *Application of a new model helicopter system in architectural photogrammerty.* IAPRS, Vol. XXXIII, Amsterdam.

7 Herstellerforum

Lösungen besonderer Projektaufgaben mit LupoScan

Olaf PRÜMM, Michael POSPIŠ und Mustapha DOGHAILI

Zusammenfassung

Dank der Bestandsaufnahme mit terrestrischen Laserscannern (TLS) ist es heutzutage möglich, in kurzer Zeit eine sehr umfangreiche und nahezu vollständige 3D-Vermessung durchzuführen. Die dabei anfallende Datenmenge ist jedoch von erheblicher Größe und lässt sich bisher nicht eins zu eins mit weiterführenden Programmen verarbeiten.

Ziel ist es daher, die jeweils benötigten Informationen zur effizienten Weiterverarbeitung aus der immensen Datenmenge zu extrahieren. In diesem Beitrag stellen wir diesbezüglich Lösungen mit LupoScan vor. Nach einem kurzem Überblick der Funktionen folgen zwei Anwendungsbeispiele besonderer Projekte, die mit Hilfe von LupoScan bearbeitet wurden.

1 Funktionen in LupoScan

1.1 Import von Daten verschiedener Sensoren

LupoScan verarbeitet Daten unterschiedlicher terrestrischer Laserscanner, digitale Messbilder, Passpunktmessungen und Vermaschungen. Zur Optimierung der Lesegeschwindigkeit werden die Laserscandaten in ein eigenes Datenformat importiert.

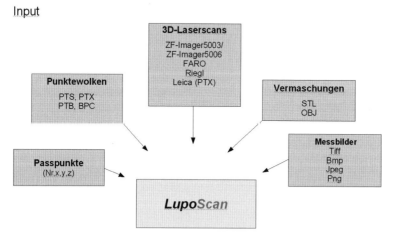

Abb. 1: Input verschiedener Datentypen in ein LupoScan-Projekt

1.2   Datenfilterung

In LupoScan stehen dem Benutzer verschiedene Werkzeuge zur Bearbeitung der Laserscans zur Verfügung. So gibt es die Möglichkeit, gezielt fehlerhafte Messungen zu eliminieren oder das Messrauschen mit Hilfe von Glättungsfiltern zu minimieren.

1.3   Orientierung

Die Orientierung von Laserscans erfolgt durch räumliche Ähnlichkeitstransformation über identische Punkte, die mit Hilfe von Papiermarken, Kugelmittelpunkte oder durch natürliche Verknüpfungspunkte festgelegt werden. Digitale Messbilder können einzeln mittels räumlichen Rückwärtsschnitt über Passmarken oder natürliche Verknüpfungspunkte orientiert werden.

1.4   Auswertung

Ziel der Auswertung von Laserscans ist immer eine Reduzierung der Datenmenge auf die für die Weiterverarbeitung notwendigen Informationen. LupoScan bietet die Möglichkeit direkt in 2D-Ansichten der hochaufgelösten Laserscans und Orthoprojektionen dreidimensional Punkte, Höhen, Höhendifferenzen, Polylinien und Flächen zu bestimmen. Des Weiteren können mit LupoScan beliebige Schnittscharen durch das gesamte Scanprojekt gerechnet werden. Diese bilden beispielsweise eine Grundlage zur Erstellung von Grundrissen oder Längs- und Querschnitten im Bereich der Architektur und Denkmalpflege oder zur Bestimmung von Lichtraumprofilen im Tunnelbau.

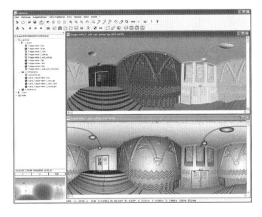

Abb. 2:
Auswerten direkt in den 2D-Ansichten
der Laserscans

Einfache Oberflächen können in LupoScan durch ausgeglichene Ebenen, Zylinder oder Kugeln berechnet werden. Für unregelmäßige Oberflächen bietet LupoScan einfache und schnelle Lösungen zur Vermaschung.

Dank der Möglichkeit von Orthogonalprojektionen auf eine Ebene oder auf einen Zylindermantel mit anschließender Abwicklung lassen sich Messwerte mehrerer Laserscans in ein objektbezogenes, äquidistantes Oberflächenraster transformieren (PRÜMM et al. 2006). Diese Orthophotos oder Abwicklungen können als Bildplan exportiert werden oder analog zu den Laserscans weiterhin dreidimensional ausgewertet werden, da die räumliche Lage der Messpunkte weiterhin bekannt ist.

Orthophotos und Abwicklungen bilden auch die Basis für Deformationsanalysen. Dabei werden zwei Möglichkeiten zur Prüfung angeboten. Zum einen ist es möglich sich die Abstände zur Soll-Oberfläche der Ebene oder des Zylinder auswerten zu lassen, zum anderen besteht die Möglichkeit, Messungen aus zwei Epochen miteinander zu vergleichen und so Veränderungen in Richtung der Projektionsfläche festzustellen. Die zuletzt genannte Möglichkeit bietet sich auch an, um die Mess- und Orientierungsgenauigkeit zweier Laserscans zu überprüfen, wenn sie in einer Epoche dieselbe Oberfläche zweimal erfasst haben.

2   Anwendungsbeispiele

2.1 Überprüfung einer Stahlkonstruktion

In einem Raum mit einer Grundfläche von ca. 6 × 6 m und einer Höhe von 10 m wurde eine Wendeltreppe aus Glas geplant, die sich vom Keller bis zum 1. Obergeschoss erstreckt. Die gesamte Wendeltreppe soll von einem Glaszylinder umgeben werden. Alle Glaselemente sind speziell angefertigte Einzelstücke, die exakt in die Stahlkonstruktion eingepasst werden müssen.

2.1.1 Aufgabenstellung

Ziel war es, die dreidimensionale Lage der fertiggestellten Stahlkonstruktion mit einer Messgenauigkeit von ±2 mm zu überprüfen. Ferner sollten eine Abwicklung der Stahlkonstruktion für den Glaszylinder und drei Grundrisse erstellt werden. Die neu erstellten Pläne sollen als Grundlage für die Planung der Glaselemente im Ist-Zustand dienen.

2.1.2 Aufnahme

Zur Aufnahme der Stahlkonstruktion wurde der Z+F Imager5006 gewählt, da er aufgrund seiner Genauigkeitsspezifikationen und Tests an der FH Bochum (BÜTTNER & STAIGER 2007) als geeignet schien. Insgesamt wurden neun Aufnahmen in der Auflösung „SuperHigh" gemacht. Das entspricht einer Punktemenge von 200 Millionen Messpunkten pro Aufnahme und einer durchschnittlichen Auflösung von 25 Messpunkten/cm^2 auf der Objektoberfläche. Alles in allem ergab sich eine Datenmenge von 4.5 GB, die von LupoScan bei der Auswertung effizient verwaltet wurde.

Zur Referenzierung der einzelnen Scans in ein übergeordnetes System wurden, über den gesamten Raum verteilt, Papiermarken angebracht. Diese wurden mit einer Totalstation überbestimmt eingemessen und mit der Software Vertech ausgeglichen, bevor sie in LupoScan zur Orientierung genutzt wurden.

2.1.3 Auswertung

Zunächst wurden alle Scans in das übergeordnete System der Tachymetermessung transformiert. Dies geschah mittels einer räumlichen Ähnlichkeitstransformation in einer vermittelnden Ausgleichung. Zur Kontrolle der Messgenauigkeit über das gesamte Messvolumen wurden pro Scan über 30 Passmarken verwendet. Im Ergebnis lagen die räumlichen Restklaffungen im Mittel bei 1.2 mm. Die Genauigkeitsvorgaben wurden somit in den Bereichen der Papiermarken erreicht.

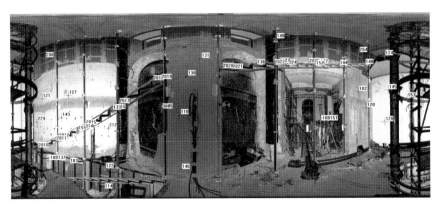

Abb. 3:   Passmarkenverteilung in der 2D-Ansicht

Es musste nun untersucht werden, ob sich die hellgrau lackierte Oberfläche der Stahlkonstruktion negativ auf die Messgenauigkeit auswirkt. Dazu wurden in verschiedenen Höhen
Schnitte extrahiert. Untersucht wurde zunächst die Lage von einzelnen Messpunkten bezüglich einer Ausgleichsgeraden. Dabei lagen die Abweichungen in der Regel unter einem
Millimeter. Da ein Großteil der Objekte in mindestens zwei Scans erfasst wurde, konnten
anschließend die Lage der Schnitte aus verschiedenen Scans zueinander verglichen werden.
Es zeigte sich auch hier, dass die geforderte Genauigkeitstoleranz nicht überschritten wurde. Am Ende wurden noch die Abstände von Punkten aus verschiedenen Laserscans in
Richtung einer Ausgleichsebene miteinander verglichen. Abgesehen von wenigen Ausreißern an den Kanten lagen die Abweichungen unter zwei Millimeter.

Zur Erstellung der erforderlichen Pläne wurden die Funktionen „Interaktives Digitalisieren", Schnitte, Zylinderabwicklungen und Deformationsanalyse in Kombination mit einem
externen CAD-Programm genutzt. Die Kombination mit einem externen CAD-Programm
lässt sich problemlos verwirklichen, da sich die 3D-Objekte aus LupoScan im DXF-
Format, 2D-Projektionen in den gängigen Bildformaten und extrahierte Punktewolken
wahlweise im DXF- oder PTC-Format exportieren lassen.

2.1.4 Ergebnisse

Ergebnisse der Auswertung waren drei Grundrisse und eine Abwicklung. Sie lieferten
wertvolle Informationen über die Abweichung des Ist-Zustandes zur ursprünglichen Planung. Mit Hilfe der erstellten Pläne konnte beurteilt werden, welche Maßnahmen zur Anpassung getroffen werden mussten.

2.2   Palais Lichtenau – Bestandsdokumentation

Das Palais Lichtenau ist ein frühklassizistisches Bauwerk, errichtet 1796-1797 von dem
Architekten Michael Phillipp Boumann in Zusammenarbeit mit Carl Gotthard Langhans.
Trotz wechselnder Besitzer und Nutzungen ist die Substanz im Inneren des Palais weitest-
gehend im Originalzustand erhalten.

2.2.1 Aufgabenstellung

Im inneren des Palais wurde eine Bestandserfassung zur Erstellung von maßstäblichen digitalen Bildplänen der Wände sowie teilweise auch der Decken und Fußböden zur Dokumentation und als Grundlage für Schadenskartierungen von sechs besonderen Innenräumen gefordert. Die Auflösung der Bildpläne wurde mit zwei Millimetern am Objekt festgelegt. Des Weiteren war die Erstellung von CAD-Plänen der Außenfassaden auf Grundlage von Laserscans gefordert.

2.2.2 Aufnahme

Die sechs Innenräume wurden mit einer Auflösung von mindestens 16 Messpunkten pro cm^2 am Objekt mit einem terrestrischen Laserscanner dreidimensional erfasst. Die hochgenaue Oberflächenvermessung bildete die Grundlage für die spätere Differentialentzerrung der Messbilder. Die Kamerastandpunkte wurden unabhängig von den Laserscannerstandpunkten gewählt, um eine möglichst gleichmäßige Beleuchtung in den Messbildern zu erreichen. Dabei wurde die Bildebene der Kamera möglichst parallel zur Wand, Fußboden oder Deckenebene ausgerichtet.

Die Fassaden wurden mit insgesamt neun Laserscans erfasst.

2.2.3 Auswertung

Die Laserscans und Messbilder der Innenräume wurden hauptsächlich über natürliche Verknüpfungspunkte zueinander orientiert. Auf das Kleben von Papiermarken auf die wertvolle Substanz konnte somit vollständig verzichtet werden.

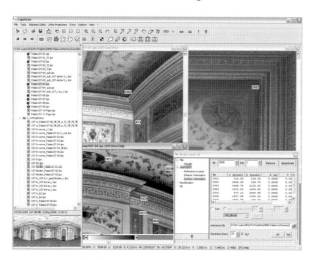

Abb. 4: Orientierung der Aufnahmen über natürliche Verknüpfungspunkte

Im zweiten Schritt wurden dann die Ebenen für die Berechnung der Orthophotos bestimmt. Diese mit einer Auflösung von 4 mm am Objekt gerechneten Orthophotos bildeten dann die Grundlage zur Differentialentzerrung der Messbilder. Mit LupoScan ist es dabei möglich, die volle Auflösung der Messbilder auf eine geringere Auflösung des Oberflächenrasters zu rechnen.

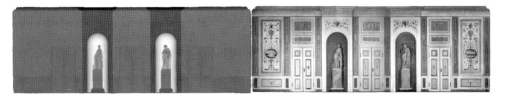

Abb. 5: Tiefenbild aus Laserscandaten (links); differential entzerrte Messbilder (rechts)

Abb. 6: Abwicklung eines elliptisch-zylindrischen Raumes

Besondere Vorgehensweise verlangte ein von seinem Grundriss her oval geschnittene Raum. Hier wurde die Funktionalität der Abwicklung von elliptisch-zylindrischen Oberflächen genutzt. Die Daten von drei Laserscans und acht Messbildern wurden so zu einem Bildplan verarbeitet.

2.2.4 Ergebnisse

Insgesamt wurden 29 farbige Bildpläne der Innenräume mit einer Auflösung von jeweils zwei Millimetern am Objekt erzeugt. Für die Fassaden wurden vier Ansichten auf Grundlage der aus den Laserscans berechneten Orthophotos erstellt.

Literatur

Büttner E. & R. Staiger (2007): *Erste Untersuchungen des IMAGER 5006 von Zoller+ Fröhlich.* In: Luhmann, T. & C. Müller (Hrsg.): Photogrammetrie – Laserscanning – Optische 3D-Messtechnik. Beiträge der Oldenburger 3D-Tage 2007. Heidelberg: Wichmann, S. 260-270.

Prümm, O., Pospiš, M. & M. Doghaili (2006): *Orthoprojektionen und Abwicklungen höherer Komplexität - Anwendungsmöglichkeiten in der Praxis.* In: Luhmann, T. & C. Müller (Hrsg.): Photogrammetrie – Laserscanning – Optische 3D-Messtechnik. Beiträge der Oldenburger 3D-Tage 2006. Heidelberg: Wichmann, S. 264-271.

Baumer TZG01 – Digital 3D Time-of-Flight Camera

Mirko BENZ

Summary

A compact and robust imaging device capable to reproduce its environment in three dimensions is presented. It simultaneously delivers intensity and range information of objects within the scene. The camera exhibits a relatively high resolution, fast acquisition speed, a large measurement range and good accuracy. Therefore, the camera presents a viable alternative to existing technologies enabling to solve a broad range of applications more easily and cost effectively. This paper starts with an overview of the time of flight approach. Afterwards, the new 3D camera based on this principle is introduced and its architecture and features are presented. The supplied software is outlined and system integration aspects are discussed. Finally, application areas and specific scenarios are described.

1   Introduction

The capability of the human visual system to perceive the environment in three dimensions provides many advantages. For several applications information regarding the relative 3D position, motion direction or speed of objects within a scene is beneficial. Therefore, it is self-evident for machine vision technologies to acquire a similar ability. In fact for areas such as robotics, logistics, safety observation or mobile navigation a 3D representation is often crucial for good results.

There exist a large number of 3D measurements approaches. Examples are tactile sensors, ultrasonic, radar, laser triangulation, stereo vision, structured light or interferometry. Each technology has its own advantages and drawbacks. Potential problems may include the need to physically touch the object, a small measurement range, a bulky setup or the use of mechanical part resulting in lower robustness. Further restrictions may include the need to generate a 3D representation from several aspects which may lead to a higher acquisition time, extensive post processing or eye safety issues. To address these aspects an optical system with a solid-state sensor based on the time-of-flight (ToF) principle is presented.

The general principle of time of flight is that the time is measured it takes the light to be emitted by the illumination source, to being reflected by the object and finally to being received by the imaging sensor. The speed of light c in vacuum is about 300.000 km/s. For air it is just slightly less. For a distance of 1 m only 3.3 ns are needed. This is still difficult to measure precisely. Therefore, an indirect measurement is used.

Typically a fixed reference frequency in the order of 20 to 30 MHz is applied to modulate the emitted light with a sinusoidal shape. After the light is reflected by the object and received, it is demodulated. The resulting signal is then compared with the reference frequency. The calculated phase shift is proportional to the object distance. This measurement is performed in parallel within every pixel of the sensor. Thus, a complete distance map can be provided with a single image acquisition cycle. The overall process is shown in Figure 1.

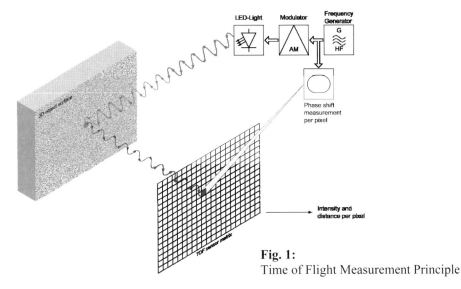

Fig. 1:
Time of Flight Measurement Principle

The non-ambiguity range determines the maximum distance an object can have for a correct range measurement as only a phase shift up to a full period is unambiguous. It is determined by the modulation frequency. With a modulation frequency of 30 MHz light can travel about 10 m within one period. As the light has to traverse the distance back and forth, the useable range is 5 m. The non-ambiguity range could be increased using a lower modulation frequency.

For the outgoing signal the illumination intensity is modulated with a sinusoidal shape. The phase shift between the outgoing and the reflected signal is measured. For this to be accomplished the reflected signal is sampled four times, each time phase-shifted by 90°. The samples are aggregated over several modulation periods during the exposure time. Four consecutive exposures have to be performed per image for each sample. The distance and amplitude values can be derived from these measurements (Fig. 2).

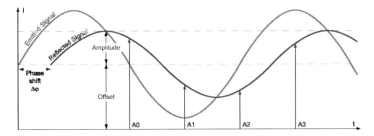

Fig. 2: Modulation of the Emitted Signal and Sampling of the Reflected Signal

The time of flight approach and its implementation in CMOS or CCD sensors is described in more details in BÜTTGEN et al. (2005). OPRISESCU et al. (2007) present insights how to correct images of time of flight cameras. KOLB et al. (2008) provide an overview of related research projects and specific aspects like calibration, sensor fusion, range image processing and applications like dynamic scene analysis. SCHUON et al. (2008) introduce an approach regarding the improvement of range measurement accuracy.

The following sections present the Baumer TZG01 in more detail. This includes the camera architecture and features, the supplied software, remarks regarding the system integration as well as an illustration of potential applications and their implementation.

2   Baumer TZG01 ToF camera

The Baumer TZG01 digital 3D camera allows the acquisition of a complete 3D scene with a single capture. Subsequent measurements from different angles, which require object or camera motion, are not required. The distance measurement is performed in parallel for each pixel. With a resolution of 176 × 144 pixels a dense point cloud can be obtained. In addition an intensity image is provided simultaneously. Using this information, object attributes like size, area, volume or distance can be obtained. The camera has a field of view of 43.6 × 34.6° and a distance measurement range between 0.3 and 5 m. Therefore it is possible to assess objects with a surface of up to 4 × 3.1 m. The available measurement volume exceeds 20 m^3.

Infrared illumination and filtering, as well as a lens, are already integrated into the camera. The industrial housing has a compact size and supports demanding environments with a protection class of IP67. The camera has no moving parts. Thus, a high reliability is ensured. By capturing images with up to 54 frames per second short process cycles can be achieved.

The camera has a GenICam^{TM} and GigE Vision^{TM} compliant Ethernet interface. Therefore, standard software for image processing applications can be used directly. The data is transported digitally with ensured integrity over a distance of up to 100 m. Longer distances can be easily achieved via industry standard Ethernet switches. The image processing system uses a standard low cost network adapter as a means to receive the images and control the camera. A specific frame grabber board is not required.

Image acquisition can be controlled via an external trigger. To simplify integration the camera provides a direct interface to light barriers including power supply. The camera can be powered via Power over Ethernet (PoE). As a consequence a single cable to the camera is sufficient. This significantly simplifies the installation of the camera, for example, on a robot arm.

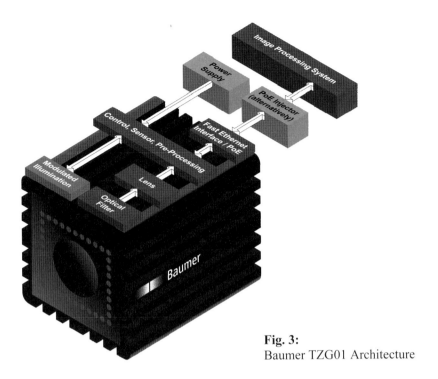

Fig. 3:
Baumer TZG01 Architecture

The camera uses active infrared illumination. The emitted light is modulated with a frequency of 30 MHz. When the light is reflected by the object's surface it is filtered first. This ensures that non-infrared light is not taken into account. The light rays are bundled by the lens. Afterwards the light is demodulated in parallel within every pixel. The resulting distance and intensity images can be retrieved via the fast Ethernet interface. The interface also supports controlling the camera (Fig. 3).

2.1 System Software

The software provided with the camera consists of the B-GAPI interface for image acquisition and camera control, a 3D library with example code and a specific viewer application for quick camera evaluation.

The B-GAPI programming interface allows all Baumer cameras to operate via a uniform software interface (API), regardless of the employed sensor, data transfer interface or other specific performance features. 32 and 64 bit versions of Windows and Linux operating systems are supported. A C / C++ interface as well as an interface for .NET, which enables the use of other programming languages such as C# or VB.NET, is provided. To simplify the integration several examples and help files are included. The Baumer viewer can be used for quick evaluation of all camera functions.

By incorporating the Baumer 3D library the images can be adjusted, filtered and enhanced. Furthermore the data can be presented in coordinates. A means for gauging the accuracy of the distance measurement is provided by the confidence map.

An example application is provided to explore the capabilities of the TZG01 (Fig. 4). It allows image acquisition, camera configuration, simple image processing and data export. The Baumer B-GAPI and the 3D library are used.

Fig. 4:   Screenshot TZG01 3D Viewer

2.2   Third Party Software

The Baumer TZG01 3D camera is GenICam™ and GigE Vision™ compliant. Therefore, standard software solutions that provide image acquisition, processing and interpretation can be used. This can greatly accelerate application development. It is recommended to use the Baumer 3D library for functionality that is specific to the TZG01, e.g. for correction of lens distortion.

3   System Integration Notes

Due to the used measurement principle with continuous wave (CW) modulation the retrieved distance information may not be unambiguous. With a modulation frequency of 30 MHz a single wave has a length of 10 m. Thus, the non-ambiguity range is 5 m. Measurements of objects located for example at 1 and 6 m will yield the same distance value (Fig. 5).

There are several options to circumvent this behaviour:

- The easiest is to ensure that there are no objects outside the measurement range.

- The reflected light is diminished with the square of the object distance. Therefore, a filtering based on the amplitude value can be performed to fade out objects that are further away (Fig. 5, right side).

- Measurements with different modulation frequencies can be used e.g. 29 and 31 MHz. By evaluating the distance information of both measurements the non-ambiguity range can be extended.

- Using a different modulation scheme which modulates a unique binary sequence the ambiguity problem can be prevented as measurements beyond the allowed range are invalidated.

Fig. 5:   Unambiguous Distance Information and Amplitude Filtering

The camera uses an active infrared illumination. Therefore, other light sources within this spectrum (e.g. direct sun light) should be avoided. The TZG01 camera is not intended for outdoor use. Another consequence is that using multiple cameras to observe the same scene may impact the measurement accuracy. To prevent this effect the following approaches may be used:

- The illumination is only active during image acquisition. Thus, time division multiplex via software or hardware triggering may be applied.

- Up to three cameras can be used concurrently when different modulation frequencies (e.g. 29, 30, 31 MHz) are used.

- Using binary sequence modulation a large number of cameras can be used in parallel. However, this scheme will reduce the achievable accuracy.

Figure 6 shows a configuration where multiple reflections may occur. A part of the emitted light will be directly reflected (Path A). A certain amount of light will take Path B. Since the time of flight will be different, the distance measurement will be adversely affected. Therefore, these configurations should be avoided.

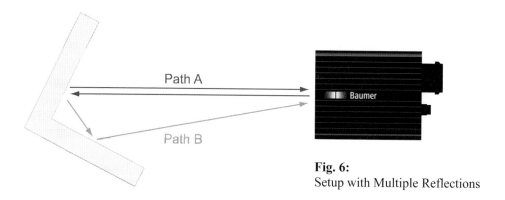

Fig. 6:
Setup with Multiple Reflections

4   Applications

Time-of-Flight based 3D cameras are suitable for a number of application areas. Typically the technology excels where coarse objects are to be measured, high image capture speed is required, and the available work space for the camera is limited. Some examples are given below:

- Logistics
- Handling and Assembly
- Robotics
- Safety and Security
- Automotive
- Health and Biometrics
- Man-Machine-Interface

The following sections provide more details for specific scenarios.

4.1   Packet Classification

A typical task in logistics is to determine the size, pose and volume of cardboard boxes. The examined configuration consists of a conveyer belt transporting packages of different sizes. The 3D camera is mounted about 100 cm above. In combination with the hardware trigger, a light barrier is used to detect when a new package arrives and the corresponding image is taken. Afterwards the intensity and distance images are used to determine the size, orientation and volume of the package. Based on this information the packages are classified to known categories and can be and handled accordingly. Furthermore, the coordinates for the central point of the upper side are calculated. This can be used for picking the object by a robot.

To simplify the implementation the following assumptions were made: there is only a single object in the field of view, the objects are regular cuboids and the distance between camera and conveyor belt is known. The background was removed using the amplitude filter.

When the application is started the camera is initialized and predefined parameters are configured. Image acquisition is hardware triggered when a new package arrives and the light barrier is passed. Afterwards image corrections and enhancements like lens distortion compensation, median filtering, contrast improvement are applied. Afterwards, a coordinate transformation is performed. Using the distance image the Canny algorithm is applied for edge detection. The Hough transformation is performed for line detection.

Finally the intersection points and the dimensions, volume and orientation are computed. As can be seen standard image processing algorithms were used. However, by using 2D and distance data more information can be derived than otherwise possible with a single matrix camera. Figure 7 shows a screenshot of the implemented application.

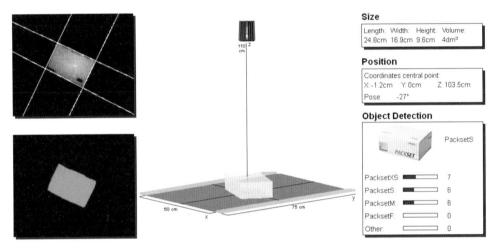

Fig. 7:   Screenshot of Demonstration Application

4.2   De-Palletizing

Another common task within logistics is palletizing and de-palletizing of different sized packages. Depth information can be useful when the pack pattern is not regular or unknown. Furthermore, it could be used for more efficient space utilisation. Sometimes the pre-computation of pack patterns is not possible or sufficient for example with objects where the external shape is impacted under pressure from objects put on top.

To demonstrate the use of the 3D camera a stack of regular objects of different sizes where put on a Euro pallet. To de-palletize the objects it is necessary to identify the topmost object first. As can be seen with the upper image sequence it proves difficult to retrieve this information from 2D intensity pictures.

On the other hand as can be seen in Figure 8 the task is quite simple based on distance information as the sequence of colour coded depth images illustrates. Here different object heights are easily distinguishable. Using both images and applying a coordinate transformation the exact location of the object can be determined and used by a robot to automatically solve this task.

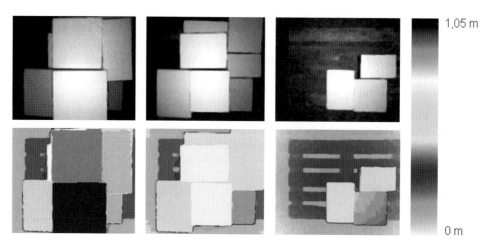

Fig. 8:   Intensity and Colour Coded Distance Images for a De-Palletizing Process

4.3   Room Monitoring and Safety

For many applications it is important to monitor the position, motion direction or speed of objects or persons. Using the 3D camera this information can be obtained as outlined in Figure 9.

Fig. 9:   Colour Coded Depth Images of a Person at Different Distances

For example in a shop environment it may be worthwhile to observe the customer behaviour to optimize product placement. Entrance observation and person counting may be used to know how many customers are inside at a specific time to optimize the sales staff presence.

For a robot cell safety is very important. Therefore static barriers could be implemented. However, for example this does not necessarily prevent a person to enter this area to perform maintenance when the system is active. To achieve a higher safety level a permanent monitoring of the robot cell may be used.

A similar approach can be used to avoid damages in environments where autonomous mobile transport systems are used. Often, only the floor level is scanned for obstacles. Thus, objects at a higher position can not be detected at all. This may lead to a crash resulting in high repair and work flow interruption costs. In addition the 3D information may be used to support map building and navigation.

Sometimes interactions between a machine and a human are required. By applying a 3D camera safety areas could be defined more precisely and with arbitrary shape in contrast to other approaches like light curtains.

5   Conclusions

A compact and robust 3D camera system for optical range imaging has been presented. By utilising a CCD/CMOS sensor based on the time of flight principle the camera provides intensity and distance information for each pixel in parallel with each acquisition at up to 54 frames per second. As a consequence the system provides a compelling alternative to currently available 3D distance sensing techniques for its measurement range of up to 5 m.

The camera provides a GigE Vision^{TM} compatible Ethernet interface and already contains optics and illumination. Therefore, the system integration is simplified. As demonstrated by several examples the system is suitable for a broad range of industrial machine vision applications.

To address specific user requirements several enhancements are intended in the near future. This may include improved accuracy, measurement range extension and ambiguity prevention. Multi camera setups as well as a combination with a 2D sensor will also be explored.

References

Büttgen, B., Oggier, T., Lehmann, M., Kaufmann R. & Lustenberger (2005): *CCD/CMOS Lock-in pixel for range imaging: Challenges, Limitations and State-of-the-Art.* Proc. 1st range imaging research day, ed. by Ingensand & Kahlmann, Zürich.

Kolb, A., Barth, E. & R. Koch (2008): *ToF-Sensors: New Dimensions for Realism and Interactivity.* CVPR 2008 Workshop on Time-of-Flight-based Computer Vision.

Oprisescu, S., Falie, D., Ciuc, M. & V. Buzuloiu (2007): *Measurements with ToF Cameras and Their Necessary Corrections.* Proc. of the IEEE International Symposium on Signals, Circuits & Systems (ISSCS), Vol. 1, Iasi, Romania.

Schuon, S., Theobalt, C., Davis, J. & S. Thrun (2008): *High-quality Scanning using Time-Of-Flight Depth Superresolution.* CVPR 2008 Workshop on Time-of-Flight-based Computer Vision.

Autorenverzeichnis

ACEVEDO PARDO, Carlos
Department Geomatik,
HafenCity Universität Hamburg
carlos.acevedo@hcu-hamburg.de

BARTH, Alexander
Daimler AG, Ulm
alexander.barth@daimler.com

BENNING, Wilhelm
Geodätisches Institut der RWTH Aachen
benning@gia.rwth-aachen.de

BENZ, Mirko
Baumer Optronic GmbH, Radeberg
mbenz@baumergroup.com

BEUTER, Niklas
Technische Fakultät, Angewandte
Informatik der Universität Bielefeld
nbeuter@techfak.uni-bielefeld.de

BOBEY, Klaus
Fakultät Naturwissenschaften und
Technik, HAWK Göttingen
bobey@hawk-hhg.de

BREKERBOHM, Lutz
Fakultät Naturwissenschaften und
Technik, HAWK Göttingen
lutz.brekerbohm@pmf.fh-goettingen.de

BROERS, Holger
Axios 3D Services GmbH, Oldenburg
h.broers@axios3d.de

CHAPUIS, Jacques
weControl AG,
St-Aubin-Sauges/Schweiz
chapuis@wecontrol.ch

DECROUEZ, Danielle
Muséum d'histoire naturelle et du Musée
d'histoire des sciences, Genf/Schweiz
danielle.decrouez@ville-ge.ch

DENKENA, Berend
IFW – Institut für Fertigungstechnik und
Werkzeugmaschinen der
Leibniz Universität Hannover
denkena@ifw.uni-hannover.de

DOGHAILI, Mustapha
Lupos3D GbR, Berlin
doghaili@lupos3d.de

EBERT, Andreas
Institut für Geologie der
Universität Bern/Schweiz
andreas.ebert@geo.unibe.ch

ECK, Christoph
Aeroscout GmbH, Neudorf/Schweiz
eck@aeroscout.ch

EFFKEMANN, Christoph
PHOCAD GmbH, Aachen
effkemann@phocad.de

EISENBEISS, Henri
Institut für Geodäsie und
Photogrammetrie
der ETH-Zürich/Schweiz
henri.eisenbeiss@geod.baug.ethz.ch

ELSENBERG, Jan
Universität Osnabrück
jelseberg@uni-osnabrueck.de

FERNANDEZ-STEEGER, Tomás
Lehrstuhl für Ingenieurgeologie und
Hydrogeologie der RWTH Aachen
fernandez-steeger@lih.rwth-aachen.de

FOCKE, Inga
Geodätisches Institut,
RWTH Aachen
inga.focke@gia.rwth-aachen.de

GNOS, Edwin
Muséum d'histoire naturelle et du Musée
d'histoire des sciences, Genf/Schweiz
edwin.gnos@ville-ge.ch

GRABE, Bärbel
Institut für Innovations-Transfer,
Fachhochschule Hannover
baerbel.grabe@fh-hannover.de

GRAEGER, Tanja
Department Geomatik,
HafenCity Universität Hamburg
tanja.graeger@hcu-hamburg.de

HAHN, Markus
Daimler AG, Ulm
markus.hahn@daimler.com

HAMPEL, Uwe
Institut für Photogrammetrie und
Fernerkundung der TU Dresden
uwe.hampel@tu-dresden.de

HAUTH, Stefan
i3mainz, Fachhochschule Mainz
hauth@geoinform.fh-mainz.de

HEBEL, Markus
Forschungsinstitut für Optronik und
Mustererkennung, Ettlingen
hebel@fom.fgan.de

HENNES, Maria
Geodätisches Institut,
Universität Karlsruhe (TH)
hennes@gik.uka.de

HERMES, Christoph
AG Angewandte Informatik,
Universität Bielefeld
chermes@techfak.uni-bielefeld.de

HERWEGH, Marco
Institut für Geologie der
Universität Bern/Schweiz
marco.herwegh@geo.unibe.ch

HESSE, Christian
Dr. Hesse und Partner Ingenieure,
Hamburg
hessechr@gmail.com

HÖTTER, Michael
Institut für Innovationstransfer,
Fachhochschule Hannover
michael.hoetter@fh-hannover.de

HUKE, Philipp
IFW – Institut für Fertigungstechnik und
Werkzeugmaschinen der Leibniz
Universität Hannover
huke@ifw.uni-hannover.de

HUXHAGEN, Uwe
i3mainz, Fachhochschule Mainz
huxhagen@geoinform.fh-mainz.de

IKE, Thorsten
Fachhochschule Hannover,
Institut für Innovations-Transfer
thorsten.ike@etech.fh-hannover.de

IMBACH, Benedikt
Aeroscout GmbH, Neudorf/Schweiz
imbach@aeroscout.ch

JOHANNES, Lars
Institut für Geodäsie und
Photogrammetrie der TU Braunschweig
l.johannes@tu-bs.de

KEHRBERG, Gerhard
Fachbereich Technik der
FH Brandenburg
kehrberg@fh-brandenburg.de

KERN, Fredie
i3mainz, Fachhochschule Mainz
kern@geoinform.fh-mainz.de

KERSTEN, THOMAS
Department Geomatik,
HafenCity Universität Hamburg
thomas.kersten@hcu-hamburg.de

KIRMSE, Tania
Institut für Aerodynamik und
Strömungstechnik,
DLR Göttingen
tania.kirmse@dlr.de

KOCH, René
Fakultät Naturwissenschaften und
Technik, HAWK Göttingen
rene.koch@pmf.fh-goettingen.de

KOLNOWSKI, Jörg
i3mainz, Fachhochschule Mainz
klonowski@geoinform.fh-mainz.de

KRÜGER, Lars
ECRC – Experimental ClinicalResearch
Center, Charité Berlin
timo.krueger@charite.de

KRÜGER, Timo
Charité, Universitätsmedizin Berlin
timo.krueger@charite.de

KUMMERT, Franz
AG Angewandte Informatik,
Universität Bielefeld
franz@techfak.uni-bielefeld.de

KUTTERER, Hansjörg
Geodätisches Institut der Leibniz
Universität Hannover
kuttner@gih.uni-hannover.de

LANGE, Johannes
Geodätisches Institut der RWTH Aachen
lange@gia.rwth-aachen.de

LICHTENSTEIN, Maria
Geodätisches Institut der RWTH Aachen
lichtenstein@gia.rwth-aachen.de

LINDSTAEDT, Maren
Department Geomatik,
HafenCity Universität Hamburg,
maren.lindstaedt@hcu-hamburg.de

LOSER, Raimund
Leica Geosystems AG,
Unterentfelden/Schweiz
raimund.loser@leica-geosystems.com

MARTIENSSEN, Thomas
Institut für Markscheidewesen und
Geodäsie, TU Bergakademie Freiberg
thomas.martienssen@mabb.tu-
freiberg.de

MARTINEZ, Horacio
ECRC – Experimental ClinicalResearch
Center, Charité Berlin
horacio.martinez@charite.de

MECHELKE, Klaus
Department Geomatik,
HafenCity Universität Hamburg
klaus.mechelke@hcu-hamburg.de

MUCHA, Dirk
SP Solution Pool GmbH, Berlin
dirk.mucha@solution-pool.com

NEITZEL, Frank
i3mainz, Fachhochschule Mainz
neitzel@geoinform.fh-mainz.de

NEUMANN, Ingo
Geodätisches Institut der Leibniz
Universität Hannover
neumann@gih.uni-hannover.de

NOVÁK, David
Institut für Geodäsie und Photogrammetrie der ETH-Zürich/Schweiz
david.novak@geod.baug.ethz.ch

NÜCHTER, Andreas
Institut für Informatik,
Universität Osnabrück
nuechter@informatik.uni-osnabrueck.de

OHLMANN-BARTUSEL, Johannes
Lehrstuhl für Geodäsie,
TU München
j.ohlmann@bv.tum.de

PAFFENHOLZ, Jens-André
Geodätisches Institut der Leibniz
Universität Hannover
paffenholz@gih.uni-hannover.de

PEIPE, Jürgen
Institut für Photogrammetrie und
Kartographie, Universität der
Bundeswehr München
j-k.peipe@unibw-muenchen.de

PFENNIGBAUER, Martin
RIEGL Laser Measurement Systems
GmbH, Horn/Österreich
mpfennigbauer@riegl.co.at

POSPIŠ, Michael
Lupos3D GbR, Berlin
pospis@lupos3d.de

PRÜMM, Olaf
Lupos3D GbR, Berlin
pruemm@lupos3d.de

PÜSCHEL, Hannes
Institut für Geodäsie und Photogrammetrie der ETH-Zürich/Schweiz
pueschel@student.ethz.ch

RAMSEYER, Karl
Institut für Geologie der
Universität Bern/Schweiz
karl.ramseyer@geo.unibe.ch

REICHERTER, Klaus
Lehr und Forschungsgebiet für
Neotektonik und Georisiken
der RWTH Aachen
k.reicherter@nug.rwth-aachen.de

RICHARDT, Alexander
Wasserstraßen-Neubauamt, Helmstedt
Alexander.Richardt@wsv.bund.de

RICHTER, Eva
Geodätisches Institut,
Universität Karlsruhe (TH)
richter@gik.uka.de

RIEGER, Peter
RIEGL Laser Measurement Systems
GmbH, Horn/Österreich
prieger@riegl.co.at

RIEKE-ZAPP, Dirk
Institut für Geologie der
Universität Bern/Schweiz
zapp@geo.unibe.ch

ROHRBERG, Klaus
Windhager 3D-real GmbH, Stuttgart
rohrberg@3dreal.de

SAGERER, Gerhard
Technische Fakultät, Angewandte
Informatik der Universität Bielefeld
sagerer@techfak.uni-bielefeld.de

SAUERBIER, Martin
Institut für Geodäsie und
Photogrammetrie
der ETH-Zürich/Schweiz
martin.sauerbier@geod.baug.ethz.ch

SCHEFFLER, Tobias
Hochschule Magdeburg-Stendal
tobias.scheffler@gmx.de

SCHLÜTER, Martin
i3mainz, Fachhochschule Mainz
schlueter@geoinform.fh-mainz.de

SCHMIDT, Joachim
Technische Fakultät der Universität
Bielefeld
jschmidt@techfak.uni-bielefeld.de

SCHRAMM, Thomas
Department Geomatik,
HafenCity Universität Hamburg
thomas.schramm@hcu-hamburg.de

SIEBERT, Sebastian
i3mainz, Fachhochschule Mainz
siebert@geoinform.fh-mainz.de

SIEGRIST, Bettina
i3mainz, Fachhochschule Mainz
Bettina.Siegrist@geoinform.fh-mainz.de

SÖRENSEN, Lars
Scan3D, Berlin
soerensen@scan-3d.com

STAECK, Christian
FB Vermessungswesen/Kartographie,
HTW Dresden (FH)
christian_staeck@web.de

STARK, Christian
Fachbereich Technik der
FH Brandenburg
stark@fh-brandenburg.de

STERNBERG, Harald
Department Geomatik,
HafenCity Universität Hamburg
harald.sternberg@hcu-hamburg.de

STEYER, Bernd
Technikzentrum Tagebaue,
RWE Power AG, Frechen
bernd.steyer@rwe.com

STILLA, Uwe
Technische Universität München,
Fachgebiet Photogrammetrie und
Fernerkundung
stilla@bv.tum.de

STUDNICKA, Nikolaus
RIEGL Laser Measurement Systems
GmbH, Horn/Österreich
nstudnicka@riegl.co.at

SUHRE, Horst
Geodätisches Institut der
Leibniz Universität Hannover
suhre@gih.uni-hannover.de

SWADZBA, Agnes
Technische Fakultät der
Universität Bielefeld
aswadzba@techfak.uni-bielefeld.de

TECKLENBURG, Werner
Institut für Angewandte Photogrammetrie und Geoinformatik der FH OOW
werner.tecklenburg@fh-oow.de

ULLRICH, Jens
FB Vermessungswesen/Kartographie,
HTW Dresden (FH)
ullrich@htw-dresden.de

VENNEGEERTS, Harald
Geodätisches Institut der
Leibniz Universität Hannover
venne@gih.uni-hannover.de

VOGLER, Nico
Fachhochschule Brandenburg
vogler@fh-brandenburg.de

VOSS, Silvio
Hemminger Ingenieurbüro GmbH &
Co. KG, Bad Liebenwerda
silvio-voss@gmx.de

WEHMANN, Wolfried
FB Vermessungswesen/Kartographie,
HTW Dresden (FH)
wehmann@htw-dresden.de

WEYHE, Miriam
Axios 3D Services GmbH, Oldenburg
m.weyhe@axios3d.de

WIATR, Thomas
Lehr- und Forschungsgebiet für
Neotektonik und Georisiken
der RWTH Aachen
t.wiatr@nug.rwth-aachen.de

WILHELM, Jessica
Department Geomatik,
HafenCity Universität Hamburg
jessica.wilhelm@gmx.net

WÖHLER, Christian
Daimler AG, Ulm
christian.woehler@daimler.com

ZACHAROV, Alexander
AICON 3D Systems GmbH,
Braunschweig
alexander.zacharow@aicon.de

ZÁMEČÍKOVÁ, Miriam
Geodätisches Institut der
Leibniz Universität Hannover
zamecnikova@gih.uni-hannover.de

ZIEGLER, Alexander
Fakultät Naturwissenschaften und
Technik, HAWK Göttingen
ziegler@hawk-hhg.de

ZYL, van, Christopher
FB Vermessungswesen/Kartographie,
HTW Dresden (FH)
vanzyl@htw-dresden.de

Nahbereichsphotogrammetrie

Autor:
Prof. Dr.-Ing. Thomas Luhmann ist geschäftsführender Direktor des Instituts für Angewandte Photogrammetrie und Geoinformatik an der FH Oldenburg/Ostfriesland/Wilhelmshaven sowie Autor und Herausgeber zahlreicher Werke zum Thema Nahbereichsphotogrammetrie.

Thomas Luhmann
Nahbereichsphotogrammetrie
Grundlagen, Methoden und Anwendungen
2., überarbeitete Auflage 2003.
XIV, 586 Seiten. Gebunden.
€ 88,-
ISBN 978-3-87907-398-6

Grundlagen, Methoden und Anwendungen

Dieses umfassende und praxisorientierte Lehrbuch für die Nahbereichsphotogrammetrie fasst die wichtigen Grundlagen und Anwendungen zusammen. Ein besonderer Schwerpunkt liegt in der Behandlung von Methoden und Verfahren zur digitalen Bilderfassung und Bildverarbeitung.

Nach einer Einführung wird im Einzelnen auf mathematische Grundlagen, Aufnahmetechnik einschließlich Beleuchtung und Signalisierung, Orientierungs- und 3D-Rekonstruktionsverfahren, Bildverarbeitung, Auswerte- und Messsysteme sowie auf verschiedene typische Anwendungsgebiete eingegangen.

Das Buch wendet sich an Studierende und Praktiker aus der Messtechnik, gibt aber auch Entwicklern und Wissenschaftlern wertvolle Hinweise. Zahlreiche Abbildungen und Beispiele erlauben auch dem fachfremden Leser einen fundierten Einblick in die Nahbereichsphotogrammetrie.

Aus dem Inhalt

- Einführung
- Mathematische Grundlagen
- Aufnahmetechnik
- Analytische Auswerteverfahren
- Digitale Bildverarbeitung
- Photogrammetrische Messsysteme
- Messanordnungen und Löungskonzepte
- Anwendungsbeispiele

Internetshop
Weitere Titel, Informationen und Leseproben finden Sie unter: **www.huethig-jehle-rehm.de/technik**

Kundenbetreuung
Telefon: 089/2183-7928
Telefax: 089/2183-7620
E-Mail: kundenbetreuung@hjr-verlag.de

Wichmann Verlag
Verlagsgruppe Hüthig Jehle Rehm GmbH
Im Weiher 10
69121 Heidelberg

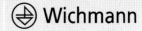

Taschenbuch zur Photogrammetrie

Autoren:

Prof. em. Dr.-Ing. Jörg Albertz war Professor für Photogrammetrie und Kartographie an der TU Berlin.

Dr.-Ing. Manfred Wiggenhagen ist als akademischer Oberrat an der Leibnitz-Universität Hannover tätig.

Albertz/Wiggenhagen

Taschenbuch zur Photogrammetrie und Fernerkundung/ Guide for Photogrammetry and Remote Sensing

2009. 334 Seiten. Gebunden.
€ 44,-
ISBN 978-3-87907-384-9

Taschenbuch zur Photogrammetrie und Fernerkundung/ Guide for Photogrammetry and Remote Sensing

Dieses Werk ist ein „Klassiker". Seit dem Erscheinen der ersten Auflage 1972 erfreute sich das Taschenbuch einer weiten Verbreitung. Mit seinen zahlreichen Abbildungen, Formeln, Tabellen und Kurztexten zur Photogrammetrie und Fernerkundung – alle zweisprachig: deutsch und englisch – ist es das ideale Nachschlagewerk für Studierende, Wissenschaftler und Praktiker.

Die 5. Auflage stellt ein komplett neu bearbeitetes und erweitertes Werk dar. Außer der aktuellen Entwicklung der Photogrammetrie, die stark durch den Übergang zu digitalen Systemen und Arbeitsweisen geprägt ist, werden vor allem die vielseitigen Aspekte der Fernerkundung berücksichtigt. Weiterhin sind alle mathematischen, optischen, photogrammetrischen und fernerkundlichen Grundlagen auf den neuesten Stand der Technik gebracht worden. Abgerundet wird das Taschenbuch durch ein umfangreiches Stichwortverzeichnis.

Aus dem Inhalt

- Allgemeines
- Mathematik
- Physik
- Optische Sensoren
- Optische Datenaufnahme
- Digitale Bildverarbeitung
- Photogrammetrie
- Optische Fernerkundung
- Mikrowellen-Fernerkundung
- Modellierung

Internetshop
Weitere Titel, Informationen und Leseproben finden Sie unter: **www.huethig-jehle-rehm.de/technik**

Kundenbetreuung
Telefon: 089/2183-7928
Telefax: 089/2183-7620
E-Mail: kundenbetreuung@hjr-verlag.de

Wichmann Verlag
Verlagsgruppe Hüthig Jehle Rehm GmbH
Im Weiher 10
69121 Heidelberg

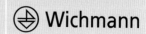